するにあたって，内容に誤りのないようできる限りの注意を払いましたが，
を適用した結果生じたこと，また，適用できなかった結果について，著者，
一切の責任を負いませんのでご了承ください．

超入門 第2

冷凍

責任者

精選問

柴　政則 ［著］

はじめに

初めての冷凍機械責任者試験を受験する方がおられました。彼曰く

「第二種冷凍（以下、2冷）は第三種冷凍（以下、3冷）に「学識」の10問が加わっただけだし、「保安管理技術（以下、保安）」10問と同じような問題だから、少し勉強時間を増やすだけで大丈夫だろう。法令は過去問をこなせば大丈夫。11月試験には十分すぎる。」

と、7月に実施される一級ボイラー技士試験に向けての勉強中に語るのでした。彼は一級ボイラーを合格し、8月下旬に願書を提出、公式テキストと過去問題集を揃えて計画通り9月早々2冷合格を目指し勉強を始めたのでした。彼は夜勤のある三交代勤務をしており、日常生活の諸々の用事も織り交ぜながら勉強を進め頑張っていました。

しかし10月に入り彼は「駄目だ、仕事で疲れてしまって眠たいし、色々用事もあって勉強に集中できない。しかも冷凍機は初めて聞く言葉が多くてテキストも読み進めない。法令、保安、学識を全部60点取れる見通しがつかないんだ。」と。でも、彼は家族のために、自身のためにも、睡眠導入剤を服用しながら頑張ったのです。有給も取れずじまいの夜勤明けの試験日、キリキリ痛むお腹に手を当て、朝日に輝く紅葉の山々と枯れ葉舞う道のりを試験会場へとハンドルを切るのでした。果たして彼の試験結果は…。

本書は、彼のような方に寄り添うように執筆しました。まず、検定講習用に使用される『上級　冷凍受験テキスト（発行：日本冷凍空調学会）（以下、上級テキスト）』を、わからなくても流し読みで良いので頑張って全部読んでみてください。その後に本書を手に取ってください。上級テキストの項目に沿うように「保安」と「学識」の約15年分の過去の問題を分類し、精選してまとめてありますので、「保安」と「学識」を同時に学ぶことができます。保安と学識は第一種冷凍（以下、1冷）と同じテキストですから、3冷より実務に近い問題や公式の意味を問われます。言い換えれば難しい内容になります。

　冷凍試験の独特な文章、5年、10年ぶりの類似問題への対応、多くの困惑問題に対処できるよう「よく読む」ことも身に付けてください。本書では、試験科目ごとの章立てではなく、学識の問1と問2の計算攻略方法を別にまとめました。6つの公式を丸覚えすれば、本書で学んだ考え方に沿って四則計算のみで確実に2問ゲットできます。法令については過去問をこなせばなんとかなるでしょう。

　果たして彼は…、翌年不合格通知を手にしたのち、内臓の手術入院をしたのでした。でも、その年は体調管理に専念するため資格取得は2冷1本にして無事に合格したのです。彼曰く「熱交換冷凍サイクルは素晴らしい！」その後、1冷も取得したのです。勉強は無理のない計画を立て、健康第一で本書を活用ください。時間を無駄にしないように、悔いのないように、人目を気にせず無我夢中で勉強しましょう。あなたは必ず合格できる！　ご健闘をお祈りします。

2021年2月

柴　政則

目　次

第3章　学識計算問題　　307

付　録　　349

参考文献　　400

索　引　　401

第 1 章

法　令

本書で定める法令の略名は下記の通りです。

・高圧ガス保安法 ……………………………………………… 法

・冷凍保安規則 …………………………………………… 冷規

・容器保安規則 …………………………………………… 容器

・一般高圧ガス保安規則 ………………………………… 一般

・高圧ガス保安法施行令 ………………………………… 政令

1　目的

　法第1条（目的）は、毎回必ず出題されます。必ずゲットしましょう。嫌らしい言い回しに途中で凹むかも…。数をこなせば大丈夫です。★2つ！

法令　（目的）

　　　第一条　この法律は、高圧ガスによる災害を防止するため、高圧ガスの製造、貯蔵、販売、移動その他の取扱及び消費並びに容器の製造及び取扱を規制するとともに、民間事業者及び高圧ガス保安協会による高圧ガスの保安に関する自主的な活動を促進し、もつて公共の安全を確保することを目的とする。

1-1　法第1条の全文を使った問題

過去問題にチャレンジ！

・高圧ガス保安法は、高圧ガスによる災害を防止して公共の安全を確保する目的のために、高圧ガスの製造、貯蔵、販売、移動その他の取扱及び消費並びに容器の製造及び取扱について規制するとともに、民間事業者及び高圧ガス保安協会による高圧ガスの保安に関する自主的な活動を促進することを定めている。（平29問1）

　問題文は、法文を切り貼りして順番をかえたりして組み立ててあります。最初から最後までよく読みましょう。　　　　　　　　　　　　　　　　　　　　　　　【答：○】

・高圧ガス保安法は、公共の安全を確保することを目的としており、高圧ガスによる災害を防止するため、高圧ガスの製造、貯蔵、販売、移動その他の取扱及び消費並びに容器の製造及び取扱を規制するとともに、民間事業者及び高圧ガス保安協会による高圧ガスの保安に関する自主的な活動を促進することが定められている。（平28問1）

　法文を元にした問題文になれるためにも、文章の組み立てを楽しんでください。　【答：○】

1-2　製造、貯蔵、販売、移動等の規制

　ここでは、法第1条の下線部分あたりの文章（製造、貯蔵、販売、移動等の規制）に関連した問題を解いてみましょう。よく読まないと、同じような文面に思いがけない落とし穴がありますので、注意しましょう。

第一条　この法律は、高圧ガスによる災害を防止するため、高圧ガスの製造、貯蔵、販売、移動その他の取扱及び消費並びに容器の製造及び取扱を規制するとともに、＜略＞

過去問題にチャレンジ！

・高圧ガス保安法は、高圧ガスによる災害を防止して公共の安全を確保する目的のために、高圧ガスの製造、貯蔵、販売、移動その他の取扱及び消費の規制をすることのみを定めている。（平26問1）

　おっと、「することも」ではなくて、「することのみ」ですから間違いです。落ち着いて問題をよく読もう。　　　　　　　　　　　　　　　　　　　　　　　　　【答：×】

・高圧ガス保安法は、高圧ガスによる災害を防止して公共の安全を確保する目的のために、高圧ガスの製造、貯蔵、販売及び移動に限り規制している。（平23問2）

　う〜む。平成23年度は「に限り」とかの新語？で惑わされないように！　【答：×】

・高圧ガス保安法は、高圧ガスによる災害を防止するため、高圧ガスの製造、貯蔵、販売、移動その他の取扱及び消費並びに容器の製造及び取扱を規制することのみを目的としている。（平27問1）

　「ことのみ」じゃないですね。近年にしては意外に素直な誤りの問題です。　【答：×】

・高圧ガス保安法は、高圧ガスによる災害を防止して公共の安全を確保する目的のために、高圧ガスの製造、販売、貯蔵等について規制するとともに、民間事業者及び高圧ガス保安協会による高圧ガスの保安に関する自主的な活動を促進することを定めている。（平30問1）

　正しいらしい。「移動」と消費や容器のことが抜けているけどいいのかな？　「等」があるからいいのかな？　あいまいな問題ですね。　　　　　　　　　　　　　　【答：○】

1-3　自主的な活動等

　ここでは、法第1条の下線部分あたりの文章（自主的な活動等）に関連した問題を解いてみましょう。

 第一条　＜略＞民間事業者及び高圧ガス保安協会による高圧ガスの保安に関する自主的な活動を促進し、もつて公共の安全を確保することを目的とする。

過去問題にチャレンジ！

・高圧ガス保安法は、高圧ガスによる災害を防止して公共の安全を確保する目的のために、高圧ガス保安協会による高圧ガスの保安に関する自主的な活動を促進することを定めているが、民間事業者による高圧ガスの保安に関する自主的な活動を促進することは定めていない。（平19問1）

「×」ですよ。「定めている」ですよ。最後までよく読みましょう。　　　【答：×】

・高圧ガス保安法は、高圧ガスによる災害を防止して公共の安全を確保する目的のため、民間事業者による高圧ガスの保安に関する自主的な活動を促進することを定めているが、高圧ガス保安協会による高圧ガスの保安に関する自主的な活動を促進することは定めていない。（平24問3）

文章の組み立てが「民間業者」と「高圧ガス保安協会」の逆バージョンですよ。　【答：×】

・高圧ガス保安法は、高圧ガスによる災害を防止して公共の安全を確保する目的のため、高圧ガス保安協会による高圧ガスの保安に関する自主的な活動を促進することも定めている。（平25問3）

「民間事業者」が忘れられているけれども、よいみたいです。　　　　　【答：○】

難易度：★★★

2　定義（圧縮ガスと液化ガス）

　法第2条（定義）は必ず出題されます。どんなものが高圧ガスになるのでしょうか。まずは「圧縮ガス」と「液化ガス」の2つがあることを覚えてください。

2-1　圧縮ガスの定義

　法第2条（定義）第1項は「圧縮ガス」の定義で「又は」が、キーポイントです。ここで重要なのは「常用の温度」と「現に」の2つです。常用の温度は勘違いしやすいから注意してください。これを把握しておけば、とても楽チンになるはずです。「常用の温度」というのは、通常の運転状態のときの温度です。機器が正常な状態で、ガスが100度であれば常用の温度は100度ということです。「現に」というのは、う〜ん、まさに今、現在（今でしょ！）、ってこと。イメージできましたか？

（定義）

第二条　この法律で「高圧ガス」とは、次の各号のいずれかに該当するものをいう。
一　常用の温度において圧力（ゲージ圧力をいう。以下同じ。）が１メガパスカル以上となる圧縮ガスであつて現にその圧力が１メガパスカル以上であるもの又は温度35度において圧力が１メガパスカル以上となる圧縮ガス（圧縮アセチレンガスを除く。）

過去問題にチャレンジ！

・常用の温度35度において圧力が１メガパスカルとなる圧縮ガス（圧縮アセチレンガスを除く。）であって、現在の圧力が0.9メガパスカルのものは高圧ガスではない。（平24問２）

　常用の温度35度で１メガパスカルなのだから、高圧ガスに決まりですね。　　　**【答：×】**

・常用の温度40度において圧力が１メガパスカルとなる圧縮ガス（圧縮アセチレンガスを除く。）であって、現在の圧力が0.9メガパスカルのものは高圧ガスではない。
（平25問1、令1問1）

　今度は「○」。うーん、一瞬考えこんでしまったかな？　常用の温度40度で１メガパスカルなんだから35度なら１メガパスカルより減少するよね。んで、「現在」の温度は何度かわからないけれども、例えば現在が、35度であっても、5度であっても、100度であったとしても、0.9メガパスカルなんだから…高圧ガスであるという定義から外れるよね。
【答：○】

・常用の温度において圧力が1.1メガパスカルとなる圧縮ガス（圧縮アセチレンガスを除く。）であって現にその圧力が1.0メガパスカルであるものは、温度35度における圧力が0.8メガパスカルであっても、高圧ガスである。（平27問1、令2問1）

　「常用」、「現に」、「温度35度」のトリプルquestion！　常用の温度において圧力が1.1メガパスカルで、現にその圧力が1.0メガパスカルの圧縮ガスであれば高圧ガス決定です！温度35度において0.8メガパスカルであっても高圧ガスです。　　　**【答：○】**

・現在の圧力が0.1メガパスカルの圧縮ガス（圧縮アセチレンガスを除く。）であって、温度35度において圧力が0.2メガパスカルとなるものは、高圧ガスである。（平28問1）

　「現在」は「現に」と同じですよね！　設問では、現（現在）に１メガパスカルより少ない（0.1メガパスカル）ですし、温度35度においても１メガパスカルより少ない（0.2メガパスカル）ので、高圧ガスではありませんね。　　　**【答：×】**

・常用の温度において圧力が0.9メガパスカルの圧縮ガス（圧縮アセチレンガスを除く。）であっても、温度35度において圧力が１メガパスカル以上となるものは高圧ガスである。
（平15問1、平29問2）

　さぁ、どうでしたか？　「0.9」とか「高圧ガスである」とか「高圧ガスでない」とかあなたを攻めてきます。問題をよく読んで、イメージして、ポンミスをしないように、絶対ゲットしましょう。　　　**【答：○】**

2-2　液化ガスの定義

　液化ガスの定義は、法第2条第3号です。一度ジックリ読んで「0.2メガパスカル」と「温度35度」を頭に入れておきましょう。

 第二条　この法律で「高圧ガス」とは、次の各号のいずれかに該当するものをいう。
　＜一、二は略＞
　三　常用の温度において圧力が0.2メガパスカル以上となる液化ガスであつて現にその圧力が0.2メガパスカル以上であるもの又は圧力が0.2メガパスカルとなる場合の温度が35度以下である液化ガス

（1）文頭が「液化ガスであって〜」という問題

過去問題にチャレンジ！

・液化ガスであって、その圧力が0.2メガパスカルとなる場合の温度が30℃であるものは、現在の圧力が0.15メガパスカルであっても高圧ガスである。（平20問2）

　「液化ガス35度以下、0.2メガパスカル以上」さえ覚えていれば軽く答えられる問題です。30度で0.2メガパスカルなのですから、現在（何度であっても）0.15メガパスカルであれば、当〜然「高圧ガス」ですね。　▼法第2条第3号　　　　　　　　　　【答：○】

・液化ガスであって、その圧力が0.2メガパスカルとなる場合の温度が30度であるものは、常用の温度において圧力が0.2メガパスカル未満であっても高圧ガスである。（平21問2）

　未満！？　などと惑わされぬように。　　　　　　　　　　　　　　　　　【答：○】

・液化ガスであって、その圧力が0.2メガパスカルとなる場合の温度が35度以下であるものは、常用の温度において圧力が0.2メガパスカル未満であっても高圧ガスである。
（平29問2）

　最初の一文で「液化ガス35度以下、0.2メガパスカル以上」を満たしてしまいますから、常用うんぬんは関係なくなりますね。　　　　　　　　　　　　　　　　　【答：○】

（2）文頭が「圧力が0.2メガパスカルとなる〜」という問題

　とりあえず、「液化ガス35度以下、0.2メガパスカル以上」と覚えましょう。

過去問題にチャレンジ！

・圧力が0.2メガパスカルとなる場合の温度が30度である液化ガスは、高圧ガスである。
（平16問1）

　OK〜！　「液化ガス35度以下、0.2メガパスカル以上」ですね。　　　　　【答：○】

> ・圧力が 0.2 メガパスカルとなる場合の温度が 30 度である液化ガスは、高圧ガスである。
> （平 19 問 1）

さぁ、覚えよう！　「液化ガス 35 度以下、0.2 メガパスカル以上」ですよ。　【答：○】

> ・圧力が 0.2 メガパスカルとなる温度が 32 度である液化ガスは、現在の圧力が 0.1 メガパスカルであっても高圧ガスである。（平 24 問 1）

条文の「液化ガス 35 度以下、0.2 メガパスカル以上」が満たされますから、現在がどうであれ高圧ガスになりますね。　【答：○】

> ・圧力が 0.2 メガパスカルとなる場合の温度が 30 度である液化ガスであって、常用の温度において圧力が 0.15 メガパスカルであるものは高圧ガスではない。（平 25 問 1、令 2 問 1）

楽勝！　と思うと涙目です！　最後までしっかり読みましょう。正しくは「高圧ガスである」ですよ。　【答：×】

（3）文頭が「圧力が 0.1 メガパスカル〜」という問題

過去問題にチャレンジ！

> ・現在の圧力が 0.1 メガパスカルの液化ガスであって、温度 35 度において圧力が 1 メガパスカルとなるものは、高圧ガスである。（平 28 問 1）

はい。え〜と、現在（現に）0.2 メガパスカル以上でない液化ガスだから、高圧ガスではないと思うけれども、温度 35 度で 1 メガパスカルとなっている（0.2 メガパスカルより大きい）から、高圧ガスですよね！　【答：○】

（4）文頭が「常用の温度において〜」という問題

> 「常用の温度」というのは、通常の運転状態のときの温度です。機器が正常な状態でガスが 100 度であれば常用の温度は 100 度ということです。「現に」というのは、う〜ん、まさに今、現在、ってこと。イメージできましたか？

過去問題にチャレンジ！

> ・常用の温度において圧力が 0.15 メガパスカルの液化ガスであっても、圧力が 0.2 メガパスカルとなる場合の温度が 25 度である液化ガスは、高圧ガスである。（平 24 問 2）

「常用の温度」の意味と「液化ガス 35 度以下、0.2 メガパスカル以上」を覚えたあなたにとっては、サービス問題ですね。　【答：○】

> ・常用の温度において圧力が 0.1 メガパスカルとなる液化ガスであって、圧力が 0.2 メガパスカルとなる温度が 35 度であるものは、高圧ガスである。（平 27 問 1）

法第 2 条第 3 号の後半で「<略>又は圧力が 0.2 メガパスカルとなる場合の温度が 35 度以下である液化ガス」と書かれていますので、高圧ガスで決定ですね。　　　　　　　【答：○】

（5）文頭が「温度〜」という問題

過去問題にチャレンジ！

> ・温度 35 度以下で圧力が 0.2 メガパスカルとなる液化ガスは、高圧ガスである。
>
> （平 14 問 1、平 22 問 2）

「液化ガス 35 度以下、0.2 メガパスカル以上」と覚えましょう。次の問題は、もう、サクッとわかりますよ！？　　　　　　　　　　　　　　　　　　　　　　　　　　　　　【答：○】

> ・温度 30 度において圧力が 0.2 メガパスカルである液化ガスは、高圧ガスである。
>
> （平 23 問 1）

上記の問題と微妙にニュアンスが違う文章です。この液化ガスは、温度が 35 度になれば、0.2 メガパスカル以上になります。　　　　　　　　　　　　　　　　　　　　　　　【答：○】

難易度：★★★★

3　法の適用除外

「高圧ガス保安法の適用を受けないものがある」という問題は毎年出題されるでしょう。冷媒ガスの種類、1 日の冷凍能力によって法の適用除外の範囲がかわります。解説図を見ながら問題文をよく読み、問題数をこなせば理解できるでしょう。

3-1　基本問題

「3 トン以上 5 トン未満」、「ガスの種類によって」、「ガスの種類にかかわらず」を、攻略してください。これをしっかり把握すれば、後半が楽になります。

過去問題にチャレンジ！

> ・1 日の冷凍能力が 3 トン以上 5 トン未満の冷凍設備内における高圧ガスであっても、そのガスの種類によっては、高圧ガス保安法の適用を受けないものがある。
>
> （平 17 問 2、平 19 問 2、平 24 問 2）

法第 3 条には、保安法の適用を受けない（「適用除外」といいます）高圧ガスが定められており、冷凍設備は、法第 3 条第 1 項第 8 号に記されています。

　　八　その他災害の発生のおそれがない高圧ガスであつて、政令で定めるもの

また、政令は第2条第3項第4号に定められています。

> **四**　冷凍能力が3トン以上5トン未満の冷凍設備内における高圧ガスであるフルオロカーボン（不活性のものに限る。）

「不活性のものに限る」は、ガスの種類によっては、高圧ガス保安法の適用を受けないものがある、ということです。

冷媒ガス	3	5	20	50	トン/日
二酸化炭素及びフルオロカーボン(不活性ガス)	法の適用除外	その他の製造者※1	第二種製造者	第一種製造者	
アンモニア、フルオロカーボン（不活性ガス以外）	法の適用除外	その他の製造者	第二種製造者	第一種製造者	
その他ガス（ヘリウム、プロパン）	法の適用除外	第二種製造者	第一種製造者		

※1「その他の製造者」は、許可や届け出は不要であるが技術上の基準を遵守する必要があります。

● 冷媒ガスの種類と1日の冷凍能力による製造者区分 ●

【答：○】

・1日の冷凍能力が3トン以上5トン未満の冷凍設備内における高圧ガスは、そのガスの種類にかかわらず高圧ガス保安法の適用を受けない。（平25問1）

疲れます。久々に読むとなんで「×」なんだよ〜！　なんてね。**法第3条第1項第8号** に「適用除外のものは政令で定められている」とありますので、

> **▼政令第2条第3項第4号**
> **四**　冷凍能力が3トン以上5トン未満の冷凍設備内における高圧ガスであるフルオロカーボン（不活性のものに限る。）

つまり、不活性のフルオロカーボンは適用を受けない（適用除外）ということなので、そのガスの種類に<u>かかわらず</u>高圧ガス保安法の適用を受けない、は、間違いです。まとめると、下記の通りです。

> 「＜略＞そのガスの種類にかかわらず高圧ガス保安法の適用を受けない。」← ×
> 「＜略＞そのガスの種類によっては、高圧ガス保安法の適用を受けないものがある。」← ○

本試験の問題（法令のみならず）は、このような日本語の理解まで試される問題が結構あるので注意されたいです。　　【答：×】

・1日の冷凍能力が3トン未満の冷凍設備内における高圧ガスは、そのガスの種類にかかわらず、高圧ガス保安法の適用を受けない。（平21問1、平23問2、平26問1）

さ、今度は3トン未満です。3トン以上5トン未満と、どう違うのかです。3トン未満も政令で定められています。つまり設問のとおり、<u>3トン未満</u>（家庭用のエアコンとか）は「<u>そのガスの種類にかかわらず</u>」高圧ガス保安法の<u>適用を受けない</u>（適用除外）になるんだね。

▼法第 3 条第 1 項第 8 号　◀ 適用除外のものは政令で定められている。
▼政令第 2 条 3 項第 3 号三　◀ 冷凍能力<略>が 3 トン未満の冷凍設備内における高圧ガス。
▼政令第 2 条 3 項第 4 号　◀ 冷凍能力が 3 トン以上 5 トン未満の冷凍設備内における高圧ガスであるフルオロカーボン（不活性のものに限る。）。　　　　　　　　　　【答：○】

3-2　応用問題

過去問題にチャレンジ！

・1 日の冷凍能力が 4 トンの冷凍設備内における高圧ガスである不活性のフルオロカーボンは、高圧ガス保安法の適用を受けない。（平 16 問 1）

> 冷凍能力が 3 トン以上 5 トン未満の不活性のフルオロは適用除外です。　▼法第 3 条第 1 項第 8 号、政令第 2 条第 3 項第 4 号　　　　　　　　　　　　　　　　【答：○】

・1 日の冷凍能力が 5 トンの冷凍設備内における高圧ガスであるフルオロカーボン（不活性のものに限る。）は、高圧ガス保安法の適用を受けない。（平 20 問 1）

> 今度は 4 トンではなく 5 トンになりました。この 5 トンという数字は重要です。つまり、「5トン」だけでは誤り。「5 トン未満」もしくは「適用を受ける」ならば正解です。
> ▼法第 3 条第 1 項第 8 号　◀ 法で規制しないもの（適用除外）は政令で定められている。
> ▼政令第 2 条第 3 項第 4 号　◀ 冷凍能力が 3 トン以上 5 トン未満の冷凍設備内における高圧ガスであるフルオロカーボン（不活性のものに限る。）。　　　　　　　　　　【答：×】

・1 日の冷凍能力が 5 トン未満の冷凍設備内におけるフルオロカーボン（不活性のものに限る。）は、高圧ガス保安法の適用を受けない。（平 27 問 2）

> 「5 トン未満」ですし、「フルオロカーボン（不活性のものに限る。）」ですから、「法の適用を受けない」でよいですよね。　▼法第 3 条第 1 項第 8 号、政令第 2 条第 3 項第 4 号　【答：○】

・1 日の冷凍能力が 5 トン未満の冷凍設備内における高圧ガスは、そのガスの種類にかかわらず高圧ガス保安法の適用を受けない。（平 15 問 1、平 22 問 1）

> 誤りですよ。引っ掛からなかったですか？　「そのガスの種類にかかわらず」が誤っています。この問題は出題数が多いですね。あなたの受験年度はどうかな、出そうかな？　ま、勉強していれば大丈夫だね。　　　　　　　　　　　　　　　　　　　　　　　　　　　　　　【答：×】

・1 日の冷凍能力が 5 トン未満の冷凍設備内における冷媒ガスである全てのフルオロカーボンは、高圧ガス保安法の適用を受けない。（平 28 問 2）

> 今度も「×」です。「全ての」が、間違いですね。他の年度でおなじみの「種類にかかわらず」が「全て」にかわりました。　　　　　　　　　　　　　　　　　　　　　　　　　【答：×】

難易度：★★★★

④ 許可・届け出

法第5条第1項第2号（許可）、法第5条第2項第2号（届け出）と政令第4条（ガス種とトンの関係の表）を一度よく読んで、過去問を気楽に解いてみるとなんとなくわかってくると思います。3トン、5トン、20トン、50トンがキーになります。

4-1　許可

過去問題にチャレンジ！

・冷凍のため高圧ガスを製造する第一種製造者が、その事業所外に、独立した1日の冷凍能力が50トンである冷凍設備（認定指定設備でないもの）を設置して高圧ガスの製造をしようとする場合、新たに都道府県知事の許可を受けなければならない。（平16問2）

はい、認定指定設備以外は、50トン以上はガス種に関係なく許可を要します。　▼法第5条第1項第2号、政令第4条　　　　　　　　　　　　　　　　　　　　　　　　　　【答：○】

4-2　ガスの種類による許可

「フルオロカーボン（不活性のもの）とアンモニアとでは」とか、「ガスの種類に関係なく」とか、違ったガスで混乱させる問題が多いです。ま、法令がそういうことになっているんだろうけれど…図を見て攻略してくださいね。

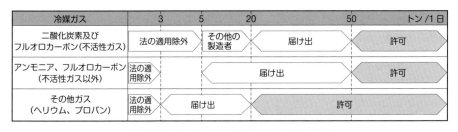

● 冷媒ガスの種類と1日の冷凍能力による許可区分 ●

過去問題にチャレンジ！

・1日の冷凍能力が30トンの製造設備を使用して高圧ガスの製造をしようとする者であっても、その冷媒ガスの種類によっては都道府県知事の許可を受けなければならない場合がある。（平21問2）

　法第5条第1項第2号の括弧内を略してみると、「二　冷凍のためガスを圧縮し、又は液化して高圧ガスの製造をする設備でその一日の冷凍能力が二十トンを（＜略＞）使用して高圧ガスの製造をしようとする者」となる。つまり、**20トン以上は許可**を得なさいということ。でもね…。括弧の中味は、「（当該ガスが政令で定めるガスの種類に該当するものである場合にあつては、当該政令で定めるガスの種類ごとに二十トンを超える政令で定める値）以上のもの（第五十六条の七第二項の認定を受けた設備を除く。」なのです。つまり、20トンを超えるガスの種類を政令で、まだいろいろ決めてあるから見てくださいね…、みたいな感じ。それで、この政令で定めるガスの種類というのが、**政令第4条の表**に書いてあり、フルオロとアンモニアは、50トン以上が許可の必要があるということなので、この問題の30トン設備は、フルオロとアンモニア以外は許可が必要となります。つまり、「そのガスの種類によっては都道府県知事の許可を受けなければならない場合がある」と、いうこと。わかった？（汗）▼**法第5条第1項第2号、政令第4条の表**　　　　　　　　　　　　　**【答：○】**

・冷凍設備（認定指定設備を除く。）を使用して高圧ガスの製造をしようとする者が、都道府県知事の許可を受けなければならない場合の1日の冷凍能力の最小の値は、その冷媒ガスの種類がフルオロカーボンとアンモニアとでは異なる。(平22問2)

　う～ん、戸惑うかな。「許可」を受けなければならない1日の冷凍能力は、フルオロとアンモニアは50トン以上と定められているので最小値（50トン）は同じなのです。だから、この問いは「×」となりますよ。

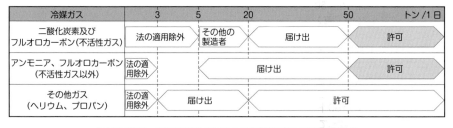

● フルオロカーボンとアンモニアの1日の冷凍能力による許可区分 ●

　　▼**法第5条第1項第2号**　◀1日の冷凍能力20トン以上は許可が必要（ガスの種類は政令第4条で定めてあります）。
　　▼**政令第4条**　◀「フルオロ（不活性のものに限る）と、フルオロ（不活性のものを除く）及びアンモニア」は、50トン以上で許可が必要。　　　　　　　　　　　　　**【答：×】**

・冷凍のための設備を使用して高圧ガスの製造をしようとする者が、都道府県知事の許可を受けなければならない場合の1日の冷凍能力の最小の値は、冷媒ガスである高圧ガスの種類に関係なく同じ値である。(平19問2)

・冷凍のための設備を使用して高圧ガスの製造をしようとする者が、都道府県知事の許可を受けなければならない場合の1日の冷凍能力の値は、冷媒ガスである高圧ガスの種類に関係なく同じである。(平18問1)

　これが、誤りなんだね。フルオロやアンモニアは、許可は50トン以上と覚えていればいいんだけど、その他ガス（ヘリウム、プロパン）は20トン以上で許可になるんだね。「冷媒ガスの種類と1日の冷凍能力による許可区分」の図を参照してくださいね。

▼法第5条第1項第2号、政令第4条　　　　　　　【答：どちらも×】

4-3　認定指定設備の許可

認定指定設備 【4つの条件】 政令関係告示第6条第2項 ・定置式製造設備であること ・冷媒がフルオロカーボン（不活性のもの） 　であること。 ・冷媒ガス充塡量が3000 kg 未満であること。 ・1日の冷凍能力が50トン以上であること。 他、冷規第57条に規定されている。	3	5	20	50	トン/1日
					第二種製造者
					届け出
					定期自主検査
					保安教育

● 認定指定設備の1日の冷凍能力による区分と規制 ●

第1章　法令　④　許可・届け出

過去問題にチャレンジ！

・1日の冷凍能力が50トン以上である認定指定設備のみを使用して冷凍のため高圧ガスの製造をしようとする者は、都道府県知事の許可を受けなくてもよい。（平17問2）

　認定指定設備（注：50トン未満の認定指定設備は存在しないよ）は、許可はいらない！
　　▼法第5条第1項第2号　⬅ 許可について：<略>（第56条の7第2項の認定を受けた設備を除く。）<略>
　　▼法第56条の7　⬅ 指定認定設備の認定について書いてある。
　　▼政令第15条第2号　⬅ 指定認定設備はどんなものか書いてある。
　　▼政令関係告示第6条第2項　⬅ 認定指定設備の4つの条件が書いてある。　　【答：○】

・1日の冷凍能力が50トンである冷凍のための設備（1つの設備であって、認定指定設備でないもの。）を使用して高圧ガスの製造をしようとする者は、その製造をする高圧ガスの種類にかかわらず、事業所ごとに都道府県知事の許可を受けなければならない。
（平17問2、平20問2）

　「認定指定設備でないもの（認定指定設備を除く）」ってことだから、50トン以上のものは許可が必要だね。　▼法第5条第1項第2号、政令第4条　　　【答：○】

・認定指定設備のみを使用して冷凍のため高圧ガスの製造をしようとする者は、その設備の1日の冷凍能力が50トン以上である場合であっても、その製造について都道府県知事の許可を受ける必要はない。（平23問1）

　今度は「認定指定設備のみ」なので、許可の必要はありません！　　　　　　【答：○】

・1日の冷凍能力が250トンの認定指定設備のみを使用して冷凍のため高圧ガスの製造をしようとする者は、製造開始の日の20日前までに、その旨を都道府県知事に届け出なければならない。（平28問2）

　おっと、250トンにまどわされないように。認定指定設備「のみ」が大事です。
　　▼法第5条第2項第2号　⬅ 1日の冷凍能力が3トン以上は製造開始の日の20日前までに届け出なさい。

▼**法第 56 条の 7 第 2 項** ◀ 指定認定指定設備の認定について書いてある。
▼**冷規第 4 条第 1 項** ◀ 届け出は「都道府県知事」に表に掲げる書類を届け出なさい。【**答：○**】

4-4　届け出

過去問題にチャレンジ！

・冷凍のための設備を使用して高圧ガスの製造をしようとする者は、その設備の 1 日の冷凍
能力が 15 トンである場合、その製造をする高圧ガスの種類にかかわらず、製造開始の日
の 20 日前までに、高圧ガスの製造をする旨を都道府県知事に届け出なければならない。
（平 22 問 2）

「二酸化炭素及びフルオロカーボン（不活性ガス）」は 20 トン以上で届け出が必要なのですが、ガスの種類によってそれらはかわります。

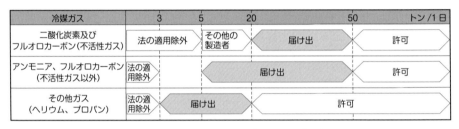

● 冷媒ガスの種類と 1 日の冷凍能力による届け出区分 ●

▼**法第 5 条第 2 項第 2 号** ◀ 届け出が必要。
▼**政令第 4 条表下欄** ◀ ＜略＞同条第 2 項第二号の政令で定める値は、同欄に掲げるガスの種類
に応じ、＜略＞。【**答：×**】

・冷凍設備（認定指定設備を除く。）を使用して高圧ガスの製造をしようとする者が、その旨
を都道府県知事に届け出なければならない場合の 1 日の冷凍能力の最小の値は、その冷媒
ガスの種類がフルオロカーボン（不活性のもの）とアンモニアとでは異なる。
（平 23 問 3、平 29 問 4）

これは「○」です。問題をよく読み「許可」と「届け出」で引っ掛けられないように。届け
出の最小値はフルオロ（不活性ガス）は 20 トン以上、アンモニアは 5 トン以上です。
▼**法第 5 条第 2 項第 2 号** ◀ 1 日冷凍能力 3 トン以上は届け出が必要（でも、ガスの種類で違い
ます。政令第 4 条に定めてありますよ）
▼**政令第 4 条** ◀ 「フルオロ（不活性のものに限る）」と「アンモニア」は、それぞれ 20 トン、
5 トンと定められている。【**答：○**】

・第二種製造者は、事業所ごとに、高圧ガスの製造開始の日の 20 日前までに、その旨を
都道府県知事に届け出なければならない。（平 21 問 4）

うむ。素直すぎて恐い。
▼**法第 5 条第 2 項** ◀ ＜略＞事業所ごとに、当該各号に定める日の二十日前までに、＜略＞
▼**法第 5 条第 2 項第 2 号** ◀ 製造開始の日（←当該各号に定める日）【**答：○**】

・第二種製造者は、事業所ごとに、製造を開始後遅滞なく、製造をする高圧ガスの種類、製造のための施設の位置、構造及び設備並びに製造の方法を記載した書面を添えて、その旨を都道府県知事に届け出なければならない。(平27問4)

「製造を開始後遅滞なく」ではなく、「製造開始の日の20日前までに」です。　▼法第5条
第2項第2号　　　　　　　　　　　　　　　　　　　　　　　　　　【答：×】

難易度：★★

5　第二種製造者

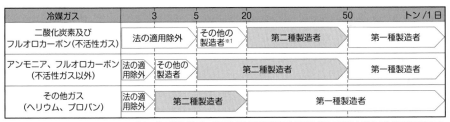

冷媒ガス	3	5	20	50	トン／1日
二酸化炭素及びフルオロカーボン(不活性ガス)	法の適用除外	その他の製造者※1	第二種製造者		第一種製造者
アンモニア、フルオロカーボン(不活性ガス以外)	法の適用除外	その他の製造者	第二種製造者		第一種製造者
その他ガス(ヘリウム、プロパン)	法の適用除外	第二種製造者		第一種製造者	

※1「その他の製造者」は、許可や届け出は不要であるが技術上の基準を遵守する必要があります。

● 冷媒ガスの種類と1日の冷凍能力による製造者区分 ●

過去問題にチャレンジ！

・アンモニアを冷媒ガスとする冷凍設備であって、その冷凍能力が15トンである設備のみを使用して高圧ガスの製造をする者は、第二種製造者である。(平26問4)

・アンモニアを冷媒ガスとする冷凍設備であって、1日の冷凍能力が10トンのもののみを使用して高圧ガスの製造をする者は、第二種製造者である。(平28問4)

アンモニア冷媒設備の冷凍能力はそれぞれ15トンと10トンなので、第二種製造者ですね。
　▼法第10条の2　◀第二種製造者とは…「第五条第二項各号に掲げる者(以下「第二種製造者」という。)＜略＞
　▼法第5条第2項第2号
　▼政令第4条　◀アンモニアガスがあるニの欄を見る。　　　　　　　　【答：○】

・製造をする高圧ガスの種類がフルオロカーボン(不活性のもの)である場合、1日の冷凍能力が20トン以上50トン未満である一つの冷凍設備を使用して高圧ガスの製造をする者は、第二種製造者である。(令1問4、令2問3)

条例と「冷媒ガスの種類と1日の冷凍能力による製造者区分」の図を見れば大丈夫です。

▼ **法第 10 条の 2**　◀━ 第二種製造者とは…「第五条第二項各号に掲げる者（以下「第二種製造者」という。）＜略＞

▼ **法第 5 条第 2 項第 2 号**　◀━ 一日の冷凍能力が 3 トン以上は第二種製造者、しかし政令によりガス種で違います。

▼ **政令第 4 条**　◀━ 表「二酸化炭素及びフルオロカーボン（不活性のものに限る）」の欄を見る。
　　　　　　　　　　　　　　　　　　　　　　　　　　　　　　　　　　　　　　　【答：○】

> ・二酸化炭素を冷媒ガスとする 1 日の冷凍能力が 25 トンである設備を使用して、冷凍のため高圧ガスの製造をする者は、第二種製造者である。（平 27 問 2）

設問が出題された平成 27 年は、二酸化炭素冷媒は「その他のガス」に含まれていました。二酸化炭素冷媒は 1 日の冷凍能力が 25 トンの場合は、第一種製造者であり、答えは「×」となります。しかし、法改正（平成 29 年 7 月 20 日付）があり、「フルオロカーボン（不活性ガスのものに限る）」に変更追加され「二酸化炭素及びフルオロカーボン（不活性ガスのものに限る）」と表記されました（▼ **政令第 4 条**）。よって、法改正後の解釈ですと、二酸化炭素冷媒 1 日の冷凍能力が 25 トンの場合は、第二種製造者となって、答えは「○」となります。今後は、二酸化炭素冷媒関連の問題に留意してください。　　　　【答：解説参照】

難易度：★★

⑥　販売・消費

　「販売」の問題は、毎年 1 問！？　出ます。法第 20 条の 4 を押さえておけば大丈夫でしょう。「事業開始の日の二十日前まで」と「届け出」がポイントです。「消費」は 10 年に一度程度のレアな問題になります。

6-1　販売

過去問題にチャレンジ！

> ・容器に充てんされた冷媒ガス用の高圧ガスの販売の事業を営もうとする者（定められた者を除く。）は、販売所ごとに、事業開始の日の 20 日前までに、その旨を都道府県知事に届け出なければならない。（平 23 問 2）

「容器に充てんされた冷媒ガス用の」などと余計な文章がついていますが、惑わされないように…、わりと素直な問題と思われます。　▼ **法第 20 条の 4**　　　　　　【答：○】

> ・高圧ガスの販売の事業を営もうとする者は、その高圧ガスの販売について販売所ごとに都道府県知事の許可を受けなければならない。（平 20 問 1）

引っ掛かりませんでしたか！？　許可ではなくて届け出でよいのです。間違えると思わず涙が出てしまう問題ですね。　▼ **法第 20 条の 4**　　　　　　　　　　　　【答：×】

・容器に充てんされた冷媒ガス用の高圧ガスの販売の事業を営もうとする者（定められたものを除く。）は、販売所ごとに、事業開始後、遅滞なく、その旨を都道府県知事に届け出なければならない。（平25問3）

引っ掛からなかったですか？　「遅滞なく」ではなくて「事業の開始の日の20日前までに」ですよ。▼法第20条の4 　　　　　　　　　　　　　　　　　　　【答：×】

6-2　消費

過去問題にチャレンジ！

・特定高圧ガス以外の高圧ガスのうち消費の技術上の基準に従うべき高圧ガスは、可燃性ガス（高圧ガスを燃料として使用する車両において、当該車両の燃料の用のみに消費される高圧ガスを除く。）、毒性ガス、酸素及び空気である。（平16問4）

思わず「×」にしたい！？　これは引っ掛かりやすいかも。特定高圧ガス以外の、この「以外」がミソなのよ。法第24条の5をまず見てください。これの「前三条に定めるものの外、経済産業省令で定める高圧ガス」。これが、一般第59条に書いてあります。第59条に、可燃性ガス、毒性ガス、酸素及び空気という言葉が登場します。　　　　　　　【答：○】

・酸素の消費は、バルブ及び消費に使用する器具の石油類、油脂類その他の可燃物を除去した後にしなければならない。（平12問17）

一般第60条第1項第15号を読んでね。ま、なんとなくわかる問題だけど。　　【答：○】

キャッチボールシマセンカ？

ハッ!!

難易度：★★

⑦　地位の承継

地位の承継は出題が少ないですが、ヒョッコリ出題される年度があるでしょう。法第10条を読んでおきましょう。

法令 （承継）

第十条　第一種製造者について相続、合併又は分割（当該第一種製造者のその許可に係る事業所を承継させるものに限る。）があつた場合において、相続人（相続人が二人以上ある場合において、その全員の同意により承継すべき相続人を選定したときは、その者）、合併後存続する法人若しくは合併により設立した法人又は分割によりその事業所を承継した法人は、第一種製造者の地位を承継する。

2　前項の規定により第一種製造者の地位を承継した者は、遅滞なく、その事実を証する書面を添えて、その旨を都道府県知事に届け出なければならない。

「相続、合併又は分割」、「地位を承継する」、「届け出」あたりがポイントです。法第10条に記されている地位の承継は、「相続、合併又は分割」についてであって、「譲渡（譲り受け）」の場合はこの条文に当てはまりません。下記の【基通】というものを読んでみてください。そして、過去問をよく読んでください。この問題は、わかっている方（勉強している人）にとっては、思いっきりサービス問題となります！　ようするに、「譲渡」の場合は「許可」が必要です。なんとか、間違わせようとする問題が多いですが、頑張ってください！

【基通】
　第10条は、いわゆる承継のうち、相続、合併又は分割（当該第一種製造者のその許可に係る事業所を承継させるものに限る。）の場合のみ新規許可特例として認めているのであって、それら以外の譲渡等の場合は、法第5条の許可が必要である。
　第10条の第1項の規定により地位を承継した場合、承継者は非承継者に対する許可の条件等も義務も承継する。
　相続とは、製造施設の包括承継のみを意味し、分割承継は相続とみなさない。

過去問題にチャレンジ！

・第一種製造者がその高圧ガスの製造事業の全部を譲り渡したときは、その事業の全部を譲り受けた者はその第一種製造者の地位を承継する。

（平18問3、平19問3、平26問2、平28問3、令2問3）

「〇」にしてしまいましたか？　設問は「相続、合併又は分割」ではなく、「譲渡（譲り渡し）」ですから、地位の承継にならない（地位の承継はできない）ということで「×」です。あらためて「許可」を受けなければなりません。

▼**法第10条第1項**　←＜略＞相続、合併又は分割＜略＞があつた場合において、相続人＜略＞、合併後存続する法人若しくは合併により設立した法人又は分割によりその事業所を承継した法人は、第一種製造者の地位を承継する。

▼**法第20条第2項**　←第一種製造者からその製造のための施設の全部又は一部の引渡しを受け、第五条第一項の許可を受けた者は、＜略＞　　　　　　　　　　　　**【答：×】**

・第一種製造者の事業を譲り渡した者及び譲り受けた者は、遅滞なく、それぞれその旨を都

道府県知事に届け出なければならない。（平27問2）

「許可を受けなければならない」が正解。「譲渡」されたら「許可」です。【基通】を参考にしてください。「相続、合併又は分割」なら地位の承継をされるので「届け出」をすればよいです。

- ▼**法第10条第1項**　🔙「＜略＞相続、合併又は分割＜略＞の地位を承継する。」なので、「譲渡」に関してはひと言も書かれていない。
- ▼**法第20条第2項**　🔙 引き渡しを受ける → 許可（法第5条第1項）を受ける → 完成検査を受ける → 検査記録を届け出 → 使用できる。　　　　　　【答：×】

難易度：★★★★

⑧　容器

容器は「容器全般」、「貯蔵」、「移動」、「廃棄・廃止」と大きく4つに分類してあります。問題数は多いですが、美味しい問題も多いので点稼ぎができますよ。

8-1　容器全般

（1）輸入検査

過去問題にチャレンジ！

・容器に充てんされた高圧ガスの輸入検査において、その検査対象は輸入した高圧ガス及びその容器である。（平18問3）

うむ。**法第22条第1項**に「高圧ガスの輸入をした者は、輸入をした<u>高圧ガス及びその容器につき、</u>＜略＞」と書いてあります。検査を受けて適合と認められないと、移動もできません。　【答：○】

・容器に充てんされた高圧ガスの輸入をした者は、輸入をした高圧ガス及びその容器について、指定輸入検査機関が行う輸入検査を受け、これらが輸入検査技術基準に適合していると認められ、その旨を都道府県知事に届け出た場合は、都道府県知事が行う輸入検査を受けることなく、その高圧ガスを移動することができる。（平26問3、平29問3）

これは、ちょっと引っ掛けっぽいかな。**法第22条第1項**の概略は、「都道府県知事の輸入検査で適合と認められなければ移動してはならない。ただし、次に掲げるもの（←第1項第1〜4号）の場合は、この限りでない。」第1項第1号に、指定輸入検査機関の検査を受け、適合と認められ、都道府県知事に届け出た場合は、移動してもよい旨が記されていますので、問題文の通りです。　【答：○】

（2）再検査

過去問題にチャレンジ！

> ・容器検査又は容器再検査を受け、これに合格し所定の刻印等がされた容器（再充てん禁止容器を除く。）に高圧ガスを充てんすることができる条件の一つに、その容器が所定の期間を経過していないことがある。（平21問7）

　うむ。
　▼法第48条第1項第5号　⬅ 省令で定める期間を過ぎたら検査、再検査をしなさい。
　▼容器第24条　⬅ 省令で定める期間が記されている。　　　　　　　　　【答：○】

> ・容器検査又は容器再検査を受けた後、所定の期間を経過した容器に高圧ガスを充てんすることができる条件の一つに、その容器が容器再検査に合格したものでなければならないことがある。（平17問7）

　この問題は必ずゲットしましょう。
　▼法第48条第1項第5号
　▼法第49条第3項　⬅ 大臣等は、再検査に合格したら速やかに刻印しなさい。　【答：○】

> ・冷媒ガスである液化アンモニアを冷媒設備から回収し、容器（再充てん禁止容器を除く。）に充てんするとき、その容器が容器再検査の期間を経過していないものであることは、その容器に液化アンモニアを充てんすることができる条件の一つである。（平23問7）

　「液化アンモニア」で変に惑わされないように。
　▼法第48条第1項第5号、容器第24条　　　　　　　　　　　　　　　　　【答：○】

> ・容器の所有者は、容器再検査に合格しなかった容器について所定の期間内に所定の刻印等がされなかったときは、遅滞なく、これをくず化し、その他容器として使用することができないように処分しなければならない。（平16問5、平26問6、平28問6）

　勉強しなくても、なんとなく「○」にしても OK の問題だね。　▼法第56条第3項【答：○】

Memo
> 「3　容器の所有者は、容器再検査に合格しなかった容器について三月以内に＜略＞」
>
> う～ん、検査をして合格せず三月以内に刻印されないときとは、（放置？　あきらめたとき？　まにあわない？）…、この「三月以内」は出題されるかな？

> ・容器検査に合格した容器には、所定の刻印等がされているが、その容器が容器再検査に合格した場合は、表示のみがされる。（平16問5）

　なんか迷いますよね、表示？　だけでいいの、そもそも表示って…。
　▼法第49条第3項　⬅「＜略＞経済産業省令で定める容器以外のものであるときは、速やかに、経済産業省令で定めるところにより、その容器に、刻印をしなければならない。」つまり、刻印をしろと書いてある。　　　　　　　　　　　　　　　　　　　　　　　　　　【答：×】

> ・容器に高圧ガスを充てんすることができる条件の一つに、「その容器が容器検査を受けた後、所定の期間を経過したものである場合、その容器が容器再検査を受け、これに合格

し、かつ、所定の刻印又は標章の掲示がされたものでなければならないこと」がある。

（平26問6）

長文ですが、どうってことないですね！　法第48条第1項第5号が問われているだけです。
- ▼**法第48条第1項第5号**　省令で定める期間を過ぎたら検査、再検査をしなさい。
- ▼**容器第24条**　◀省令で定める期間が記されている。　　　　　　【答：○】

・液化フルオロカーボンを充てんする溶接容器の容器再検査の期間は、その容器の製造後の経過年数にかかわらず、5年である。（平29問6）

「かかわらず、5年」じゃないですよね。具体的な数値を問われるのははじめてかな。
- ▼**容器第24条第1項第1号**　◀二十年未満のものは五年、経過年数二十年以上のものは二年。
【答：×】

（3）刻印

　刻印は問題が特に多いですが、ややこしい問題はないと思います。「充てん質量」、「内容積」などの違いに注意してください。

（a）記号や番号

　容器第8条第1項第5号は、括弧を無視して読むとわかりやすいですよ。

 　五　容器の記号（液化石油ガスを充てんする容器にあつては、三文字以下のものに限る。）及び番号（液化石油ガスを充てんする容器にあつては、五けた以下のものに限る。）

過去問題にチャレンジ！

・容器の記号及び番号は、容器検査に合格した容器に刻印をすべき事項の一つである。
（平21問7）

・容器検査に合格した容器に刻印をすべき事項の一つに、「容器の記号及び番号」がある。
（平22問7、平26問6）

オーソドックスな正解の問題文ですね。
- ▼**法第45条第1項**　◀刻印しなさい。
- ▼**容器第8条第1項第5号**　◀容器の記号及び番号を刻印しなさい。　【答：どちらも○】

（b）内容積

 　▼**容器第8条第1項第6号**
　六　内容積（記号Ｖ、単位リットル）

過去問題にチャレンジ！

> ・容器に刻印すべき事項の一つに、その容器の内容積（記号 V、単位リットル）がある。
>
> （平 19 問 6）

記号や番号の他に、内容積は必須ですよ。「最大充てん質量」ではないですので注意してください。

　▼**法第 45 条第 1 項**　刻印しなさい。

　▼**容器第 8 条第 1 項第 6 号**　内容積（記号 V、単位リットル）を刻印しなさい。　【答：○】

> ・液化ガスを充てんする容器には、その容器に充てんすることができる最大充てん質量の数値の刻印がされている。（平 16 問 5、平 18 問 7、平 28 問 6）

間違えました？　「×」です、「×」。**充てん質量**じゃなくて、**内容積**です。最大充てん質量を刻印しなさい、とか何処にも書かれていないのです。イメージ的に似ているので、引っ掛かりますから注意しましょう。

　▼**法第 45 条第 1 項**　刻印しなさい。

　▼**法第 48 条第 1 項第 1 号**　刻印等又は自主検査刻印等がされているもの。

　▼**容器第 8 条第 1 項第 6 号**　内容積（記号 V、単位リットル）を刻印しなさい。　【答：×】

> ・液化ガスを充てんする容器には、その容器の内容積（記号 V、単位リットル）のほか、その容器の最大充てん質量（記号 W、単位キログラム）の刻印がされている。（平 23 問 7）

これもうっかり間違いそうですね。「最大充てん質量」は刻印しません！

　▼**容器第 8 条第 1 項第 6 号**　内容積（記号 V、単位リットル）を刻印しなさい。　【答：×】

（c）合格した年月

　容器第 8 条第 1 項第 9 号に関する問題は 2 冷には見当たらないので、参考までに 3 冷の過去問を掲載します。

法令　九　容器検査に合格した年月（＜略＞）

過去問題にチャレンジ！

> ・容器検査に合格した容器に刻印すべき事項の一つに、その容器が受けるべき次回の容器再検査の年月がある。（参考：3 種 平 25 問 5）

ない。少し引っ掛けっぽいかな…。

　▼**法第 45 条第 1 項**　刻印しなさい。

　▼**容器第 8 条第 1 項第 9 号**　合格した年月の云々はあるが、容器再検査の年月はひと言もない。

【答：×】

（d）耐圧試験における圧力

 法令　▼容器第8条第1項第11号

十一　＜略＞耐圧試験における圧力（記号TP、単位メガパスカル）及びM

過去問題にチャレンジ！

・容器検査に合格した容器に刻印されている「TP2.9M」は、その容器の耐圧試験における
圧力が2.9メガパスカルであることを表している。（平25問6）

　「耐圧試験における圧力」の刻印は、こういう書き方なのね。覚えておくしかないですね。
　　▼法第45条　◀検査に合格したら刻印をしなさい。
　　▼容器第8条第1項第11号　◀（記号TP、単位メガパスカル）及びM。　　【答：○】

・容器検査に合格した容器に刻印されている「TP2.9M」は、その容器の最高充てん圧力が
2.9メガパスカルであることを表している。（平29問6、令2問6）

　おっと～、「×」ですよ！　「最高充てん圧力」ではなくて「耐圧試験圧力」です！【答：×】

（e）最高充てん圧力

 法令　▼容器第8条第1項第12号

十二　＜略＞最高充てん圧力（記号FP、単位メガパスカル）及びM

過去問題にチャレンジ！

・圧縮ガスを充てんする容器には、最高充てん圧力の刻印等又は自主検査刻印等がされてい
る。（平15問6）

　充てん質量とか、充てん圧力とか、戸惑わないように問題文はしっかり読みましょう。ま、
最高充てん圧力または自主検査刻印と覚えちゃってください。
　　▼法第45条　◀検査に合格したら刻印をしなさい。
　　▼法第49条の25　◀登録容器製造業者（容器を作る人のこと）の自主検査刻印のこと。
　　▼容器第8条第1項第12号　◀最高充てん圧力のことが書かれている。　　【答：○】

・圧縮窒素を充てんする容器の刻印のうち「FP14.7M」は、その容器の最高充てん圧力が
14.7メガパスカルであることを表している。（3種平23問5）

　「FP14.7M」とか、具体的数値の出題は2冷、3冷共に平成23年度が初めてかも知れませ
ん。　▼法第45条、容器第8条第1項第12号　　　　　　　　　　　　　　【答：○】

（ｆ）附属品検査合格品

 法令　▼容器第18条第1項第7号（附属品検査合格品刻印）

　七　<略>附属品（取りはずしのできるものに限る。）を含まない容器の質量（記号W、単位キログラム）

過去問題にチャレンジ！

・容器に装置されるバルブであって附属品検査に合格したものに刻印をすべき事柄の一つに、「そのバルブが装置されるべき容器の種類」がある。（平22問7、平27問6）

　　そのとおりとしか言いようがない。
　　▼**法第49条の3第1項**　◀附属検査合格品には刻印しなさい。
　　▼**容器第18条第1項第7号**　◀第1項：附属品の刻印は次のようにしなさい。第7号：「次に掲げる附属品が装置されるべき容器の種類」として、イ〜リまでの容器が書いてある。

【答：○】

Memo　3冷では平成28年度に「附属品再検査合格品の刻印」について出題されています。

（4）明示（表示）
　刻印と違い、塗料で書くというイメージでしょうか。問題数の多さでは刻印と同等かも？

Memo　「表示」と「明示」の違い
　　ガスの性質を表示する（▼**法第46条**）ときに、「毒」とか「燃」を明示する（▼**容器第10条**）ということですね。

（ａ）明示すべき事項
　ここでは「充てん質量」と「内容積」の違いに注意してください。

過去問題にチャレンジ！

・液化ガスを充てんする容器の外面には、その容器に充てんすることができる最大充てん質量の数値が明示されている。（平15問6）

・液化ガスを充てんする容器の外面には、その容器に充てんすることができる液化ガスの最大充てん質量の数値が明示されている。（平21問7、令1問6）

出題者は、あなたをあらゆる方向から攻めてくる…軽く、かわそう！　充てん質量は、刻印されている「内容積」と液化ガスの定数で計算します。明示などされてはいないです。

- ▼法第 48 条第 1 項第 1 号、第 2 号　◀ 刻印しなさい、表示しなさい。
- ▼容器第 22 条　◀ 液化ガスの質量の計算の方法が書いてある。後述の「8-1（5）充填」の問題にもかかわってくる条文です。　　　　　　　　　　　　　　　　　　　　**【答：どちらも×】**

（b）「燃」と「毒」の明示

過去問題にチャレンジ！

・液化アンモニアを充てんする容器の外面には、その高圧ガスの名称並びに性質を示す文字「燃」及び「毒」を明示しなければならない。（平 28 問 7）

今度はガスの性質が出てきました。アンモニアは「可燃性ガス及び毒性ガス」ですね。
- ▼法第 46 条第 1 項　◀ 表示をしなさい。
- ▼容器第 10 条第 1 項第 2 号ロ　◀ 当該高圧ガスの性質を示す文字を明示しなさい。　　**【答：○】**

・液化アンモニアを充てんする容器にすべき表示は、その容器の外面にそのガスの性質を示す文字として「毒」のみの明示をすることである。（平 19 問 6）

おっと、少々引っ掛けっぽい問題ですが、勉強しているあなたにとっては美味しい問題です！
- ▼法第 46 条第 1 項　◀ 表示をしなさい。
- ▼容器第 10 条第 1 項第 2 号ロ　◀ 液化アンモニアは、可燃性と毒性ガスだから「燃」「毒」の両方を表示する。　　　　　　　　　　　　　　　　　　　　　　　　　　**【答：×】**

（c）刻印と明示

過去問題にチャレンジ！

・液化アンモニアを充てんする容器には、その充てんすべき高圧ガスの名称が刻印で示されているので、アンモニアの性質を示す文字を明示すれば、そのガスの名称は明示する必要はない。（平 25 問 6）

こういう問題の作り方もありかー！　などと納得する問題文です。
- ▼法第 46 条第 1 項　◀ 表示をしなさい。
- ▼容器第 10 条第 1 項第 2 号イ　◀「充てんすることができる高圧ガスの名称」を明示しなさい。　　　　　　　　　　　　　　　　　　　　　　　　　　　　　　　　　**【答：×】**

（d）塗色の明示

ザッと、塗色の色を覚えたほうが良いかもしれないです。

過去問題にチャレンジ！

・液化アンモニアを充てんする容器に表示をすべき事項のうちには、「その容器の外面の見やすい箇所に、その表面積の 2 分の 1 以上について白色の塗色をすること」がある。
（平 24 問 7）

・液化アンモニアを充てんする容器に表示をすべき事項のうちには、その容器の表面積の２分の１以上についての白色の塗色及びその高圧ガスの性質を示す文字「燃」、「毒」の明示がある。(平29問6)

「２分の１以上」、「アンは白」ぐらい覚えないとね。

高圧ガスの種類	染色の区分
酸素ガス	黒色
水素ガス	赤色
液化炭酸ガス	緑色
液化アンモニア	白色
液化塩素	黄色
アセチレンガス	かっ色(褐色)
その他の種類の高圧ガス	ねずみ色

(容器第10条第1項第1号より)

▼**法第46条第1項** ← 表示をしなさい。
▼**容器第10条第1項第1号** ← 次の表の<略>ガスの種類に応じて<略>掲げる塗色を<略>の見やすい箇所に、容器の表面積の二分の一以上について行うものとする。<略>

【答：どちらも○】

(e) その他

過去問題にチャレンジ！

・容器検査に合格した容器に充てんすることができる高圧ガスの名称を明示した場合は、その容器に充てんすべき高圧ガスの種類の刻印又は標章の掲示を省略することができる。

(平24問7)

そんなことないでしょ！　と、思う問題。ずらずらと並べた法文には、設問のような省略すべき事項はないです。

▼**法第45条第1項、第2項** ← 合格したら刻印し、標章を掲示しなさい。
▼**容器第8条第1項第3号** ← 刻印(充塡すべき高圧ガスの種類)。
▼**法第46条第1項第1号** ← 刻印等されたとき、表示しなさい。
▼**容器第10条第1項第2号イ** ← 表示は「充塡することができる高圧ガスの名称」の明示がある。

【答：×】

(5) 充塡

　容器に充塡するときの液化ガスの質量について問われます。これがポイントです。ちょっと、引っ掛けっぽい問題がありますから注意しましょう。2冷での出題はなぜか少ないです。

Memo｜　平成28年11月1日に法改正があり、「充てん」から「充塡」へ表記が変わりました。協会の模範解答の解説では、平成30年度より適用されています。本書では平成30年度以降の問題解説より表記を変えています。

過去問題にチャレンジ！

・容器に充てんする高圧ガスである液化ガスは、所定の算式で計算した質量以下のものでなければならない。（平17問7）

ま、なんとなく「○」だよね。…って、感じでもよいと思います。が、引っ掛けには注意してください。

▼法第48条第4項第1号　◀刻印又は自主検査刻印等がされているものであること。
▼法第48条第4項第1号　◀<略>液化ガスにあつては経済産業省令で定める方法によりその刻印又は自主検査刻印等において示された内容積に応じて計算した質量以下のものであること。<略>　　　　　　　　　　　　　　　　　　　　　　　【答：○】

・容器に充てんする液化ガスは、刻印等又は自主検査刻印等で示された種類の高圧ガスであり、かつ、容器に刻印等又は自主検査刻印等で示された最大充てん質量の数値以下のものでなければならない。（平19問6、平24問7、平27問6）

・容器に充てんする液化ガスは、その容器の内容積に関係なく、容器に刻印等又は自主検査刻印等で示された最高充てん質量以下のものでなければならない。（平25問6）

引っ掛かりませんでしたか？　「表示」関係の問題でのひっかけ応用編のような問題です。充てん質量は表示しません（表示されてません）から、計算しなければなりません。3冷では、計算の方法について出題されていますので、ここに計算式を記しておきます。

> 以下、**容器第22条**の一部を抜粋します。
>
> <略>次の算式によるものとする。
> $$G = V/C$$
> この式においてG、V及びCは、それぞれ次の数値を表すものとする。
> 　　G：液化ガスの質量（単位キログラム）の数値
> 　　V：容器の内容積（単位リットル）の数値
> 　　C：<略（各種ガスの定数）>

▼法第48条第4項第1号　◀液化ガスは、刻印等で示された内容積に応じて計算した質量以下
▼容器第22条　◀液化ガスの質量の計算の方法が書いてある。　　　　　　【答：×】

8-2　貯蔵

（1）ガスの容積と質量

過去問題にチャレンジ！

・貯蔵の方法に係る技術上の基準に従って貯蔵しなければならない高圧ガスは、液化ガスにあっては1.5キログラムを超えるものである。（平19問4）

題意の通り！

▼法第15条第1項　◀貯蔵は技術上の基準に従ってください。でも、省令で定める容積以下の高圧ガスについては、この限りでありません。

▼**一般第19条第1項、第2項**　◀法第15条第1項の「省令で定める容積以下の高圧ガス」の容積とは、0.15立方メートル以下です。第2項では、液化ガスの場合、質量10キログラムは容積1立方メートルで計算します（<u>1.5キログラムを超えるもの</u>）。高圧ガスの貯蔵はそのガスの種類にかかわらずこの基準に従います。　　　　　　　　　　　　　　**【答：○】**

・貯蔵の方法に係る技術上の基準に従って貯蔵しなければならない不活性ガスである液化フルオロカーボンは、その質量が5キログラム以上のものと定められている。（平26問7）

・貯蔵の方法に係る技術上の基準に従って貯蔵しなければならない液化ガスは、毒性ガスにあってはその質量が1.5キログラムを超えるもの、不活性ガスにあってはその質量が5キログラムを超えるものと定められている。（平28問7）

おお〜、素晴らしい惑わし満載の問題。でも、チョロいですね。高圧ガスの貯蔵はそのガスの種類にかかわらず技術上の基準に従います。不活性ガスや毒性ガスなど関係ないですね。
▼**法第15条第1項、一般第19条第1項、一般第19条第2項**　　　　　**【答：どちらも×】**

（2）ガスの種類

過去問題にチャレンジ！

・貯蔵の方法に係る技術上の基準に従うべき充てん容器等は、可燃性ガス、毒性ガス及び酸素のもののみである。（平17問5）

これは、けっこう判断を迷ったりしますかね。**法第15条第1項**には、「容器」という語句すら書かれていないです。つまり、「充てん容器（の種類）には関係なく技術上に基準に従いなさい」ということなのです。　　　　　　　　　　　　　　　　　**【答：×】**

・貯蔵の方法に係る技術上の基準に従うべき高圧ガスは、可燃性ガス、毒性ガス及び酸素のものに限られる。（平19問4）

今度は、平17問5の「充てん容器」が「高圧ガス」に変わっている引っ掛け問題です。勉強していないと迷うでしょう。　▼**法第15条第1項**　◀ガスの種類には関係なく技術上に基準に従いなさい。　　　　　　　　　　　　　　　　　　　　　　　　　**【答：×】**

（3）車両の貯蔵

過去問題にチャレンジ！

・液化アンモニアを車両に固定した容器又は積載した容器により貯蔵することは、特に定められた場合を除き禁じられている。（平30問7）

はい、その通り。なんとなくわかりますよね。車に四六時中積んでおくなんて駄目ですよね。
▼**法第15条第1項**　◀貯蔵は技術上の基準に従ってください。
▼**一般第18条第2号ホ**　◀固定し、又は積載したとか、除くとか、この限りでないとか、云々。
【答：○】

> ・車両に固定した容器により高圧ガスを貯蔵することは禁じられているが、車両に積載した容器により高圧ガスを貯蔵することはいかなる場合でも禁じられていない。(平22問13)

「○」？　「×」？　「いかなる場合でも禁じられていない。」で戸惑うかもしれませんね。正しい文章にしてみます。「車両に固定した容器により高圧ガスを貯蔵することは禁じられているが、特に定められた場合を除き、車両に積載した容器により貯蔵してはならない。」です。
　　▼法第15条第1項、一般第18条第2号ホ　　　　　　　　　　　　　【答：×】

> ・可燃性ガス又は毒性ガスが充てんされた容器を車両に積載して貯蔵することは、特に定められた場合を除き禁じられているが、不活性ガスである液化フルオロカーボンが充てんされた容器を車両に積載して貯蔵することは、いかなる場合であっても禁じられていない。
> (平26問7)

「車両に積載して貯蔵することは、いかなる場合であっても禁じられていない。」言い方をかえると「車両に積載して貯蔵することは、どんな時でも積載による貯蔵ができる。」そう、「×」なんだ！　▼法第15条第1項、一般第18条第2号ホ　　　　　　　【答：×】

> ・充てん容器及び残ガス容器を車両に積載して貯蔵することは、特に定められた場合を除き禁じられている。(平24問13)

残ガス容器も同じ対象です。
　　▼一般第6条第1項第42号　◀ 容器置き場並びに充てん容器及び残ガス容器（以下「充てん容器等」という。）＜略＞
　　▼法第15条第1項
　　▼一般第18条第2号ホ　　　　　　　　　　　　　　　　　　　　【答：○】

（4）容器置き場の通風

　容器置き場の風通しについての関連条文は、一般第18条第2号イです。短い条文ですが、「可燃性ガス又は毒性ガス」に注意してください。

法令　　イ　可燃性ガス又は毒性ガスの充てん容器等の貯蔵は、通風の良い場所ですること。

過去問題にチャレンジ！

> ・アンモニアの充填容器及び残ガス容器を貯蔵する場合は、通風の良い場所で行わなければならないが、不活性ガスのフルオロカーボンについては、その定めはない。(令1問7)

これは間違えやすいかな。一般第18条第2号イを読んでくれたまえ。「可燃性ガス又は毒性ガス」しか規制されていないんだ。
　　▼法第15条第1項　◀ 貯蔵は技術上の基準に従いなさい。
　　▼一般第18条第2号イ　◀ 可燃性ガス又は毒性ガスの貯蔵は、＜略＞。　　【答：○】

> ・質量 50 キログラムの液化アンモニアの充てん容器の貯蔵は、通風の良い場所でしてはならない。（平 20 問 3）

> ・液化アンモニアの充填容器及び残ガス容器の貯蔵は、そのガスが漏えいしたとき拡散しないように通風の良い場所でしてはならない。（平 30 問 3）

大丈夫でしたか？　一瞬なぜ間違ったの？　だまされないように問題をよく読むクセをつけましょう。一般第 18 条は貯蔵の方法がいろいろと書いてあるので一度はじっくり読んでみましょう。「してはならない」ではなく、「しなければならない」（質量 50 キログラムは、関係なし）ですよ。　▼法第 15 条第 1 項、一般第 18 条第 2 号イ　　　　　【答：どちらも×】

> ・液化アンモニアの充てん容器及び残ガス容器は、通風の良い場所で貯蔵しなければならない。（平 28 問 7）

「残ガス容器」で迷いました？
　▼一般第 6 条第 1 項第 42 号　◀ 容器置き場並びに充てん容器及び残ガス容器（以下「充てん容器等」という。）＜略＞
　▼法第 15 条第 1 項
　▼一般第 18 条第 2 号イ　　　　　　　　　　　　　　　　　　　【答：○】

（5）容器置き場の区分

　容器置き場の区分についての関連条文は、一般第 6 条第 2 項第 8 号イ〜ロです。ポツッと出題されます。イとロを混同しないように。問題数は 3 冷に比べ 2 冷は断トツに少ないです。

 法令　（定置式製造設備に係る技術上の基準）

第六条第二項第八号（第 6 条より抜粋）
　八　容器置場及び充てん容器等は、次に掲げる基準に適合すること。
　　イ　充てん容器等は、充てん容器及び残ガス容器にそれぞれ区分して容器置場に置くこと。
　　ロ　可燃性ガス、毒性ガス、特定不活性ガス及び酸素の充てん容器等は、それぞれ区分して容器置場に置くこと。＜略＞

過去問題にチャレンジ！

> ・充てん容器及び残ガス容器は、それぞれ区分して容器置場に置かなければならない。
> （平 23 問 13）

短文の問題でも、よく読みましょう。
　▼法第 15 条第 1 項　貯蔵は技術上の基準に従いなさい。
　▼一般第 18 条第 2 号ロ　◀ 一般規則 6 条第 2 項第 8 号に従いなさい。
　▼一般第 6 条第 2 項第 8 号イ　◀ ちゃんと区分しなさい。　　　　　【答：○】

> ・液化フルオロカーボンの充てん容器は、残ガス容器と区分して容器置場に置く必要はない。（平29問7）

チョッと引っ掛けっぽいかな。充填容器と残ガス容器置場の区分に、ガスの種類については触れていない。

    ▼法第15条第1項、一般第18条第2号ロ

    ▼一般第6条第2項第8号イ　◀ 充てん容器等は、充てん容器及び残ガス容器にそれぞれ区分して容器置場に置くこと。

【答：×】

（6）容器の温度

ここでの関連条文は、一般第18条第2号ホです。ガスの種類は記されていないので、その辺を注意して問題文をよく読んでください。

 ホ　充てん容器等は、常に温度四十度（＜略＞）以下に保つこと。

過去問題にチャレンジ！

> ・質量50キログラムの液化アンモニアを充てんした容器を貯蔵する場合、その容器は常に温度40度以下に保つ必要があるが、同質量の液化フルオロカーボン134aを充てんした容器は、ガスの性質から常に温度40度以下に保つ必要はない。（平15問4）

ンな、こたぁ～ないと思わず思う問題。チョと引っ掛け気味の問題ですね。勉強していないと悩むかも知れません。

    ▼法第15条第1項　◀ 貯蔵は技術上の基準（一般第18条）に従いなさい。

    ▼一般第18条第2号ロ　◀ 容器による貯蔵は一般第6条第2項第8号に従いなさい。

    ▼一般第6条第2項第8号ホ　◀ 常に40度以下に保ちなさい。特にアンモニアとかフルオロとかは書いてありません。

【答：×】

（7）残ガス容器の温度

残ガス容器については、一般第6条第1項第42号の冒頭に記されています。「残ガス容器」は「充てん容器」と考えてよいですよ。

 四十二　容器置場並びに充てん容器及び残ガス容器（以下「充てん容器等」という。）は、次に掲げる基準に適合すること。

過去問題にチャレンジ！

・充てん容器については、その温度を常に 40 度以下に保つべき定めがあるが、残ガス容器についてはその定めはない。(平 23 問 13)

・液化アンモニアの充てん容器及び残ガス容器の貯蔵は、常に温度 50 度以下に保って行わなければならない。(平 27 問 7)

  残ガス容器も、充てん容器と同等です。
  ▼ **法第 15 条第 1 項** ⬅ 貯蔵は技術上の基準（一般第 18 条）に従いなさい。
  ▼ **一般第 18 条第 2 号ロ** ⬅ 容器による貯蔵は一般第 6 条第 2 項第 8 号に従いなさい。
  ▼ **一般第 6 条第 2 項第 8 号ホ** ⬅ 常に 40 度以下に保ちなさい。残ガス容器を除く等の表記はありません。　【答：どちらも×】

（8）容器置き場の火気置　▼一般第 6 条第 2 項第 8 号ニ

 ニ　容器置場（不活性ガス及び空気のものを除く。）の周囲二メートル以内においては、火気の使用を禁じ、かつ、引火性又は発火性の物を置かないこと。ただし、容器と火気又は引火性若しくは発火性の物の間を有効に遮る措置を講じた場合は、この限りでない。

過去問題にチャレンジ！

・容器と火気又は引火性若しくは発火性の物の間を有効に遮る措置を講じていない場合、その容器置場の周囲 2 メートル以内においては、火気の使用を禁じ、かつ、引火性又は発火性の物を置いてはならない。(平 22 問 13)

  素直な問題ですね。　▼**一般第 6 条第 2 項 8 号ニ**　　【答：○】

・この液化アンモニアの充てん容器及び残ガス容器を置く容器置場の周囲 2 メートル以内においては、火気の使用を禁じ、かつ、引火性又は発火性の物を置くことが禁止されているが、容器と火気又は引火性若しくは発火性の物の間を有効に遮る措置を講じた場合は、この限りでない。(平 25 問 11)

  残ガス容器も充てん容器です。
  ▼ **一般第 6 条第 1 項第 42 号** ⬅ 容器置き場並びに充てん容器及び残ガス容器（以下「充てん容器等」という。）<略>
  ▼ **法第 15 条第 1 項**　貯蔵は技術上の基準に従いなさい。
  ▼ **一般第 19 条第 2 号ロ** ⬅ 一般第 6 条第 2 項第 8 号に従いなさい。
  ▼ **一般第 6 条第 2 項第 8 号ニ** ⬅ <略>有効に遮る措置を講じた場合は、この限りでない。　【答：○】

・質量が 20 キログラムの液化アンモニアの充てん容器を貯蔵する容器置場の周囲の所定の

距離以内で火気を使用することは、定められた措置を講じた場合を除き禁じられている。

（平19問4）

「質量が 20 キログラム」で困惑しないように。液化ガスは質量 1.5 キログラムを超えるものは法の規制を受けます。

　　　▼**法第 15 条第 1 項、一般第 18 条第 2 号ロ、一般第 6 条第 2 項第 8 号ニ**　　　【答：○】

・液化アンモニアの容器を置く容器置場には、携帯電燈以外の燈火を携えて立ち入ってはならない。（平 28 問 7）

なんとなく「○」にするかな。
- ▼**法第 15 条第 1 項**
- ▼**一般第 18 条第 2 号ロ**
- ▼**一般第 6 条第 2 項第 8 号チ**　⬅ 可燃性ガスの容器置場には、携帯電燈以外の燈火を携えて立ち入らないこと。　　　【答：○】

（9）損傷を防止する措置

　忘れた頃に出題される感じです。常識問題ですが「内容積 5 リットル」がミソでしょう。関連条文は一般第 6 条第 2 項第 8 号トです。平成 28 年 11 月 1 日の法改正で「ヘ」から「ト」に変更されていますので注意してください。

 ト　充てん容器等（内容積が五リットル以下のものを除く。）には、転落、転倒等による衝撃及びバルブの損傷を防止する措置を講じ、かつ、粗暴な取扱いをしないこと。

過去問題にチャレンジ！

・残ガス容器には、転落、転倒等による衝撃及びバルブの損傷を防止するための措置を講じる必要はない。（平 24 問 13 この事業所〔液化アンモニア（質量 50kg のもの）〕）

残ガス容器も補充容器と同等に講じる必要があります。
- ▼**一般第 6 条第 1 項第 42 号**　⬅ 容器置き場並びに充てん容器及び残ガス容器（以下「充てん容器等」という。）＜略＞
- ▼**法第 15 条第 1 項**　⬅ 貯蔵は技術上の基準で。容器で貯蔵する場合は、一般第 18 条第 2 号。
- ▼**一般第 18 条第 2 号ロ**　⬅ 一般第 6 条第 2 項第 8 号の基準に適合すること。
- ▼**一般第 6 条第 2 号ト**　⬅ 充てん容器等（内容積が五リットル以下のものを除く。）には、転落、転倒等による衝撃及びバルブの損傷を防止する措置を講じ、かつ、粗暴な取扱いをしないこと。　　　【答：×】

・充てん容器及び残ガス容器（それぞれ内容積が 5 リットルを超えるもの）には、転落、転倒等による衝撃及びバルブの損傷を防止する措置を講じ、かつ、粗暴な取扱いをしてはならない。（平 29 問 7 質量が 1.5kg を超えるもの）

　充てん容器も残ガス容器も同じです。　▼**法第 15 条第 1 項、一般第 18 条第 2 号ロ、一般第 6 条**

第2号ト   【答：○】

8-3 移動

（1）法の規制

過去問題にチャレンジ！

> ・冷凍設備の冷媒ガスとして使用するための高圧ガスを移動するときは、移動に係る技術上
> の基準等の適用を受けない。（平17問6 内容積が118Lのもの）

> ・移動に係る技術上の基準等に従って移動しなければならない高圧ガスの種類は、可燃性ガ
> ス、毒性ガス及び酸素に限られる。（平17問6 内容積が118Lのもの）

　冷凍設備の冷媒ガスとして使用するための高圧ガスを移動するときは、移動に係る技術上の
基準等の適用を受け、ガスの種類での適用除外はありません。
　　▼法第23条第1項　◀ 高圧ガスの移動する容器は、省令の定める措置を講じなさい。
　　▼法第23条第2項　◀ 車両で移動する場合は、省令の技術上の基準に従いなさい。
　　▼一般第50条　◀ 法23条の定めや基準はここに掲げてある。　　　　【答：どちらも×】

（2）損傷を防止する措置

Point
> ▼法第23条第1項　◀ 高圧ガスの移動する容器は、省令の定める措置を講じなさい。
> ▼法第23条第2項　◀ 車両で移動する場合は、省令の技術上の基準に従いなさい。
> ▼一般第50条第5号　◀ 充てん容器等（内容積が五リットル以下のものを除く。）に
> は、転落、転倒等による衝撃及びバルブの損傷を防止する措置を講じ、かつ、粗
> 暴な取扱いをしないこと。

Memo
> 　平成28年11月1日に法改正があり、第4号の条文が新規に更新されました。その
> ため、第4号の条文が第5号になり、以降順次繰り上げられて最後の第13号が第14
> 号に変わりました。協会の模範解答の解説では、平成30年度試験より適用されてい
> ます。本書では、改正後の号数で記しています。

過去問題にチャレンジ！

> ・高圧ガスを移動する場合、充てん容器及び残ガス容器には、転落、転倒等による衝撃及び
> バルブの損傷を防止する措置を講じ、かつ、粗暴な取扱いをしてはならない。（令1問5）

　そのとおり！　▼法第23条第1項、法第23条第2項、一般第50条第5号　　【答：○】

> ・液化アンモニアを移動するときは、転落、転倒等による衝撃及びバルブの損傷を防止する
> 措置を講じ、かつ、粗暴な取扱いをしてはならないが、液化フルオロカーボン（不活性の
> ものに限る。）を移動するときはその定めはない。（平26問5 内容積が48Lのもの）

▼法第23条第1項、第2項

▼一般第50条第5号　← ガスの種類による規制はない。　　　　　　　　【答：×】

（3） 木枠又はパッキン

過去問題にチャレンジ！

・液化アンモニアを質量50キログラム充てんした容器5本を車両に積載し移動するときは、その充てん容器に木枠、パッキンのいずれも施す必要はない。（平16問4）

「アンモニアは木枠又はパッキン」と覚えておこう。

> ▼一般第50条第8号
>
> 八　毒性ガスの充てん容器等には、木枠又はパッキンを施すこと。

【答：×】

・アンモニアを移動する場合は、その充てん容器及び残ガス容器には木枠又はパッキンを施さなければならない。
（平28問5 車両に積載した容器〔内容積が48Lのもの〕による冷凍設備の冷媒ガスの補充用の高圧ガス）

もちろん、残ガス容器も同様です。　▼一般第50条第8号　　　　　　　【答：○】

（4）保護具などの携行

保護具や工具などの問題は頻繁に出題されます。下記の条文を把握しておきましょう。

Point
> ▼一般第50条第9号　← 可燃性ガスは、消火設備や工具携行しなさい。
> ▼一般第50条第10号　← 毒性ガスは、防毒マスクや保護具その他を携行しなさい。

過去問題にチャレンジ！

・液化アンモニアを移動するときは、防毒マスク、手袋その他の保護具並びに災害発生防止のための応急処置に必要な資材、薬剤及び工具等を携行しなければならない。（平25問5）

アンモニアの移動に関する基本的な問題です。アンモニアは、可燃性でもあり毒性でもあります。

▼一般第50条第9号　← 可燃性ガス又は酸素＜略＞

▼一般第50条第10号　← 毒性ガスは＜略＞

【答：○】

・質量50キログラムの液化アンモニアの充てん容器2本を移動するときは、消火設備及び保護具を携行しなくてもよい。（平19問5）

・質量50キログラムの液化アンモニアを充てんした容器車両に積載して移動するときは、消火設備のみ携行すればよい。（平15問5）

惑わされないように。

　▼**一般第50条第9号**　◀ 可燃性ガスは、消火設備や工具携行しなさい。

　▼**一般第50条第10号**　◀ 毒性ガスは、防毒マスクや保護具その他いろいろ携行しなさい。

【答：どちらも×】

・液化アンモニアを移動するときは、防毒マスク、手袋その他の保護具並びに災害発生防止のための応急措置に必要な資材、薬剤及び工具等のほか、消火設備を携行しなければならないが、液化フルオロカーボン（不活性のものに限る。）を移動するときはその定めはない。（平26問5 車両に積載した容器〔内容積が48Lのもの〕）

焦っていると「×」にしてしまうかも。

　▼**一般第50条第9号**　◀ 可燃性ガスは、消火設備や工具携行しなさい。

　▼**一般第50条第10号**　◀ 毒性ガスは、防毒マスクや保護具その他携行しなさい。よって、液化フルオロカーボン（不活性のものに限る。）は、可燃性でも毒性でもないので設問のような携行は適用されない。

【答：〇】

（5）書面、携行、遵守

　同じような問題文が多数出題されています。下記Pointの条文を把握しておきましょう。2冷は、質量、容積を絡めた問題があります。

Point
　▼**一般第49条第1項第21号**　◀ 二十一　可燃性ガス、毒性ガス、特定不活性ガス又は酸素の高圧ガスを移動するときは、<略>（法改正により「特定不活性ガス」が追加された。）

　▼**一般第50条第14号**　◀ ここには、前条の第49条第1項第21号の積載する数量の適用除外が書いてある。

Memo
　平成28年11月1日に法改正があり、下線の内容積の数値が改正されていますので、気に留めていていただきたいです（第9号、第12号、第14号の内容積も同様に改正されました）。また、今後の問題傾向が変わるかもしれません。

　一　充てん容器等を車両に積載して移動するとき（容器の内容積が<u>二五リットル</u>以下である充てん容器等（毒性ガスに係るものを除く。）のみを積載した車両であつて、当該積載容器の内容積の合計が<u>五十リットル</u>以下である場合を除く。）は、当該車両の見やすい箇所に警戒標を掲げること。ただし、次に掲げるもののみを積載した車両にあつては、この限りでない。<略>

　※注）本書での平成28年度までの問題の解説文は改正前の数値を記してあります。

過去問題にチャレンジ！

・液化アンモニアの充てん容器を移動するときは、その高圧ガスの名称、性状及び移動中の災害防止のために必要な注意事項を記載した書面を運転者に交付し、移動中携帯させ、これを遵守させなければならない旨の定めはない。（平27問5 内容積が48Lのもの）

「定めはある」です。　▼**一般第49条第1項第21号、一般第50条第14号**　　【答：×】

・アンモニアを移動する場合は、その高圧ガスの名称、性状及び移動中の災害防止のために必要な注意事項を記載した書面を運転者に交付し、移動中携帯させ、これを遵守させなければならない。(平28問5 車両に積載した容器〔内容積が48 L のもの〕)

うむ。素直な「正しい」問題です。　▼一般第49条第1項第21号、一般第50条第14号
【答：○】

・高圧ガスを移動するとき、その高圧ガスの名称、性状及び移動中の災害防止のために必要な注意事項を記載した書面を運転者に交付し、移動中携帯させ、これを遵守させなければならないのは、その高圧ガスの種類が可燃性ガス又は毒性ガスであって、かつ、移動する高圧ガスの容積が300立方メートル以上のものである場合に限られる。(平18問6)

容積うんぬんというのは「毒性ガス」のみであり、高圧ガスの種類が可燃性であれば容積には関係ないです。ちなみに、1立方メートルは1000リットル。300立方メートルは、30万リットルにもなります。

　▼一般第49条第1項第21号

　▼一般第50条第14号　🔎＜略＞ただし、容器の内容積が20リットル以下である充てん容器等（毒性ガスに係るものを除き、高圧ガス移動時の注意事項を示したラベルが貼付されているものに限る。）のみを積載した車両であつて、当該積載容器の内容積の合計が40リットル以下である場合にあつては、この限りでない。
【答：×】

・液化アンモニアを移動するとき、その高圧ガスの名称、性状及び移動中の災害防止のために必要な注意事項を記載した書面を運転者に交付し、移動中携帯させ、これを遵守させなければならないのは、移動する液化アンモニアの質量が3000キログラム以上の場合に限られている。(平25問5 内容積が48 L のもの)

もう、いろいろ考えなくても、この手の問題は「一般第49条第1項第21号」で決まりじゃないかな。質量は関係ないですよ。　▼一般第49条第1項第21号　◀二十一　可燃性ガス、毒性ガス又は酸素の高圧ガスを移動するときは、当該高圧ガスの名称、性状及び移動中の災害防止のために必要な注意事項を記載した書面を運転者に交付し、移動中携帯させ、これを遵守させること。
【答：×】

・液化アンモニアを移動するときは、そのガスの名称、性状及び移動中の災害防止のために必要な注意事項を記載した書面を運転者に交付し、移動中携帯させ、これを遵守させなければならないが、特定不活性ガスである液化フルオロカーボンを移動するときはその定めはない。(令1問5)

法改正後「特定不活性ガス」で問われる問題が初めて出題されました。考え方は「可燃性ガス、毒性ガス、又は酸素」と同様（この3つに仲良く仲間入り）です。

　▼法第23条第1項、第2項　◀車両移動基準に従いなさい。

　▼一般第49条第1項第21号　◀「可燃性ガス、毒性ガス、特定不活性ガス又は酸素の＜略＞」によって、「特定不活性ガスである液化フルオロカーボン」も適用されます。
【答：×】

Memo　平成28年11月1日の法改正により追加された特定不活性ガスは、「一般第2条第1項第4の2号」に、R1234yf、R1234ze、R32の3種類が定められました。令和2年度問5では「液化フルオロカーボン32」と記され出題されました。

（6）警戒標

　毎年と言ってよいほど出題されます。一般第50条第1号のみで攻略できるでしょう。下線の数値がポイントです。解説は、法改正前の数値で記されています。「（5）書面、携行、遵守」のMemoを参照してください。

 法令

　一　充てん容器等を車両に積載して移動するとき（容器の内容積が二十五リットル以下である充てん容器等（毒性ガスに係るものを除く。）のみを積載した車両であつて、当該積載容器の内容積の合計が五十リットル以下である場合を除く。）は、当該車両の見やすい箇所に警戒標を掲げること。ただし、次に掲げるもののみを積載した車両にあつては、この限りでない。＜以下のイロハ略＞

（a）フルオロカーボン

過去問題にチャレンジ！

・冷凍設備の冷媒ガスに使用するための液化フルオロカーボン134aの充てん容器（内容積が48リットルのもの）2個を移動するときは、その車両の見やすい箇所に警戒標を掲げなくてもよい。（平18問6）

　一般則第50条第1号の「充てん容器等を車両に積載して移動するとき（容器の内容積が二十リットル以下である充てん容器等（毒性ガスに係るものを除く。）のみを積載した車両であつて、当該積載容器の内容積の合計が四十リットル以下である場合を除く。）」は、「当該車両の見やすい箇所に警戒標を掲げること」ですよ。わかりましたか？　内容積が20リットル以下の容器のみではないです。しかも、合計40リットル以上の48リットル×2を移動するので、警戒標は必要なのです。　　　　　　　　　　【答：×】

・冷凍設備の冷媒ガスの補充用のフルオロカーボン134aの充てん容器を移動するときは、その車両の見やすい箇所に警戒標を掲げる必要はない。（平23問5　内容積が48Lのもの）

　内容積48リットルの移動ですから、「必要あり」です。「補充用」は関係ないですね。
　▼**一般則第50条第1号**　　　　　　　　　　　　　　　　【答：×】

・フルオロカーボン（不活性ガスに限る。）の充てん容器を移動するときは、その車両の見やすい箇所に警戒標を掲げなければならない旨の定めはない。（平27問5　内容積が48Lのもの）

　特につまずくところはないですね！？　「不活性ガスに限る」は関係ないね。**一般則第50条第1号**で記されている「40リットル以上」の48リットルを移動するので警戒標は必要です。　　　　　　　　　　　　　　　　　　　　　　【答：×】

（b）アンモニア

過去問題にチャレンジ！

・高圧ガスを移動する車両の見やすい箇所に警戒標を掲げなければならない高圧ガスは、可燃性ガス及び毒性ガスの2種類のみである。（平22問5　内容積が48Lのもの）

一般則第50条第1号で警戒標を付けなくてもよいものは、20リットル以下（毒性除く）の容器のみを容器合計40リットル以下になります。可燃性ガス及び毒性ガスのみ（2種類のみ）とか、何処にも書いてないのです。　　【答：×】

（c）その他

過去問題にチャレンジ！

・アンモニアを移動する場合は、その車両の見やすい箇所に警戒標を掲げなければならないが、フルオロカーボン（不活性のものに限る。）を移動する場合は、その車両に警戒標を掲げるべき定めはない。（平28問5 内容積が48Lのもの）

そんなこたぁーない、でしょ。と、思う問題ですね。内容積が40リットル以上ですし。▼一般則第50条第1号　　　　　　　　　　　　　　　　　　　　　　　　　　【答：×】

8-4　廃棄と製造の廃止

　ガス、容器、附属品等の廃棄に関する方法や規制です。一度、過去問をこなして条文を読めば、時が流れてもなんとなく正解できる問題です。点稼ぎに最適です。頑張ろう！

（1）可燃性ガス及び毒性ガスの廃棄

Memo

　冷規第33条は、平成28年11月1日の法改正で「特定不活性ガス」が追加されました。

（廃棄に係る技術上の基準に従うべき高圧ガスの指定）
第三十三条　法第二十五条の経済産業省令で定める高圧ガスは、可燃性ガス、毒性ガス及び特定不活性ガスとする。

※注）本書での平成28年度までの過去問題の解説は改正前の条文になっています。

過去問題にチャレンジ！

・冷凍保安規則に定められている高圧ガスの廃棄に係る技術上の基準に従って廃棄しなければならない高圧ガスは、可燃性ガス及び毒性ガスに限られる。（平23問3、平24問3）

なんとなく「×」にしたくなるけども…。「○」です。
　　▼法第25条　◀ 廃棄は技術上の基準に従いなさいで、法第25条でいう廃棄の技術上の基準は、冷規第33条に書いてある。
　　▼冷規第33条　◀「可燃性ガス及び毒性ガス」と限定しています。　　【答：○】

（2）アンモニアガスの廃棄

過去問題にチャレンジ！

> ・冷凍のための製造施設の冷媒設備内の高圧ガスであるアンモニアを廃棄するときには、高圧ガスの廃棄に係る技術上の基準は適用されない。(平21問4、平22問3、平25問3)

ンな、こたぁない。と思う素直な？　問題ですね。
- ▼**法第25条**　◀廃棄は技術上の基準に従いなさい。
- ▼**冷規第33条**　◀法第25条の経済産業省令で定める高圧ガスは、可燃性ガス及び毒性ガスとする。　　　　　　　　　　　　　　　　　　　　　　　　　　　　　　　　　　**【答：×】**

（3）廃棄に係る技術上の基準　▼一般第62条

過去問題にチャレンジ！

> ・残ガス容器内のアンモニアを廃棄するため、容器とともに土中に埋めた。
> 　　　　　　　　　　　　　　　　　　　　　　　　　　　（平17問11 この事業者）

容器とともに捨ててはいけません！！
- ▼**一般第62条第1号**　◀廃棄は、容器とともに行わないこと。　　**【答：×】**

Memo

参考で良いと思いますが…、災害発生防止のための応急の措置として、

> ▼**一般第84条第4号**
> **四**　<略>充てん容器等とともに損害を他に及ぼすおそれのない水中に沈め、若しくは地中に埋めること。

緊急だから一時的な事だよね…。もしかして、引っかけで出るかなぁ…？

> ・廃棄は、容器とともに行ってはならない。
> 　（平15問7 容器に充てんされている可燃性ガスである高圧ガスの廃棄）

迷わないように、素直に「○」！　▼**一般第62条第1号**　　**【答：○】**

> ・大気中に放出して廃棄するときは、火気を取り扱う場所又は引火性若しくは発火性の物をたい積した場所及びその付近を避け、かつ、通風の良い場所で少量ずつしなければならない。(平15問7 容器に充てんされている可燃性ガスである高圧ガスの廃棄)

一般第62条第2号の条文と文書が同じです。一度でよいから読んでおきましょう。過去問をこなせば大丈夫。つらかったら、とりあえず60点を目標としてみましょう。　　**【答：○】**

> ・廃棄した後は、その容器のバルブを確実に閉止しておけば、その容器の転倒及びバルブの損傷を防止する措置は講じなくても良い。
> 　（平15問7 容器に充てんされている可燃性ガスである高圧ガスの廃棄）

そんなこたぁ～ない、と思うよね。確信を得るために、一般第62条第6号を一度読んでおきましょう。

　▼**一般第62条第6号**　 廃棄した後は、バルブを閉じ、容器の転倒及びバルブの損傷を防止する措置を講ずること。　　　　　　　　　　　　　　　　　　　　　　　　　【答：×】

（4）容器又は附属品のくず化　▼**法第56条**

過去問題にチャレンジ！

・容器又は附属品の廃棄をする者は、その容器又は附属品をくず化し、その他容器又は附属品として使用することができないように処分しなければならない。（平17問7）

法第56条第5項の「容器又は附属品の廃棄をする者は、くず化し、その他容器又は附属品として使用することができないように処分しなければならない」。この条文そのものが問題になっています。　　　　　　　　　　　　　　　　　　　　　　　　　　　　　【答：○】

（5）製造の廃止

　法第21条第1項（製造等の廃止等の届出）では、容器の廃棄と勘違いしないように！

> **法令**　第二十一条　第一種製造者は、高圧ガスの製造を開始し、又は廃止したときは、遅滞なく、その旨を都道府県知事に届け出なければならない。

過去問題にチャレンジ！

・第一種製造者は、高圧ガスの製造を開始し、又は廃止したときは、遅滞なく、その旨を都道府県知事に届け出なければならない。（平27問3、平28問3）

条文そのものですね。ちなみに、第二種製造者は第2項で届け出となります。　▼**法第21条第1項**　　　　　　　　　　　　　　　　　　　　　　　　　　　　　　　【答：○】

難易度：★★★

9　冷凍能力の算定

　冷凍能力の算定の問題は、冷規第5条を一度目を通し、過去問をこなせばゲットできるでしょう。

過去問題にチャレンジ！

・次のイ、ロ、ハの記述のうち、冷凍能力の算定基準について冷凍保安規則上正しいものは
どれか。
　　イ．圧縮機の原動機の定格出力の数値は、遠心式圧縮機を使用する冷凍設備の1日の冷
　　　　凍能力の算定に必要な数値の一つである。
　　ロ．圧縮機の標準回転速度における1時間のピストン押しのけ量の数値は、回転ピスト
　　　　ン型圧縮機を使用する冷凍設備の1日の冷凍能力の算定に必要な数値の一つである。
　　ハ．冷媒設備内の冷媒ガスの充てん量の数値は、自然環流式冷凍設備の1日の冷凍能力
　　　　の算定に必要な数値の一つである。
　　　　　　　　　　　　　　　　　　　　　　　　　　　　　　　　　　　　（平29問8）

イ．▼冷規第5条第1号
ロ．▼冷規第5条第4号
ハ．充てん量は関係ないですね。R＝QA（R：1日の冷凍能力、Q：冷媒の定数、A：蒸発
　　器面積）▼冷規第5条第3号　　　　　　　　　　　　　　　【答：イ．○　ロ．○　ハ．×】

・次のイ、ロ、ハの記述のうち、冷凍能力の算定基準について冷凍保安規則上正しいものは
どれか。
　　イ．蒸発部又は蒸発器の冷媒ガスに接する側の表面積の数値は、吸収式冷凍設備の1日
　　　　の冷凍能力の算定に必要な数値の一つである。
　　ロ．圧縮機の標準回転速度における1時間のピストン押しのけ量の数値は、遠心式圧縮
　　　　機を使用する製造設備の1日の冷凍能力の算定に必要な数値の一つである。
　　ハ．発生器を加熱する1時間の入熱量の数値は、吸収式冷凍設備の1日の冷凍能力の算
　　　　定に必要な数値の一つである。
　　　　　　　　　　　　　　　　　　　　　　　　　　　　　　　　　　　　（平30問8）

イ．「自然環流式冷凍設備及び自然循環式冷凍設備」ですね。R＝QA（R：1日の冷凍能力、
　　Q：冷媒の定数、A：蒸発器面積）。吸収式は「発生器を加熱する一時間の入熱量」です。
　　▼冷規第5条第3号
ロ．ピストン押しのけ量は遠心式は関係ないです。冷媒ガスの圧縮機（遠心式圧縮機以外の
　　もの）ですね。▼冷規第5条第1号、第4号
ハ．発生器を加熱する1時間の入熱量の数値は、吸収式冷凍設備のみですね。　▼冷規第5
　　条第2号　　　　　　　　　　　　　　　　　　　　　　　　【答：イ．×　ロ．×　ハ．○】

・次のイ、ロ、ハの記述のうち、冷凍能力の算定基準について冷凍保安規則上正しいものは
どれか。
　　イ．圧縮機の標準回転速度における1時間当たりの吐出し量の数値は、遠心式圧縮機を
　　　　使用する製造設備の1日の冷凍能力の算定に必要な数値の一つである。
　　ロ．圧縮機の気筒の内径の数値は、回転ピストン型圧縮機を使用する冷凍設備の1日の
　　　　冷凍能力の算定に必要な数値の一つである。
　　ハ．冷媒設備内の冷媒ガスの充填量の数値は、アンモニアを冷媒ガスとする吸収式冷凍
　　　　設備の1日の冷凍能力の算定に必要な数値の一つである。
　　　　　　　　　　　　　　　　　　　　　　　　　　　　　　　　　　　　（令1問8）

イ．吐出し量は関係ないです。　▼冷規第5条第1号　← <略>定格出力1.2 kWをもって1日の
　　冷凍能力1トンとする。
ロ．ピストン型は、気筒の内径の数値が必要です。　▼冷規第5条第4号
ハ．ガスの充填量は関係ないです。　▼冷規第5条第2号　← <略>入熱量27800 kJをもって1

日の冷凍能力1トンとする。　　　　　　　　　　【答：イ.　×　ロ.　○　ハ.　×】

・次のイ、ロ、ハのうち、容積圧縮式（往復動式）圧縮機を使用する製造設備の1日の冷凍
能力の算定に必要な数値として冷凍保安規則上正しいものはどれか。

　　イ．冷媒ガスの種類に応じて定められた数値又は所定の算式により得られた数値（C）
　　ロ．圧縮機の原動機の定格出力の数値（W）
　　ハ．蒸発器の冷媒ガスに接する側の表面積の数値（A）　　　　　　　　（令2問8）

短文になりましたね。来年度はどうなるのかな？
イ．「R＝V÷C」のガスの定数Cです。　▼冷規第5条第4号
ロ．原動機の定格出力が必要なのは、遠心式圧縮機です。▼冷規第5条第1号
ハ．面積が必要なのは、自然環流式冷凍設備及び自然循環式冷凍設備です。▼冷規第5条第
　3号　　　　　　　　　　　　　　　　　　　【答：イ.　○　ロ.　×　ハ.　×】

難易度：★★★★

⑩　技術上の基準

Memo 「技術上の基準」について

　　ところで、技術上の基準というのは、いろいろあるのです。「安全弁の止め弁」とか
「弁に過大な力を」とかの問題は、冷規第9条（製造の方法に係る技術上の基準）に登
場してきます。
　　ここでは、冷規第7条（定置式製造設備に係る技術上の基準）についての過去問を
まとめています。他に、第8条（移動式製造設備に係る技術上の基準）、第64条（機
器の製造に係る技術上の基準）などがあります。知っておけば、イメージがわいて、
わかりやすくなるかも知れません。

10-1　設備の技術上の基準：耐震

　　ここでは学習しやすいように「凝縮器」と「受液器」に分類してあります。法第7条
第1項第5号を把握しましょう。凝縮器は「縦置円筒形」と「胴の長さ」がポイントで、
受液器は「内容積」がポイントですよ。

法令　　五　凝縮器（縦置円筒形で胴部の長さが五メートル以上のものに限る。）、受液器（内容積
　　　　　が五千リットル以上のものに限る。）<略>地震の影響に対して安全な構造とすること。
　　　　　<略>

（1）凝縮器

　凝縮器が「縦置き」か「横置き」か、さらに「長さ5メートル」に注意してください。出題数は多いです。ここでの「この事業所」は、「付録1」を参照してください。

過去問題にチャレンジ！

・製造設備Aに係る凝縮器は、「所定の耐震設計の基準により、地震の影響に対して安全な構造とすること。」の定めに該当しない。（平25問18 この事業所）

　はい、製造設備Aに係る凝縮器は「横置円筒形」ですから該当しないですね。 ▼**法第7条第1項第5号**
【答：○】

・凝縮器、受液器及び配管並びにそれらの支持構造物及びその基礎には所定の耐震設計の基準が適用されるものがあるが、この凝縮器にはその基準は適用されない。

（平27問14 この事業所）

　うむ。この凝縮器は縦置きですが長さ3メートルですから適用されないですね。 ▼**法第7条第1項第5号**
【答：○】

・この凝縮器は、所定の耐震設計の基準により、地震の影響に対して安全な構造としなければならないものに該当する。（平28問14 この事業所）

　この凝縮器は、「縦置円筒形で胴部の長さが6メートル」です。縦置きで5メートル以上ですから、問題文のとおりですね。 ▼**法第7条第1項第5号**
【答：○】

・この凝縮器は、所定の耐震に関する性能を有しなければならないものに該当しない。

（令1問13 この事業所）

　勉強してない方は「×」にしそうな、近年珍しい問題です。この事業所の凝縮器は、「横置円筒形」ですから設問のとおりです。 ▼**冷規第7条第1項第5号**
【答：○】

（2）受液器

過去問題にチャレンジ！

・この受液器及びその支持構造物は、所定の耐震設計の基準により、地震の影響に対して安全な構造としなければならないものに該当しない。（平29問13 この事業所）

・受液器、その支持構造物及びその基礎には所定の耐震設計の基準が適用されるものがあるが、この事業所の製造設備に係る受液器にはその基準は適用されない。

（平30問13 この事業所）

　この両方の受液器は6000リットルですので、該当し、基準に適用します！　ポイントは「内容積五千リットル以上」です。 ▼**法第7条第1項第5号** ⬅ <略>受液器（内容積が五千リットル以上のものに限る。）<略>地震の影響に対して安全な構造とすること。 【答：どちらも×】

10-2　設備の技術上の基準：圧力計

　ここでは、冷規第7条（定置式製造設備に係る技術上の基準）第1項第7号の「圧力計」設置に関する問題を解いてみましょう。

法令

　七　冷媒設備（圧縮機（当該圧縮機が強制潤滑方式であつて、潤滑油圧力に対する保護装置を有するものは除く。）の油圧系統を含む。）には、圧力計を設けること。

Memo

> 「冷凍設備」と「冷媒設備」の違い
>
> 　ここで、「冷媒設備」という言葉について説明しておきます。冷凍設備と冷媒設備の違いについて知っておくとなんとなく問題がわかりやすくなります。冷凍設備のなかの冷媒が流れている部分を冷媒設備と言います。これは、冷凍保安規則の第2条（用語の定義）第1項第6号にちゃんと書かれています。
>
> > 　六　冷媒設備　冷凍設備のうち、冷媒ガスが通る部分
>
> ですので、凝縮器の冷却水や蒸発器の冷水（ブライン）配管は冷媒設備とはいいません。当たり前のような気がしてきましたが、意外と知らない（わからない）のです。

（1）圧力計（〇〇を設ければ～）

　「〇〇を設ければ、圧力計を設けなくてよい」というような問題です。2冷の出題数は少ないです。

過去問題にチャレンジ！

> ・製造設備Aの冷媒設備には、許容圧力を超えた場合に直ちにその圧力を許容圧力以下に戻すことができる安全装置を設ければ、圧力計を設けることを要しない。
> 　　　　　　　　　　　　　　　（平23問18 この事業所、平26問17 この事業所）

　冷規第7条第1項第7号には、安全装置を設ければという文言はひと言もないです。
　　　　　　　　　　　　　　　　　　　　　　　　　　　　　　　【答：×】

> ・製造設備Bの冷媒設備には、自動制御装置が設けてあるので、圧力計を設けることを要しない。（平25問18 この事業所）

　製造設備Bは「認定指定設備」であり、「自動制御装置」を設けてあり、とか、全然関係ないです。第7号にはひと言も記されていません。　▼冷規第7条第1項第7号　**【答：×】**

（2）圧力計（圧縮機が強制潤滑方式であり、かつ、〇〇）

　冷規第7条第1項第7号「当該圧縮機が強制潤滑方式であって、潤滑油圧力に対する保護装置を有するものを除く」という一文に関する問題を解いてみましょう。

過去問題にチャレンジ！

・製造設備 A、製造設備 B 及び製造設備 C の冷媒設備には、圧縮機が強制潤滑方式であり、かつ、潤滑油圧力に対する保護装置を有する場合の油圧系統を除き、圧力計を設けなければならない。（平 24 問 18 この事業所）

・冷媒設備の圧縮機が強制潤滑方式であって、潤滑油圧力に対する保護装置を有している場合であっても、その圧縮機の油圧系統を除く冷媒設備には圧力計を設けなければならない。（平 27 問 18 この事業所、令 1 問 18 この事業所、令 2 問 18 この事業所）

・製造設備 A 及び製造設備 B の冷媒設備には、圧縮機が強制潤滑方式であり、かつ、潤滑油圧力に対する保護装置を有する場合の油圧系統を除き、圧力計を設けなければならない。（平 30 問 18 この事業所）

なんだか、問題の意味がよくわかりませんという方は、**冷規第 7 条第 1 項第 7 号**の二重括弧を省略してみましょう。

> 七　冷媒設備（<略>）には、圧力計を設けること。

単純に、冷媒設備（冷媒が通る部分。Memo 参照）には圧力計を設けなければならない、ということです。製造設備 A、B、C とかに惑わされませんように。　▼**冷規第 7 条第 2 項**　⬅
認定指定設備も同様という条文です。　　　　　　　　　　　　　　　　　【答：すべて○】

10-3　設備の技術上の基準：除害

　アンモニアは漏れると大事故の危険性が大きいので、「除害、滞留、受液器（流出）」に関しての問題が多く出題されています。あまり難しくありませんが、ぽんミスして、落とさないようにしましょう。条文は、冷規第 7 条第 1 項第 16 号です。

> 十六　毒性ガスの製造設備には、当該ガスが漏えいしたときに安全に、かつ、速やかに除害するための措置を講ずること。ただし、吸収式アンモニア冷凍機については、この限りでない。

過去問題にチャレンジ！

・製造設備には、冷媒ガスが漏えいしたときに安全に、かつ、速やかに除害するための措置を講じなければならない。（平 21 問 12 この事業所）

素直な問題です。　▼**冷規第 7 条第 1 項第 16 号**　　　　　　　　　　　【答：○】

・この製造設備は専用機械室に設置してあるが、アンモニアが漏えいしたときに安全に、かつ、速やかに除害するための措置を講じなければならない。

（平22問12 この事業所、平24問12 この事業所、平26問14 この事業所）

・専用機械室に設置されているこの製造設備には、冷媒ガスであるアンモニアが漏えいしたときに安全に、かつ、速やかに除害するための措置を講じなければならない。

（平25問12 この事業所）

「専用機械室」が絡む問題が多いです。条文にはひと言も記されていないので留意してください。　▼冷規第7条第1項第16号　　　　　　　　　【答：どちらも○】

・この製造設備は専用機械室に設置されていることから、冷媒ガスが漏えいしたときに安全にかつ、速やかに除害するための措置を講じるべき定めは適用されない。

（平23問12 この事業所）

「専用機械室」絡みで適用されない。とか、惑わされないように。　▼冷規第7条第1項第16号　　　　　　　　　　　　　　　　　　　　　　　　　　　　　　　　　【答：×】

・専用機械室を常時換気する装置を設けた場合であっても、製造設備には、アンモニアが漏えいした場合に安全に、かつ、速やかに除害するための措置を講じなければならない。

（平28問14 この事業所）

この関連の問いで「常時換気」と言う語句は初めてですが、安全知識を問う為のわかりやすい文章の良質な問題ですね。　▼冷規第7条第1項第16号　　　　　　　【答：○】

10-4　設備の技術上の基準：滞留

条文は、冷規第7条第1項第3号です。色んな要素が絡んでいますので熟読すべしです。また、出題数は多いです。

法令　三　圧縮機、油分離器、凝縮器若しくは受液器又はこれらの間の配管（可燃性ガス、毒性ガス又は特定不活性ガスの製造設備のものに限る。）を設置する室は、冷媒ガスが漏えいしたとき滞留しないような構造とすること。

過去問にチャレンジ！

・冷媒設備の圧縮機、凝縮器若しくは受液器及びこれらの間の配管を設置する室は、冷媒ガスが漏えいしたとき滞留しないような構造としなければならない。（平21問12 この事業所）

・冷媒設備の圧縮機と凝縮器との間の配管を設置する室は、冷媒ガスであるアンモニアが漏えいしたとき滞留しないような構造としなければならない。（平22問11 この事業所）

・圧縮機、凝縮器及び受液器並びにこれらを接続する配管が設置してある専用機械室は、アンモニアが漏えいしたとき滞留しないような構造としなければならない。

(平 24 問 12 この事業所、令 2 問 14 この事業所)

「配管」も問われます。「専用機械室」という語句に変に惑わされませんように。条文熟読で楽勝でしょう。　▼冷規第 7 条第 1 項第 3 号　　　　　　　　　　　　　【答：すべて○】

・冷媒設備の圧縮機が設置されている専用機械室は、冷媒ガスであるアンモニアが漏えいしたとき滞留しないような構造としなければならない。(平 27 問 13 この事業所)

はぃ！　このような素直な問題が多いです。　▼冷規第 7 条第 1 項第 3 号　　　【答：○】

10-5　設備の技術上の基準：流出

「毎年と言ってよい」ほど出題されます。「容積が一万リットル以上」がポイントかな。滞留は第 3 号でしたね。「流出」の条文は、冷規第 7 条第 1 項第 13 号です。例文の製造設備の受液器の内容積をよく確認し、最後の言い回しに注意してください。

法令　　十三　毒性ガスを冷媒ガスとする冷媒設備に係る受液器であつて、その内容積が一万リットル以上のものの周囲には、液状の当該ガスが漏えいした場合にその流出を防止するための措置を講ずること。

過去問題にチャレンジ！

・この受液器は、その周囲に液状の冷媒ガスが漏えいした場合にその流出を防止するための措置を講じなければならないものに該当しない。

(平 21 問 11 この事業所、平 24 問 11 この事業所、平 25 問 13 この事業所、令 1 問 14 この事業所)

1 万リットル未満の 4000 (令 1 問 4 は 6000) リットルですが、「該当しない」ですから「○」です。よく問題文を読んで、負けないように。　▼冷規第 7 条第 1 項第 13 号

【答：○】

・この受液器は、その周囲に冷媒ガスである液状のアンモニアが漏えいした場合にその流出を防止するための措置を講じなければならないものに該当する。(平 30 問 14 この事業所)

この設備は毒性ガスですが、この受液器は 6000 リットルで、1 万リットル未満ですから、第 13 号から適用除外になります。　▼冷規第 7 条第 1 項第 13 号　　　【答：×】

10-6　設備の技術上の基準：バルブ、コック、ボタン

「バルブ」、「コック」、「ボタン」についての問題は冷規第 7 条第 1 項第 17 号を熟読することで大丈夫でしょう。特に嫌らしい引っ掛け問題はありません。注意するのは、操作ボタンぐらいですかね…。必ずゲットしてください。

法令　十七　製造設備に設けたバルブ又はコック（操作ボタン等により当該バルブ又はコックを開閉する場合にあつては、当該操作ボタン等とし、操作ボタン等を使用することなく自動制御で開閉されるバルブ又はコックを除く。以下同じ。）には、作業員が当該バルブ又はコックを適切に操作することができるような措置を講ずること。

第1章　法令　⑩　技術上の基準

過去問題にチャレンジ！

・製造設備に設けたバルブ又はコックが、操作ボタンにより開閉される場合は、その操作ボタンには、作業員がその操作ボタンを適切に操作することができるような措置を講じなければならない。（平19問19 この事業所、平24問19 この事業所）

　　ハイ、そのとおり。手動開閉バルブはもちろん、操作ボタンで開閉されるバルブまたはコックも適切に操作するようにしておかないと駄目なのです。▼冷規第7条第1項第17号
【答：○】

・製造設備に設けたバルブが操作ボタン等により開閉され、かつ、その操作ボタン等が日常の運転操作に必要としないものである場合は、その操作ボタン等には、作業員が適切に操作することができる措置を講じる必要はない。（平25問17 この事業所）

　　これは「誤り問題」の名文の1つなるかもしれない。▼冷規第7条第1項第17号　【答：×】

・製造設備に設けたバルブ又はコックには、作業員がそのバルブ又はコックを適切に操作することができるような措置を講じる必要があるが、そのバルブ又はコックが操作ボタン等により開閉されるものである場合、その操作ボタン等には、作業員がその操作ボタン等を適切に操作することができるような措置を講じる必要はない。（平26問18 この事業所）

　　長文ですがどうってことないでしょう！？　「講じる必要がある」が正解。　　【答：×】

・製造設備Aに設けたバルブ又はコックであって、操作ボタン等を使用することなく自動制御で開閉されるバルブ又はコック以外のものには、作業員が適切にそのバルブ又はコックを操作することができるような措置を講じなければならない。（平23問17 この事業所）

　　製造設備Aとかに惑わされない。自動制御うんぬんで「以外のものには」とあるので、講じる必要がありますね。▼冷規第7条第1項第17号　　【答：○】

・製造設備に設けたバルブ（自動制御で開閉されるものを除く。）には、作業員が適切に操作できるような措置を講じなければならないが、不活性ガスを冷媒ガスとする製造設備にはその措置を講じなくてよい。（参考：3種 平27問18 第一種製造者）

　　冷媒ガスの種類は関係ないです。　　　　　　　　　　　　　　　　　　【答：×】

10-7　設備の技術上の基準：液面計（全般）

　ここでは液面計の全般の問題を解いてみましょう。アンモニア冷媒設備の液面計に関するものが多く出題されています。冷規第7条第1項第10号（丸形ガラスうんぬん）と冷

規第7条第1項第11号（破損防止うんぬん）をしっかり読みましょう。ジャブ的軽い引っ掛けも楽に対応できるでしょう。学習しやすいように問題を「フルオロ冷媒設備」と「アンモニア冷媒設備」に分けました。

法令

　十　可燃性ガス又は毒性ガスを冷媒ガスとする冷媒設備に係る受液器に設ける液面計には、丸形ガラス管液面計以外のものを使用すること。
　十一　受液器にガラス管液面計を設ける場合には、当該ガラス管液面計にはその破損を防止するための措置を講じ、当該受液器（可燃性ガス又は毒性ガスを冷媒ガスとする冷媒設備に係るものに限る。）と当該ガラス管液面計とを接続する配管には、当該ガラス管液面計の破損による漏えいを防止するための措置を講ずること。

（1）フルオロカーボン冷媒設備

過去問題にチャレンジ！

・冷媒ガスが不活性ガスであることから、受液器に設けるガラス管液面計には、その破損を防止するための措置を講じなくてもよい。（平15問8 この事業所）

　　はい、楽勝にゲットしてください。不活性ガスとかは、関係ありません。何はともあれ破損を防止する措置を講じなければならないのです。　▼冷規第7条第1項第11号　　【答：×】

（2）アンモニア冷媒設備

過去問題にチャレンジ！

・製造設備の受液器に設ける液面計には、丸形ガラス管液面計以外のものを使用しなければならない。（平17問8 この事業所）

・この受液器に設ける液面計には、丸形ガラス管液面計以外のものを使用しなければならない。（平24問11 この事業所）

　　ここで冷規第7条第1項第10号を熟読してみましょう。はい、この事業所（アンモニア冷媒設備）の受液器には丸形ガラス液面計は使用できません。　　　【答：どちらも○】

10-8　設備の技術上の基準：液面計（破損を防止する措置）

　「破損を防止する措置」は多く出題されます。冷規第7条第1項第10号と冷規第7条第1項第11号をしっかり読みましょう。そうすると、左ストレート的な引っ掛けも楽にゲットできるでしょう。冷規第7条第1項第11号には、「破損を防止する措置」について書かれていますが、それを第10号にからめてあなたを攻めてきます。頑張ろう！

十　可燃性ガス又は毒性ガスを冷媒ガスとする冷媒設備に係る受液器に設ける液面計には、丸形ガラス管液面計以外のものを使用すること。

十一　受液器にガラス管液面計を設ける場合には、当該ガラス管液面計にはその破損を防止するための措置を講じ、当該受液器（可燃性ガス又は毒性ガスを冷媒ガスとする冷媒設備に係るものに限る。）と当該ガラス管液面計とを接続する配管には、当該ガラス管液面計の破損による漏えいを防止するための措置を講ずること。

過去問題にチャレンジ！

・この受液器に設ける液面計には、その液面計の破損を防止するための措置を講じれば、丸形ガラス管液面計を使用することができる。（平22問12　この事業所）

この事業所はアンモニア設備です。第10号には、防止するための措置を講ずれば…とは、ひと言も書いてありません。勉強しているあなたは迷わず「×」にしたでしょう！？

　▼冷規第7条第1項第10号　　　　　　　　　　　　　　　　　　　　【答：×】

・受液器の液面計に丸形ガラス管液面計以外のガラス管液面計を使用している場合は、その液面計には破損を防止するための措置を講じなくてもよい。

（平18問9　この事業所、平25問12　この事業所〔設問の事業所はアンモニア〕）

そんなことはない！　冷規第7条第1項第11号に「可燃性ガス又は毒性ガスを冷媒ガスとする冷媒設備に係るものに限る」との一文があるけれども、これは「受液器」から「当該ガラス液面計」を接続する配管のことだから、とにかく丸形とか（ガス種類）に関係なく「ガラス管液面計」は破損防止をしなければいけない。　　　　　　　　　　　　　　　【答：×】

10-9　設備の技術上の基準：液面計（受液器と液面計を接続する配管）

　「受液器と液面計を接続する配管」問題は多く出題されます。冷規第7条第1項第11号をしっかり読みましょう。また、「接続する配管」を頭にイメージしましょう。特に指摘がない限り（この事業所）はアンモニア設備です。この事業所の詳細は「付録1」を参照してください。

十一　受液器にガラス管液面計を設ける場合には、当該ガラス管液面計にはその破損を防止するための措置を講じ、当該受液器（可燃性ガス又は毒性ガスを冷媒ガスとする冷媒設備に係るものに限る。）と当該ガラス管液面計とを接続する配管には、当該ガラス管液面計の破損による漏えいを防止するための措置を講ずること。

過去問題にチャレンジ！

・受液器とその受液器に設けたガラス管液面計とを接続する配管には、そのガラス管液面計の破損による漏えいを防止するための措置を講じなければならない。（平23問11 この事業所）

・この受液器にガラス管液面計を設ける場合には、丸形ガラス管液面計以外のものとし、その液面計の破損を防止するための措置とともに、受液器とガラス管液面計とを接続する配管にその液面計の破損による漏えいを防止するための措置も講じなければならない。
（平27問13 この事業所、令2問13 この事業所）

うむ、そのとおり。　▼冷規第7条第1項第11号　　　　　　　　　　　　　【答：どちらも○】

・この受液器にガラス管液面計を設ける場合には、丸形ガラス管液面計以外のものとし、その液面計の破損を防止するための措置又は受液器とその液面計とを接続する配管にその液面計の破損による漏えいを防止するための措置のいずれか一方の措置を講じなければならない。（平26問13 この事業所）

いずれか一方ではなくて、両方の措置をするのです。
　▼冷規第7条第1項第10号　⬅ 可燃性ガス又は毒性ガスを＜略＞丸形ガラス管液面計以外のものを使用すること。
　▼冷規第7条第1項第11号　⬅ ＜略＞破損を防止するための措置を講じ、＜略＞続する配管には、＜略＞損による漏えいを防止するための措置を講ずること。　　　　　　　　　　　【答：×】

10-10　設備の技術上の基準：火気　▼冷規第7条第1項第1号

　一　圧縮機、油分離器、凝縮器及び受液器並びにこれらの間の配管は、引火性又は発火性の物（作業に必要なものを除く。）をたい積した場所及び火気（当該製造設備内のものを除く。）の付近にないこと。ただし、当該火気に対して安全な措置を講じた場合は、この限りでない。

過去問題にチャレンジ！

・製造施設A及び製造設備Bとも専用機械室に設置され、かつ、フルオロカーボン134aを冷媒ガスに使用しているので、冷媒設備が引火性又は発火性の物（作業に必用なものを除く。）をたい積した場所の付近にあってはならない旨の定めは適用されない。
（平21問17 この事業所）

この問題は受験者を惑わす語句が満載です。「専用機械室」は関係ありません。「冷媒の種類」も関係ありません。製造設備Bは認定指定設備だけれども適用されます。
　▼冷規第7条第1項第1号
　▼冷規第7条第2項　⬅ 認定指定設備も同様にしなさい。　　　　　　　　　【答：×】

・圧縮機と凝縮器との間の配管が、引火性又は発火性の物（作業に必要なものを除く。）をたい積した場所の付近にあってはならない旨の定めは、認定指定設備である製造設備 C には適用されない。（平 24 問 18 この事業所）

　認定指定設備のみをズバリ問われる問題は初めてかな？　冷規第 7 条第 2 項に「認定指定設備」は、どうするか書いてあります。

　▼冷規第 7 条第 1 項第 1 号
　▼冷規第 7 条第 2 項　◀ 認定指定設備も同様にしなさい。　　　　【答：×】

・圧縮機及び受液器並びにこれらの間の配管が、引火性又は発火性の物（作業に必要なものを除く。）をたい積した場所の付近にあってはならない旨の定めは、不活性ガスであるフルオロカーボン 134a を冷媒ガスに使用しているこの事業所には適用されない。
　　　　　　　　　　　　　　　　　　　　　　　　　　　（平 27 問 18 この事業所）

　フルオロカーボン 134a とか関係ないです。　▼冷規第 7 条第 1 項第 1 号　　【答：×】

・受液器の付近には、作業に不必要な発火性の物をたい積してはならない。
　　　　　　　　　　　　　　　　　　　　　　　　　　　（平 26 問 17 この事業所）

・冷媒設備の圧縮機は、引火性又は発火性の物（作業に必要なものを除く。）をたい積した場所の付近にあってはならない。（平 28 問 17 この事業所）

　受液器や圧縮機の単独での問題は珍しいです。

　▼冷規第 7 条第 1 項第 1 号　◀ 圧縮機、油分離器、凝縮器及び受液器並びにこれらの間の配管は、
　　＜略＞　　　　　　　　　　　　　　　　　　　　　　【答：どちらも○】

・この製造設備の圧縮機及び凝縮器は、引火性の物又は発火性の物（作業に必要なものを除く。）をたい積した場所及び火気（製造設備内のものを除く。）の付近にあってはならないが、これらの間の配管についてはその定めは適用されない。（平 30 問 17 この事業所）

　「配管」も忘れないでね。
　▼冷規第 7 条第 1 項第 1 号　◀ ＜略＞並びにこれらの間の配管は、＜略＞　　【答：×】

10-11　設備の技術上の基準：安全装置

　設備の技術上の基準での「安全装置」に関する問題は、冷規第 7 条第 1 項第 8 号から出題されています。「自動制御装置」、「許容圧力」、「耐圧試験圧力」がポイントです。

　八　冷媒設備には、当該設備内の冷媒ガスの圧力が許容圧力を超えた場合に直ちに許容圧力以下に戻すことができる安全装置を設けること。

過去問題にチャレンジ！

・製造設備 A 及び製造設備 B の冷媒設備には、その設備内の冷媒ガスの圧力が許容圧力を超えた場合に直ちに許容圧力以下に戻すことができる安全装置を設けなければならない。

(平 26 問 17 この事業所)

うむ。まずは、素直な問題から。　▼冷規第 7 条第 1 項第 8 号　【答：○】

・製造設備 A の冷媒設備に自動制御装置を設ければ、その冷媒設備にはその設備内の冷媒ガスの圧力が許容圧力を超えた場合に直ちに許容圧力以下に戻すことができる安全装置を設けなくてよい。(平 28 問 19 この事業所、令 1 問 19 この事業所)

自動制御装置を設ければという問いです。これの設置の有無は関係ありません！　▼冷規第 7 条第 1 項第 8 号　【答：×】

・冷凍設備には、冷媒ガスの圧力が許容圧力の 1.5 倍を超えた場合に直ちに許容圧力以下に戻すことができる安全装置を設けなければならない。(平 17 問 14 この事業所)

・この冷媒設備には、その設備内の冷媒ガスの圧力が許容圧力の 1.25 倍を超えた場合に直ちにその圧力を許容圧力以下に戻すことができる安全装置を設けなければならない。

(平 27 問 19 この事業所)

「許容圧力」を問われます。ひっかからないように。1.5 倍とか 1.25 倍とか、条文のどこにも書いてありません。　▼冷規第 7 条第 1 項第 8 号　【答：どちらも×】

・冷媒設備に設けなければならない安全装置は、冷媒ガスの圧力が耐圧試験圧力を超えた場合に直ちに運転を停止するものでなければならない。(平 19 問 10 この事業所)

・冷媒設備には、その設備内の冷媒ガスの圧力が耐圧試験の圧力を超えた場合に直ちにその圧力以下に戻すことができる安全装置を設けなければならない。(平 30 問 18 この事業所)

「耐圧試験圧力を超えた場合」ではなく「許容圧力を超えた場合」、「直ちに運転を停止する」ではなく「直ちに許容圧力以下に戻す」です。▼冷規第 7 条第 1 項第 8 号　【答：どちらも×】

10-12　設備の技術上の基準：安全弁の放出管

冷規第 7 条第 1 項第 9 号の重要なところを太字にしておきます。出題数は多いですよ。

前号の規定により設けた安全装置（＜略＞不活性ガス＜略＞吸収式アンモニア冷凍機＜略＞に設けたものを除く。）のうち**安全弁又は破裂板には、放出管を設けること**。この場合において、**放出管の開口部の位置**は、放出する冷媒ガスの性質に応じた適切な位置であること。

過去問題にチャレンジ！

・専用機械室内に運転中常時強制換気できる装置を設けてある場合は、冷媒設備の安全弁に設けた放出管の開口部の位置については、特に定めがない。（平25問12 この事業所）

・専用機械室に設置されているこの製造施設の冷媒設備の安全弁に設けた放出管の開口部の位置については、特に定めがない。（平27問14 この事業所）

　「運転中常時強制換気」の適用除外はないです。「専用機械室」も関係ありません。　▼冷規第
7条第1項第9号　　　　　　　　　　　　　　　　　　　　　　　　　　【答：どちらも×】

・この製造施設の冷媒設備の安全弁に設けた放出管の関口部の位置は、アンモニアの性質に応じた適切な位置でなければならない。（平29問14 この事業所）

　素直なよい問題です。　▼冷規第7条第1項第9号　　　　　　　　　　　　　　【答：○】

10-13　設備の技術上の基準：耐圧試験

　耐圧試験の問題では、語句が水、空気、窒素、許容圧力（数値）と、いろいろ出てきます。惑わされないようにするには、頑張って冷規第7条第1項第6号を一度よく読んでみてください。

　六　冷媒設備は、許容圧力以上の圧力で行う**気密試験**及び配管以外の部分について**許容圧力の一・五倍以上の圧力で水その他の安全な液体を使用して行う耐圧試験**（液体を使用することが困難であると認められるときは、許容圧力の一・二五倍以上の圧力で**空気、窒素等の気体を使用して行う耐圧試験**）又は経済産業大臣がこれらと同等以上のものと認めた高圧ガス保安協会（以下「協会」という。）が行う試験に合格するものであること。

過去問題にチャレンジ！

・配管を除く冷媒設備について行う耐圧試験は、水その他の安全な液体を使用して行うことが困難であると認められるときは、空気、窒素等の気体を使用して行ってもよい。

（平25問17 この事業所）

・配管以外の冷媒設備は、所定の圧力で行う気密試験及び所定の圧力で行う耐圧試験又は経済産業大臣がこれらと同等以上のものと認めた高圧ガス保安協会が行う試験に合格するものでなければならない。（平28問18 この事業所）

　はい。よい問題文ですね。　▼冷規第7条第1項第6号　　　　　　　　【答：どちらも○】

・配管以外の冷媒設備は、液体を使用することが困難であると認められる場合を除き、許容圧力の1.5倍以上の圧力で水その他の安全な液体を使用して行う耐圧試験又は経済産業大

臣がこれと同等以上のものと認めた高圧ガス保安協会が行う試験に合格するものでなければならない。(平17問14 この事業所)

・冷媒設備の配管以外の部分について行う耐圧試験は、水その他の安全な液体を使用して行うことが困難であると認められる場合、この試験を空気、窒素等の気体を使用して許容圧力の1.25倍以上の圧力で行うことができる。(平24問19 この事業所)

　「1.5倍以上」は液体、「1.25倍」は気体と覚えておけば大丈夫でしょう。
　　　▼冷規第7条第1項第6号
　　　▼冷規第7条第2項　🔙 指定認定設備も同様です。　　　　　　　　【答:どちらも○】

10-14　設備の技術上の基準：気密試験　▼冷規第7条第1項第6号

　耐圧試験と条文が同じなので、混同しないように注意してください。

法令　　六　冷媒設備は、許容圧力以上の圧力で行う気密試験及び配管以外の部分について許容圧力の一・五倍以上の圧力で水その他の安全な液体を使用して行う耐圧試験<略>

過去問題にチャレンジ！

・製造設備B及びCの冷媒設備のうち凝縮器の気密試験は、許容圧力と同じ圧力で行ってもよい。(平18問18 この事業所)

・冷媒設備の配管の変更工事の完成後に気密試験を行うときは、その気密試験の圧力は許容圧力以上の圧力としなければならない。(平24問19 この事業所)

　　許容圧力以上というのは、許容圧力と同じ圧力でもよいということになります。　▼冷規第7条第1項第6号　🔙 冷媒設備は、許容圧力以上の圧力で行う気密試験。　【答:どちらも○】

・製造設備Aに係る冷媒設備の配管の変更工事の完成検査における気密試験は、安全装置が作動しないように許容圧力未満の圧力で行うことができる。(平25問18 この事業所)

　　絶対「×」って気がする問題。　▼冷規第7条第1項第6号　🔙 許容圧力以上の圧力で～。
　　　　　　　　　　　　　　　　　　　　　　　　　　　　　　　　　　　　【答:×】

・製造設備Bの冷媒設備のうち、配管以外の部分については、冷媒設備が所定の気密試験に合格すれば、所定の耐圧試験又は経済産業大臣がこれと同等以上のものと認めた高圧ガス保安協会が行う試験を実施する必要はない。(平29問17 この事業所)

　　これは最後の「必要はない」で、「×」決定！　気密試験だけでよいわけがないです。
　　　▼冷規第57条第4号　🔙 指定設備の冷媒設備は第七条第一項第六号に規定する試験に…云々。
　　　▼冷規第7条第1項第6号　🔙 気密試験及び配管以外の…云々、耐圧試験…云々、高圧ガス保安

協会が行う…云々。
▼冷規第 7 条第 2 項　← 認定指定設備も同様。　　　　　　　　　【答：×】

・冷媒設備のうち、配管の部分は、所定の気密試験又は経済産業大臣がこれと同等以上のものと認めた高圧ガス保安協会が行う試験に合格するものでなければならない。
(平 30 問 17 この事業所)

「配管の部分は、」とわざわざ強調しているのは、冷規第 7 条第 1 項第 6 号に「配管以外の部分は耐圧試験と気密試験をせよ」とあるからです。配管の部分は気密試験だけでよいのです。　　　　　　　　　【答：○】

10-15　設備の技術上の基準：警戒標　▼冷規第 7 条第 1 項第 2 号

　　二　製造施設には、当該施設の外部から見やすいように警戒標を掲げること。

過去問題にチャレンジ！

・製造施設には、その製造施設の外部から見やすいように警戒標を掲げなければならない。
(平 27 問 17 この事業所、令 1 問 17 この事業所)

なんと素直な問題。(^^)　▼冷規第 7 条第 1 項第 2 号　　　　　【答：○】

・製造設備を設置した室に外部から容易に立ち入ることができないような措置を講じれば、製造施設に警戒標を掲げる必要はない。(平 26 問 18 この事業所)

・製造設備 B は認定指定設備であるため、その製造施設の外部から見やすいように警戒標を掲げる必要はない。(平 29 問 17 この事業所)

これは、普通に「×」にするでしょう。
▼冷規第 7 条第 1 項第 2 号　← 製造施設には<略>警戒標を掲げること。
▼冷規第 7 条第 2 項　← 第 2 号は認定指定設備も同じ基準です。　【答：×】

・製造設備が専用機械室に設置されていても、製造施設には、その製造施設の外部ら見やすいように警戒標を掲げなければならない。(平 30 問 17 この事業所)

「まぁ、そうですね」と思うでしょう。
▼冷規第 7 条第 1 項第 2 号　←「専用機械室」はひと言も触れてません。　【答：○】

10-16　設備の技術上の基準：警報

　法第 7 条第 1 項第 15 号を一度熟読してみましょう。「可燃性ガス又は毒性ガスの製造施設」がポイントかな。

十五　可燃性ガス又は毒性ガスの製造施設には、当該施設から漏えいするガスが滞留する
おそれのある場所に、当該ガスの漏えいを検知し、かつ、警報するための設備を設ける
こと。ただし、吸収式アンモニア冷凍機に係る施設については、この限りでない。

過去問題にチャレンジ！

> ・この製造施設には、その施設から漏えいするアンモニアが滞留するおそれのある場所に、
> そのガスの漏えいを検知し、かつ、警報するための設備を設けなければならない。
>
> (平30問14 この事業所)

　このような素直な問題が多いです。　▼**法第 7 条第 1 項第 15 号**　　　　【答：○】

> ・この製造施設には、その施設から漏えいしたガスが滞留するおそれのある場所に、そのガ
> スの漏えいを検知し、かつ、警報するための設備を設けるべき定めはない。
>
> (平24問12 この事業所)

　この意の問では珍しい「×」問題です。定めはあります！　▼**法第 7 条第 1 項第 15 号**
【答：×】

> ・この製造設備は専用機械室に設置してあるので、この製造施設には、この施設から漏えい
> した冷媒ガスが滞留するおそれのある場所に、そのガスの漏えいを検知し、かつ、警報す
> るための設備を設ける必要はない。(令1問13)

　「専用機械室」絡みの問は 2 冷では珍しい（平成 18 年度以来の出題）ですが油断なさらぬ
ように。　▼**法第 7 条第 1 項第 15 号**　◀「専用機械室は」ひと言も書かれていません。【答：×】

10-17　設備の技術上の基準：消火設備

　消火設備（法第 7 条第 1 項第 12 号）は、警報設備（法第 7 条第 1 項第 15 号）とコラ
ボ問題が多いです。ここで掲載した問題の「この事業所」はすべてアンモニア設備です。
詳細は「付録 1 」を参照してください。

 十二　可燃性ガスの製造施設には、その規模に応じて、適切な消火設備を適切な箇所に設
けること。

過去問題にチャレンジ！

> ・製造施設からガスが漏えいした場合にそのガスが滞留するおそれのある場所にガス漏えい

> 検知警報設備を設ければ、この製造施設に消火設備を設ける必要はない。
>
> （平 23 問 11　この事業所）

警報設備とコラボの問題です。警報設備を付けるほか、法第 7 条第 1 項第 12 号では可燃性ガスの製造施設には消火設備を付けなさいと定めています。
- ▼**法第 7 条第 1 項第 12 号**　◀ 可燃性ガス製造設備は、消火設備を設けなさい。
- ▼**法第 7 条第 1 項第 15 号**　◀ 可燃性、毒性ガスの製造設備は、警報設備を設けなさい。

【答：×】

> ・この製造施設は、消火設備を設けなければならない施設に該当する。（平 26 問 13　この事業所）

短文で単刀直入。逆に怖い。　▼**法第 7 条第 1 項第 12 号**

【答：○】

> ・この製造施設は、消火設備を設けなければならない施設に該当しない。
>
> （平 28 問 13　この事業所）

短文単刀直入の慌て者注意！です。落ち着きましょう。　▼**法第 7 条第 1 項第 12 号**

【答：×】

10-18　設備の技術上の基準：電気設備

　電気設備は、法第 7 条第 1 項第 14 号です。太字の「アンモニアを除く」がポイントです。問題作成者にとってはとっても美味しい文言ですので、問題をよく読みましょう。涙目にならないことを願います。ここで掲載した問題の「この事業所」はすべてアンモニア設備です。詳細は「付録 1」を参照してください。

法令　十四　可燃性ガス（アンモニアを除く。）を冷媒ガスとする冷媒設備に係る電気設備は、その設置場所及び当該ガスの種類に応じた防爆性能を有する構造のものであること。

過去問題にチャレンジ！

> ・冷媒設備に係る電気設備が、その設置場所及び冷媒ガスの種類に応じた防爆性能を有する構造のものであるべき定めは、この事業所の冷媒ガスの場合には適用されない。
>
> （平 26 問 13　この事業所、平 28 問 13　この事業所）

適用されるような気がする。「×」にしたいよ。　▼**冷規第 7 条第 1 項第 14 号**　◀ 可燃性ガス（アンモニアを除く。）というわけで、アンモニア設備の電気設備は防爆でなくてもよいのです。

【答：○】

> ・この製造施設の冷媒設備に係る電気設備は、その設置場所及び冷媒ガスに応じた防爆性能を有する構造のものでなければならないものに該当する。（平 27 問 14　この事業所）

▼**冷規第 7 条第 1 項第 14 号**　◀ 可燃性ガス（アンモニアを除く。）というわけで、アンモニア設備の電気設備は防爆を有するものに該当しないのです。

【答：×】

第 1 章　法 令
⑩　技術上の基準

Memo

電気設備の防爆性能について
『上級冷凍受験テキスト：日本冷凍空調学会』8次 p.189（14.1.6 冷媒の取り扱い）
右下辺りを引用しておきます。（初級テキストには見当たらないです）

> アンモニアの可燃性は、爆燃範囲が体積割合で 15 ～ 28% の濃度とプロパン
> よりも比較的に広いが、その下限値は 15% の濃度で比較的に高いので、<u>冷凍
> 保安規則第7条では電気設備に対して防爆性能を要求していないが</u>、可燃性
> ガスに指定されており注意を要する。

下線は、著者が引いたものです。法令では防爆性能を要求していないですが、テキ
ストではこのように可燃性なので注意を促しています。

10-19　設備の技術上の基準：その他

過去問題にチャレンジ！

・第二種製造者には、製造のための施設を、その位置、構造及び設備が技術上の基準に適合
するように維持すべき定めはない。（平30問4）

定めはあります！　▼**法第12条第1項**　◀第二種製造者は、製造のための施設を、その位置、構
造及び設備が経済産業省令で定める技術上の基準に適合するように維持しなければならない。
【答：×】

10-20　方法の技術上の基準：基本問題

　冷凍のための高圧ガス製造方法に係る技術上の基準に関しての基本的な問題です。法第
11条は第一種製造者、法第12条は第二種製造者が定められています。まずは、軽くこ
なしましょう。

過去問題にチャレンジ！

・第二種製造者が従うべき製造の方法に係る技術上の基準は、定められていない。
（平22問4、令2問4）

・第二種製造者の製造の方法に係る技術上の基準は定められていない。（平23問4）

そんなこたぁ～ない。サービス問題か？　▼**法第12条第2項**　【答：どちらも×】

・第二種製造者は、定められた技術上の基準に従って高圧ガスの製造をしなければならな
い。（平24問4）

その通り。　▼**法第12条第2項**　【答：○】

・都道府県知事は、認定指定設備を使用する第二種製造者の製造の方法が技術上の基準に適合していないと認めるときは、その基準に従って高圧ガスを製造すべきことを命ずることがある。（平12問2）

　　法第12条第3項には、従うように命ずることができると書いてあります。　　　　【答：○】

10-21　方法の技術上の基準：止め弁

　ここでは、冷規第9条（製造の方法に係る技術上の基準）に関する問題を解いてみましょう。「方法」つまり実務に近い問いになります。冷規第9条は第1項のみで、第1号〜第4号まであります。まずは、冷規第9条第1項第1号です。安全弁の止め弁の問題は「全開」か「全閉」など、うっかり読み間違いや勘違いをしないようにしましょう。

法令　　一　安全弁に付帯して設けた止め弁は、常に全開しておくこと。ただし、安全弁の修理又は清掃（以下「修理等」という。）のため特に必要な場合は、この限りでない。

過去問題にチャレンジ！

・安全弁に付帯して設けた止め弁は、安全弁の修理等のため特に必要な場合を除き、夜間等の運転停止時であっても全開にしておかなければならない。（平26問19 この事業所）

　うむ、その通り！
　　▼冷規第9条第1項第1号　🡨「夜間停止時」等とはひと言も記されていません。　　【答：○】

・安全弁の修理及び清掃が終了した後、製造設備の運転を数日間停止するので、その間安全弁に付帯して設けた止め弁を閉止することにした。（平21問19 この事業所）

・冷媒設備に設けた安全弁に付帯して設けた止め弁は、その設備を長期に運転停止する場合には、安全弁の誤作動防止のため、常に閉止しておかなければならない。
　　　　　　　　　　　　　　　　　　　　　　　　　　　　　（平23問19 この事業所）

　「修理後数日間停止」、「長期に運転停止」、「誤作動防止」とか、惑わされませんよね！？
　　▼冷規第9条第1項第1号　🡨長期に運転停止、誤作動防止とかひと言も書かれていないのです。
　　　　　　　　　　　　　　　　　　　　　　　　　　　　　【答：どちらも×】

・製造設備の運転を長期に停止したが、その間も冷媒設備の安全弁に付帯して設けた止め弁は、全開しておいた。（平25問19 この事業所）

・製造設備の運転を数日間停止する場合であっても、特に定める場合を除き、その間も安全弁に付帯して設けた止め弁を常に全開しておかなければならない。（平27問17 この事業所）

　勉強してないと、「長期に停止なら全閉」、「数日でも全閉」なんて、微妙に考えこんでしま

うかもしれないですね。　▼冷規第 9 条第 1 項第 1 号　　　　　　　【答：どちらも○】

> ・冷媒設備の安全弁の修理又は清掃のため特に必要な場合を除き、その安全弁に付帯して設けた止め弁は、常に全開しておかなければならない。
>
> （平 28 問 19 この事業所、令 1 問 19 この事業所）

> ・冷媒設備の安全弁に付帯して設けた止め弁は、常に全開しておかなければならないが、その安全弁の修理又は清掃のため特に必要な場合に限り閉止してよい。（平 29 問 19 この事業所）

　条文を読んでいるあなたは、問いの違いを楽しむことができるでしょう。【答：どちらも○】

10-22　方法の技術上の基準：点検（基本問題）

　冷規第 9 条第 1 項第 2 号の太字の部分を頭の中に入れて（意識して）おきましょう。

> **法令**　二　高圧ガスの製造は、製造する高圧ガスの種類及び製造設備の態様に応じ、**一日に一回以上**当該製造設備の属する製造施設の**異常の有無**を点検し、異常のあるときは、当該設備の補修その他の**危険を防止する措置**を講じてすること。

過去問題にチャレンジ！

> ・製造施設の異常の有無を 1 日 1 回以上点検している。（平 17 問 10 この事業所）

　はい。　▼冷規第 9 条第 1 項第 2 号　　　　　　　　　　　　　　【答：○】

> ・高圧ガスの製造は、製造する高圧ガスの種類及び製造設備の態様に応じ、1 日 1 回以上その製造設備の属する製造施設の異常の有無を点検し、異常のあるときは、その設備の補修その他の危険を防止する措置を講じて行わなければならない。
>
> （平 24 問 20 この事業所、平 26 問 19 この事業所、平 27 問 4 第二種製造者、平 28 問 4）

　出題数が多いです。素直なよい問題でしょう。　　　　　　　　　　【答：○】

10-23　方法の技術上の基準：点検（惑わされ問題）

　「一日に一回以上」は頭の中に入れて（意識して）おきましょう。注意しないと惑わされてしまいます。

過去問題にチャレンジ！

> ・冷媒ガスがフルオロカーボン 134a であるので、この製造設備に自動制御装置を設けて連続運転している場合、2 日に 1 回この設備の属する製造施設の異常の有無を点検すればよ

い。(平 22 問 15 この事業所)

　「フルオロカーボン 134a」とか「自動制御装置を設けて連続運転」とか「2 日に 1 回」とかで惑わされないようにしてください。　▼冷規第 9 条第 1 項第 2 号　　【答：×】

・1 日に 1 回以上製造施設の異常の有無を点検しなければならない旨の定めは、認定指定設備である製造設備 B には適用されない。(平 23 問 19 この事業所)

・高圧ガスの製造は、1 日に 1 回以上その製造設備が属する製造施設の異常の有無を点検して行わなければならないが、自動制御装置を設けて自動運転を行う場合はこの限りでない。(平 27 問 18 この事業所)

・高圧ガスの製造は、1 日に 1 回以上、その製造設備のうち冷媒設備のみについて異常の有無を点検し、異常のあるときは、その設備の補修その他の危険を防止する措置を講じて行わなければならない。(平 30 問 19 この事業所)

　よく読みましょう。また、勘違いしないように。　▼冷規第 9 条第 1 項第 2 号【答：すべて×】

10-24　方法の技術上の基準：修理等

(1) 修理等

　冷規第 9 条 (製造の方法に係る技術上の基準) 関係の**修理等**に関する問題です。

> **Memo**
>
> 「修理」と「修理等」の違い
>
> 　冷規第 9 条第 1 項第 1 号に、「(修理又は清掃 (以下「修理等」という。) とあるので、修理等と書かれている場合は「清掃」も含まれると考えてよいでしょう。
>
> 二　安全弁に付属して設けた止め弁は、常に全開しておくこと。ただし、安全弁の修理又は清掃 (以下「修理等」という。) のため特に必要な場合は、この限りでない。
>
> 　　　　　※補足) 安全弁の修理の場合だけではないと解釈をしています。

過去問にチャレンジ！

・冷媒設備を開放して修理するとき、冷媒ガスがフルオロカーボン 134a であるので、その冷媒設備のうち解放する部分に他の部分からガスが漏えいすることを防止するための措置を講じなかった。(平 21 問 19 この事業所)

・冷媒設備を開放して修理又は清掃をするとき、冷媒ガスが不活性ガスであるので、その開放する部分に他の部分からガスが漏えいすることを防止するための措置を講じないで行うことができる。(平 28 問 17 この事業所)

　ガスの種類は関係なく措置を講じなければなりません。　▼冷規第 9 条第 1 項第 3 号ハ

【答：×】

（2）作業計画

　ここでは、冷規第9条（製造の方法に係る技術上の基準）第1項第3号イの修理等の「**作業計画**」に関する問題を解いてみましょう。出題数が多いですが、勉強しておけば簡単だと思います。簡単と書きましたが、結構惑わされる問題が多いので、落ち着いて問題文をよく読みましょう。

 イ　修理等をするときは、あらかじめ、修理等の作業計画及び当該作業の責任者を定め、修理等は、当該作業計画に従い、かつ、当該責任者の監視の下に行うこと又は異常があつたときに直ちにその旨を当該責任者に通報するための措置を講じて行うこと。

（a）計画と責任者

過去問題にチャレンジ！

・冷媒設備の修理を行うときは、あらかじめ、その作業計画及び作業の責任者を定めなければならないが、冷媒設備を開放して清掃のみを行うときはその作業計画及び作業の責任者を定めなくてもよい。（平18問20 この事業所）

　これは、ひねくった問題かな！？　条文を読んでいるあなたは、難なく解答できたでしょう。条文を読みますと「修理等」というのは、修理又は清掃のこととわかりますので、清掃のみの場合も適用されます。　▼**冷規第9条第1項第1号、第3号イ**　　　　　　【答：×】

・製造設備Aの冷媒設備の修理を行うときは、あらかじめその修理の作業計画及びその作業の責任者を定めなければならないが、製造設備Bの冷媒設備の修理を行うときは、あらかじめその作業計画を定めればその作業の責任者を定める必要はない。

（平27問19 この事業所← Bは認定指定設備）

　ププッ、ちょろい問題ですね！　**冷規第9条第1項第3号イ**には、「認定指定設備を除く」とかいう、定めは全くないです。　　　　　　　　　　　　　　　　　　　　【答：×】

・冷媒設備の修理をするとき、あらかじめ定めた作業計画に従い作業を行うこととしたので、その作業の責任者を定めなかった。（平25問19 この事業所）

　これは、いっくらなんでもアウト！　ですよね。　▼**冷規第9条第1項第3号イ**　【答：×】

・冷媒設備の修理をするときは、あらかじめ、その作業計画及びその作業の責任者を定め、修理はその作業計画に従うとともに、その作業の責任者の監視の下で行うか、又は異常があったときに直ちにその旨をその責任者に通報するための措置を講じて行わなければならない。（平29問19 この事業所）

　珍しい？！　「〇」問題です。修理するときの要素をまんべんなく記したよい問題文ですね。
　▼**冷規第9条第1項第3号イ**　　　　　　　　　　　　　　　　　　　　　【答：〇】

（b）監督

過去問題にチャレンジ！

・冷媒設備の修理又は清掃は、冷凍保安責任者の監督の下に行うこととすれば、あらかじめ
作業計画を定めなくてもよい。（平 17 問 17 この事業所）

> んなこたぁない。　▼冷規第 9 条第 1 項第 3 号イ　　　　　　　　【答：×】

・製造設備 A の冷媒設備の修理を行うときは、その作業計画及びその作業の責任者を定めな
ければならないが、製造設備 B の冷媒設備の修理を行うときは、あらかじめその作業の責
任者を定め、かつ、その責任者の監視の下に作業を行えば、その作業計画を定める必要は
ない。（平 22 問 15 この事業所）

> 製造設備 B は認定指定設備ですが、「認定指定設備は除く」みたいなことはひと言も書いて
> ありませぬ。勉強してないと翻弄されます。　▼冷規第 9 条第 1 項第 3 号イ　　【答：×】

（c）異常の時

過去問題にチャレンジ！

・冷媒設備の修理を行うときは、あらかじめ、その作業計画及びその作業の責任者を定め、
修理は、その作業計画に従うとともに、その責任者の監視の下に行うこと又は異常があっ
たときに直ちにその旨をその責任者に通報するための措置を講じて行わなければならな
い。（平 23 問 19 この事業所）

> はい。条文が丸ごと出題された感じです。条文を読んでいるあなたに迷いはありません。
> ▼冷規第 9 条第 1 項第 3 号イ　　　　　　　　　　　　　　　　【答：○】

・冷凍設備の修理をするとき、あらかじめ定めた修理作業の責任者の監視の下で行うことが
できなかったので、異常があったときに直ちにその旨をその責任者に通報するための措置
を講じて行った。（平 16 問 11 この事業所）

> これは…、責任者の監視の下で修理をしなくてもいいの？　という疑問がわく。でも、条文
> をよく見ると、「<略>当該責任者の監視の下に行うこと又は異常があつたときに直ちにその
> 旨を当該責任者に通報するための措置を講じて行うこと。」で「又は」ということだから、
> 責任者に通報できるようにしておけばよいということになりますね。　▼冷規第 9 条第 1 項第
> 3 号イ　　　　　　　　　　　　　　　　　　　　　　　　　　【答：○】

10-25　機器の技術上の基準

　機器製造業者がもっぱら冷凍設備に用いる機器（冷規第 63 条）と容器（冷規第 64 条）
の技術上の基準です。1 日の冷凍能力で惑わされないように文章をよく読みましょう。

（1）基本問題

　冷規第 63 条は法改正により、「フルオロカーボン（不活性のものに限る。）」が、「（二
酸化炭素及びフルオロカーボン（可燃性ガスを除く。）」に変更されています。令和元年度
の試験に適用された問題が出題されました。法改正前の過去問や解説は解答の「○」と

「×」には影響しないため、ここでは、改正前のままにしてあります。

 法令 （冷凍設備に用いる機器の指定）

　　第六十三条　法第五十七条の経済産業省令で定めるものは、もっぱら冷凍設備に用いる機器（以下単に「機器」という。）であつて、一日の冷凍能力が三トン以上（二酸化炭素及びフルオロカーボン（可燃性ガスを除く。）にあつては、五トン以上。）の冷凍機とする。

過去問題にチャレンジ！

・専ら冷凍設備に用いる機器の製造の事業を行う者（機器製造業者）が所定の技術上の基準に従って製造しなければならない機器は、フルオロカーボン（可燃性ガスを除く。）を冷媒ガスとする冷凍機のものにあっては、1日の冷凍能力が5トン以上のものである。（令1問3）

　　ガス種変更の法改正が最初に適用された問題です。それより「専ら」で戸惑ったかもしれない。（読めない、笑）法文には「もっぱら」と記されている。それ以外は法文に見合った素直な問題でしょう。
　　▼**法第57条**　◀ もっぱら冷凍設備に用いる機器は技術上の基準に従って製造しなさい。
　　▼**冷規第63条**　◀ 法第五十七条の経済産業省令で定めるものは、もっぱら冷凍設備に用いる機器<略>（二酸化炭素及びフルオロカーボン（可燃性ガスを除く。）にあつては、五トン以上。）の冷凍機とする。　　　　　　　　　　　　　　　　　　　　　**【答：○】**

・冷凍設備に用いる機器の製造の事業を行う者（機器製造業者）が所定の技術の基準に従って製造しなければならない機器は、冷媒ガスの種類にかかわらず、1日の冷凍能力が5トン以上の冷凍機に用いられるものに限られる。（平21問4、平24問1）

　　うむ、文章は長いけれども、よく読めば引っ掛けもない（素直に間違っている）問題かも知れません。　▼**法第57条、冷規第63条**　　　　　　　　　　　**【答：×】**

・冷凍設備に用いる機器の製造の事業を行う者（機器製造業者）が所定の技術上の基準に従って製造しなければならない機器は、不活性のフルオロカーボンを冷媒ガスとする冷凍機のものにあっては、1日の冷凍能力が20トン以上のものに限られる。（平23問3）

　　「20トン以上に限られる」は「×」ですね！　次の容器関連、冷規第64条の「20トン」との混乱が目的でしょう。　▼**法第57条、冷規第63条**　　　　　　　**【答：×】**

・冷凍設備に用いる機器の製造の事業を行う者（機器製造業者）が所定の技術上の基準に従って製造しなければならない機器は、冷媒ガスの種類がアンモニアである場合には、1日の冷凍能力が3トン以上の冷凍機に用いられるものに限られる。（平26問3）

　　アンモニアは、3トン以上でよいですね。
　　▼**法第57条**　◀ 冷凍設備の機器は技術上の基準に従って製造しなさい。
　　▼**冷規第63条**　◀ 3トン以上、フルオロは（不活性に限る）5トン以上の冷凍機は、法第57条のものを使いなさい。　　　　　　　　　　　　　　　　　　　　　**【答：○】**

> ・機器製造業者とは、もっぱら冷凍設備に用いる機器であって、所定の機器の製造の事業を行う者である。（平28問2）

　簡単すぎ！？　て、逆に戸惑ったりするかも…。
　　　▼**法第57条**　◀冷凍設備の機器は技術上の基準に従って製造しなさい。
　　　▼**冷規第63条**　◀法第57条の経済産業省令で定めるものは、もっぱら冷凍設備に用いる機器
　　　　＜略＞の冷凍機とする。　　　　　　　　　　　　　　　　　　　　　　　【答：○】

（2）容器関連問題

　機器のうち、容器の基準（冷規第64条第1項第1号）についての問題です。ポイントは20トン以上かな。

法令　（機器の製造に係る技術上の基準）
　　　第六十四　法第五十七条の経済産業省令で定める技術上の基準は、次に掲げるものとする。
　　　　一　機器の冷媒設備（一日の冷凍能力が二十トン未満のものを除く。）に係る経済産業大臣が定める容器（ポンプ又は圧縮機に係るものを除く。以下この号において同じ。）は、次に適合すること

過去問題にチャレンジ！

> ・機器製造業者は、1日の冷凍能力が20トン以上の冷媒設備に用いる機器のうち、定められた容器については、その材料、強度、溶接方法等に係る技術上の基準に従って製造をしなければならない。（平18問2）

　今度は20トンが出てきました。
　　　▼**法第57条**　◀基準に従って製造しなさい。
　　　▼**冷規第64条第1項第1号**　◀容器技術上基準（冷凍能力20トン未満の冷媒設備は除く）。
　　　　　　　　　　　　　　　　　　　　　　　　　　　　　　　　　　　　【答：○】

> ・冷凍設備に用いる機器のうち、冷媒設備に係る定められた容器の製造に係る技術上の基準として、その材料、強度、溶接方法等が規定されているのは、1日の冷凍能力が50トン以上のものに限る。（平17問3）

　サービス問題でしょう。　▼**法第57条、冷規第64条第1項第1号**　　　　【答：×】

難易度：★★★

⑪　変更工事

11-1　軽微な変更工事

　法第14条を、ぜひ、一読してから問題を解いてみてください。第1項と第2項の下線がポイントです。問題文をよく読みましょう。第二種製造者については、第4項に記されています。

法令

（製造のための施設等の変更）

　第十四条　<u>第一種製造者は、製造のための施設の位置、構造若しくは設備の変更の工事をし、又は製造をする高圧ガスの種類若しくは製造の方法を変更しようとするときは、都道府県知事の許可を受けなければならない。</u>ただし、製造のための施設の位置、構造又は設備について経済産業省令で定める<u>軽微な変更の工事をしようとするときは、この限りでない。</u>

　2　<u>第一種製造者は、前項ただし書の軽微な変更の工事をしたときは、その完成後遅滞なく、その旨を都道府県知事に届け出</u>なければならない。

過去問題にチャレンジ！

・製造設備について定められた軽微な変更の工事をしようとするときは、都道府県知事の許可を受けなくてもよいが、工事開始の日の20日前までに都道府県知事に届け出なければならない。（平26問9　この事業者）

　　サービス問題かな。「完成後遅滞なく」です！

　　▼**法第14条第1項**　第一種製造者、変更工事は許可、軽微はこの限りでない。

　　▼**法第14条第2項**　◀完成後遅滞なく、届け出。　　　　　　　　　　　【答：×】

・この製造施設の位置、構造又は設備について定められた軽微な変更の工事をしたときは、その完成後遅滞なく、その旨を都道府県知事に届け出なければならない。

（平28問11　この事業者）

　　はい、そのとおり。条項は平26問9と同じです。　　　　　　　　　　　【答：○】

11-2　認定指定設備の増設

　ここでは、「認定指定設備」が絡む「増設」というキーワードの代表的な「○」と「×」の問題を解いてみましょう。冷規第17条第1項第4号が把握へのポイントです。一通り、過去問をこなせば把握できるでしょう。

過去問題にチャレンジ！

> ・この製造施設にブラインを共通とする認定指定設備である定置式製造設備Dを増設する場合は、軽微な変更の工事として、その完成後遅滞なく、都道府県知事に届け出ればよい。
> （平17問15　この事業所）

　ブラインを共通とする認定指定設備というので決まりです！
- **▼法第14条第1項** ◀ 変更の工事をしたら許可を受けなさい。ただし、所定の軽微な変更工事はこの限りでないヨ。
- **▼法第14条第2項** ◀ 第1項の、ただし書きの工事をしたら、遅滞なく届け出てくださいね。
- **▼冷規第17条第1項第4号** ◀ 認定指定設備の設置工事は軽微な変更工事です。　【答：○】

> ・この事業者は、この製造施設にブラインを共通とする認定指定設備である定置式製造設備Cを増設する場合は、都道府県知事の許可を受けなければならない。（平22問14）

　軽微な変更の工事になるので「許可」ではなく「届け出」ですね。　**▼法第14条第1項、法第14条第2項、冷規第17条第1項第4号**　【答：×】

11-3　圧縮機の取替

　圧縮機の取替え工事に関する問題は、圧縮機の取替時の「溶接、切断、冷凍能力の変更、許可、軽微な変更工事か否か」等が絡んできます。問題作成者が、受験者にいったい何を求めているのか問題をよく読んで考えながら解きましょう。そうしないと、あなたは手のひらでコロコロともて遊ばれることでしょう。

（1）切断、溶接を伴う場合

　「溶接を伴う圧縮機取替え」に関する問題は2冷では見当たらないので、3冷の問題を掲載します。留意しておきましょう。

過去問題にチャレンジ！

> ・製造設備Aの冷媒設備に係る切断、溶接を伴う圧縮機取替えの工事を行おうとするときは、あらかじめ都道府県知事の許可を受けなければならない。
> （参考：3種 平20問14 この事業者）

　はい、溶接を伴う圧縮機の取替えは「軽微な変更工事」から除かれるので「許可」が必要です。
- **▼法第14条第1項、第2項** ◀ 変更工事は許可。軽微な変更工事は届け出。
- **▼冷規第17条第1項第2号** ◀ 軽微な変更工事（冷媒設備に係る切断、溶接を伴う工事を除く）。
　【答：○】

（2）切断や溶接を伴わない、冷凍能力の変更がない（伴わない）場合

過去問題にチャレンジ！

> ・この製造施設の冷媒設備の圧縮機の取替えの工事は、冷媒設備に係る切断、溶接を伴わない工事であって、その設備の冷凍能力の変更を伴わないものであっても、定められた軽微な変更の工事には該当しない。（平29 問11 この製造施設、令1問12 この製造施設）

この製造施設はアンモニア（可燃性・毒性ガス）ですから「軽微な変更工事」には該当しないのです。
- ▼**法第14条第1項、第2項**　◀ 変更工事は軽微な変更工事がありますよ。
- ▼**冷規第17条第1項第2号**　◀ 軽微な変更工事（可燃性ガス及び毒性ガスを冷媒とする冷媒設備の取替えを除く。）　　　　　　　　　　　　　　　　　　　**【答：○】**

> ・この事業者は、冷媒設備に係る切断、溶接を伴わない圧縮機の取替えの工事であって、その取り替える圧縮機の冷凍能力の変更がない場合は、軽微な変更の工事として、その完成後遅滞なく、都道府県知事に届け出ればよい。（平22 問14 この事業者、平25 問14 この事業者）

この事業者はフルオロ134aです。「切断、溶接がない」かつ「冷凍能力の変更がない」ので軽微な変更工事になりますので「届け出」でよいです。
- ▼**法第14条第1項、第2項**　◀ 変更工事は許可。軽微な変更工事は届け出。
- ▼**冷規第17条第1項第2号**　◀（冷媒設備に係る切断、溶接を伴う工事を除く。）であって、当該設備の冷凍能力の変更を伴わないもの。　　　　　　　　　　　**【答：○】**

> ・第一種製造者がアンモニアを冷媒ガスとする製造設備の圧縮機の取替えの工事を行う場合、切断、溶接を伴わない工事であって、その設備の冷凍能力の変更を伴わないものであれば、その完成後、都道府県知事にその旨を届け出ればよい。（平24 問1）

今度は「×」です！アンモニア冷媒は「可燃性ガス及び毒性ガス」なので、「溶接、切断を伴わない工事」、「冷凍能力の変更を伴わない」であっても、軽微な変更工事になりません。ゆえに「許可」が必要です。　▼**法第14条第1項、第2項、冷規第17条第1項第2号**　**【答：×】**

（3）切断や溶接を伴わない、冷凍能力の変更が所定の範囲と完成検査の場合

　問題文には「冷凍能力の変更が所定の範囲である場合」とありますが、「冷凍能力を変更している」ということですよ。注意してください。

過去問題にチャレンジ！

> ・冷媒設備に係る切断、溶接を伴わない圧縮機の取替えの工事であって、その取り替える圧縮機の冷凍能力の変更が所定の範囲である場合は、都道府県知事の許可を受けなければならないが、完成検査を受けなくてもよい。（平16 問15 この事業者）

> ・製造設備Aの圧縮機の取替え工事での切断、溶接を伴わない場合であって、その取り替える圧縮機の冷凍能力の変更が所定の範囲である場合は、都道府県知事の許可を受けなけれ

ばならないが、その変更の工事の完成検査は受けなくてもよい。（平21 問14 この事業者）

　思わず迷って考え込んでしまいますが…、「○」です。問題を味わうようによく読みましょう。「冷凍能力の変更が所定の範囲である場合」←これ、冷凍能力の変更をしているということです。なので「許可」が必要。完成検査は、**冷規第23条**の「冷凍能力の変更が告知で定める範囲であれば実施しなくともよい」←これと「許可」のことを混同させようとしている問題なのです。

第1章　法令　⑪　変更工事

- ▼**法第14条第1項** ◀ 変更工事は許可。（軽微な変更工事はこの限りでない）
- ▼**冷規第17条第1項第2号** ◀ （当該設備の冷凍能力の変更を伴わないもの）は軽微な変更工事から除く。
- ▼**法第20条第3項** ◀ 次ぎに掲げるものは完成検査不要。
- ▼**冷規第23条** ◀ 冷凍能力変更がこの範囲であれば完成検査不要。　　【答：どちらも○】

11-4　凝縮器の取替え

　凝縮器、配管の変更工事は、<u>圧縮機の取替同様に</u>「設備の変更の工事」なのか「軽微な変更工事」なのか「アンモニア設備」なのか、がポイントです。それと、溶接を伴うとか伴わないとか…。ま、色々な組み合わせで、惑わされないようによく読みましょう。

過去問題にチャレンジ！

・この製造施設の凝縮器の取替えの工事において、冷媒設備に係る切断、溶接を伴わない工事をしようとするときは、都道府県知事の許可を受けなければならないが、その変更の工事の完成検査は受ける必要はない。（平26 問11 この事業者）

・製造設備の冷媒設備に係る切断、溶接を伴わない凝縮器の取替えの工事をしようとするとき、その変更工事の完成後、軽微な変更の工事として遅滞なく、都道府県知事に届け出なければならない。（平27 問11 この事業者）

　この事業所設備は「アンモニア冷媒設備」です。凝縮器の取替で冷媒設備に係る切断、溶接を伴わない工事でも届け出ではなく許可を受けなければならないし、完成検査も必要です！

- ▼**法第14条第1項** ◀ 変更時は許可を受けなさい。でも、軽微な変更工事を除く。
- ▼**冷規第17条第1項第2号** ◀ 軽微な変更工事は、可燃性ガス及び毒性ガスを除く。
- ▼**法第20条第3項** ◀ 許可を受けたものは完成検査をせよ。
- ▼**冷規第23条** ◀ 完成検査不要の変更工事は、可燃性ガス及び毒性ガス冷媒設備を除く。

【答：どちらも×】

・この事業者が都道府県知事等の許可を受けた凝縮器の取替えの工事は、冷媒設備に係る切断、溶接を伴わない工事であっても、完成検査を受けなければならない特定変更工事である。（平30 問11 この事業者）

　伴わない工事であってもアンモニア設備ですから、軽微な変更工事ではなくて「許可」も「完成検査」もいる特定変更工事です。

- ▼**法第14条第1項** ◀ 変更は、許可を受けなさい。軽微な変更工事は除く。

▼冷規第 17 条第 1 項第 2 号　◀軽微な変更工事は「(可燃性ガス及び毒性ガス」を除く。

▼法第 20 条第 3 項　◀<略>以下「特定変更工事」という。完成検査をし適合と認められれば使用できます。　【答：○】

11-5　高圧ガスの種類

　製造をする高圧ガスの種類を変更した場合の問題は、法第 14 条第 1 項です。「許可」がらみの問題になりますが、一通りこなせば楽勝でしょう。

第十四条　第一種製造者は、製造のための施設の位置、構造若しくは設備の変更の工事をし、又は製造をする高圧ガスの種類若しくは製造の方法を変更しようとするときは、都道府県知事の許可を受けなければならない。ただし、製造のための施設の位置、構造又は設備について経済産業省令で定める軽微な変更の工事をしようとするときは、この限りでない。

(1) 高圧ガスの種類の変更 (ガスのみ)

過去問題にチャレンジ！

・第一種製造者は、製造する高圧ガスの種類を変更しようとするときは、都道府県知事の許可を受けなければならない。(平 15 問 3)

　はい、その通り。　▼法第 14 条第 1 項　【答：○】

・第一種製造者は、その製造をする高圧ガスの種類を変更したときは、遅滞なく、その旨を都道府県知事に届け出なければならない。(平 23 問 1)

　今度は、「×」ですよ。「届け出」じゃなくて「許可」。　▼法第 14 条第 1 項　【答：×】

(2) 高圧ガスの種類やその他の変更

過去問題にチャレンジ！

・第一種製造者は、製造をする高圧ガスの種類又は製造の方法を変更しようとするときは、都道府県知事の許可を受けなければならない。(平 22 問 2)

　はい、その通りです。　▼法第 14 条第 1 項　【答：○】

・第一種製造者は、製造のための施設の位置、構造又は設備を変更することなく、その製造をする高圧ガスの種類を変更したときは、その変更後遅滞なく、その旨を都道府県知事等に届け出なければならない。(令 1 問 2)

　なにやら長文になっていますが「ガスの種類の変更したとき」で「許可」に決まりですね！また「変更後遅滞なく」ではなくて「変更しようとするときは」ですね。軽微な変更工事の

場合はその完成後遅滞なくその旨を届け出です。　▼法第14条第1項　　　　【答：×】

11-6　第二種製造者限定の問題

過去問題にチャレンジ！

・第二種製造者が、製造の方法を変更しようとするとき、その旨を都道府県知事に届け出ることの定めはない。（平24問4）

・第二種製造者が、製造をする高圧ガスの種類を変更しようとするとき、その旨を都道府県知事に届け出るべき定めはない。（平25問4）

　第二種製造者の問題は珍しいです。あらかじめ届け出が必要です！

> **▼法第14条第4項**
>
> 4　第二種製造者は、製造のための施設の位置、構造若しくは設備の変更の工事をし、又は製造をする高圧ガスの種類若しくは製造の方法を変更しようとするときは、あらかじめ、都道府県知事に届け出なければならない。ただし、製造のための施設の位置、構造又は設備について経済産業省令で定める軽微な変更の工事をしようとするときは、この限りでない。

【答：どちらも×】

11-7　認定指定設備

　「認定指定設備」は他にも含まれていますが、ここは直接「認定指定設備」について問われます。条文は冷規第62条です。変更工事で認定指定設備が取り消されることがあるというような問題です。出題頻度は多いです。

過去問題にチャレンジ！

・この製造設備に変更の工事を施したとき又はこの製造設備を移設したときは、指定設備認定証を返納しなければならない場合がある。（平26問20 製造設備C）

　はい。　▼冷規第62条第2項　◀＜略＞指定設備認定証を返納しなければならない。　　【答：○】

・認定指定設備に変更の工事を施すと、指定設備認定証が無効になる場合がある。

（平29問20、令1問20）

　この問題文は3冷も含め頻繁に出題されていますので留意されたいです。冷規第62条第1項は「無効」、第2項は「返納」の事が書かれています。無効にならない変更の工事は、同条第1項の第1号と第2号に記されています。　　【答：○】

11-8　完成後の気密試験と耐圧試験

　ここでは、変更工事においての気密試験に特化した問題を解いてみましょう。「気密試験」の個別問題は、「10-14　設備の技術上の基準：気密試験」にあります。

過去問題にチャレンジ！

・第二種製造者は、製造設備の設置又は変更の工事が完成したとき、酸素以外のガスを使用する試運転又は許容圧力以上の圧力で行う気密試験を行った後でなければ、製造をしてはならない。(平26問4)

　　　▼法第12条第2項　⬅二種製造者は技術上の基準に従いなさい。
　　　▼冷規第14条第1項第1号　⬅…設置又は変更の工事…酸素意外のガスを…気密試験…行つた後でなければ製造をしないこと。　　　【答：○】

・製造設備の設置又は変更の工事を完成したときに行う気密試験に酸素を使用するときは、あらかじめ、冷媒設備中にある可燃性ガスを排除した後に行わなければならない。
(平27問4 第二種製造者について)

　今度は「×」です。酸素を使用したらダメですね。
　　　▼法第12条第2項
　　　▼冷規第14条第1項第1号　⬅…設置又は変更の工事…酸素意外のガスを…気密試験（空気を使用するときは、あらかじめ、冷媒設備中にある可燃性ガスを排除した後に行うものに限る。）を行った後でなければ製造をしないこと。　　　【答：×】

難易度：★★★

⑫　完成検査

　完成検査の問題文は長いので読むだけで疲れます。しかも、勉強していないとたいがい考え込んでしまいます。完成検査だけの過去問に1時間程度時間を取って、条文をじっくり読みながら勉強するとよいでしょう。

12-1　基本問題

過去問題にチャレンジ！

> ・完成検査は、製造施設の位置、構造及び設備が技術上の基準に適合しているかどうかについて行われる。（平16問19 この事業所）

なんとなくわかりますね。いちばん基本的な問題です。「位置、構造及び設備」を頭に入れておきましょう。
　▼**法第20条第1項**　◀ 完成検査を受けて許可を受けないと設備を使用できません。
　▼**法第8条第1項**　◀ 知事は施設の位置、構造及び設備を審査し許可を与えなさい。
　▼**冷規第7条**　◀ 法第8条の許可はこの技術上の基準をクリアしなさい。　　【答：○】

12-2　引き渡しがあった場合の許可と完成検査

　法第20条第2項（引き渡しのあったとき）の問題は、「譲渡（譲り受け）」（地位の承継）とは別物です。注意しましょう。

過去問題にチャレンジ！

> ・既に完成検査を受けているこの製造施設の全部の引渡しがあった場合、その引渡しを受けた者は、都道府県知事の許可を受けることなくこの製造施設を使用することができる。
> （平22問14 この事業者、平24問14 この事業者）

「引渡し」はポツリと出題されます。油断なされぬように。**法第20条第2項**より、引渡しを受け、許可を受けた者は、施設が既に完成検査を受け認められていれば、施設を使用できる。と、要約できます。「許可を受けないとならない」のでこの問題は「×」！　【答：×】

> ・既に完成検査を受け技術上の基準に適合していると認められているこの製造施設の全部の引渡しがあった場合、その引渡しを受けた者は、高圧ガスの製造について都道府県知事等の許可を受けたのち、都道府県知事等又は高圧ガス保安協会若しくは指定完成検査機関が行う完成検査を受けることなく、この製造施設を使用することができる。
> （平30問10 この事業者）

「許可」に「完成検査」が絡むものも多く出題されています。**法第20条第2項**より「引渡しを受け、第五条第一項の許可を受けた者は、その第一種製造者が当該製造のための施設につき既に完成検査を受け、第八条第一号の技術上の基準に適合していると認められ、又は次項第二号の規定による検査の記録の届出をした場合にあつては、当該施設を使用することができる。」つまり、問題文のとおりです。　　【答：○】

> ・既に完成検査を受け所定の技術上の基準に適合していると認められているこの製造施設の全部の引渡しがあった場合、その引渡しを受けた者は、都道府県知事等の許可を受け、改めて都道府県知事等が行う完成検査を受けなければこの製造施設を使用することができない。（令1問12 この事業所）

即答できましたか？　設問の場合、許可は必要ですが、「既に完成検査を受け所定の技術上の基準に適合していると認められているこの製造施設」なので、完成検査を受けることなく使用できます。　▼法第20条第2項　　　　　　　　　　　　　　　　　　　　　【答：×】

12-3　完成検査を受けなくてもよいもの

　完成検査を受けなくてもよいものがあります。「変更工事」で多くの類似問題がありましたが、ここでは完成検査に特化された問題を解いてみましょう。長い文章が多いです。勉強してないとわからないでしょう。でも、ここでバッチリです!!

過去問題にチャレンジ！

・製造設備Aの冷凍能力の変更が定められた範囲内であり、冷媒設備に係る切断、溶接を伴わなく、かつ、耐震設計構造物として適用を受けない製造設備の取替の工事は、都道府県知事の許可を受けなければならないが、完成検査を受けなくてもよい。

(平19問12 この事業者)

　製造設備Aは、第一種製造者、フルオロカーボン冷媒設備です。
　　▼法第14条第1項　← 第一種製造者の変更の工事は許可がいる。けど、不要もあるよ。
　　▼法第20条第3項　← 許可 → 変更の工事完成 → 完成検査を受けないと使用できないよ。
　　▼冷規第23条　← 完成検査をしなくてもよいものがあるよ。　　　　　　　　　【答：○】

・製造設備Aの冷媒設備に係る切断、溶接を伴わない圧縮機の取替えの工事をしようとするとき、その冷凍能力の変更が所定の範囲であるものは、都道府県知事の許可を受けなければならないが、その変更工事の完成後、完成検査を受けることなく使用することができる。(平18問16 この事業所)

　今度は「圧縮機」の取替えです。「切断、溶接を伴わない」、「冷凍能力の変更が所定範囲内」、製造設備Aは第一種製造者ですから、「○」ですね。
　　▼法第14条第1項　← 第一種製造者の変更の工事は許可がいる。けど、不要もあるよ。
　　▼法第20条第3項　← 許可 → 変更の工事完成 → 完成検査を受けないと使用できないよ。
　　▼冷規第23条　← 完成検査をしなくてもよいものがあるよ。
　　▼製造細目告示第12条の14第3項　← 変更前の当該製造設備の冷凍能力の20パーセント以内の範囲なら完成検査いらない。　　　　　　　　　　　　　　　　　　　　　　　　　【答：○】

・製造施設の位置、構造又は設備の変更の工事について、都道府県知事の許可を受けた場合であっても、完成検査を受けることなく、その製造施設を使用することができる変更の工事があるが、この事業所の製造施設には適用されない。(平28問11 この事業者、令1問12)

　この事業所はアンモニア冷媒設備です。「可燃性ガス及び毒性ガスを冷媒とする冷媒設備」となります。　▼法第14条第1項、法第20条第3項、冷規第23条

> （完成検査を要しない変更の工事の範囲）
> **第二十三条**　法第二十条第三項の経済産業省令で定めるものは、製造設備（第七条第一項第五号に規定する耐震設計構造物として適用を受ける製造設備を除く。）の取替え（<u>可燃性ガス及び毒性ガスを冷媒とする冷媒設備を除く。</u>）の工事（冷媒設備に係る切断、溶接を伴う工事を除く。）であつて、当該設備の冷凍能力の変更が告示で定める範囲であるものとする。

よって、「可燃性ガス及び毒性ガスを冷媒とする冷媒設備」は除かれるので、完成検査を受ける必要があります。　　　　　　　　　　　　　　　　　　　　　　　　【答：○】

12-4　特定変更工事

「特定変更工事」という語が含まれる問題を解いてみましょう。あまり深く考えなくてもよいかも知れないですし、しばらく、問題を解いていると「特定変更工事」とあっても困惑しなくなると思います。

過去問題にチャレンジ！

・製造施設の特定変更工事が完成したとき、その施設について都道府県知事が行う完成検査を受け、これが技術上の基準に適合していると認められた後、その施設を使用した。
　　　　　　　　　　　　　　　　　　　　　　　　　（平17問11 この事業者）

・この事業者は、特定変更工事が完成し、その工事に係る製造施設について都道府県知事が行う完成検査を受けた場合、これが所定の技術上の基準に適合していると認められた後でなければ、その施設を使用してはならない。（平24問14 この事業者）

出題の通りなんだけど、「特定変更工事」？？　ってなりますよね。「高圧ガスの製造のための施設の位置、構造若しくは設備の変更の工事」が、特定変更工事ということでしょう。

> **▼法第20条第3項**
> 3　第十四条第一項又は前条第一項の許可を受けた者は、高圧ガスの製造のための施設又は第一種貯蔵所の位置、構造若しくは設備の変更の工事（経済産業省令で定めるものを除く。以下「**特定変更工事**」という。）を完成したときは、＜略＞完成検査を受け、＜略＞の技術上の基準に適合していると認められた後でなければ、これを使用してはならない。ただし、＜略＞

【答：どちらも○】

・この事業者が製造施設の特定変更工事を完成したときに受ける完成検査は、都道府県知事又は高圧ガス保安協会若しくは指定完成検査機関のいずれかが行うものでなければならない。（平27問11 この事業者）

・この製造施設の特定変更工事を完成したときに受ける完成検査は、都道府県知事又は高圧ガス保安協会若しくは指定完成検査機関のいずれかが行う。（平28問11 この事業者）

うむ。設問によると、この事業者は「認定完成検査実施者及び認定保安検査実施者ではな

い」ので、他の機関に完成検査を依頼せねばなりません。　▼**法第20条第3項**

【答：どちらも○】

> ・製造施設の特定変更工事が完成した後、高圧ガス保安協会が行う完成検査を受け、これが製造施設の位置、構造及び設備に係る技術上の基準に適合していると認められ、その旨を都道府県知事に届け出た場合は、都道府県知事が行う完成検査を受けなくてもよい。
>
> (平27 問11 この事業者)

うむ。一見ややこしいけど、落ち着いて読めば納得できるでしょう。

　▼**法第20条第3項1号**　◀<略>協会又は指定完成検査機関が行う完成検査を受け、これらが第八条第一号又は第十六条第二項の技術上の基準に適合していると認められ、その旨を都道府県知事に届け出た場合は、この限りでない。　　　　　　　　　　　　【答：○】

12-5　届け出

　特定変更工事（あまり深く考えずともよいです）、都道府県知事、高圧ガス保安協会が、絡み合った長い文章です。

過去問題にチャレンジ！

> ・特定変更工事が完成した後、高圧ガス保安協会が行う完成検査を受けた場合、これが技術上の基準に適合していると認められたときは、高圧ガス保安協会がその結果を都道府県知事に届け出るので、この事業者は完成検査を受けた旨を都道府県知事に届け出る必要はない。(平16 問19 この事業所)
>
> ・製造施設の特定変更工事の完成後、高圧ガス保安協会が行う完成検査を受け技術上の基準に適合されていると認められたときは、高圧ガス保安協会がその結果を都道府県知事に届けるので、この事業者は、完成検査を受けた旨を都道府県知事に届け出ることなく、かつ、都道府県知事が行う完成検査を受けることなく、その施設を使用することができる。
>
> (平21 問14 この事業者)
>
> ・製造施設の特定変更工事の完成後、高圧ガス保安協会が行う完成検査を受け所定の技術上の基準に適合していると認められた場合、この事業者は、完成検査を受けた旨を都道府県知事に届け出ることなく、かつ、都道府県知事が行う完成検査を受けることなく、その施設を使用することができる。(平23 問14 この事業者)

　長くても、ため息ではなく深呼吸してから、落ち着いて読みましょう。というわけで、高圧ガス保安協会は完成検査の「報告」をするだけで「届け出」はしません。なのでこの事業者が「届け出」をしなければならないのです。この過去問を1回でも解いていれば引っ掛からない問題だと思います（たぶん）。

　▼**法第14条第1項**　◀変更しようとする時は、知事の許可を受けなさい。
　▼**法第20条第4項**　◀協会及び指定機関は完成検査をしたら知事に報告しなさい。
　▼**法第20条第3項第1号**　◀協会か指定機関が完成検査した後、事業者はその旨を届け出をすれば都道府県知事の完成検査は不要です。　　　　　　　【答：すべて×】

難易度：★★★

⑬ 定期自主検査

Point ▷

- ▼**法第 35 条の 2** ⬅ いろいろと定めるものに相当する、第一種、第二種製造者は、定期的に自主検査をし、記録、保存しなさい。
- ▼**冷規第 44 条第 1 項、第 2 項** ⬅ いろいろ定めるものがここに書いてある。ガスの種類とか、トンとか。

13-1 届け出

定期自主検査の「届け出」についての問題は法第 35 条の 2 です。注意するところに下線を引いておきます。勉強してないと、たぶん引っ掛かるでしょう。

法令

第三十五条の二 第一種製造者、第五十六条の七第二項の認定を受けた設備を使用する第二種製造者若しくは第二種製造者であつて＜略＞経済産業省令で定めるところにより、定期に、保安のための自主検査を行い、その検査記録を作成し、これを保存しなければ<u>ならない。</u>

過去問題にチャレンジ！

・定期自主検査を行ったときは、その検査記録を作成し、遅滞なく、これを都道府県知事に届け出なければならない。(平 26 問 17 この事業者)

受験者を惑わす典型的な問題です。下記の条文や他に「届け出」の文言はありません。つまり、届け出なくてもよいのです。検査記録の保存は必要です。 ▼**法第 35 条の 2** ⬅ 第一種、第二種（認定を受けた設備を使用する第二種製造者）は、定期的に自主検査をしなさい、それを記録し、保存しなさい。 【答：×】

・定期自主検査を行ったときは、その記録を作成し、保存しなければならないが、これを都道府県知事等に届け出なければならない旨の定めはない。(平 30 問 16 この事業者)

「届け出なければならない旨の定めはない」は、なんとも法文的表現ですね。著者なら「届け出る必要はない」って記します。 【答：○】

13-2　基本問題

（1）定期自主検査をするか否か

過去問題にチャレンジ！

・第二種製造者の製造施設のうちには、定期に、保安のための自主検査を行わなければなら
ないものがある。（平22問4）

　素直な問題としておこう。
　▼**法第35条の2**　◀定めるものに相当する、第一種、第二種製造者は、定期的に自主検査をしな
さい。
　▼**冷規第44条第1項、第2項**　◀定めるものがここにある。ガス種、1日の冷凍能力等。
　　　　　　　　　　　　　　　　　　　　　　　　　　　　　　　　　　　　　　　【答：○】

・製造施設のうち保安検査を受け、かつ、所定の技術上の基準に適合していると認められた
施設については、その年の定期自主検査を行わなくてよい。（平27問16 この事業者）

　保安検査と所定のうんぬんは、関係ないです！　▼**法第35条の2**　　　　　【答：×】

（2）○○の規準に適合しているか

過去問題にチャレンジ！

・定期自主検査は、製造施設の位置、構造及び設備が技術上の基準（耐圧試験に係るものを
除く。）に適合しているかどうかについて行わなければならない。
　　　　　　　　　　　　　　　　　　　（平17問19 この事業者、平26問16 この事業者）

　はい、素直に「○」。どんな基準を検査するのか覚えておこう。
　▼**法第35条の2**　◀定期自主検査をしなさい。
　▼**冷規第44条第3項**　◀第一種は法第8条第1号、第二種は法第12条第1項の基準。
　▼**法第8条第1号**　◀製造のための施設の位置、構造及び設備が技術上の基準。【答：○】

・定期自主検査は、製造施設の位置、構造及び設備が所定の技術上の基準に適合しているか
どうかについて行わなければならないが、その技術上の基準のうち耐圧試験に係るものに
ついては除かれている。（平18問16 この事業者）

　この問題は覚えておいてほしい。
　▼**法第35条の2**　◀定期自主検査をしなさい。
　▼**冷規第44条第3項**　◀<略>省令で定める技術上の基準（耐圧試験に係るものを除く。）
　　　　　　　　　　　　　　　　　　　　　　　　　　　　　　　　　　　　　　　【答：○】

・定期自主検査は、製造の方法が技術上の規準に適合しているかについて行わなければなら
ない。（参考：3種 平21問15 第一種製造者）

　「×」です。引っ掛かりませんでしたか？　「製造の方法」ではありません。「製造のための
施設の位置、構造及び設備」なのです。　▼**法第8条第1号**　◀製造のための施設の位置、構造
及び設備が技術上の基準に適合するものであること。　　　　　　　　　　　　　【答：×】

13-3　認定指定設備

　「認定指定設備」は、定期自主検査を行わなければならないか、行わなくてもよいか、問われます。毎年出題されるでしょう。また、製造設備 A、B、C が絡む問題や保安検査とコラボしている問題などがあります。

 法令　第三十五条の二　第一種製造者、第五十六条の七第二項の認定を受けた設備を使用する第二種製造者若しくは第二製造者<略>経済産業省令で定めるところにより、定期に、保安のための自主検査を行い、その検査記録を作成し、これを保存しなければならない。

（1）認定指定設備は実施が必要か否か

　ここでは認定指定設備の定期自主検査についての問題を解いてみましょう。「この事業者」は付録 1 を参照してください。

過去問題にチャレンジ！

> ・製造施設の製造設備 B の部分については、定期自主検査を行う必要はない。
> 　　　　　　　　　　　　　　　　　　　　　　　　　　　　　（平 22 問 17 この事業者）
>
> ・認定指定設備である製造設備 B については、定期自主検査を行わなくてもよい。
> 　　　　　　　　　　　　　　（平 19 問 20 この事業者、平 27 問 16 この事業者）
>
> ・定期自主検査は、認定指定設備である製造設備 B については実施しなくてもよい。
> 　　　　　　　　　　　　　　　　　　　　　　　　　　　　　（平 21 問 16 この事業者）
>
> ・定期自主検査は、認定指定設備である製造設備 C については実施しなくてよい。
> 　　　　　　　　　　　　　　　　　　　　　　　　　　　　　（平 24 問 16 この事業者）

　うーん、無勉だと戸惑うかも。どの設備も認定指定設備ですが、定期自主検査が必要です。
▼法第 35 条の 2　◀ 第一種、認定を受けた設備を使用する第二種若しくは第二種は、定期的に自主検査をしなさい。　　　　　　　　　　　　　　　　　　　　　　　　　**【答：すべて×】**

（2）認定指定設備（製造設備 A、B、C）

過去問題にチャレンジ！

> ・製造設備 B 及び C については、定期自主検査を行わなくてもよい。
> 　　　　　　　　　　　　　　（平 18 問 14 この事業者← B、C が認定指定設備）

認定指定設備も定期自主検査が必要と、わかっていれば出題者の意図がミエミエの楽勝の問題です。　▼法第35条の2　　　　　　　　　　　　　　　　　　　　　　　　　　【答：×】

・定期自主検査は、製造設備A及び製造設備Bに係る製造施設について実施しなければならない。（平23問16 この事業者←Bのみ認定指定設備）

勉強していれば簡単で素直な問題ですね。　▼法第35条の2　　　　　　　　　　　　　　【答：○】

・この事業者は、製造設備A及び製造設備Bについてのみ定期自主検査を行い、その記録を作成し、これを保存すればよい。（平17問18 この事業者←Cのみ認定指定設備）

製造設備A及びBについて定期自主検査を行うはOK、というか、「のみ」がついているからCは実施しなくてよいということになってしまう。ちょと嫌らしい問題だね。Cは認定指定設備ですが、定期自主検査はしなければならないです。もう大丈夫ですよね。　▼法第35条の2　　　　　　　　　　　　　　　　　　　　　　　　　　　　　　　　　　　【答：×】

・製造設備A及び製造設備Bについて、都道府県知事等が行う保安検査を受けていれば、これらの製造設備については定期自主検査を行わなくてもよい。（平17問19 この事業者）

定期自主検査の実施は、保安検査には関係ないです。
▼法第35条第1項　◀ 第一種は保安検査をしなさい。
▼法第35条の2　◀ 第一種、認定を受けた設備を使用する第二種若しくは第二種は、定期的に自主検査をしなさい。　　　　　　　　　　　　　　　　　　　　　　　　　　　　　　【答：×】

13-4　実施回数

定期自主検査は、何はなくとも「1年に1回以上」と覚えましょう。

過去問題にチャレンジ！

・定期自主検査は、1年に1回以上行わなければならない。（平17問19 この事業者）

・定期自主検査は、製造施設の位置、構造及び設備が技術上の基準（耐圧試験に係るものを除く。）に適合しているかどうかについて、1年に1回以上行わなければならない。
（平18問14 この事業者、平19問20 この事業者）

これをゲットできない方はいないと思います。
▼法第35条の2　◀ 第一種、認定を受けた設備を使用する第二種若しくは第二種は、定期的に自主検査をしなさい。
▼冷規第44条第3項　◀ 技術上の基準に適合しているか1年に1回以上検査をしなさい。
　　　　　　　　　　　　　　　　　　　　　　　　　　　　　　　　【答：どちらも○】

・定期自主検査は、製造施設の位置、構造及び設備が所定の技術上の基準に適合しているかどうかについて、3年に1回以上行うことと定められている。（平23問16 この事業者）

ハハ。これは落とさないですよね！　　　　　　　　　　　　　　　　　　　　　【答：×】

・定期自主検査は、製造設備Ａについては１年に１回以上、製造設備Ｂについては３年に１回以上行わなければならないと定められている。（平25問16 この事業者）

製造設備Ａは１年…、製造設備Ｂは３年…とか、素晴らしい問題を考えましたね！

【答：×】

13-5　定期自主検査の監督者と代理者

（1）監督

過去問題にチャレンジ！

・定期自主検査は、選任した冷凍保安責任者にその実施について監督を行わせなければならない。（平27問16 この事業者）

　　素直に、「○」。
　　▼**法第35条の2**　◀ 定期的に自主検査をしなさい。
　　▼**冷規第44条第4項**　◀ その選任した冷凍保安責任者に監督をしなさい。　　【答：○】

（2）免状と監督

過去問題にチャレンジ！

・この事業所の冷凍保安責任者又は冷凍保安責任者の代理者以外の者であっても、所定の製造保安責任者免状の交付を受けている者であれば、定期自主検査の実施について監督を行わせることができる。（平23問16 この事業者）

　　免状を持っていればよいというものではないです。
　　▼**法第35条の2**　◀ 定期的に自主検査をしなさい。
　　▼**法第33条第1項、第2項**　◀ あらかじめ代理者を選任しなさい。代行するときは保安統括責任者です。
　　▼**冷規第44条第4項**　◀ その選任した冷凍保安責任者が監督をしなさい。　　【答：×】

（3）代理者

過去問題にチャレンジ！

・冷凍保安責任者が旅行で不在のため、この製造施設の定期自主検査を冷凍保安責任者の代理者の監督のもとに実施した。（平18問13 この事業者）

　　はい、素直に「○」。
　　▼**法第33条第1項、第2項**　◀ あらかじめ代理者を選任しなさい。代行するときは保安統括責任者です。
　　▼**冷規第44条第4項**　◀ その選任した冷凍保安責任者が監督をしなさい。　　【答：○】

13-6　定期自主検査の記録と保存

過去問題にチャレンジ！

・定期自主検査の検査記録は、電磁的方法で記録することにより作成し、保存することができるが、その記録が必要に応じ電子計算機その他の機器を用いて直ちに表示されることができるようにしておかなければならない。（平16問17 この事業者）

　うむ。
　　▼法第35条の2　◀ 定期的に自主検査をしなさい。
　　▼冷規第44条の2第1項、第2項　◀ 電磁的記録はどうのこうの。　　　　　【答：○】

・定期自主検査を行った結果、所定の技術上の基準に適合している場合は、その検査記録を保存する必要はない。（平22問17 この事業者）

　んな、こたぁ〜ない。（笑
　　▼法第35条の2　◀ 定期的に自主検査をし、検査記録作成保存しなさい。
　　▼冷規第44条第5項　◀ 次ぎに掲げる事項を記載しなさい（保存に関しては▼冷規第44条の2を参照）。　　　　　【答：×】

・定期自主検査を行ったときは、その記録を作成し、保存しなければならないが、これを都道府県知事に届け出なければならない旨の定めはない。（平28問16 この事業者）

　その通りです。保安検査と混同しないように。
　　▼法第35条の2
　　▼冷規第44条第5項　◀ 第一種製造者の定期自主検査はこうしなさい。条文には届け出に関しては全く記されていない。　　　　　【答：○】

13-7　定期自主検査の記載すべき事項

　冷規第44条第5項の第1〜4号まで4つありますから、できる限り覚えましょう。特に、困る問題はないです。ただ、記憶するのみです。

　5　法第三十五条の二 の規定により、第一種製造者及び第二種製造者は、検査記録に次の各号に掲げる事項を記載しなければならない。
　一　検査をした製造施設
　二　検査をした製造施設の設備ごとの検査方法及び結果
　三　検査年月日
　四　検査の実施について監督を行つた者の氏名

過去問題にチャレンジ！

・定期自主検査を行ったとき作成する検査記録に記載すべき事項の一つに、「検査をした製

造施設」がある。(平15問12 この事業者)

　　はい。　▼冷規第44条第5項第1号　　　　　　　　　　【答：○】

・定期自主検査を実施しなければならない冷凍設備において、定期自主検査の検査記録に記載すべき事項の一つに「検査をした製造施設の設備ごとの検査方法及び結果」がある。
(平28問4)

　　第2号の出題は多いです。　▼冷規第44条第5項第2号　　【答：○】

・この事業者が定期自主検査を行ったとき、検査記録に「検査年月日」を記載しなければならない。
(平16問18をアレンジ)

　　第3号の過去問は1問のみ。素っ気ないです。　▼冷規第44条第5項第3号　【答：○】

・記載すべき事項の一つとして、検査の実施について監督を行った者の氏名がある。
(平17問20 この事業者)

　　うむ。　▼冷規第44条第5項第4号　　　　　　　　　　【答：○】

・定期自主検査の検査記録は、その記載すべき事項の定めはなく、事業者自らが製造施設の態様に応じ、検査記録の記載事項を定めればよい。(平26問16 この事業者)

　　思わず、笑った。あんがい「○」にしてしまうかも…。
　　▼法第35条の2　◀ 検査記録を作成し、保存しなさい。
　　▼冷規第44条第5項　◀ 各号に掲げる事項を記載しなさい。　　　　　　　【答：×】

難易度：★★★

 14　保安検査

　　保安検査の問題は、有名な？嫌らしい問いがあって受験者を悩ませます。でも、法第35条を読んでおけば大丈夫でしょう！　どんな検査をするかの引っ掛け問題が出ます。「製造施設の位置、構造及び設備」と「高圧ガスの製造の方法」の語句の違いを頭に入れてください。法第8条の下線の部分がひっかけ問題に出ますので注意してください。

法令　第三十五条　<略>
　　2　前項の保安検査は、特定施設が**第八条第一号**の技術上の基準に適合しているかどうかについて行う。

法令　第八条　＜略＞
　一　製造（製造に係る＜略＞）のための施設の位置、構造及び設備が経済産業省令で定める技術上の基準に適合するものであること。

14-1　保安検査に関する基本問題（何を検査する？）

過去問題にチャレンジ！

・保安検査は、製造設備Aの部分が製造施設の位置、構造及び設備に係る技術上の基準に適合しているかどうかについて行われる。（平18問14 この事業者）

　この事業者は第一種、まぁ、素直に「○」ですね。
　▼**法第35条第2項**　◀ 第八条第一号の技術上の基準に適合しているかどうか。
　▼**法第8条第1号**　◀ 「＜略＞のための施設の位置、構造及び設備が経済産業省令で定める技術上の基準に適合するものであること」の下線部の部分をよく覚えておきましょう。【答：○】

14-2　保安検査に関する引っ掛け問題

過去問題にチャレンジ！

・この事業者が受ける保安検査は、高圧ガスの製造の方法が所定の技術上の基準に適合しているかどうかについて行われる。（平24問15 この事業者、平25問15 この事業者）

　「×」です！何人もの受験者が涙した問題です。「高圧ガスの製造の方法が所定の技術上の基準に適合しているかどうか」ではなく、「施設の位置、構造及び設備が経済産業省令で定める技術上の基準に適合＜略＞」です。法第8条第1号が、引っ掛けどころです。3冷ももれなく出題されています。
　▼**法第35条第1項**　◀ 保安検査を受けなさい。
　▼**法第35条第2項**　◀ 前項の保安検査は、特定施設が第八条第一号の技術上の基準に適合しているかどうかについて行う。
　▼**法第8条第1号**　◀ ＜略＞のための施設の位置、構造及び設備が経済産業省令で定める技術上の基準に適合するものであること。【答：×】

・保安検査は、特定施設が製造施設の位置、構造及び設備並びに製造の方法に係る技術上の基準に適合しているかどうかについて行われる。（平26問15 この事業者）

・保安検査は、特定施設の位置、構造及び設備並びに高圧ガスの製造の方法が所定の技術上の基準に適合しているかどうかについて行われる。（平28問15 この事業者）

　これは…。「並びに」の後にある「製造の方法に係る技術上の基準」は不要です。関係ないです。思わず「○」にしてしまうかも知れません。【答：どちらも×】

・保安検査は、特定施設の位置、構造及び設備が所定の技術上の基準に適合しているかどうかについて行われるものであって、製造の方法が所定の技術上の基準に適合しているかどうかについて行う旨の定めはない。(平27 問15 この事業者)

　これは…、そのとおりです！　引っ掛けじゃないけども、無勉だとわからないかも。把握している方にとっては、よい問題です。　　　　　　　　　　　　　　　　　【答：○】

14-3　保安検査は誰が行う？　　監督は？　などを問う問題

過去問題にチャレンジ！

・この製造施設の保安検査を冷凍保安責任者に行わせなければならない。
(平18 問13 この事業者)

・保安検査を実施することは、冷凍保安責任者の職務の一つとして定められている。
(平29 問16 この事業者)

　これは…、サービス問題ですか？　こんな、セコい問題に引っ掛からないように。
▼法第35条第1項　◀ <略>都道府県知事が行う<略>　　　　　　【答：どちらも×】

14-4　認定指定設備に係る問題

　「認定指定設備」からは逃れられません…。条文の下線部分がポイントです。製造設備に「認定指定設備」が含まれる場合の保安検査はどうするか攻略してください。すべてと言っていいぐらい解答は「正しい」問題です。

▼法第35条第1項　◀ 省令の定めにより、保安検査を受けなさい。

第三十五条　第一種製造者は、高圧ガスの爆発その他災害が発生するおそれがある製造のための施設（経済産業省令で定めるものに限る。以下「特定施設」という。）について、経済産業省令で定めるところにより、定期に、<u>都道府県知事が行う保安検査を受けなければならない</u>。ただし、次に掲げる場合は、この限りでない。

▼冷規第40条第1項第2号　◀ 省令に定めるもののうち、認定指定設備は除く。

第四十条　法第三十五条第一項本文の経済産業省令で定めるものは、<u>次の各号に掲げるもの</u>を除く製造施設（以下「特定施設」という。）とする。
　<u>一　ヘリウム、R二十一又はR百十四を冷媒ガスとする製造施設</u>
　<u>二　製造施設のうち認定指定設備の部分</u>

過去問題にチャレンジ！

> ・製造施設のうち、製造設備 B の部分については保安検査を受けることを要しない。
> （平 23 問 15 この事業者）
>
> ・この事業者が受ける保安検査は、製造設備 C の部分を除く製造施設について行われる。
> （平 24 問 15 この事業者）
>
> ・保安検査は、製造設備 B の部分を除く製造施設について、都道府県知事、高圧ガス保安協会又は指定保安検査機関が行う。（平 25 問 15 この事業者）
>
> ・保安検査を受けなければならない高圧ガスの製造のための施設を特定施設というが、この事業所の特定施設は、製造施設のうち、認定指定設備である製造設備 C の部分を除いたものである。（平 28 問 15 この事業者）

とてもわかりやすい問題文ですね。
　▼**法第 35 条第 1 項**　← 第一種製造者は省令の定めにより保安検査をしなさい。
　▼**冷規第 40 条第 1 項第 2 号**　← 省令に定めるもののうち、認定指定設備は除く。【**答：すべて○**】

> ・製造施設の製造設備 B に係る部分についても、保安検査を受けなければならないと定められている。（平 29 問 16 この事業者）

ここでは珍しい「×」問題でした。製造設備 B は、認定指定設備なので受けなくてもよいです。　　　　　　　　　　　　　　　　　　　　　　　　　　　　　　　　　　　　【**答：×**】

14-5　実施回数

　問題の中で「3 年以内に 1 回以上」だけに、気を取られないようにしましょう。ここには、有名な？　引っ掛け問題が潜んでいます。間違えると凄く悔しくて悲しくなります。最後まで気を緩めずに攻略しましょう。

 法令　　2　法第三十五条第一項本文の規定により、都道府県知事が行う保安検査は、三年以内に少なくとも一回以上行うものとする。

過去問題にチャレンジ！

> ・保安検査は、3 年以内に少なくとも 1 回以上は行われる。
> （平 23 問 15 この事業者、平 25 問 15 この事業者、令 1 問 16 この事業者）
>
> ・製造設備 B の部分を除く製造施設について、都道府県知事、高圧ガス保安協会又は指定保

保安検査機関が行う保安検査を 3 年以内に少なくとも 1 回以上受けなければならない。

(平 27 問 15 この事業者)

なんとシンプル。素直に「○」。
- ▼**法 35 条第 1 項**　⬅ 第一種製造者は保安検査を受けなさい、ただし…。
- ▼**冷規第 40 条第 2 項**　⬅ 3 年以内に 1 回以上うんぬん。　　**【答：どちらも○】**

・保安検査は、高圧ガスの製造の方法が技術上の基準に適合しているかどうかについて、3 年以内に 1 回以上受けなければならない。(平 15 問 20 この事業所)

・保安検査は、高圧ガスの製造の方法が技術上の基準に適合しているかどうかについて、3 年以内に 1 回行われる。(平 19 問 18 この事業者)

あ…、「○」にしちゃいました？これが、有名な？　引っ掛け問題です。「3 年以内に 1 回以上」だけに気を取られていると「○」にしてしまいます。どこが間違っているかもわからない方もいるでしょう…。正しい文章にしてみましょう。「保安検査は、高圧ガスの<u>施設の位置、構造及び設備が経済産業省令で定める技術上の基準に適合</u>しているかどうかについて、3 年以内に 1 回行われる。」ですね。

> 「製造の方法が技術上の基準に適合」 ←　×
> 「施設の位置、構造及び設備が経済産業省令で定める技術上の基準に適合」 ←　○

- ▼**法第 35 条第 1 項、第 2 項**　⬅ 第八条第一号の技術上の基準に適合か検査しなさい。
- ▼**法第 8 条第 1 号**　⬅ <略>のための施設の位置、構造及び設備が経済産業省令で定める技術上の基準に適合<略>。下線の部分をよく覚えておきましょう。
- ▼**冷規第 40 条第 2 項**　⬅ 3 年以内に 1 回以上しなさい。　**【答：どちらも×】**

14-6　高圧ガス保安協会との関わり

　高圧ガス保安協会の仕事は、もちろん試験だけではありません。変更工事にあった、都道府県知事と協会の絡んだ問いが出題されます。協会が行う保安検査と、都道府県知事が行う保安検査とのコラボをお楽しみください。最初は戸惑うかも…、でも、数をこなしているうちに解けるようになりますよ。

過去問題にチャレンジ！

・高圧ガス保安協会が行う保安検査を受け、その旨を都道府県知事に届け出た場合には、その都道府県知事が行う保安検査を受けなくてもよい。

(平 19 問 18 この事業者、平 26 問 15 この事業者)

うん。つまり、協会の保安検査を受け、かつ、知事に届け出たら、知事の保安検査は受けなくてもいいよ。当たり前のようなことだけど、ま、こうやって問題になるんだね。　▼**法第 35 条第 1 項第 1 号**　　**【答：○】**

・製造施設について定期に、保安のための自主検査を行い、これが所定の技術上の基準に適合していることを確認した記録を都道府県知事に届け出た場合は、都道府県知事、高圧ガス保安協会又は指定保安検査機関が行う保安検査を受ける必要はない。

（平23問15 この事業者）

う～ん、保安協会が実施する保安検査の届け出と混同しないこと。自主検査すればOKということではないです。第一種製造者は必ず保安検査が必要なのです。　▼法第35条第1項第1号　【答：×】

・特定施設について高圧ガス保安協会が行う保安検査を受けた場合、高圧ガス保安協会がその検査結果を都道府県知事に報告することとなっているので、この事業者はその保安検査を受けた旨を都道府県知事に届け出る必要はない。（平27問15 この事業者）

・特定施設について、高圧ガス保安協会が行う保安検査を受けた場合、高圧ガス保安協会が遅滞なくその結果を都道府県知事に報告することとなっているので、その保安検査を受けた旨を都道府県知事に届け出なくてよい。（平28問15 この事業者）

復習も兼ねて法文をジックリ見ていきましょう。

▼法第35条第1項　⬅第一種製造者は、高圧ガスの爆発その他災害が発生するおそれがある製造のための施設（経済産業省令で定めるものに限る。以下「特定施設」という。）について、＜略＞都道府県知事が行う保安検査を受けなければならない。ただし、次に掲げる場合は、この限りでない。
▼法第35条第1項第1号　⬅特定施設のうち経済産業省令で定めるものについて、経済産業省令で定めるところにより協会又は経済産業大臣の指定する者（以下「指定保安検査機関」という。）が行う保安検査を受け、その旨を都道府県知事に届け出た場合
▼法第35条第3項　⬅協会又は指定保安検査機関は、第一項第一号の保安検査を行つたときは、遅滞なく、その結果を都道府県知事に報告しなければならない。

　つまり、「事業者は、都道府県知事が行う保安検査を受けなければならない」けれども、高圧ガス保安協会が保安検査を行った場合、高圧ガス保安協会は行った保安検査を遅滞なく都道府県知事に報告しなければならないので、事業者はその保安検査を受けた旨を都道府県知事に届け出すれば、都道府県知事が行う保安検査はしなくてよいことになりますね。

と、いうことだけども、わかった？　なので、「保安協会が報告したので事業者はその保安検査を受けた旨を都道府県知事に届け出なくてよい」ということではないのです。

【答：どちらも×】

難易度：★★★

⑮　認定指定設備

　冷規第57条に「認定指定設備」に指定される条件が14個書かれています。一度でも熟読しておくと問題を解くのが楽になるでしょう。

15-1　基本問題（従う基準など）

　認定指定設備の基本問題です。条文はいろいろありますが、２冷では出題が少ないです。

過去問題にチャレンジ！

・認定指定設備を使用して高圧ガスの製造を行う者が従うべき製造の方法に係る技術上の基準は定められていない。(平16問3)

　定められている。これは、なんとなく「×」にするような問題。条文を拾い出すと第一種の場合、第二種の場合とズラズラと書かねばならないので、ここに２つだけ書いておきましょう。結局、「認定指定設備でも技術上の基準に従いなさい」という至極当たり前の事を問いただす、サービス問題でしょう。

　▼**法第12条第2項** ⬅ 技術上の基準に従って高圧ガスの製造を…云々。
　▼**冷規第14条** ⬅ 法第12条の基準というのは…云々。　　　　　　　　**【答：×】**

・製造設備Cの冷媒設備は、所定の気密試験又は経済産業大臣がこれと同等以上のものと認めた高圧ガス保安協会が行う試験に合格するものでなければならない。

(平17問17 この事業所)

　問題を読むと製造設備Cは認定指定設備ですので、普通に素直に「○」でよいでしょう。
　▼**法第56条の7第2項** ⬅ 認定します。
　▼**冷規第57条第1項第4号** ⬅ 冷規第7条云々の…試験に合格すること。
　▼**冷規第7条第1項第6号** ⬅ 気密試験及び…云々。
　▼**冷規第7条第2項** ⬅ 定置式かつ認定指定設備は…云々。　　　　　　**【答：○】**

15-2　脚上又は１つの架台上に関する問題

　「脚上又は１つの架台上」がキーです。そして、<u>何処で組み立てられるか</u>なのです。

　▼**冷規第57条第3号** ⬅ 指定設備の冷媒設備は、<u>事業所において脚上又は一つの架台上</u>に組み立てられていること。

　下線部分の事業所とは、冷規第57条第1項第1号に記されています。

　▼**冷規第57条第1項第1号** ⬅ 指定設備は、<u>当該設備の製造業者の事業所</u>（以下この条において「事業所」という。）において、<略>

　当該設備の製造業者の事業所とは、簡単に言えば「冷凍機製造メーカーさん」のことです。ようするに冷凍機を組み立てる工場です。意識して進んでください。よいですかね！？

過去問題にチャレンジ！

・冷媒設備は、この設備の製造業者の事業所において、脚上又は1つの架台上に組み立てられていること。（平25問20 製造設備Bが認定指定設備である条件）

・「冷媒設備は、その設備の製造業者の事業所において脚上又は1つの架台上に組み立てられていること。」は、この製造設備が認定指定設備である条件の一つである。

（平28問20 製造設備Cについて）

「その設備の製造業者の事業所（冷凍機メーカーさん）」ですから、その通りですね！
　　▼法第56条の7第2項　◀ 技術上の基準に適合するなら認定…云々。
　　▼冷規第57条第3号　◀ （脚上又は1つの架台上）技術上の基準の1つ！　【答：どちらも○】

・冷媒設備は、使用場所であるこの事業所において、それぞれ一つの架台上に組み立てられたものでなければならない。

（平18問15 この事業所の製造設備B及びCが認定を受ける際の技術上の基準）

・この設備の冷媒設備は、使用場所であるこの事業所において脚上又は一つの架台上に組み立てたものでなければならない。

（平21問20、平29問20 両年度とも「この事業所の製造設備B〔認定指定設備〕」）

はい、「×」です！　「脚上又は一つの架台上」の「脚上又は」が抜けているから！　では、ありませんね。ここで「事業所」とは、何処のことでしょう。冷規第57条1項1号を読んでください。はい、そうです。「当該設備の製造業者の事業所」というのは、冷凍機を作るメーカーさんのことですので、「使用場所であるこの事業所」ではなくて、「その設備の製造業者の事業所」ならば「○」なのです。
　　▼法第56条の7第2項　◀ 技術上の基準に適合するなら認定…云々。
　　▼冷規第57条第3号　◀ 指定設備の冷媒設備は、事業所において脚上又は1つの架台上に組み立てられていること。　　　　　　　　　　　　　　　【答：どちらも×】

・この設備は、この設備の製造業者の事業所において脚上又は1つの架台上に組み立てられ使用場所に分割されずに搬入されたものである。（平23問20 この事業所の製造設備B）

今度は、「○」です。つまり、使用場所である事業所内で組み立てるのではなくて、製造業者の事業所（冷凍機メーカー）で組み立てたものを運んできて設置しなければならないのです。　　　　　　　　　　　　　　　　　　　　　　　　　　　　　　【答：○】

・この設備の冷媒設備は、その設備の製造業者の事業所において脚上又は1つの架台上に組み立てられ、その事業所において試運転を行い、使用場所に分割されずに搬入されたものである。（平27問20 この事業所の製造設備Bについて）

よい問題ですね。　　　　　　　　　　　　　　　　　　　　　　　　　　　【答：○】

15-3　搬入

　前項で「認定指定設備の冷媒設備は、その設備の製造業者の事業所において脚上又は1つの架台上に組み立てられたものである」と学びました。ここでは「使用場所」に搬入する場合は、当然そのまま搬入しますよね!? という問題を解いてみましょう。この条文の「事業所」とは、冷規第57条第1項第1号に記されています。「<u>当該設備の製造業者の事業所</u>」とは、簡単にいえば「冷凍機製造メーカーさん」のことです。「その設備（当該設備）の製造業者の事業所」、「使用場所」をイメージし意識して進んでください。

 法令

▼冷規第57条第5号
　五　指定設備の冷媒設備は、<u>事業所</u>において試運転を行い、使用場所に分割されずに搬入されるものであること。

▼冷規第57条第1項第1号
　一　指定設備は、当該設備の製造業者の事業所（以下この条において「事業所」という。）において、<略>

過去問題にチャレンジ！

・冷媒設備は、その設備の製造業者の事業所において試運転を行い、使用場所に分割して搬入したものである。（平19問13 製造設備B、平26問20 製造設備C）

・冷媒設備は、その設備の製造業者の事業所において試運転を行い、使用場所に分割して搬入されたものである。（平24問17 製造設備C について、平28問20 製造設備C について）

　分割されないので、けっこう大きな搬入口が必要ですよ。
　　▼法第56条の7第2項　◀ 技術上の基準に適合するなら認定…云々。
　　▼冷規第57条第5号　◀ <略>使用場所に分割されずに搬入されるものであること。
【答：どちらも×】

Memo
　著者が見たのは、重量物専門運搬業者が搬入に来ていたときのことです。大きな搬入口でしたが曲がりきれないので、大きな扉を外し壁を壊してから搬入しなければなりませんでした。当然、元通りに復帰しますが、古い建物だと余計な費用がかかりますね。

・冷媒設備は、この設備の製造業者の事業所において試運転を行い、使用場所に分割されずに搬入されること。（平25問20 製造設備B が認定指定設備である条件）

　「分割されずに」←これ重要です。
【答：○】

15-4 胴部

法令   ▼冷規第 57 条第 8 号
　　八　凝縮器が縦置き円筒形の場合は、胴部の長さが五メートル未満であること。

過去問題にチャレンジ！

・凝縮器が縦置円筒形であり、その胴部の長さが 5 メートル以上のものである場合は、指定設備として認定を受けることができない。(平 19 問 13 製造設備 B)

「縦置き胴部は 5 m 未満」とでも覚えておきましょう。
　▼法第 56 条の 7 第 2 項　◀ 技術上の基準に適合するなら認定…云々。
　▼冷規第 57 条第 8 号　◀ 凝縮器が縦置き円筒形の場合は、胴部の長さが五メートル未満であること。ちなみに第 9 号では、受液器は、その内容積が五千リットル未満であること。【答：○】

15-5 止め弁

　認定指定設備の「止め弁」は、手動でもよいかどうかという問題は、冷規第 57 条第 12 号です。頻繁に出題され文脈が似ているので、簡単ですが油断なさらぬように。

法令   十二　冷凍のための指定設備の日常の運転操作に必要となる冷媒ガスの止め弁には、手動式のものを使用しないこと。

過去問題にチャレンジ！

・日常の運転操作に必要な冷媒ガスの止め弁には、手動式のものを使用しないこと。
(平 25 問 20 製造設備 B が認定指定設備である条件)

　これは重要。自動で「閉」にならないといけない。
　▼法第 56 条の 7 第 2 項　◀ 技術上の基準に適合するなら認定…云々。
　▼冷規第 57 条第 12 号　◀ <略>止め弁には、手動式のものを使用しないこと。　【答：○】

・この設備の日常の運転操作に必要となる冷媒ガスの止め弁には、手動式のものを使用しなければならない。(平 27 問 20 この事業所の製造設備 B について)

・日常の運転操作に必要となる冷媒ガスの止め弁には、手動式のものを使用することができる。(平 24 問 17 製造設備 C について、平 28 問 20 製造設備 C について)

　あ〜！　「○」にしませんでしたか。問題をよく読み慌てないこと。　【答：どちらも×】

15-6 自動制御装置

　認定指定設備には、自動制御装置があるかないか、を問われる問題は冷規第57条第13号です。素直な問題が多いです。

法令 　十三　冷凍のための指定設備には、自動制御装置を設けること。

過去問題にチャレンジ！

・この設備が認定指定設備である条件の一つには、「自動制御装置を設けること」がある。
（平22問20 この事業所の製造設備Bについて、令1問20 この事業所の製造設備B）

・この設備には、自動制御装置が必ず設けられている。（平23問20 この事業所の製造設備B）

・この製造設備は、自動制御装置が設けられていなければならない。
（平26問20 この事業所の製造設備C）

なんと直球な問題。
　▼法第56条の7第2項　◀省、協会、指定機関は、＜略＞基準に適合するときは、認定を行う。
　▼冷規第57条第13号　◀冷凍のための指定設備には、自動制御装置を設けること。
【答：すべて○】

難易度：★★★

⑯　冷凍保安責任者

　冷凍保安責任者の選任は、最初は頭を悩ませるかも知れません。次図を見て、情報を整理してみましょう。

● 冷媒ガスの種類と1日の冷凍能力による製造者と冷凍保安責任者の区分 ●

16-1　選任

　この選任問題は、けっこう引っ掛かるかも知れないので注意してくださいね。日本語の使い回しの素晴らしい問題文を充分にお楽しみください。

過去問題にチャレンジ！

・冷凍のため高圧ガスの製造をするすべての第二種製造者は、冷凍保安責任者を選任しなくてもよい。（平17問2）

・すべての第二種製造者は、その事業所に冷凍保安責任者を選任しなくてもよい。（平21問3）

・すべての第二種製造者は、冷凍保安責任者及びその代理者を選任する必要はない。

（平23問4）

　「×」です。代理者も同様「すべて」がポイントです。なんだか、涙が出るほど、日本語（法令文）は難しい…、という問題です。出題数が多いです。**冷規第36条3項第1号**には冷凍保安責任者を選任する必要のない第二種製造者が書かれているので、すべての第二種製造者は保安責任者を選任しなくてもよいことから、「〇」と考えられますね。でも、この問題の解答は「×」…。そこで、さらに考えてみます。う〜ん、第二種製造者は「フルオロ（不活性ガス）設備では冷凍保安責任者は選任しなくてよい」でも、フルオロ設備（不活性ガス以外）では20トン以上50トン未満の第二種製造者は保安責任者が必要となりますので、「すべての第二種製造者は<略>選任しなくてもよい」は、「×」となります。

▼**法第27条の4第1項第2号** ⬅ 第二種製造者は冷凍保安責任者を選任しなさい。
▼**冷規第36条第3項** ⬅ 冷凍保安責任者を選任する必要のない第二種製造者が書かれている。
　でも、「<略>（フルオロカーボン（不活性のものに限る。）にあつては、二十トン以上。アンモニア又はフルオロカーボン（不活性のものを除く。）にあつては、五トン以上二十トン未満。）<略>」は選任。　　　　　　　　　　　　　　　　**【答：すべて×】**

> ・アンモニアを冷媒ガスとする冷凍設備（冷媒設備が1つの架台上に一体に組み立てられていないもの）であって、その冷凍能力が30トンである設備のみを使用して高圧ガスの製造をする第二種製造者は、冷凍保安責任者及びその代理者を選任しなければならない。
> (平26問4)

「冷媒ガスの種類と1日の冷凍能力による製造者と冷凍保安責任者の区分」の図と条文を見ながらよく考えましょうね。

　▼法第27条の4第1項第2号　◀第二種製造者は保安責任者を選任しなさい。冷規第36条第3項で定める者を除く。

　▼法第33条第1項　◀代理者も選任しなさい。

　▼冷規第36条第3項　◀アンモニア設備の20トン以上50トン未満は保安責任者の選任は不要と定められている。ただし、この3項の前文には「前項第一号の製造施設（アンモニアを冷媒ガスとするものに限る。）であつて、」と記されています。

　　この「前項第一号」の「イ（1）」に、「（1）冷媒設備及び圧縮機用原動機を一の架台上に一体に組立てること。」と、あります。

　　この設問の設備は「（冷媒設備が1つの架台上に一体に組み立てられていないもの）」と指定されています。よって、冷規第36条第3項の選任不要と定められるものから除かれ、設問のとおりに冷凍保安責任者及びその代理者を選任する必要があります。　　【答：○】

16-2　選任（トン！）

（1）基本問題

　選任についての具体的な数値や設備は冷規第36条の表を覚えておきましょう。過去問をこなせば自然に覚えられるかと思います。出題数は多いです。

● 冷規第36条の表 ●

製造施設の区分	製造保安責任者免状の交付を受けている者	高圧ガスの製造に関する経験
一　一日の冷凍能力が三百トン以上のもの	第一種冷凍機械責任者免状	一日の冷凍能力が百トン以上の製造施設を使用してする高圧ガスの製造に関する一年以上の経験
二　一日の冷凍能力が百トン以上三百トン未満のもの	第一種冷凍機械責任者免状又は第二種冷凍機械責任者免状	一日の冷凍能力が二十トン以上の製造施設を使用してする高圧ガスの製造に関する一年以上の経験
三　一日の冷凍能力が百トン未満のもの	第一種冷凍機械責任者免状、第二種冷凍機械責任者免状又は第三種冷凍機械責任者免状	一日の冷凍能力が三トン以上の製造施設を使用してする高圧ガスの製造に関する一年以上の経験

過去問題にチャレンジ！

> ・第三種冷凍機械責任者免状の交付を受けている冷凍保安責任者が職務を行うことができる範囲は、1日の冷凍能力が100トン未満の製造施設における製造に係る保安についてである。(平21問10)

　基本中の基本だけども…、頑張って。

▼**法第 29 条第 2 項**　← 保安の職務は免状の種類に応じ省令で定める。
▼**冷規第 38 条表三**　← この問題の場合は「第三種冷凍…」の欄をみる。　【答：○】

・この事業所の冷凍保安責任者に選任される者に交付されている製造保安責任者免状の種類は、第一種冷凍機械責任者免状又は第二種冷凍機械責任者免状でなければならない。

(平 19 問 17 この事業所)

さぁ、だんだん具体的な数値が必要になってきましたよ。製造設備 B は認定指定設備ですから、合算しません。よって、製造設備 A の 150 トンとして冷規第 36 条の表をみますと、100 トン以上 300 トン未満の欄になりますから、第二種または第一種の免状でなければなりません。冷規第 36 条の表をよくみてくださいね。というか、覚えないとなりません。頑張ってください。　▼**法第 27 条の 4 第 1 項第 1 号、冷規第 36 条第 1 項**　【答：○】

（2）「経験を有するか」とコラボ問題

2 冷はポツリです。この事業者の詳細は「付録 1」を参照してください。

過去問題にチャレンジ！

・この事業所に冷凍保安責任者を選任するときは、第一種冷凍機械責任者免状の交付を受け、かつ、所定の経験を有する者のうちから選任しなければならない。

(平 22 問 10 この事業者)

はい、この事業所は 300 トン以上ですからね。　▼**冷規第 36 条第 1 項表欄 1**　【答：○】

・冷凍保安責任者には、第二種冷凍機械責任者免状の交付を受け、かつ、1 日の冷凍能力が 20 トン以上の製造施設を使用して行う高圧ガスの製造に関する 1 年以上の経験を有する者を選任することができる。(平 24 問 10 この事業所)

これは、「×」ですね。この事業者は 310 トンの第一種製造者なので、**冷規第 36 条第 1 項表**の一の欄になります。第一種の免状と、100 トン以上で 1 年以上経験が必要です。

【答：×】

・冷凍保安責任者には、第一種冷凍機械責任者免状又は第二種冷凍機械責任者免状の交付を受けている者であって、1 日の冷凍能力が 20 トン以上の製造施設を使用して行う高圧ガスの製造に関する 1 年以上の経験を有している者のうちから選任しなければならない。

(平 26 問 12 この事業所)

・冷凍保安責任者には、第二種冷凍機械責任者免状の交付を受けている者であって、1 日の冷凍能力が 20 トン以上の製造施設を使用して行う高圧ガスの製造に関する 1 年以上の経験を有する者を選任することができる。(平 27 問 12 この事業所)

この事業所は両方とも、1 日の冷凍能力は 250 トンです。わからない方は勉強不足ですよ。
▼**法第 27 条の 4 第 1 項第 1 号**　← 第一種製造者は冷凍保安責任者を選任しなさい。
▼**冷規第 36 条第 1 項表二**　← この事業所の場合、まん中の欄。　【答：どちらも○】

・この事業所の冷凍保安責任者には、第二種冷凍機械責任者免状の交付を受け、かつ、1日の冷凍能力が3トンの製造施設を使用して行う高圧ガスの製造に関する1年の経験を有する者を選任することができる。(平28問12　この事業所)

　「×」です。「3トン」が致命的ですね。
　　▼法第27条の4第1項第1号　◀第一種製造者は冷凍保安責任者を選任しなさい。
　　▼冷規第36条第1項表二　◀この事業所は250トンなので二の欄（まん中）、第一種か第二種の免状があり、20トン以上で1年以上の経験。　　　　　　　　　　【答：×】

16-3　代理者の選任

過去問題にチャレンジ！

・冷凍保安責任者が疾病その他の事故によって、その職務を行うことができないときは、その都度、その代理者を選任すればよい。(平16問14　この事業所)

・この事業所の冷凍保安責任者の代理者には、所定の冷凍機械責任者免状の交付を受けている者であれば、高圧ガスの製造に関する経験を有しない者を選任することができる。
　　　　　　　　　　　　　　　　　　　　　　　　　　　　(平22問10　この事業者)

・この事業所の冷凍保安責任者の代理者には、高圧ガスの製造に関する所定の知識経験を有する者であれば、所定の製造保安責任者免状の交付を受けていない者を選任することができる。(平29問12　この事業者)

　　代理者でも「あらかじめ選任」、「所定の免状と経験」など、冷凍保安責任者の選任の条件と全く同じです。
　　　▼法第33条第1項　◀代理者の選任について。
　　　▼冷規第39条第1項　◀保安責任者の経験について。
　　　▼冷規第36条第1項表欄二　◀区分割表。　　　　　　　　　　【答：すべて×】

16-4　代理者選任の届け出

　ここでは、代理者選任の届け出が必要か不要か、を問う問題を解いてみましょう。法第27条の2第5項を読んでおきましょう。忘れた頃に出題される感じです。

法令

　5　第一項第一号又は第二号に掲げる者は、同項の規定により保安統括者を選任したときは、遅滞なく、経済産業省令で定めるところにより、その旨を都道府県知事に届け出なければならない。これを解任したときも、同様とする。

過去問題にチャレンジ！

・この事業者は、冷凍保安責任者及びその代理者をあらかじめ選任し、その冷凍保安責任者については、遅滞なくその旨を都道府県知事に届け出なければならないが、その代理者については、その届出は不要である。(平19問16 この事業者)

　んなこたぁ～ない。代理者も届け出が必要です。
　　▼法第27条の4第1項、第2項 ⬅保安責任者について。
　　▼法第33条第1項、第3項 ⬅代理者の選任について。選任又は解任は、法第27条の2第5項を準用してください。
　　▼法第27条の2第5項 ⬅選任も解任も遅滞なく都道府県知事に届け出なさい。　　【答：×】

・この事業所の冷凍保安責任者が旅行、疾病その他の事故によってその職務を行うことができないときは、直ちに、高圧ガスの製造に関する知識経験を有する者のうちから代理者を選任し、都道府県知事に届け出なければならない。(平21問10 この事業者)

　これは、引っ掛けでしょう。まぁ、よく読めば間違いに気づくと思いますが…。
　　▼法第33条第1項 ⬅あらかじめ、<略>の代理者を選任しなさい。「直ちに」では、ありません。
　　▼冷規第39条第1項
　　▼冷規第36条第1項表欄二　　　　　　　　　　　　　　　　　　【答：×】

16-5　解任

　ここでは、保安責任者と代理者の解任の届け出が必要か不要か、を問う問題を解いていきましょう。関連する条文は選任と同じく法第27条の2第5項です。解任関係は毎年出題される感じです。

　5　第一項第一号又は第二号に掲げる者は、同項の規定により保安統括者を選任したときは、遅滞なく、経済産業省令で定めるところにより、その旨を都道府県知事に届け出なければならない。これを解任したときも、同様とする。

過去問題にチャレンジ！

・選任している冷凍保安責任者又はその代理者を解任し、新たな者を選任したときは、遅滞なく、その解任及び選任の旨を都道府県知事に届け出なければならない。(平29問12)

　知性的で綺麗な文章ですね。解任と選任の手続きは、保安責任者も代理者ともに同じです。
　　▼法第27条の4第1項 ⬅保安責任者の選任について。
　　▼法第27条の4第2項 ⬅保安責任者の選任と解任について。法第27条の2第5項を準用しなさい。
　　▼法第33条第1項、第3項 ⬅代理者の選任と解任について。法第27条の2第5項を準用しなさい。

▼法第27条の2第5項　⬅ 選任と解任の届け出について。　　　【答：○】

・選任していた冷凍保安責任者の代理者を解任し、新たに冷凍保安責任者の代理者を選任したときは、その新たに選任した代理者についてのみ、遅滞なく、都道府県知事に届け出ればよい。(平17問18、平26問12 この事業所)

　　戸惑うかな？　解任した代理者も届け出が必要です。
　　　▼法第33条第1項、第3項　⬅ 保安責任者と代理者の選任と解任について。法第27条の2第
　　　　5項を準用しなさい。
　　　▼法第27条の2第5項　⬅ 選任と解任の届け出について。　　　【答：×】

・この事業所に選任している冷凍保安責任者を解任し、新たな者を選任したときは、遅滞なく、その解任及び選任の旨を都道府県知事に届け出なければならないが、冷凍保安責任者の代理者を解任及び選任したときには、その必要はない。(平25問10 この事業所)

　　保安責任者も代理者も選任と解任の手続きは同様です。
　　　▼法第33条第1項、第3項　⬅ 代理者の選任と解任について。法第27条の2第5項を準用し
　　　　なさい。
　　　▼法第27条の2第5項　⬅ 選任と解任の届け出について。　　　【答：×】

・選任していた冷凍保安責任者又はその代理者を解任し、新たに選任するときは、都道府県知事の許可を受けなければならない。(平28問12 この事業所)

　　お〜、「許可」の二文字がある問題文は初めて。「届け出」です。無勉だと撃沈するかも。　　　【答：×】

16-6　代理者の職務

過去問題にチャレンジ！

・冷凍保安責任者の代理者は、冷凍保安責任者が旅行、疾病その他の事故によってその職務を行うことができない場合には、高圧ガスの製造に係る保安に関する業務を管理しなければならない。(平24問10 この事業所)

　　うむ。　▼法第33条第1項　⬅ 代理者にその職務を代行させなさい。　　　【答：○】

・冷凍保安責任者の代理者が冷凍保安責任者の職務を代行する場合は、高圧ガス保安法の規定の適用についてはこの代理者が冷凍保安責任者とみなされる。(平28問12 この事業所)

　　ハイ！　▼法第33条第1項、第2項　⬅ 選任された代理者にその職務を代行させなさい。代理者は保安統括者等とみなします。　　　【答：○】

16-7　設備変更時の選任

　設備を変更した時に保安責任者の選任はどうするか問われる問題を解いてみましょう。「責任者の選任」の問題が解ければ大丈夫と思います。ここも冷規第36条が基本です。

過去問題にチャレンジ！

・製造設備Ａを認定指定設備に取り替えた場合は、この事業所には冷凍保安責任者を選任しなくてもよい。（平19問17 この事業所）

　　設問の場合、製造設備Ｂが認定指定設備なので製造設備Ａが認定指定設備になると、すべて認定指定設備の事業所になります。
　　　▼法第27条の4第1項　◀保安責任者を選任しなさい。
　　　▼冷規第36条第1項　◀＜略＞（認定指定設備を設置している第一種製造者等にあつては、同表の上欄各号に掲げる冷凍能力から当該認定指定設備の冷凍能力を除く。＜略＞）つまり、製造設備が全部認定指定設備になると、冷凍保安責任者の選任条件から除かれる。　【答：○】

・製造設備Ａを冷凍保安責任者の選任が不要の製造設備に取り替えた場合は、この事業所には冷凍保安責任者を選任しなくてもよい。（平18問12 この事業所）

　　設問の場合、製造設備ＢとＣが認定指定設備なので、製造設備Ａが認定指定設備になると、すべて認定指定設備の事業所になります。よって、冷凍保安責任者は不要となるのです。
　　　　　　　　　　　　　　　　　　　　　　　　　　　　　　　　　　　　　　　【答：○】

難易度：★★

⑰　危害予防規程

　　危害予防規程に関する問題は、法第26条と、冷規第35条を把握しておけば大丈夫だと思います。特に、第35条は危害予防規程に定める事項があります。条文を一通り読んで過去問をガンガン解けば楽にゲットできることでしょう。この問題は、ぜひとも逃さないようにしましょう。

17-1　届け出（危害予防規程を定めた時）

　　危害予防規程を定めたときは、どうするかです。特に問題はないでしょう。

過去問題にチャレンジ！

・製造設備Ａ、Ｂ及びＣの製造施設について、所定の事項を記載した危害予防規程を定め、これを都道府県知事に届け出なければならない。（平18問17 この事業者）

　　うむ。
　　　▼法第26条第1項　◀届け出なさい。
　　　▼冷規第35条第1項、第2項　◀危害予防規程細目。　　　　　　　　　　【答：○】

> ・この事業者は、危害予防規程を定め、従業者とともに、これを忠実に守らなければならないが、その危害予防規程を都道府県知事に届け出るべき定めはない。（平 25 問 8 この事業者）

　　ゲッツ！
　　▼法第 26 条第 1 項　 届け出なさい。
　　▼法第 26 条第 3 項　 守りなさい。　　　　　　　　　　　　【答：×】

> ・危害予防規程を定め、都道府県知事の許可を受けなければならない。また、これを変更したときも同様である。（平 28 問 9 この事業者）
>
> ・この事業者が定めた危害予防規程は、都道府県知事等の認可を受けなければならない。
> 　　　　　　　　　　　　　　　　　　　　　　　　　　　　　（平 30 問 9 この事業者）

　　なんと、単刀直入っぽい誤り問題ですね。「認可」という語句が出てきたのは初めてです。
　　▼法第 26 条第 1 項　 都道府県知事に届け出なさい。　　【答：どちらも×】

17-2　届け出（危害予防規程を変更した時）

　　危害予防規程を変更したときは、どうするかです。法第26条第1項を読んでください。太字の部分に尽きますね。この問題は 3 冷ではわりと多いのですが、2 冷は平成 20 年度から激減してしまっています。でも油断なさらぬように。

法令　第二十六条　第一種製造者は、経済産業省令で定める事項について記載した危害予防規程を定め、経済産業省令で定めるところにより、都道府県知事に届け出なければならない。これを変更したときも、同様とする。

過去問題にチャレンジ！

> ・危害予防規程に新たな事項を追加した場合は、都道府県知事に届け出なければならないが、その規程に定められた事項を削除した場合は、その届出をしなくてもよい。
> 　　　　　　　　　　　　　　　　　　　　　　　　　　　　（平 16 問 13 この事業所）
>
> ・危害予防規程を定めたときは、これを都道府県知事に届け出なければならないが、定めた事項を削除する変更をしたときは、その届出をする必要がない。（平 15 問 9 この事業者）
>
> ・危害予防規程を定めたときは、これを都道府県知事に届け出さなければならないが、その危害予防規程を変更したときは、その旨を都道府県知事に届け出る必要はない。
> 　　　　　　　　　　　　　　　　　　　　　　　　　　　　（平 22 問 9 この事業者）

　　この問題は同じような問題が続きます。それだけ重要なのかも知れません。軽くゲットしてください。　▼法第 26 条第 1 項　　　　　　　　　　　　【答：すべて×】

17-3　危害予防規程を守るべき者

　ここでは、危害予防規程を守るべき者は誰？　という問題を解いてみましょう。法第26条第3項の下線の部分に尽きますね。過去問を一通りこなせば、楽勝かと。

 法令　　**3**　第一種製造者及びその従業者は、危害予防規程を守らなければならない。

過去問題にチャレンジ！

・危害予防規程を守るべき者は、この事業所に選任された冷凍保安責任者のみである。
（平19問15 この事業者）

　これを逃したら、完全涙目。　▼**法第26条第3項**　　　　　　　　　　【答：×】

・危害予防規程は、その規定を定めた事業者のみならずその従業者も遵守しなければならない。（平15問9 この事業者）

　これは、「○」ですよ。第一種製造者＝その規定を定めた事業者です。　▼**法第26条第3項**
　☚ 第一種製造者及びその従業者は、危害予防規程を守らなければならない。　　【答：○】

・所定の事項を記載した危害予防規程を定め、これを都道府県知事に届け出なければならない。また、この危害予防規程を守るべき者は、この事業者及びその従業者である。
（平26問9 この事業者）

　この事業者は、第一種製造者（アンモニア使用、310トン）です。「届け出」と「守るべき者」のコラボ問題で、素直でわかりやすいよい問題ですね。
　　▼**法第26条第1項**　☚ 届け出なさい。
　　▼**法第26条第3項**　☚ 第一種製造者及びその従業者は、…云々。事業者＝第一種製造者。
　　　　　　　　　　　　　　　　　　　　　　　　　　　　　　　　　【答：○】

・この事業者は、危害予防規程を定め、これを都道府県知事に届け出なければならない。また、この危害予防規程を守るべき者は、この事業所の冷凍保安責任者及び従業者に限られている。（平27問9 この事業者）

・この事業者が定めた危害予防規程を守るべき者は、この事業者、その従業者及び協力会社の従業者であると定められている。（平29問9 この事業者）

　種々雑多な誤り問題ですね。「冷凍保安責任者」、「協力会社」は間違いで、「第一種製造者及び従業者」です。第一種製造者＝その規定を定めた事業者。
　　▼**法第26条第1項**　☚ 届け出なさい。
　　▼**法第26条第3項**　☚ 第一種製造者及びその従業者は、…云々。　【答：どちらも×】

設問中の「事業者」について

　「平15問9」で同様の問が出題されています。『危害予防規程は、その規定を定めた事業者のみならずその従業者も遵守しなければならない。』これは「正しい」とされています。よって「第一種製造者＝その規定を定めた事業者」という認識でよいと思います。

17-4　冷規第 35 条第 2 項第 1 ～ 12 号に関する問題

　冷規第 35 条第 2 項（第 1 ～ 12 号）に関する問題は、3 冷に多く出題されておりますが、2 冷は少ないです。条文が短くわかりやすいので、解きやすいと思います。

Memo　法改正により、第 7 号の内容が新規（地震のこと）に変更になりました。よって、第 8 号が第 9 号になり順次繰り上げられ、第 11 号までが第 12 号までに変更されました。ここでは、改正後の号数で解説してあります。

過去問題にチャレンジ！

・危害予防規程に定めるべき事項の一つに、保安管理体制及び冷凍保安責任者の行うべき職務の範囲に関することがある。(平 15 問 16、平 19 問 15)

　職務範囲は決めないとね。　▼冷規第 35 条第 2 項第 2 号　　【答：○】

・危害予防規程に定めるべき事項の一つに、製造施設が危険な状態となったときの措置及びその訓練方法に関することがある。(平 17 問 13)

　訓練は大事ですね。　▼冷規第 35 条第 2 項第 6 号　　【答：○】

・危害予防規程に定めるべき事項の一つに、協力会社の作業の管理に関することがある。
(平 19 問 15)

　協力会社のことを忘れてはいけません。　▼冷規第 35 条第 2 項第 8 号　　【答：○】

・危害予防規程に定めるべき事項の一つに、保安に関する記録に関することがある。
(平 15 問 16)

　保安に関する記録は大事です。　▼冷規第 35 条第 2 項第 10 号　　【答：○】

・危害予防規程には、その規程の作成及び変更の手続きに関する事項についても定めなければならない。(平 16 問 13)

・危害予防規程を定め、これを都道府県知事に届け出なければならない。また、その規程には、危害予防規程の作成及び変更の手続きに関することについても定めなければならない。(平 24 問 9)

　作成や変更手続きを決めておかないとね。　▼冷規第 35 条第 2 項第 11 号　　【答：どちらも○】

難易度：★★

⑱ 保安教育

保安教育は難しくありませんから、必ずゲットしてください。でも、油断なさらぬように。法第27条第1項、第3項が基本です。届け出に関する問題は、危害予防規程の届け出と混同しないように気をつけましょう。

（保安教育）

第二十七条　第一種製造者は、その従業者に対する保安教育計画を定めなければならない。
　2　都道府県知事は、公共の安全の維持又は災害の発生の防止上十分でないと認めるときは、前項の保安教育計画の変更を命ずることができる。
　3　第一種製造者は、保安教育計画を忠実に実行しなければならない。

18-1　定め、届け出

過去問題にチャレンジ！

・この事業者は、従業者に対する保安教育計画を定め、これを忠実に実行しなければならないが、都道府県知事へ届け出る定めはない。
　（平21問9 この事業者、平23問9 この事業者、平27問9 この事業者）

　その通り！　届け出はひと言も記されていませんね。
　▼法第27条第1項、第3項　← 保安教育計画を作り、忠実に実行しなさい。　【答：○】

・この事業者は、従業者に対する保安教育計画を変更したときは、都道府県知事等に届け出なければならない。（平30問10 この事業者）

　保安教育計画を変更したときも届け出る必要はありません！
　▼法第27条第1項、第3項　← どこにも記されていません。　【答：×】

18-2　教育計画と実行

計画と実行に関する問題は下線がポイントですよ。

　二十七条　第一種製造者は、その従業者に対する保安教育計画を定めなければならない。

過去問題にチャレンジ！

・従業者に対して、随時保安教育を実施しているので、保安教育計画は定めていない。
(平17問10 この事業者)

・この事業者が定める保安教育計画は、冷凍保安責任者及びその代理者以外の従業者に対するものとしなければならない。(平18問17 この事業者)

それはないと直感できる問題でしょう。▼法第27条第1項　　【答：どちらも×】

・従業者に対する保安教育計画を定め、これを忠実に実行しなければならない。また、その実行結果を都道府県知事に届け出なければならない。(平28問9 この事業者)

よく考えました、素晴らしい問題をありがとう。けっこう戸惑ったりするかも。
▼法第27条第1項、第3項　◀ 保安教育計画を作り、忠実に実行しなさい。実行結果を届け出とか、何処にも記されていないのです。　　【答：×】

難易度：★★

⑲　危険な状態

19-1　措置

　高圧ガス製造施設が危険な状態になったとき、あなたはどう措置しますか？　すべきことが法令で決められています。法第36条第1項です。ここでは、下線部分がポイントです。警告や避難は、冷規第45条第1〜2号です。ポツリと出題されますよ。

法令　第三十六条　＜略＞　直ちに、経済産業省令で定める災害の発生の防止のための応急の措置を講じなければならない。

過去問題にチャレンジ！

・高圧ガスを取り扱う施設等が危険な状態になったとき、直ちに応急の措置を講じなければならないのは、第一種製造者の製造施設に限られる。(平17問4)

ンな、こたぁないだろう。
▼法第36条第1項　◀ 製造施設の種類の除外等は全く書かれていない。　　【答：×】

> ・製造施設が危険な状態となったときは、直ちに、応急の措置を講じなければならない。
>
> （平26 問9 この事業者）

サービス問題ですね。　▼**法第36条第1項**　◀ 応急措置をしなさい。　　　　【答：○】

19-2　従業者や住民への対応（警告）

　製造施設が危険な状態になったとき、従業者や住民にどう対応するか問われます。冷規第45条第1項第1号、第2号の下線太字部分がポイントです。常識的な問題ですので、困惑することはないでしょう。近年では、3冷の出題が主になっているようです。

　　一　＜略＞直ちに、応急の措置を行うとともに製造の作業を中止し、冷媒設備内のガスを安全な場所に移し、又は大気中に安全に放出し、この作業に特に必要な作業員のほかは退避させること。
　　二　前号に掲げる措置を講ずることができないときは、従業者又は必要に応じ付近の住民に退避するよう警告すること。

過去問題にチャレンジ！

> ・第一種製造者は、所定の応急の措置を講ずることができず、従業者に退避するよう警告するとともに、付近の住民の退避も必要と判断し、当該付近住民に退避するよう警告した。
> （平16 問7）
>
> ・第一種製造者は、直ちに、応急の措置を行うとともに製造の作業を中止し、冷媒設備内のガスを安全な場所に移し、この作業に特に必要な作業員のほかは退避させた。（平16 問7）
>
> ・高圧ガスの製造施設の所有者又は占有者は、その製造施設が危険な状態になったとき、直ちに、応急の措置を講じなければならないが、その措置を講ずることができないときは、従業者又は必要に応じ付近の住民に退避するよう警告しなければならない。（平17 問4）

どこかに引っ掛けがないか、注意深くよく読みましょう。
　　▼**法第36条第1項**　◀ 応急措置、作業中止、必要外の作業員退避など。
　　▼**冷規第45条第2号**　◀ 応急の措置できない時、従業員、住民へ。　　【答：すべて○】

19-3　届け出

　危険な状態になったときの、届け出について問われます。法第36条第2項です。2冷での出題が主になっているようです。誰に届け出るのか、サクッと覚えましょう。

（危険時の措置及び届け出）

第三十六条　…＜略＞…直ちに、経済産業省令で定める災害の発生の防止のための応急の措置を講じなければならない。

2　前項の事態を発見した者は、直ちに、その旨を都道府県知事又は警察官、消防吏員若しくは消防団員若しくは海上保安官に届け出なければならない。

過去問題にチャレンジ！

・この事業所の製造施設が危険な状態となったとき、その事態を発見した者は、直ちに、その旨を都道府県知事又は警察官、消防吏員若しくは消防団員若しくは海上保安官に届け出なければならない。（平 27 問 9 この事業者、平 29 問 9 この事業者、平 30 問 11 この事業者）

うむ。　▼法第 36 条第 2 項　◀ 届け出なさい。　　　　　　　　　　　　　【答：○】

19-4　措置と届け出　▼法第 36 条第 1 項、第 2 項

過去問題にチャレンジ！

・高圧ガスを充てんした容器が危険な状態になっている事態を発見した者は、直ちに、応急の措置を講じなければならないが、その事態を都道府県知事又は警察官、消防吏員若しくは消防団員若しくは海上保安官に届け出ることの定めはない。（平 18 問 8）

・この製造施設が危険な状態になったことを発見したときは、直ちに、都道府県知事又は警察官、消防吏員若しくは消防団員若しくは海上保安官に届け出なければならないが、応急の措置を講じるべき定めはない。（平 25 問 9 この事業所）

おっと、大丈夫でしたか。あわてずによく読もう。容器も同じです。
▼法第 36 条第 1 項、第 2 項　◀「応急の措置」と「届け出」は、両方とも「直ちに」です。

【答：×】

・高圧ガスの製造施設が危険な状態になったときは、直ちに、応急の措置を講じなければならない。また、この事業者に限らずこの事態を発見した者は、直ちに、その旨を都道府県知事又は警察官、消防吏員若しくは消防団員若しくは海上保安官に届け出なければならない。（平 28 問 9 この事業者）

よい文章ですね。ちなみに、「この事業者に限らず」は今までの過去問にはないです。初めてですね。
▼法第 36 条第 1 項　◀ 応急措置をしなさい。
▼法第 36 条第 2 項　◀ 届け出なさい。　　　　　　　　　　　　　　　【答：○】

難易度：★★

⑳　災害が発生した時

　法第 36 条は「危険な状態」でしたが、法第 63 条は「災害、喪失、盗難」の届け出についてです。危険な状態になったときと同様、特に、引っ掛けもなく難しくもないでしょう。

> **第六十三条**　第一種製造者、第二種製造者、＜略＞次に掲げる場合は、遅滞なく、その旨を都道府県知事又は警察官に届け出なければならない。
> 一　その所有し、又は占有する高圧ガスについて災害が発生したとき。
> 二　その所有し、又は占有する高圧ガス又は容器を喪失し、又は盗まれたとき。

20-1　届け出

過去問題にチャレンジ！

> ・この製造施設の高圧ガスについて災害が発生した時は、遅滞なく、その旨を都道府県知事又は警察官に届け出なければならない。（平 21 問 8 この事業者、平 26 問 9 この事業者）
>
> ・所有し、又は占有する高圧ガスについて災害が発生したときは、遅滞なく、その旨を都道府県知事又は警察官に届け出なければならない。（平 27 問 10 この事業者）

　ハイ。
　▼法第 63 条第 1 項第 1 号　◀ 災害が発生したときは、届けなさい。　　【答：どちらも○】

20-2　何人も、に関する問題

　「何人も」の読みは、なにびと（なんぴと）です。これが、キーワード！　「なんにん」と読んで勘違いしないように。しかし、古い問題しか見当たりません。時代が変わり災害の対応として、同様のものは出題されない傾向なのでしょうか？

過去問題にチャレンジ！

> ・何人も、高圧ガスによる災害が発生したときは、いかなる場合であっても、経済産業大臣、都道府県知事または警察官の指示なく、その現状を変更してはならない。（平 12 問 2）

　まぁ、「臨機応変に」ということですかね。
　▼法第 64 条　◀ 一度読んでおこう。「やむを得ない場合を除き、」。　　【答：×】

・何人も、高圧ガスによる災害が発生したときは、特に定められた場合を除き、経済産業大臣、都道府県知事又は警察官の指示なく、その現状を変更してはならない。(平13問2)

　これは、正しい。刑事ドラマや災害パニック映画とかを見ていればわかりますね。平12問2との違いに気をつけてください。平12問2は「いかなる場合であっても」で、平13問2は「特に定められた場合を除き」です。　▼法第64条　　　　　　【答：○】

難易度：★★

㉑　盗難・喪失の時

　不義なことは突然きます。盗難や失くしたら届けないと！　関連する条文は法第63条第1項第2号です。

第六十三条　第一種製造者、第二種製造者、<略>次に掲げる場合は、遅滞なく、その旨を都道府県知事又は警察官に届け出なければならない。
　一　その所有し、又は占有する高圧ガスについて災害が発生したとき。
　二　その所有し、又は占有する高圧ガス又は容器を喪失し、又は盗まれたとき。

過去問題にチャレンジ！

・所有し、又は占有する製造施設の高圧ガスについて災害が発生したときは、遅滞なく、その旨を都道府県知事又は警察官に届け出なければならないが、所有し、又は占有する容器（高圧ガスを充てんするためのもの。）を盗まれたときに、その旨を都道府県知事又は警察官に届け出るべき定めはない。(平24問8 この事業者)

・所有し、又は占有する高圧ガスについて災害が発生したときは、遅滞なく、その旨を都道府県知事等又は警察官に届け出なければならないが、その所有し、又は占有する容器を喪失したときは届け出る必要はない。(令1問10 この事業者)

　これは大丈夫でしょう。　▼法第63条第1項第1号、第2号　🔙災害の時、無くした時、盗難時、届けなさい。
　　　　　　　　　　　　　　　　　　　　　　　　　　　　　　　【答：どちらも×】

・この事業者は、その占有する液化アンモニアの充填容器を盗まれたときは、遅滞なく、その旨を都道府県知事等又は警察官に届け出なければならないが、残ガス容器を喪失したときは、その必要はない。(平30問11 この事業者)

　うむ。条文には「残ガス容器」とかひと言も記されていません。　▼法第63条第1項第1号、第2号　🔙喪失、盗難の際は届けなさい。　　　　　　　　　　　　【答：×】

難易度：★

㉒　帳簿

　帳簿の問題はすぐゲットできると思います。冷規第 65 条の「年月日、措置、10 年間」を覚えておけばよいと思います。同じような問題が出題されますが、なかには実務でうっかり間違えそうな事柄で作られた問題がありますので注意してください。

法令

　　第六十五条　法第六十条第一項の規定により、第一種製造者は、事業所ごとに、製造施設に異常があつた**年月日**及びそれに対してとつた**措置を記載した**帳簿を備え、記載の日から**十年間保存**しなければならない。

過去問題にチャレンジ！

・この製造施設に異常があったとき、この事業者がその年月日及びそれに対してとった措置を記載すべき帳簿の保存期間は、記載の日から 10 年間と定められている。
（平 21 問 9 この事業者、平 25 問 8 この事業者）

　まずは、正しい問題から、素直なよい問題です。
　　▼**法第 60 条第 1 項**　◀ 帳簿を備えよ。
　　▼**冷規第 65 条**　◀ 記載の日から 10 年保存せよ。　　　　　　　　【答：○】

Memo

　　法第 60 条（帳簿を備え定める事項を記載しなさい）を読むと「第一種製造者」とあって、第二種製造者はどこにもでてきません。この下にある問題を意識して解いてみてください。すべて第一種製造者の問題になっていると思います。傾向的に、第二種製造者を引っ掛けに使うことないと思いますが…。

・平成 7 年 11 月 9 日に製造施設に異常があったので、その年月日及びそれに対してとった措置を帳簿に記載し、これを保存していたが、その後異常がなかったので、平成 12 年 11 月 9 日にその帳簿を廃棄した。（平 15 問 10 この事業者）

　おっとー、いきなり指計算ですね。えっと、平成 8、9、10、11、12 年…の 10 年間を覚えていれば楽勝です。「異常がなかったから」というのも惑わされますかね…。ま、実務に近い問題だとしておきましょう。　▼**法第 60 条第 1 項、冷規第 65 条**　　　【答：×】

・平成 18 年 11 月 1 日に製造施設に異常があったので、その年月日及びそれに対してとった措置を帳簿に記載し、これを保存していたが、その後この製造施設に異常がなかったので、平成 23 年 11 月 1 日にその帳簿を廃棄した。（平 23 問 14 この事業者）

　笑い。これも、まだ 5 年経過ですよね。　▼**法第 60 条第 1 項、冷規第 65 条**　　　【答：×】

- 事業所ごとに帳簿を備え、製造施設に異常があった場合、異常があった年月日及びそれに対してとった措置をその帳簿に記載しなければならない。また、その帳簿は製造開始の日から10年間保存しなければならない。（平26問9 この事業者、平30問10 この事業者）

　おっと〜、うっかり「○」にしてしまうかも。「製造開始の日から」→「記載の日から」です。ま、そうだね、ありえるお話かも知れないですね。　　【答：×】

- 事業所ごとに帳簿を備え、その製造施設に異常があった場合、異常があった年月日及びそれに対してとった措置をその帳簿に記載し、記載の日から5年間保存しなければならない。（平28問10 この事業者）

　なんとわかりやすい誤り問題文ですね。でも、無勉だとわからないかな？　記載の日から10年間です。　▼冷規第65条　　【答：×】

難易度：★

㉓　火気（火の用心）

　最近は災害や環境に対しては厳しい世の中になっているためなのか、火の用心の問題は毎年必ず出題される感じです。法第37条第1項（←何人も、火気の取り扱い）、第2項（←発火しやすいもの）です。条文の詳細は「付録2」を参照してください。「何人」もという言葉がカギになるでしょう（ナンニンと読まないように…）。なにびと（なんぴと）の出題数は多いですよ。

過去問題にチャレンジ！

- この事業者がこの事業所において指定した場所では、何人も火気を取り扱ってはならない。（平23問8 この事業者）

　はい、その通りです。　▼法第37条第1項　◀何人も火気を取り扱ってはならない。　　【答：○】

- 事業者からの事業所において指定する場所では、何人も火気を取り扱ってはならない。また、何人も、その第一種製造者の承諾を得ないで、発火しやすいものを携帯してその場所に立ち入ってはならない。（平26問11 この事業者）

- 何人も、この事業者の承諾を得ないで、発火しやすい物を携帯してこの事業者が指定する場所に立ち入ってはならない。（平27問10 この事業者）

　うむ、理解しているあなたにとっては素直な問題ですね。
　▼法第37条第1項　◀何人も火気を取り扱ってはならない。
　▼法第37条第2項　◀何人も、第一種製造者の承諾を得ないで、発火しやすいものを携帯して

　　　その場所に立ち入ってはならない。　　　　　　　　　　　　　　　【答：どちらも○】

・この事業者が指定した場所には、その従業者を除き、何人もこの事業者の承諾を得ないで発火しやすい物を携帯して立ち入ってはならない。(平24問8 この事業者)

・事業者がその事業所内において指定した場所では、その事業所に選任された冷凍保安責任者を除き、何人も火気を取り扱ってはならない。(平29問10 この事業者)

従業者や冷凍保安責任者を除いてはいけません！　▼法第37条第1項、第2項

【答：どちらも×】

・この事業者が事業所において指定する場所では、その事業所に選任された冷凍保安責任者といえども、火気を取り扱ってはならない。(平30問9 この事業者)

はい、保安責任者といえどもダメなのです。　▼法第37条第1項　◀ 何人も火気を取り扱ってはならない。

【答：○】

お疲れ様でした。このページで、法令過去問攻略は終了です。熱い血潮をみなぎらせ、燃えましょう。苦難は忍耐を、忍耐は練達を、練達は希望を生みます。健闘をお祈りします。著者は、試験前に「勝利のカツ丼」を食べて気合を入れました！

※エコーランドプラス（https://www.echoland-plus.com）では、「腕試し」ができる過去問ページを用意してあります。本書で一通り問題を解いた後に、ぜひ試してみてください。

第 2 章
保安管理技術・学識

この章では、保安管理技術の問題は（○年［保］問○）、学識の問題は（○年［学］問○）と表記してあります。

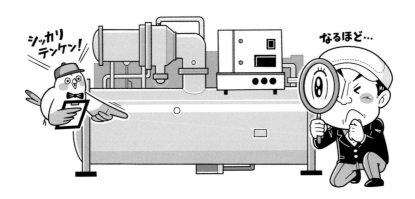

難易度：★★★

1　圧縮機（学識編）

　圧縮機の種類や構造・特徴は、「学識（問3）」で出題されます。テキストを読み、ひたすら問題を解くのみです。★は3つ。

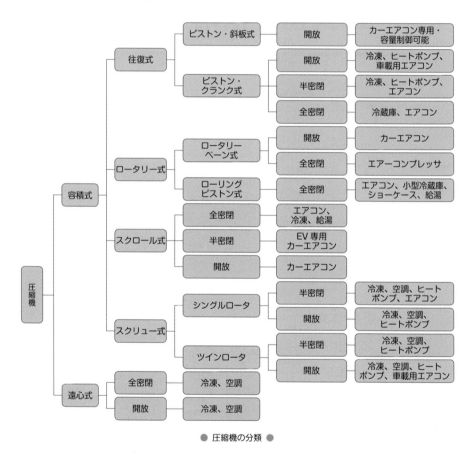

● 圧縮機の分類 ●

1-1　全般

過去問題にチャレンジ！

　・ロータリー圧縮機とスクロール圧縮機は、いずれも遠心力によって冷媒を圧縮するので遠

心式である。（平19［学］問3）

　　　圧縮機は容積式と遠心式に大別されます。図を見てイメージを頭に残しておきましょう。とにかく覚えるだけ！たくさん読み、いっぱい問題をこなして頑張りましょう。　【答：×】

・単段往復圧縮機では、潤滑油が吸込み側の低圧部分にあり、始動時や液戻り時にオイルフォーミングを発生しやすい。（平24［学］問3）

　　　上級テキスト8次36ページ左真中辺りにさらりと記されています。設問の単段というのは図のような単段冷凍サイクルのことと思われます。上級テキストには「単段往復圧縮機」という語句は見あたらないです。

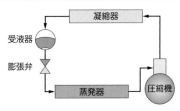

凝縮器
受液器
膨張弁
蒸発器
圧縮機

【答：○】

・アンモニア冷媒の圧縮機では、冷媒が電動機の銅巻線を侵すので開放形が主流だが、アンモニア環境下で使用できる材質を用いて、圧縮機と電動機を直結した半密閉圧縮機が使用されるようになってきている。（平28［学］問3）

　　　イメージできるかな？　電動機の銅線をアンモニアは侵すので別々の圧縮機と電動機を直結させたものを1つにまとめて半密閉という感じです。webで画像検索をすれば山ほど見られます。上級テキストでは「密閉圧縮機」の最後に記されています。　【答：○】

・往復圧縮機は、気筒数の多少にかかわらず、容量制御機構を備えており、潤滑方式として油ポンプによる強制給油式を用いている。（平30［学］問3）

　　　気筒数によって容量制御機構や潤滑方式は違います。気筒数1～2は一般に容量制御機構がなく、はね掛け式潤滑方式、4～8は容量制御機構があり油ポンプで強制給油式潤滑方式です。　▼上級テキスト8次 p.36 左上　【答：×】

・多気筒圧縮機の大きな特徴は、容量制御機構をもっていることである。（平15［学］問3）

・多気筒圧縮機に取り付けられている容量制御装置（アンローダ）は、圧縮機始動時の負荷軽減装置としても使用される。（平24［学］問3）

　　　はい、大きな特徴です。冷凍負荷によって吸込み弁の開閉を行い気筒数を変え容量制御することができるアンローダ機構を備え、圧縮機始動時の負荷軽減装置にもなります。次項のコンパウンド圧縮機の「気筒」絡みの問題と混同しないように気をつけましょう。　▼上級テキスト8次 p.36 右下～p.37 左　【答：どちらも○】

・多気筒圧縮機の大きな特徴は、容量制御機構を持っていることである。冷凍負荷が大きく減少した場合、一般的に、圧縮機の複数の気筒の内のいくつかの気筒の吐出し弁を開放して、圧縮の作動をする気筒数を変えることにより圧縮機の容量を減らす。（平28［学］問3）

　　　吸込み弁です！　吐出し弁を開放すると危険な気がしますよね。　【答：×】

1-2　コンパウンド圧縮機

　低段側（L）と後段側（H）の圧縮機を用意し、1台にしたものがコンパウンド圧縮機です。二段圧縮の冷凍サイクルに使用されます。低段高段、気筒数などに惑わされないように。上級テキスト8次37ページに半ページほどの記述しかないですが、多く出題されています。

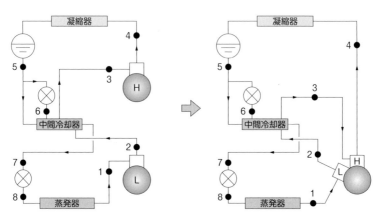

● HとLを1つの圧縮機にしたコンパウンド圧縮機 ●

過去問題にチャレンジ！

・コンパウンド圧縮機は、1台の多気筒圧縮機の気筒が高段用と低段用に区分けされており、1台の圧縮機で二段圧縮方式の運転ができる。（平29［学］問3）

　はい。二段圧縮一段膨張冷凍サイクル等を、高段用と低段用に区分けされた1台の圧縮機で実現できます。　　　　　　　　　　　　　　　　　　　　　　　　　　【答：○】

・二段圧縮機の冷凍サイクルを実現するためには、低段側と高段側の2台の圧縮機を必要とするが、これを1台の圧縮機に低段側と高段側のシリンダを配置し、駆動用の電動機も1台にした二段圧縮機があり、これをコンパウンド圧縮機という。（平22［学］問3）

　うむ。圧縮機2台を1つにまとめたのだから、電動機も1つにしますよね。上級テキストにもちゃんと記されています。　　　　　　　　　　　　　　　　　　　　　【答：○】

・二段圧縮の冷凍装置に、低段側と高段側にそれぞれ4気筒のコンパウンド圧縮機を使用した。（平19［学］問3）

　これは勉強していないとわかりませんね。上級テキスト8次37ページ右には8気筒なら6と、2、6気筒なら4と2と記されています。ちなみに、上級テキスト8次28ページ右中あたりで低段と高段の気筒数比は「2または3」とあり、設問では気筒数比が1になってしまいますね。　　　　　　　　　　　　　　　　　　　　　　　　　　　　　【答：×】

・コンパウンド圧縮機は、1台の圧縮機に低段側と高段側の気筒を配置して二段圧縮を可能としているので、中間冷却器が不要で、配管が簡略化できる。(平18[学]問3)

　勘違いしないように。「配管は簡略化できる」はOK。中間冷却器は必要です！　一段目の圧縮機の吐出しガスを中間冷却器で冷却し、乾き飽和蒸気に近づけ、二段目の吐出しガス温度の上昇を防ぐ。上級テキスト8次28ページ右真ん中辺りとその前を熟読しておこう！　【答：×】

・1台の圧縮機に高段側と低段側の気筒を配置し、二段圧縮を行うコンパウンド圧縮機では、一般に高段用と低段用の気筒数を自動的に切り換えることにより、中間圧力を最適に制御する。(令1[学]問3)

　これは、多気筒圧縮機の気筒数を変える容量制御と混同させる問題。少々長くなりますが正しい文章にしてみますかね。「1台の圧縮機に高段側と低段側の気筒を配置し、二段圧縮を行うコンパウンド圧縮機では、一般に高段用と低段用の気筒数を、**6気筒は低段側4高段側2**とし、**8気筒は低段側6高段側2**にする。このため中間圧力は最適値から若干ずれる。」です。　▼テキスト8次p.37右上　【答：×】

1-3　スクリュー圧縮機

　上級テキストの改訂があるたびに「スクリュー圧縮機」は図や説明文が増えてきました。スクリュー圧縮機の普及は顕著でしょう。著者がみたスクリュー圧縮機の空気圧縮機（コンプレッサー）などはとてもコンパクトで静かな印象でした。

過去問題にチャレンジ！

・スクリュー圧縮機のコンパウンド圧縮機は、二段圧縮の冷凍サイクルを実現するために、低段側と高段側の2台の圧縮機を直列に結合し、1台の電動機によって駆動できるようにした圧縮機である。低段側と高段側の押しのけ量比はスクリューロータの組合せから、使用する用途によって選ぶことができる。(平25[学]問1)

　スクリュー圧縮機を使用したコンパウンド圧縮機の問題です。テキスト読んでいる方にとっては素直なよい問題でしょう。上級テキスト8次38ページ右「(2) コンパウンド圧縮機」にズバリ書いてあります。　【答：○】

・スクリュー圧縮機は、雄ロータと雌ロータから構成されており、油噴射によってロータ歯間、ロータ歯とケーシングの間の潤滑を行う2軸形になっており、1軸形のものはない。(平26[学]問3)

・スクリュー圧縮機は、油噴射によってロータ歯間、ロータ歯とケーシングの間の潤滑を行うために雄ロータと雌ロータから構成されたツインスクリュー（二軸形）になっており、シングルスクリュー（一軸形）のものはない。(平30[学]問3)

　上級テキスト8次37ページ右真ん中あたりを一度でも読んでおけば、なんとなくわかる問題です。ツインスクリュー（2軸形）とシングルスクリュー（1軸形）の2種類があります。　【答：どちらも×】

・スクリュー圧縮機には吸込み弁と吐出し弁はないが、停止時の逆転防止のために逆止め弁を必要とする。（平17［学］問3）

・スクリュー圧縮機は、吸込み弁と吐出し弁を必要としないために、部品点数が少なく、液圧縮に比較的強いが、停止時に高低圧の差圧でロータが逆回転するので、逆回転防止のために、吐出し側に逆止め弁を必要とする。（令2［学］問3）

「スクリュー圧縮機には吸い込み弁と吐出し弁がない」これ記憶必須です！　機構が簡単になります。でも、設問の通り「逆回転防止のため吐出し側に逆止め弁が必要」です。勉強してあれば楽勝の素直な問題。上級テキスト8次38ページ（b）（e）に記されています。

【答：どちらも○】

・スクリュー圧縮機には、ツインロータとシングルロータの2種類がある。油を多量に噴射しながら冷媒を圧縮し、油で熱を除去するので、吐出しガス温度を断熱圧縮の場合よりも低くすることができる。（平22［学］問3）

・ツインスクリュー圧縮機は、油を多量に噴射しながら冷媒を圧縮し、油で熱を除去するので、吐出しガス温度を断熱圧縮の場合よりも低くすることができる。（平29［学］問3）

スクリュー圧縮機の大事な特徴の1つです。吐出しガス温度を断熱圧縮の場合より低くできるしくみは素晴らしいですね。でも、油を多量に噴射しながら圧縮し、油で熱を除去するのですから「油分離器」と「油冷却器」が必須になることを覚えておきましょう。

【答：どちらも○】

Memo　用語の改訂について

　　上級テキスト7次改訂版（平成23年12月7日）から「ツインロータとシングルロータの2種類」が、「ツインスクリュー（2軸形）とシングルスクリュー（1軸形）の2種類」に変わっています。8次改訂版37ページ右も同様です。

・スクリュー圧縮機では、スライドバルブを使用することによって、容量制御がある範囲内では無段階にできる。（平20［学］問3）

これも大事なスクリュー圧縮機の特徴で、スライドバルブ（スライド弁）による無段階容量制御である。低負荷（吸込み蒸気がスライドバルブによりバイパスされて入口側に戻る量が多くなる）での長時間運転は成績係数が低下するので、可変式電動機で回転数制御と併用する機構もある。　▼上級テキスト8次p.38（f）　　　　　【答：○】

Memo　用語の改訂について

　　上級テキスト7次改訂版（平成23年12月7日）から「スライドバルブ」が「スライド弁」に変わり、可変速電動機と併用することも追加されています。

・スクリュー圧縮機は、スライドバルブの使用によりある範囲内で容量制御を段階的にできるが、無段階にはできない。（平21［学］問3）

引き続き容量制御問題ですが、「できる」、「できない」など問題文をよく読み間違わないように気をつけましょう。　　　　　　　　　　　　　　　　　【答：×】

1-4　ロータリー圧縮機

　ロータリーは多数使われているから、出題数も多いかも知れないです。吐き出しガス温度、吸込み、シリンダ、液圧縮、アキュムレータなどの特徴を上級テキスト8次38～40ページを読み、把握しておきましょう。

過去問題にチャレンジ！

・ルームエアコンコンディショナ用の全密閉ロータリー圧縮機では、吐出しガスによって電動機を冷却するので、電動機の温度は吐出しガスより低い。(平14 [学] 問3)

・ローリングピストン式ロータリー圧縮機の電動機は、密閉容器の高圧ガス内に置かれ、吐出しガスによって加熱される構造になっており、ヒートポンプエアコンディショナの暖房運転時には、電動機の発生熱も有効に利用できる。(令1 [学] 問3)

　　全密閉ロータリー圧縮機は、吸込み蒸気によって冷却されるのではなくて、**吐出しガスによって電動機を冷却**しているため、**電動機は吐出しガスよりも高い温度**になっています。ヒートポンプタイプのエアコンは、この熱を暖房用にうまく利用しています。令和元年度の文章は巧妙で正しく思えるので注意ですね！　▼上級テキスト8次 p.38 右下 (1)、(2)
　　　　　　　　　　　　　　　　　　　　　　　　　　　　　　【答：どちらも×】

・ルームエアコンコンディショナ用の全密閉ロータリー圧縮機では、電動機は吐出しガスによって冷却される構造になっているので、電動機の温度は吐出しガス温度よりも高くなる。
　　　　　　　　　　　　　　　　　　　　　　　　　　　　(平19 [学] 問3)

・回転ピストン式ロータリー圧縮機の電動機は吐出しガスによって冷却され、ヒートポンプエアコンディショナの暖房運転時には、電動機の発生熱も有効に利用できる。
　　　　　　　　　　　　　　　　　　　　　　　　　　　　(平24 [学] 問3)

　　今度は正しいですよ。このような熱を利用し省エネ暖房運転に利用することを実現する技術者の皆さんに敬意を表します。多くの若い技術者が育ってほしいものです。　▼上級テキスト8次 p.40 左上　　　　　　　　　　　　　　　　　　【答：どちらも○】

・ロータリー圧縮機は、吸込み弁と吐出し弁がともに必要である。(平17 [学] 問3)

・ロータリー圧縮機は、吸込み管が吸込み弁を介してシリンダに接続されている構造となっている。(平22 [学] 問3)

・ロータリー圧縮機は、吸込み管が直接シリンダに接続されているが、液圧縮を起こしにくい構造となっている。(平16 [学] 問3)

　　上級テキストでは一番最後にさりげなく記されているので見逃しやすい特徴です。ロータ自

身で弁の代わりをしているので、**吸込み弁は必要ない**のです。吸込管がシリンダに直接接続されているので**液圧縮が起きやすい**ため、液圧縮防止のためのアキュムレータ（液分離器）を設けることは必須なのです。　▼上級テキスト 8 次 p.39 （3）、（4）　　　【答：すべて×】

・ロータリー圧縮機は、吸込み管が直接シリンダに接続されているので液圧縮を起こしやすい構造となっている。そのために、吸込み側にアキュムレータを付けて液圧縮を防止している。（平 21 ［学］問 3）

液圧縮を起こしやすいので、どうする、ということですが、素直に解ける問題ですね。　▼上級テキスト 8 次 p.38 右下（1）　　　【答：○】

1-5　スクロール圧縮機　▼上級テキスト 8 次 p.40

　スクロール圧縮機はロータリー圧縮機と似ている感覚があるので両者を意識しながら問題を解くとよいでしょう。

過去問題にチャレンジ！

・スクロール圧縮機は、固定スクロールと旋回スクロールとを組み合わせ、両スクロールで形成された圧縮空間容積を旋回にともない減少させて吸込みガスを圧縮する。

（平 20 ［学］問 3）

う〜ん、上級テキスト 8 次 40 ページ左を一度読んで構造と動作をイメージしておきたいですね。まずは、固定と旋回のスクロール構造となっているということを覚えましょう。

【答：○】

・スクロール圧縮機は、渦巻状の曲線で構成された固定スクロールと旋回スクロールを組み合わせ、中心部より吸い込み、圧縮空間を徐々に減少させながら、外周部の吐出し口から圧縮ガスが吐き出される。（平 26 ［学］問 3）

（平 20 ［学］問 3）での構造イメージから動作も覚えましょう。問題文を正しく記してみると、「スクロール圧縮機は、渦巻状の曲線で構成された固定スクロールと旋回スクロールを組み合わせ、**外周部**より吸い込み、圧縮空間を徐々に減少させながら、**中心部**の吐出し口から圧縮ガスが吐き出される」ということです。ロータリー圧縮機の構造イメージと逆になります。

【答：×】

・スクロール圧縮機を設計時の圧力比と大きく異なる運転条件で使用する場合は、スクロールを別設計した圧縮機を用いなければならない。（平 17 ［学］問 3）

上級テキスト 8 次 40 ページ（1）の「スクロール圧縮機の選定は、設計時の渦巻状の固定と旋回スクロールの始まりと終わりの内部容積比で圧縮圧力比が決まる。よって、大きく異なる運転条件で使用する場合、圧縮不足や過圧縮になりやすいため、それに見合う別設計の圧縮機が必要となる」が、なんとなくわかればよいですよ。

【答：○】

・スクロール圧縮機は吸込み弁と吐出し弁を必要としないが、停止時の逆転を防ぐため吐出し側に逆止め弁を付けたものが多い。（平 14 ［学］問 3）

はい、上級テキスト 8 次 40 ページ（2）です。スクロール圧縮機には吸込みと吐出し弁がな

いのです。でも、停止時の逆転防止に逆止め弁があります。スクリュー圧縮機と同じです。ロータリー圧縮機は上級テキストでは「吸い込み弁は必要ない」とだけ記されています。
【答：○】

・スクロール圧縮機は、吸込みと吐出しの動作が滑らかで、トルク変動が非常に小さく、特に振動や騒音が小さい。（平15［学］問3）

上級テキスト8次40ページ（4）です！　静かでうるさくないし、トルク変動も少ないんです。エアコン用によいですね。
【答：○】

・スクロール圧縮機は、比較的液圧縮に強いこと、吸込み弁と吐出し弁を必要としないこと、振動や騒音が小さく、吸込みと吐出しの動作が滑らかであること、体積効率、断熱効率および機械効率が高いことなど、多くのすぐれた特徴をもっている。（令1［学］問3）

うむ。スクロール圧縮機の特徴を把握しているか、受験者を試すには端的にまとまったよい問題です。▼上級テキスト8次 p.40（2）～（5）
【答：○】

1-6　遠心圧縮機　▼上級テキスト8次 p.40～41

　遠心圧縮機を職場では「ターボ、ターボ」とよく言うね。上級テキスト8次改訂版では、「ターボ冷凍機」と題して構造図が追加されました。今後問題が増えるかも知れません。

過去問題にチャレンジ！

・遠心圧縮機の容量制御は、吸込み側にあるベーンによって行うが、低流量になると運転が不安定となり、サージング現象が発生しやすい。（平21［学］問3）

低負荷時のターボ冷凍機は、とても苦しそうな唸り声をあげます。2台運転しているときは1台停止して負荷を上げたりします。
【答：○】

・遠心圧縮機は、容量制御を吸込み側にあるベーンによって行うために、低流量になっても安定した運転が可能である。（平22［学］問3）

遠心式と言ったらこの問題！？　低負荷になると吸込み側のベーンが閉じて、サージング（振動や騒音）を起こします。▼上級テキスト8次 p.41 左上
【答：×】

・遠心圧縮機の容量制御は吐出し側にあるベーンによって行うが、低流量になると運転が不安定となり、振動や騒音を発生する。（平27［学］問3）

うう～、引っかかった。（涙）と、言うような方がおられるかも。「容量制御は吸込み側にあるベーン…」が正解です。気を張ってしっかり意識して問題を読みましょう。
【答：×】

1-7　二段圧縮冷凍装置

　二段圧縮冷凍装置は、学識の問3で出題されます。その圧縮機についての出題が多いです。p-h線図と概略図を示しました。じっと見つめていると問題が解きやすくなると思います。

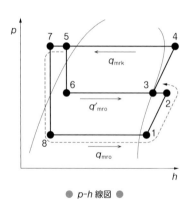

● p-h 線図 ●

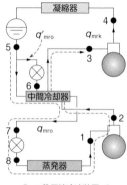

● 二段圧縮冷凍装置 ●

過去問題にチャレンジ！

・二段圧縮一段膨張冷凍装置では、低段圧縮機の吸込み蒸気の比体積が高段圧縮機の比体積よりもはるかに小さいので、一般に低段側ピストン押しのけ量は高段側ピストン押しのけ量の 2 〜 3 倍になる。（平 20 ［学］問 3）

・二段圧縮冷凍装置において、圧縮機の冷媒循環量〔kg/s〕は高段側よりも低段側が少ないので、一般的にピストン押しのけ量〔m³/s〕も、高段側よりも低段側が少ない。

（平 26 ［学］問 3）

・二段圧縮一段膨張冷凍装置では、低段側圧縮機の吸込み蒸気の比体積が高段側圧縮機の吸込み蒸気の比体積よりもはるかに大きいので、低段側ピストン押しのけ量は、高段側ピストン押しのけ量の半分以下になる。（平 28 ［学］問 3）

う〜む、頭が混乱するかも、手っ取り早いのは「低段圧縮機の吸込み蒸気の比体積は、高段圧縮機の吸込み蒸気の比体積〔m³/kg〕よりもはるかに**大きい**（蒸気が薄い）」と覚えておきましょう。必要なピストン押しのけ量〔m³/s〕は高段側よりも低段側が**多い**（2 〜 3 倍多くなる）です。蒸気が薄いので単位時間当たりに必要なピストン押しのけ量〔m³/s〕は多くなるということです。　▼上級テキスト 8 次 p.47 右下　　【答：すべて×】

・中間冷却器を用いた二段圧縮一段膨張冷凍装置では、低段側冷媒循環量は高段側冷媒循環量よりも少ないが、低段側ピストン押しのけ量は高段側ピストン押しのけ量よりも多い。

（平 27 ［学］問 3、平 30 ［学］問 3）

今度は「○」。頭の中で冷媒が流れていく様子をイメージしてみましょう。少ない、小さい、多い、大きいや比体積の関係などで翻弄されませんように。　　　　　【答：○】

・低温用冷凍装置で二段圧縮方式が採用される理由は、単段圧縮では吐出しガス温度が高くなりすぎたり、圧力比の増大により機械効率が低下したりするためであり、それらを避けるために低圧段と高圧段に分けて、その間に中間冷却器を設けて圧縮温度範囲を調整する。（平 25 ［学］問 3）

その通り！　と、言うしかない。二段圧縮冷凍サイクルを端的に表現したよい問題でしょう。　▼上級テキスト8次p.26右下「二段圧縮冷凍サイクル」　　【答：○】

・二段圧縮冷凍装置では、高低段の圧縮機のそれぞれの圧力比ができるかぎり等しくなるようにピストン押しのけ量を選定する。（平27［学］問3）

そういうことなんだね。単段圧縮サイクルを二段にすることをイメージすると設問の意味に納得できるでしょう。　▼上級テキスト8次p.47右下〜p.48　　【答：○】

・1台の圧縮機で二段圧縮を行うコンパウンド圧縮機では、高段用と低段用の気筒数を切り換えることにより、中間圧力を最適に制御する。（平24［学］問3）

「中間圧力を定めてからそれぞれのピストン押しのけ量を定める。よって高低段の気筒数比は変えられないので中間圧力は最適値より若干ずれる」と言うようなことがテキストには書いてあります。う〜ん、正しい文章にしてみましょう。「1台の圧縮機で二段圧縮を行うコンパウンド圧縮機では、高段用と低段用の気筒数は定められる。よって、ピストン押しのけ量の比は固定されているため中間圧力は最適値から若干ずれる」で、イイネ！　▼上級テキスト8次p.48右「4.2.3 コンパウンド圧縮機による二段圧縮冷凍装置」　　【答：×】

難易度：★★★★

2　圧縮機（保安編）

ここでは「保安管理技術」で出題される「圧縮機」関連の問題を解いてみましょう。上級テキスト8次193〜200ページ「圧縮機の運転と保守管理」を一度熟読しておきましょう。2冷では冷凍サイクルや線図等の基礎の理解度が試されます。復習が必要になり、苦労するかも？　★4つ！

2-1　圧縮機の始動など　　▼上級テキスト8次p.193〜

過去問題にチャレンジ！

・小形圧縮機では、高圧側と低圧側の圧力がほぼバランスした状態で始動すれば、駆動電動機の負荷が小さい。（平19［保］問1）

この問題は感覚的に「○」とわかります。この一行にわりと深い意味があります。冷凍サイクルは、高い低い、大きい小さい、多い少ない、などなどして、常にバランスしているのです。　▼上級テキストp.193「始動」(a)　　【答：○】

・容量制御装置（アンローダ）が付いた多気筒圧縮機では、始動時、潤滑油の油圧が正常値に上がるまでは圧縮機がアンロード状態にあるので、駆動用電動機の負荷を軽減できる。

（平17［保］問1）

題意の通り「アンローダは油圧で制御している」ってことを、覚えておきましょう。 ▼上級テキスト 8 次「始動」(b)

【答：○】

> **Memo**
>
> 　上級テキスト 7 次改訂版（平成 27 年 11 月 20 日）から、スクリュー圧縮機の容量制御が数行追加されているので多気筒だけでなくスクリュー圧縮機も出題されると思われます。スクリューは「（始動時）」も文章が増えているので注意されたいです。

・多気筒圧縮機は、駆動電動機の始動時の負荷を軽減するため、吐出し止め弁を全閉にして始動する。（平 19 〔保〕問 1）

・多気筒圧縮機の始動時には、吐出し弁の全開を確認してから、圧縮機を始動する。始動後直ちに、吸込み止め弁を全開まですばやく開くようにして、低圧側圧力が速く低下するようにする。（平 23 〔保〕問 1）

始動時の吐出し弁は「**全開**」です。多気筒圧縮機の始動時に最初に確認する重要項目です。始動後、次にすることは吸込み止め弁を「**ゆっくり**」開く。液戻りやオイルフォーミングのノック音がしたら「**直ちに**」吸込み止め弁を絞り、ノックオンが消えたらゆっくり開く、これを音がなくなるまで繰り返します。 ▼上級テキスト 8 次 p.193 右下「多気筒圧縮機始動時」(a)

【答：どちらも×】

> **Memo**
>
> **愛情と技術者**
>
> 　こんにちの冷凍機は、スイッチポンでこの始動時の動作などを自動で制御しますが、口を開けて「ボ〜」っと、見ていてはいけないです。試験で学び知識あるあなたは冷凍機が、今、何をしているかわかるようになっているはずです。計器、音、振動など五感を集中させてみると、季節、外気温、湿度、気圧（天気）などの違いで微妙に変わってくることに気づくでしょう。そして幾人もの技術者が作り上げた冷凍機を見守ってほしいです。そして冷凍サイクルの一連の動作を正常にこなしている冷凍機に愛情を注いでほしいです。それが真の設備監視技術者と思います。お金を使い、努力して、苦労して試験勉強をすることをその一歩としてほしいです。あなたは、必ず合格できる！

2-2　過熱運転　▼上級テキスト 8 次 p.195「過熱運転の原因とその影響、対応」

圧縮機が過熱運転になる原因、そしてその影響、対策を勉強してガンガン過去問をこなしましょう。保安管理技術の問 1 で出題されます。

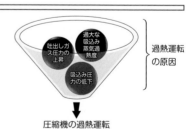

● 過熱運転の原因 ●

（1）過熱運転の原因

過去問題にチャレンジ！

・圧縮機が過熱運転状態になる原因として、吸込み蒸気の圧力低下、過大な過熱度、吐出しガス圧力上昇などが考えられる。（平16〔保〕問1）

　　過熱運転の原因は3つあるので覚えましょう！
　　　① 過大な吸込み蒸気過熱度
　　　② 吐出しガス圧力の上昇
　　　③ 吸込み圧力の低下　　　　　　　　　　　　　　　　　【答：○】

・往復圧縮機の過熱運転の原因には、圧縮機の不具合や吐出しガス圧力の上昇などがあり、密閉往復圧縮機では、加えて電源の異常な高電圧および低電圧もある。（令2〔保〕問1）

　　密閉往復圧縮機は電源が異常に低くても高くても過熱運転の原因となります。　【答：○】

・往復圧縮機の運転で、吸込み蒸気圧力の上昇や吐出しガス圧力が低下すると過熱運転になる。（平29〔保〕問1）

　　受験者の知識を試すにはよい問題ですね。正しい文章は、「往復圧縮機の運転で、吸込み蒸気圧力の**低下**や吐出しガス圧力が**上昇**すると過熱運転になる」ですね。　【答：×】

（2）過大な吸込み蒸気過熱度　▼上級テキスト8次p.195右「（1）過大な吸込み蒸気過熱度」

過去問題にチャレンジ！

・吸込み蒸気の圧力と温度がともに上昇して吸込み蒸気の過熱度が大きくなっても、圧縮機が過熱運転状態になることはない。（平20〔保〕問1）

　　これは上級テキストを読むしかないです。イメージできるかな？　設問を正しい文章にすると「吸込み蒸気の圧力と温度がともに上昇して吸込み蒸気の過熱度も大きく**ならなければ**、圧縮機が過熱運転状態になることはない」です。と、とりあえず記憶。覚えられない方は吸込み蒸気管を脳内に描き、p–h線図をジーッと見つめてみましょう。　【答：×】

・冬季に凝縮圧力が大きく低下すると、膨張弁の容量が不足して吸込み蒸気の過熱度が増大し、圧縮機が過熱運転になることがある。（平24〔保〕問1）

　　この一文は大事ですので丸暗記でもよいです。「凝縮圧力が低下すると膨張弁の前後の圧力差が小さくなって冷媒流量が減少し蒸発圧力は低下する。よって吸込み蒸気圧力が低下し過熱度が増大する」は覚えてしまいましょう。　▼上級テキスト8次p.205「空冷凝縮器能力の季節的変動対策」　【答：○】

・圧縮機運転中、負荷が増大すると、吸込み蒸気圧力、吐出しガス圧力、吐出しガス温度共に上昇し、圧縮機運転電流も増大するが、温度自動膨張弁の制御範囲内であれば吸込み蒸気の過熱度は維持できる。（平26〔保〕問1）

　　この設問の問いかけは、負荷変動した時の適切な冷凍サイクル制御は温度自動膨張弁容量は蒸発器に見合った適切な選択をする必要があるということです。　▼上級テキスト8次p.206

「膨張弁容量の選定」 【答：○】

（3）吐出しガス圧力の上昇　▼上級テキスト 8 次 p.195「吐出しガス圧力の上昇」

　断熱圧縮時の吐出しガス温度 T_d は、次式の関係があることを、ぜひ覚えてほしいです。この先、必ず役立ちますよ。式から、「吐出しと吸込みの圧力比（P_d/P_s）が増大すると、吐出しガス温度 T_d は上昇し、圧縮機が過熱運転になる」ことに留意すると、問題を解きやすいでしょう。

$$T_d = T_s(P_d/P_s)^{(k-1)/k}$$

$\begin{pmatrix} T_d：吐出しガス絶対温度〔K〕、T_s：吸込み蒸気絶対温度〔K〕 \\ P_d：吐出しガス絶対圧力〔MPa〕、P_s：吸込み蒸気絶対圧力〔MPa〕 \\ k：断熱指数 \end{pmatrix}$

過去問題にチャレンジ！

・冷凍装置内に不凝縮ガスが侵入すると、吐出しガス圧力は高くなるが、圧縮機が過熱運転になることはない。（平 16［保］問 1）

　吐出しガス圧力が上昇すると、圧力比が大きくなって吐出しガス温度が上昇することは、過熱運転になる原因の中の 1 つです。 【答：×】

・冷凍装置内に不凝縮ガスが侵入すると、水冷凝縮器の冷媒側熱伝達率が小さくなり、不凝縮ガスの分圧相当分以上に圧縮機吐出しガスの圧力が高くなり、吐出しガス温度も高くなる。（平 22［保］問 1）

　問 1 から、凝縮器の不凝縮ガス、伝達率、吐出しガス温度と圧力（そして過熱運転）これらの関係をいきなり問われてきます。それが 2 冷の試験です。でも、この先進むごとにこの一文が容易にわかるようになりますよ。焦らないで勉強してほしいです。　▼上級テキスト 8 次 p.195 右下、8 次 p.201 右下～ 【答：○】

・水冷圧縮機の冷却管に水あかの付着、冷却水量の減少、冷却水入り口の温度の上昇などにより、圧縮機の吐出し圧力が上昇し、圧縮機が過熱運転状態になることがある。

（平 22［保］問 1）

・水冷凝縮器の冷却管への水あかの付着、冷却水量の減少、冷却水入口温度の上昇などが生じたときに、圧縮機吐出しガス圧力および吐出しガス温度が上昇し、圧縮機が過熱運転になる。（平 24［保］問 1）

　過熱運転になる一因に吐出しガス圧力の上昇があり、その上昇の理由はいくつかあります。突っ込みどころ満載なのです。日常実務での冷却水の監視は重要な事の 1 つです。 【答：どちらも○】

（4）吸込み蒸気圧力の低下

　上級テキスト 8 次 196 ページ「吸込み蒸気圧力の低下」と「$T_d = T_s(P_d/P_s)^{(k-1)/k}$（$P_s$：吸込み蒸気圧力）」の式も留意しましょう。

過去問題にチャレンジ！

・圧縮機吸込み管にあるサクションフィルタの目詰まりなどにより、吸込み圧力が異常に低下すると、吸込み蒸気温度が低下するので、圧縮機が過熱運転になることはない。
(平22 [保] 問1)

この問題は、勉強していても引っ掛かるかな？　「吸込み蒸気温度が低下 → 過熱運転にならない」と勘違いしないように。「吸込み蒸気圧力が低下 → 過熱運転になる」です。
【答：×】

・冷媒蒸発圧力が低い低温用冷凍装置では、蒸発器の熱負荷が大きく低下することによって圧縮機吸込み蒸気圧力が異常に低下すると、吐出しガス温度が上昇して圧縮機が過熱運転になる。(平24 [保] 問1)

・吸込み蒸気で電動機を冷却する密閉式圧縮機では、吸込み蒸気圧力が低下すると、電動機の冷却が不十分となり圧縮機が過熱運転となる場合があるため、長時間の真空運転は行わない。(令1 [保] 問1)

「$T_d = T_s(P_d/P_s)^{(k-1)/k}$ （T_d：吐出しガス温度、P_s：吸込み蒸気圧力）」を覚えていれば、ピンとくるでしょう。ぜひ覚えましょう。【答：どちらも○】

・蒸発圧力の低い低温用冷凍装置では、圧縮機の吸込み蒸気圧力が正常な状態から異常に低下すると、圧力比が大きくなって、圧縮機は湿り圧縮運転となり、圧縮機の吐出しガス温度は低下する。(平28 [保] 問1)

「圧縮機は**過熱**運転となり、圧縮機の吐出しガス温度は**上昇**する」ですね。圧力比は感覚でわかるよね。【答：×】

（5）過熱運転の影響　▼上級テキスト8次 p.195「過熱運転の原因とその影響、対応」

過熱運転になると圧縮機や冷凍サイクルにとって全くよいことがないです。問題を一通り解けばそのことがよくわかるでしょう。

過去問題にチャレンジ！

・圧縮機が過熱運転状態になる原因として、吸込み蒸気圧力の低下、過大な吸込み蒸気過熱度、吐出しガス圧力の上昇などがある。圧縮機が過熱運転になると、圧縮機の体積効率、断熱効率、冷凍装置の冷凍能力および成績係数が低下する。(平30 [保] 問1)

「圧縮機吸込み蒸気の過熱度が過大になり過熱運転になると、体積効率、断熱効率、冷凍能力、成績係数、すべてが低下する」と理屈抜きで覚えてもよいです。【答：○】

・圧縮機が過熱運転になると、体積効率は低下するが断熱効率は変わらないので冷凍装置の冷凍能力は低下するが、圧縮機駆動の軸動力は変わらない。(平20 [保] 問1)

軸動力がどうなるかがこの設問の肝であろう。$P = P_{th}/(\eta_c \cdot \eta_m)$ の式より、断熱効率 η_c が低下すると軸動力 P は大きくなることがわかります。圧縮機過熱運転は、効率は低下するし、動力は増加するし、よいことは何もないです。　▼上級テキスト8次 p.44「圧縮機駆動の軸

動力」   【答：×】

・圧縮機が過熱運転になると、圧縮機の体積効率、断熱効率が低下し、それによって冷凍装
置の冷凍能力、成績係数が低下するが、潤滑油の劣化、冷媒の熱分解は冷媒温度に依存す
るのであって過熱運転との関係はない。（平24［保］問1）

設問の潤滑油の劣化までは、その通り！　ですね。過熱運転による吐き出しガス温度の上昇
によってフルオロカーボン冷媒は熱分解の恐れが生じます。また、密閉圧縮機では電動機の
焼損の原因にもなります。   【答：×】

・密閉・半密閉冷凍機の電動機が焼損すると、巻線の絶縁物や潤滑油が焼けて、圧縮機内に
カーボンが付着したり、冷媒の分解が生じることがある。こういう場合でも、圧縮機の交
換だけでよく、冷凍サイクル内の洗浄は必要ない。（平25［保］問1）

圧縮機だけではなく、焼損した汚れは配管や冷媒機器全般に及び、すべてを洗浄しなければ
ならないのです。洗浄が不十分であると同じような事故が再発し、大変なことになります。
過熱運転には注意が必要です。   【答：×】

2-3　湿り運転（液戻り）

　湿り運転とは、何が、どういうときになるのか、どうなるのか、という試験問題があなた
を直撃します。さぁ、頑張りましょう。上級テキスト8次196～197ページ「湿り運
転の影響、対応」と8次199ページ「油ヒータ」を読めば、最強だ！

（1）湿り運転の原因

過去問題にチャレンジ！

・圧縮機運転中、吸込み蒸気圧力が異常に低下すると、圧縮機は湿り運転となり、吐出しガ
ス圧力が上昇する。（平17［保］問1）

「湿り運転になると吐出しガス圧力は低下する」と、とりあえず覚えましょう。　【答：×】

・次のイ、ロ、ハ、ニの記述のうち、圧縮機が湿り運転となる原因について正しいものはど
れか。
　　イ．圧縮機停止中のクランクケース温度が高かった。
　　ロ．蒸発器に霜が厚く付着した。
　　ハ．温度自動膨張弁の感温筒が、吸込み管から外れている。
　　ニ．圧縮機吐出し弁が割れている。

　（1）イ、ロ　　（2）イ、ハ　　（3）ロ、ハ　　（4）ロ、ニ　　（5）ハ、ニ

（平15［保］問1）

　　イ．「×」湿り運転にはならないです。クランクケース内の油温が低いと冷媒が溶け込んで、
　　　　オイルフォーミングが発生します。停止中はわざわざヒーターで温めています。
　　ロ．「○」霜が付着すると熱通過率が低下して熱交換が阻害され、蒸発器内の冷媒は蒸発し
　　　　にくくなり湿り運転となります。

　ハ．「○」感温筒が吸込み管から外れると、周囲温度の方が高いので膨張弁は開く方向に動作し、液冷媒が余分に蒸発器に流れこみ、結果、湿り運転となります。

　ニ．「×」吐出し弁が割れると吐出しガス温度が上昇する、湿り運転とは関係ないです。

【答：(3)】

（2）液戻り

　湿り蒸気が多くなると液戻りになって危険な液圧縮運転となります。上級テキスト8次 196 〜 197 ページ「湿り運転の影響、対応」を一度でもよいから熟読しておきましょう。

過去問題にチャレンジ！

・圧縮機が湿り蒸気を吸い込むと、吐出しガス温度が低下する。この運転状態が続き、圧縮機が液戻りの状態になっても、油圧保護圧力スイッチが作動することはなく、圧縮機は停止しない。(平 22〔保〕問 1)

　冷媒液が急激に沸騰しオイルフォーミングが起こり、潤滑不良になり油ポンプの油圧が低下し、油圧保護圧力スイッチが作動、圧縮機を停止させます。液戻り（液圧縮）は危険だからね！

【答：×】

・吸込み配管の途中に大きなトラップがあり、装置の運転停止中にトラップに凝縮した冷媒液や油が溜まっていると、圧縮機始動時に液戻りが生じることがある。(平 25〔保〕問 1)

　「配管」で出題されそうな問題ですが、テキストの湿り運転ページにも書かれています。

▼上級テキスト8次 p.196 右（b）　　**【答：○】**

・圧縮機運転中、温度自動膨張弁の感温筒が吸込み蒸気配管からはずれて感温筒の温度が上昇すると、膨張弁の開度が低下し、冷媒循環量が減少する。(平 30〔保〕問 1)

図を見て正しい文章にしてみましょう。「圧縮機運転中、温度自動膨張弁の感温筒が吸込み蒸気配管から外れて感温筒の温度が上昇すると、膨張弁の開度が開き過ぎになって、冷媒循環量が過剰に増加する」です。そして、液戻りが起こります。

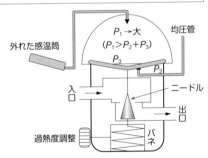

● 温度自動膨張弁の感温筒が外れた状態 ●

【答：×】

・圧縮機が、アンロード運転からフルロード運転に切り換わった際、圧縮機容量が増加して吸込み蒸気圧力が上昇し、液戻りが起きて液圧縮になることがある。(令 1〔保〕問 1)

　「吸込み蒸気圧力が低下し」が正解。圧縮機がフル運転し、急激に吸い込まれるイメージです。

【答：×】

2-4　オイルフォーミング

　オイルフォーミングは、テキストの各所で登場する圧縮機の保守には重要な用語です。油温の高い低いが、どのように関係するか把握しましょう。

過去問題にチャレンジ！

・圧縮機に液戻りが起きると、オイルフォーミングが発生するが、潤滑不良を起こすことはない。（平18［保］問1）

　　冷媒液が急激に沸騰しオイルフォーミングが起こり、潤滑不良になり油ポンプの油圧が低下し、潤滑不良になります。　▼上級テキスト8次p.196「湿り運転の影響と対応」　　【答：×】

・圧縮機が湿り蒸気を吸込むと、圧縮機の吐出しガスの温度が低下し、オイルフォーミングを発生することがある。（平21［保］問1）

　　圧縮機が湿り蒸気を吸込むと、圧縮機の吐出しガスの温度が低下し、さらに液戻りが続くと冷媒液が急激に沸騰し、オイルフォーミングを発生することがあります。　▼上級テキスト8次p.196～197「湿り運転の影響と対応」　　【答：○】

・圧縮機停止時にクランクケースヒータを使用して、冷凍機油を20～40℃に保持し、始動時のオイルフォーミング発生による潤滑不良を防止する。（平17［保］問4）

・運転停止中の多気筒圧縮機のクランクケース内の油温が低いと、多量の冷媒が油に溶解し、始動時にオイルフォーミングを発生させ、液圧縮を起こして潤滑不良や弁割れを起こすことがある。（平20［保］問1）

・圧縮機にオイルフォーミングが起きると、油圧保護スイッチが作動して、圧縮機が運転できなくなることがある。オイルフォーミングを防止するために、始動前にクランクケースヒータにより油温を周囲温度よりも高く上げておくようにする。（平23［保］問1）

　　この問は上級テキスト8次220ページ「クランクケースヒータの使用」に、「20～40℃」の具体的な数値が記されています。停止中は常に適切な油温をヒータで保持されていなければならず、毎日の重要な点検項目の1つです。始動時のオイルフォーミングに関しては、テキスト8次199ページ「油ヒータ」も参照してください。　　【答：すべて○】

・始動時に圧縮機内で油に溶け込んでいた冷媒が急激に気化しオイルフォーミングが起きると、吐出し温度が低下し、油上りが多くなる。スクリュー圧縮機でこれを防止する場合は、油分離器の油だめにヒータを用いて始動前に油温を上げて、冷媒の溶解量を少なくする必要がある。（平25［保］問1）

　　上級テキスト7次改訂版から、項目名が「クランクケースヒータ」から「油ヒータ」にかわり、このスクリュー圧縮機についての文章も追加されました。この先、スクリュー圧縮機のオイルフォーミングはこのような問題が出題されるでしょう。　▼上級テキスト8次p.199「油ヒータ」　　【答：○】

・フルオロカーボンを冷媒とする圧縮機では、運転停止中のクランクケース内の油温が低いと多量の冷媒が油に溶解し、始動時に、オイルフォーミングの発生によって液圧縮を起こして、潤滑不良や弁割れを起こすことがある。（平30〔保〕問1）

> 「弁割れ」という語句は上級テキストにはなくて、「吐出し弁や吸込み弁を破壊し」と上級テキスト8次197ページ左上「湿り運転の影響と対応」にあります。ま、参考までに…。
> 【答：○】

2-5　吸込み弁と吐出し弁の漏れ

　圧縮機の吸込み弁と吐出し弁が漏れたらどうなるか！　上級テキスト8次198ページ「(a) 吸込み弁の漏れ」および「(b) 吐出し弁の漏れ」、200ページ例題「異常摩耗」を読んでイメージできるようにしましょう。そのためには、過熱運転と湿り運転の原因と影響を熟読して理解しましょう。ココを理解するには、例えば断熱効率、体積効率、成績係数って何？　ということが必要となります。基礎が大事ですよ。

（1）吸込み弁の漏れ

過去問題にチャレンジ！

・吸込み弁が異常摩耗すると、体積効率が低下するが、冷凍能力と成績係数は変わらない。
（平16〔保〕問1）

> 吐き出すときにガスの一部が吸込み側に逆流し、吐出しガスが減少します。体積効率は低下し冷凍能力も低下します。また、減少したガスで一生懸命に圧縮し、冷凍しようとするので成績係数も低下します。ちなみに、吐出しガス温度はあまり上昇しません。これ引っ掛けででるかも？
> 【答：×】

・圧縮機の吸込み弁からガスが漏れると、体積効率が低下するが、吐出しガス温度はあまり大きく上昇することはない。（平18〔保〕問1）

・圧縮機の吸込み弁が漏れると、圧縮機の吐出しガス温度が低下し、体積効率が大きく低下する。（平21〔保〕問1）

> 今度は、吐出しガス温度も問われます。圧縮ガスの吐出し量が減少するからあまり温度は上昇しません。「吸込み弁のガス漏れ　→　体積効率低下・成績係数低下・吐出しガス温度はあまり上昇しない」と、丸覚えしてしまってもよいと思います。　【答：どちらも○】

・往復圧縮機の吸込み弁の漏れは、ピストンの圧縮、吐出しの行程で高圧の圧縮ガスの一部を吸込み側に逆流させるため、圧縮機の吐出しガス量を減少させ、体積効率の大きな低下を招くが、吐出し弁の漏れほど吐出しガス温度を上昇させない。（平28〔保〕問1）

> 素直なよい問題ですね。　【答：○】

（2）吐出し弁の漏れ　▼上級テキスト8次 p.198 （b）「吐出し弁の漏れ」

　図は、圧縮後の吐出し弁が開いて圧縮ガスが凝縮器へ送られているところです。この後、吐出し弁は閉じて左の吸込み弁が開いて吸気行程に入りますが、このとき吐出し弁に漏れがあるとどうなるかという問いになります。

吐出し弁

● 圧縮機 ●

過去問題にチャレンジ！

> ・圧縮機の吐出し弁が異常摩耗すると、漏れたガスはシリンダー内に絞り膨張して吸込み蒸気と混合するので吸込み蒸気が大きく過熱し、その結果吐出しガス温度が上昇し潤滑油を劣化させる。（平20［保］問1）

　吐出し弁の漏れたときの状態を上手に表したよい問題です！　弁の問題は、毎年出題されると思ってもよいですよ。　　　　　　　　　　　　　　　　　　　　　　　　　　　　【答：○】

> ・圧縮機の吐出し弁が漏れると、圧縮機の吐出しガス温度が上昇し、体積効率と断熱効率が大きく低下する。（平21［保］問1、令2［保］問1）

　「高圧ガスシリンダへ逆流」→「吸込みガス減少」→「体積効率と断熱効率低下」→「吐出しガス温度上昇」って感じかな。　　　　　　　　　　　　　　　　　　　　　　　　　　　　　　【答：○】

> ・往復圧縮機の吐出し弁に漏れがあると、吐出しガス圧力、体積効率、吐出しガス温度は全て低下する。（平26［保］問1）
>
> ・往復圧縮機において吐出し弁の漏れがあると、吐出し側の高温、高圧の圧縮ガスの一部がシリンダ内に逆流するため、圧縮機の吸込み蒸気量が減少し、体積効率および吐出しガス温度の低下を招く。（令1［保］問1）

　吐出した熱い高圧ガスが逆流してくるのだね。だから吐出しガス温度は低下しません。吐出しガス温度は上昇し、潤滑油も劣化する。断熱効率と体積効率も低下し、ろくなことはないですね。　　　　　　　　　　　　　　　　　　　　　　　　　　　　　　　　【答：どちらも×】

2-6　ピストンリングの摩耗　▼上級テキスト8次 p.198 （c）、p.200 例題

過去問題にチャレンジ！

> ・オイルリングが著しく摩耗すると、油圧保護圧力スイッチが作動することがある。
> 　　　　　　　　　　　　　　　　　　　　　　　　　　　　　　　　　（平13［保］問1）
>
> ・オイルリングが摩耗すると、圧縮機からの油上がりが多くなり、送り出された油は凝縮器や蒸発器の伝熱を阻害する。（平18［保］問1）

ピストンには上部にコンプレッションリング（ガスリング）、下部にオイルリングがあります。オイルリングが摩耗すると油上がりが多くなって油量が減り正常な油圧を保つことができなくなり、油圧保護圧力スイッチが作動し、圧縮機が停止します。　　【答：どちらも○】

> ・コンプレッションリングが摩耗すると、圧縮機からの油上がりが多くなり、熱交換器での伝熱が悪くなって冷凍能力が低下する。（平14［保］問1）

コンプレッションリングとオイルリングの違いを覚えましょう。油上がりが多くなるのはオイルリングの摩耗です。コンプレッションリングが摩耗すると、シリンダーからクランクケース側にガスが漏れ、体積効率と冷凍能力が低下します。　　【答：×】

2-7　油量と油圧の確保　　▼上級テキスト8次 p.198「油量と油圧の確保」

油圧といえば圧縮機の潤滑油圧力ですよね。当然、この問題は問1で出題されますよ。

過去問題にチャレンジ！

> ・多気筒圧縮機の適正な給油圧力は、油圧計指示圧力にクランクケース内圧力を足した値で判断する。この給油圧力は油圧調整弁で調節する。（平30［保］問1）

うっかり「○」にしないように。正しい文章にしておきましょう。「多気筒圧縮機の適正な給油圧力は、油圧計指示圧力からクランクケース内圧力を**減じた**値で判断する。この給油圧力は油圧調整弁で調節する」ですね。　　【答：×】

> ・強制給油方式を用いた多気筒圧縮機の給油圧力は、油圧計指示圧力からクランクケース内圧力を差し引いた圧力である。（令1［保］問1）

「給油圧力＝油圧計指示圧力－クランクケース内ガス圧力」の式は記憶にとどめてください。　　【答：○】

2-8　運転停止　　▼上級テキスト8次 p.197「運転停止」

過去問題にチャレンジ！

> ・圧縮機を長期にわたって停止し凍結のおそれのある場合、凝縮器、潤滑油冷却器の冷却水は排水するが、圧縮機シリンダのウォータジャケットの冷却水の排水は必要ない。
> 　　　　　　　　　　　　　　　　　　　　　　　　　　　　　　　　（平25［保］問1）

「ダメでしょ水抜かないと凍るでしょ」と、思うサービス問題ですね。　　【答：×】

③　容量制御

　冷凍装置の容量制御の問題は、学識の問 3 で出題されるでしょう。上級テキスト 8 次 51 右〜 54 ページを一度熟読してください。一通りこなせば大丈夫ですので、★ 3 つ！

過去問題にチャレンジ！

> ・熱負荷変動の大きな冷凍装置では、圧縮機の容量制御を行わないと、蒸発圧力や凝縮圧力を所定の条件に保つことができないので、装置の経済的運転ができなくなる。
> (平 20 〔学〕問 3)

　容量制御は、負荷変動の大きな冷凍装置を安定的、経済的に運転する大事な目的があります。これを心に留めておきたいです。　　　　　　　　　　　　　　　　【答：○】

3-1　多気筒圧縮機の容量制御　▼上級テキスト 8 次 p.51 右 (a)

過去問題にチャレンジ！

> ・多気筒圧縮機の容量制御機構は、蒸発器の負荷減少時に、吸込み圧力の低下、冷凍トン当たりの消費電力の増加、成績係数の低下などの防止に有効である。(平 18 〔学〕問 3)

　消費電力が増加することは動力 P が増大することなので、成績係数 COP は、$COP = \Phi/P$ であるから小さく（低下）なります。　　　　　　　　　　　　　　　　【答：○】

3-2　スクリュー圧縮機の容量制御

　スクリュー圧縮機の容量制御は、上級テキスト 8 次 38 ページ (f) のスクリュー圧縮機の特徴からの出題が多いですので、「①　圧縮機（学識編）1-3 スクリュー圧縮機」にまとめてあります。そちらで学習してみてください。

3-3　圧縮機の運転をオン・オフする方法

過去問題にチャレンジ！

> ・圧縮機の吸込み側に接続された低圧圧力スイッチによって圧縮機を発停させる容量制御方法は、負荷変動が大きくても、圧縮機が短時間で発停を繰り返して負荷に追従するため装置に問題は生じない。(平 23 〔学〕問 3)

　短時間で繰り返すことはあまりよくないよね。油上がりや電動機の過熱焼損にもなります。

もっぱら小形冷凍装置に用いられることも容易に想像できますね。　【答：×】

3-4　圧縮機の運転台数を変える方法　▼上級テキスト8次 p.53 左上 (3)

過去問題にチャレンジ！

・2台以上の圧縮機をもった冷凍装置では、吸込み圧力の上昇、下降にともなって圧縮機を順次発停させて容量を調整する。（平13 [学] 問3）

・複数台の圧縮機をもった冷凍装置で、低圧圧力スイッチによって容量制御を行う場合には、圧縮機を順次発停させて段階的に行う。（平14 [学] 問3）

　　吸込み圧力の上昇、下降によって、各圧縮機の低圧圧力スイッチの設定を少しずつ変えておき、順次発停させて段階的に容量制御を行うですね。　▼上級テキスト8次 p.53 左上
【答：どちらも○】

・2台以上の圧縮機をもった冷凍装置の容量制御では、吸込み圧力の上昇・下降にともなって、圧縮機を順次発停させて段階的に行うが、圧縮機の潤滑油量が特定の圧縮機に近寄らないように均油と均圧のための配管に注意しなければならない。（平18 [学] 問3）

　　題意のとおりに配管に気を遣わねばならないのです。複数の圧縮機運転では重要なことですよ。　【答：○】

・作動圧力に差をもたせた低圧圧力スイッチを用いて、吸込み圧力の上昇、下降にともなって、複数台の圧縮機を順次発停させる容量制御方法では、複数台の圧縮機を同時には始動させない。（平23 [学] 問3）

　　順次発停ですからねぇ。なんとなく「○」にする問題ですね。　【答：○】

3-5　圧縮機の回転速度を変える方法　▼上級テキスト8次 p.53 左 (4)

過去問題にチャレンジ！

・インバータによって圧縮機の回転速度を調整し容量制御を行う場合は、回転速度を大きく変化させても容量との比例関係は変わらない。（平14 [学] 問3）

　　ある範囲内では回転数と容量は正比例しますが、その範囲内を外れ大きく変えると、低回転でも高回転でも体積効率が低下し、冷凍能力も回転速度に正比例しなくなります。【答：×】

・インバータを用い負荷に合わせて圧縮機の回転速度を調節する容量制御方法では、低速回転から高速回転まで回転速度を大きく変えても体積効率が変わらないため、冷凍能力は回転速度に比例する。（平23 [学] 問3）

　　正しい文章にしてみましょう。「インバータを用い負荷に合わせて圧縮機の回転速度を調節する容量制御方法では、低速回転から高速回転まで回転速度を大きく変えると体積効率が低下し、冷凍能力は回転速度に比例しなくなる」です。　【答：×】

・インバータを用い負荷に合わせて圧縮機の回転速度を調節する容量制御方法では、低速回転から高速回転まで回転速度の範囲を大きく変えると、体積効率は変化するが、冷凍能力は回転速度につねに比例する。(平29［学］問3)

はい、回転速度による容量制御の特徴を問われています。正しい文章は「インバータを用い負荷に合わせて圧縮機の回転速度を調節する容量制御方法では、低速回転から高速回転まで回転速度の範囲を大きく変えると、体積効率は変化するが、冷凍能力は回転速度に比例しなくなる」です。　　　　　　　　　　　　　　　　　　　　　　　　　　　　　　【答：×】

3-6　蒸発圧力調整弁で吸込み蒸気を絞る方法

　上級テキスト8次53ページ右上（5）を参照してください。ここでのポイントは「蒸発圧力」と「圧縮機吸込み圧力」を意識してテキストや問題文を読むことです。

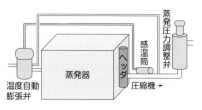

● 蒸発圧力調整弁の取付位置 ●

過去問題にチャレンジ！

・圧縮機の吸込み管に蒸発圧力調整弁を取り付けて容量制御する方法では、負荷が減少しても、蒸発圧力が所定の圧力以下に低下しないように吸込み蒸気を絞るため、蒸発圧力調整弁作動時には圧縮機吸込み圧力が低下する。また、蒸発圧力調整弁は、温度自動膨張弁の感温筒と均圧管の取付け位置よりも下流側の圧縮機吸込み管に取り付けなければならない。(令1［学］問3)

　長い問題文ですが、上図を見ながら読んでいただければ理解し、覚えられるでしょう。
　　　　　　　　　　　　　　　　　　　　　　　　　　　　　　　　　　　【答：○】

Memo

上級テキストの取り付け位置の表記の違い

8次 p.53（5）
「蒸発圧力調整弁は、温度自動膨張弁の感温筒と均圧管取付け位置よりも**下流側**の圧縮機吸込み蒸気配管に取り付けなければならない。」

8次 p.132 右
「蒸発圧力調整弁を温度自動膨張弁と組み合わせて用いる場合には、膨張弁の感温筒は、蒸発圧力調整弁の**上流側**に取り付けなければならない。」

両方同じことですよ。こんがらないように、頑張れー。

3-7　吸入圧力調整弁で吸込み蒸気を絞る方法　　▼上級テキスト8次p.53右 (6)

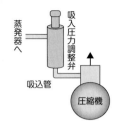

● 吸入圧力調整弁の取付位置 ●

過去問題にチャレンジ！

・圧縮機の容量制御方法として、蒸発圧力調整弁または吸入圧力調整弁を圧縮機の吸込み配管に取り付ける方法がある。(平27［学］問3)

「蒸発圧力調整弁」だけでなくて「吸入圧力調整弁」でも容量制御の方法があるのです。

【答：○】

・吸入圧力調整弁で圧縮機吸込み蒸気を絞る容量制御方法は、圧縮機始動時や除霜時の電動機の過負荷を防止できるが、成績係数は低下する。(平13［学］問3)

吸入圧力調整弁は、圧縮機の吸込み圧力が一定の値以上にならないように、吸込み蒸気を絞り冷凍能力を減少させ容量制御をします。圧縮機の能力を制御するわけではないので、成績係数が低下します。なので、冷凍装置始動時の過負荷防止などに用いられます。　【答：○】

3-8　ホットガスバイパスによる方法　　▼上級テキスト8次p.53「ホットガスバイパスによる方法」

　平26問3で初めて出題されました。このホットガスバイパス関連は1冷の領域との認識でしたが、出題傾向が変化しているようにも思えます。

過去問題にチャレンジ！

・ホットガスバイパス容量制御において、ホットガスバイパス弁と液噴射弁を取り付け配管内でホットガスと液を混合する方法では、液噴射弁の感温筒の取付け位置は混合距離が取れる距離を確保する必要がある。(平26［学］問3)

その通りです。

【答：○】

難易度：★★★★★

4　凝縮器

　凝縮器は「水冷凝縮器」、「冷却塔」、「空冷凝縮器」、「蒸発式凝縮器」と大きく4つに分けられます。構造や特徴は「学識」問5、保守管理は「保安」問2あたりで出題されます。覚えることが多いので常に頭で整理が必要です。★5つ！

4-1　水冷凝縮器

　一般的な水冷凝縮器の構造についての問題では「横型シェルアンドチューブ凝縮器」と「二重管凝縮器」の形式の違いを覚えること、それから、蒸発器も形が似ているので混同しないように気をつけてください。

（1）横形シェルアンドチューブ凝縮器

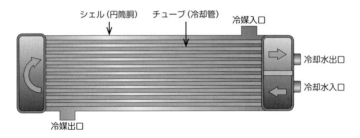

● 横形シェルアンドチューブ凝縮器 ●

過去問題にチャレンジ！

・水冷凝縮器は冷却水の蒸発潜熱を利用して冷媒蒸気を凝縮する。（平24［学］問5）

　　冷却水は液体のままで冷媒の温度を吸収します。顕熱とは「物体の状態変化がなく温度のみが変化する」ことです。蒸発潜熱利用は「×」です。なお、蒸発式凝縮器は蒸発潜熱を利用しています。　▼上級テキスト8次p.82左下方　　　　　　　　　　　　【答：×】

・横形シェルアンドチューブ凝縮器は、横置きされた鋼板製の円筒胴内に多数の冷却管を配置したもので、冷却管はその両端を鋼製管板に拡管して圧着されている。冷却水は冷却管の外側を流れる。（平21［学］問5）

　　「冷却管の内側は冷却水、外側は冷媒」を暗記してください。「拡管」というのは、管をラッパのように拡げて管板に取り付けたものです。　　　　　　　　　　　　【答：×】

- 水冷シェルアンドチューブ凝縮器は、冷却管内を冷却水が流れ、管外面で冷媒蒸気が凝縮する。(平17［学］問5)

- 水冷横形シェルアンドチューブ凝縮器は、横置きされた鋼板製の円筒胴内に多数の冷却管を配置したもので、一般的には冷却管はその両端を鋼製管板に拡管して圧着される。水室カバーは取り外し可能な構造になっている。(平27［学］問5)

うむ。「冷却管内は冷却水、管外は冷媒」図をみながらイメージを思い描いてほしいです。

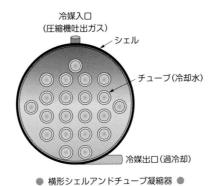

冷媒入口
(圧縮機吐出ガス)
シェル
チューブ(冷却水)
冷媒出口(過冷却)

● 横形シェルアンドチューブ凝縮器 ●

【答：どちらも○】

(a) 冷媒と冷却水の熱伝達率

過去問題にチャレンジ！

- 水冷凝縮器では、一般に管内冷却水側の熱伝達率と冷媒側のそれは同程度である。
(平18［学］問5)

- 水冷凝縮器では、冷媒側の熱伝達率が冷却水側のそれの2倍以上と大きいので、冷却水側にフィン加工して伝熱面積を大きくしている。(平16［学］問5)

- 水冷凝縮器は、冷却管内を冷却水が流れ、管外面で冷媒蒸気が凝縮するのが普通であり、冷媒側の熱伝達率が冷却水側のそれの2倍以上大きい。(平22［学］問5)

- 水冷横形シェルアンドチューブ凝縮器では、一般に管内冷却水側の熱伝達率は冷媒側のそれより小さい。(平30［学］問5)

これを落とすようなら勉強不足。構造と伝達率の関係を把握してないとダメだよ。冷却水側の熱伝達率が冷媒側のそれの2倍以上と大きいので、冷媒側の表面をフィン加工して伝熱面積を大きくしているのです。
【答：すべて×】

・フルオロカーボン用水冷凝縮器では、冷却水側の熱伝達率が冷媒側のそれの２倍以上と大きいので、冷媒側にフィン加工して伝熱面積を拡大している。(平21 [学] 問5)

今度は「○」ですよ。伝達率の小さい方の冷媒側にフィン加工します。問題をよく読んで、翻弄されないようにしましょう。　　　　　　　　　　　　　　　　　　　【答：○】

（ｂ）ローフィンチューブ

　冷媒側フィン加工が「ローフィンチューブ」のことです。「学識」と「保安」の両方で出題されます。上級テキスト８次88ページ左「ローフィンチューブの利用」、203ページ右「ローフィンチューブ」を参照してください。

● ローフィンチューブ ●

過去問題にチャレンジ！

・フルオロカーボン用水冷凝縮器は、管外冷媒側の熱伝達が冷却水側の熱伝達よりも悪いのでローフィンチューブを利用している。(平13 [学] 問5)

・水冷横形シェルアンドチューブ凝縮器では、冷却水側の熱伝達率が冷媒側より大きいので、管外面の冷媒側にフィン加工して伝熱面積を拡大する工夫をしてある。その代表的な冷却管がローフィンチューブである。(平27 [学] 問5)

「管内は冷却水、管外は冷媒」。冷却水側の熱伝達率は冷媒側の２倍以上大きいので、冷媒側（管の外側）にフィンを設けた「ローフィンチューブ」を採用し、伝熱面積を大きくしています。　　　　　　　　　　　　　　　　　　　　　　　　【答：どちらも○】

・水冷凝縮器において、冷却水側の熱伝達率は冷媒側の熱伝達率よりも小さい。したがって、水冷凝縮器の冷却管として冷却水側に高さの低いフィンを付けたローフィンチューブを用いて、冷却水側の伝熱面積を冷媒側よりも大きくしている。(平25 [保] 問2)

・フルオロカーボン冷媒の水冷横形シェルアンドチューブ凝縮器では、凝縮する際の熱を冷却管に伝えやすくするために、冷却水側の伝熱面積を冷媒側よりも大きくしている。

(平27 [保] 問2)

長い文章でも慌てず騒がず読めば簡単な誤り箇所がみつかります。正しい文章にしてみましょう。「水冷凝縮器において、冷却水側の熱伝達率は冷媒側の熱伝達率よりも**大きい**。したがって、水冷凝縮器の冷却管として**冷媒側**に高さの低いフィンを付けたローフィンチューブを用いて、**冷媒側の伝熱面積を冷却水側よりも大きくしている**」ですね。

【答：どちらも×】

（c）パス数と管内水速　　▼上級テキスト8次 p.88 右「パス数と管内水速」

「多通路式」と言われるマルチパス式と、冷却水の水速を問われます。いずれも水側熱伝達率の確保のためです。冷却水が二往復する場合は4パスと呼びます。

過去問題にチャレンジ！

・横形シェルアンドチューブ凝縮器では、管板の外側に取り付けた水室に冷却水通路の仕切りを設け、冷却水が冷却管内を数回往復するものが多く、冷却水が一往復する場合を2パスと呼ぶ。（平25［学］問5）

パスしないように。（笑… パスはボイラー試験でも出題されるよね。水側熱伝達率確保のため器内の入りから出るまでに数往復させるわけです。　　　　　　　【答：○】

・水冷横形シェルアンドチューブ凝縮器は、冷却管内の冷却水の流速を適切な範囲に保ち、水側の熱伝達率を計画どおりに確保するために、管板の外側に取り付けた水室に、冷却水通路の仕切りを設けることが多い。これは、多通路式と呼ばれ、冷却管内を冷却水が数回往復する。二往復する場合を2パスと呼ぶ。（令1［学］問5）

二往復する場合は4パスです！　この問題文はよい文脈なのでじっくり読むとイメージが湧いてきますよ。　　　　　　　　　　　　　　　　　　　　　　　【答：×】

・水冷凝縮器における冷却管内の水速は、冷却水側の熱伝達率を大きくし、熱通過率を向上させるために5 m/s以上とするのがよい。（平19［学］問5）

「学識」では、数字も覚えなくちゃいけない。頑張れ〜「1〜3 m/s」ですよ。　【答：×】

（2）二重管凝縮器

二重管凝縮器は忘れた頃に出題されます。中心の管に冷却水が流れ、その外側のワイヤフィン加工した部分を冷媒が流れます。互いに逆向きになるよう流れ、凝縮器本体の**上から下へ冷媒**が流れ、**下から上へ冷却水**が流れます。

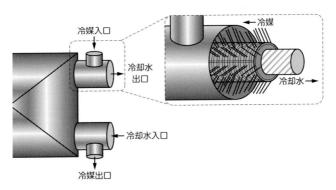

冷媒入口　　冷媒　　冷却水出口　　冷媒　　冷却水　　冷却水入口　　冷媒出口

● 二重管凝縮管 ●

過去問題にチャレンジ！

> ・二重管凝縮器では、冷媒蒸気は二重管の隙間を下から上へ流れ、冷却水は内側の冷却管内を上から下へ流れる。（平 20 [学] 問 5）

　　水冷二重管凝縮器は、二重になっている管の中（冷媒管内に冷却水管がある）を、冷媒と冷却水が逆方向に通ります。冷媒の流速が早いので、ワイヤフィンチューブを用いて伝熱促進が行われます。二重管凝縮器では、冷媒蒸気は二重管の隙間を上から下へ流れ、冷却水は内側の冷却管内を下から上へ流れます。図を頭の中でイメージできるようにしてみましょう。【答：×】

> ・水冷凝縮器として使用されている二重管凝縮器は、同心の二重管よりなり、一般的に冷媒蒸気は二つの管の隙間を上から下へ向かって流れ、冷却水は内側の冷却管内を下から上へ向かって流れる。（平 28 [学] 問 5）
>
> ・二重管凝縮器は、同心の二重管よりなり、一般に、冷媒蒸気は二重管の隙間を流れ、冷却水は内側の冷却管内を冷媒の流れ方向と逆向きに流れる。（令 1 [学] 問 5）

　　令 1 [学] 問 5 は少しニュアンスが違うが、その通り！　と、パッと答えが出てきたかな？頑張りましょう。【答：どちらも○】

（3）ブレージングプレート凝縮器

　　上級テキスト 7 次改訂版（平成 23 年 12 月発行）から、ブレージングプレート凝縮器が追加されました。普及が顕著なのでしょう。出題もされるようになりました。上級テキスト 8 次 90 ページ「ブレージングプレート凝縮器」を参照してください。

過去問題にチャレンジ！

> ・ブレージングプレート凝縮器の伝熱プレートは、銅製の伝熱プレートを多層に積層し、それらを圧着して一体化し強度と気密性を確保している。（平 26 [学] 問 5）

　　「銅製」ではなくて「ステンレス製」なのです！【答：×】

> ・ブレージングプレート凝縮器は、一般的に小形高性能であり、冷媒充てん量が少なくてすみ、冷却水側のスケール付着や詰まりに強いという利点がある。（平 28 [学] 問 5）

　　冷却水側のスケール付着や詰まりやすい感じがしますよね！？　テキストを参考にして正しい文章にしてみましょう。「ブレージングプレート凝縮器は、一般的に小形高性能であり、冷媒充填量が少なくてすむ。冷却水側のスケール付着や詰まりに**注意する必要がある**」ですね。【答：×】

（4）汚れ、水垢、油膜

　　水冷凝縮器の水垢による汚れの変化や障害などの問題は「保安」も「学識」もまんべんなく、毎年と言っていいぐらい出題されています。上級テキスト 8 次 202 ページ「凝縮器の合理的熱通過率の確保」と 87 ページ右「伝熱作用」を参照してください。

過去問題にチャレンジ！

・水冷凝縮器の冷却管に水あかが厚く付着すると、凝縮圧力は変わらないが、冷却水出口温度は高くなる。（平14［保］問2）

・水冷凝縮器の冷却管に水あかが付着すると、熱通過率が大きくなる。（平15［保］問2）

・水冷凝縮器の伝熱管に水あかや油膜が厚く付着すると、凝縮圧力が高くなるが、成績係数は変わらない。（平16［保］問2）

冷却管に水あかや油膜（アンモニア冷凍装置）が付着すると、**熱通過率が小さくなって、凝縮温度と圧力が高くなり**、圧縮機の**消費電力が増加**し、冷凍能力が減少、成績係数も小さくなります。　　　　　　　　　　　　　　　　　　　　　　　　　　　　【答：すべて×】

・水冷凝縮器でローフィンチューブのような高性能伝熱管を使用すると、裸管伝熱管に比べて水あかの汚れによる熱伝導抵抗の低下割合が大きくなり、熱通過率の値が小さくなるので、冷媒と冷却水との温度差が大きくなるが、凝縮圧力はほとんど上昇しない。
（平20［保］問2）

高性能伝熱管は、ただの裸管に比べると、水垢で汚れた場合の熱伝導の低下の割合は大きくなると感覚でわかります。よって日頃の保守が重要なのです。水あか付着は、熱通過率の値が小さくなり、冷媒と冷却水との温度差が大きくなって凝縮圧力も**上昇**します。　【答：×】

・水冷凝縮器の冷却管に水あかが付くと、伝熱抵抗が増大して凝縮圧力が高くなり、圧縮機の消費電力は増加するが、冷凍能力は変化しない。（平23［保］問2）

凝縮器の冷却管への水あかの付着はよいことが1つもないです。すべてが悪化します。
【答：×】

・アンモニアは鉱油をあまり溶解しないので、伝熱面に油膜を形成するが、その油膜の厚さはあまり厚くはならない。これに対して、水あかの厚さは掃除をしないとかなりの厚さになり、熱通過率は著しく低下する。（平24［保］問2）

その通り！　油膜と水垢の熱伝達率は水垢のほうが大きく、さらにどんどん厚くなるので熱通過率は急激に低下します。上級テキストでは具体的な数値が記され確証を得られます。このような知識は、日常の温度や圧力の点検での変化に留意し定期的な保守が重要ということがわかります。試験合格へあなたの努力が報われるときでしょう。ぜひ、技術者を目指す方に伝えてもらいたいです。　　　　　　　　　　　　　　　　　　　　　　　　　　【答：○】

・水質管理を行っている冷却塔を用いた水冷凝縮器では、凝縮器の冷却管の水側に汚れが付着しないので、水あかの除去作業は不要である。（平19［学］問5）

水質管理、腐食防止、水垢除去は必須の仕事です。　▼上級テキスト8次 p.87右「伝熱作用」
【答：×】

・水冷凝縮器の凝縮温度に対する凝縮負荷 Φ_K、伝熱面積 A、冷却水入口温度 t_{w1}、冷却水出口温度 t_{w2} および熱通過率 K の間の関係から、冷媒と冷却水との温度差を算術平均とすると、凝縮温度 t_k は次式で表される。

$$t_k = \frac{\Phi_K}{KA} - \frac{t_{w1} + t_{w2}}{2}$$

（平 25［保］問 2）

この問は、2 冷にしては難易な気がしますね。1 冷では学識問 3 の熱計算で必須の式です。
$t_k = \Phi_K/KA + t_{w1} + t_{w2}/2$　だね。　▼上級テキスト 8 次 p.201 の式 15.2　【答：×】

・R22 冷凍装置の水冷横形シェルアンドチューブ凝縮器では、水を使用するので、水質を適切に保持しないと水あかが管内面に付着する。また、R22 は油を溶解せず凝縮伝熱面に油膜が形成されやすい。したがって、水あかと油膜を除去しないと、水冷凝縮器の熱通過率に大きな影響が出る。（平 28［保］問 2）

う〜ん、正しい文にするには…、下線部分のようにすればよいでしょう。「R22 冷凍装置の水冷横形シェルアンドチューブ凝縮器では、水を使用するので、水質を適切に保持しないと水あかが管内面に付着する。また、R22 は油をよく溶解するので凝縮伝熱面に油膜が形成しないが、アンモニアは油（鉱油）をあまり溶解せず凝縮伝熱面に油膜が形成されやすい。したがって、水あかと油膜を除去しないと、水冷凝縮器の熱通過率に大きな影響が出る」ですね。
　　　▼上級テキスト 8 次 p.203「水あか、油膜の熱通過率に及ぼす影響」　【答：×】

・凝縮温度が上昇する要因として、凝縮熱量の増加、熱通過率の減少、伝熱面積の減少、冷却媒体の温度上昇などが挙げられる。（平 25［学］問 5）

全くその通り。　▼上級テキスト 8 次 p.87 右「伝達作用」　【答：○】

・水冷凝縮器で水あかが厚く付いた場合の熱通過率の低下割合が、裸管よりローフィンチューブのほうが大きくなるのは有効内外伝熱面積比が影響しているためである。

（平 26［保］問 2）

これは短文だけど、1 冷レベルの問題でないの！？　「ローフィンの有効内外伝熱面積比」は上級テキスト 8 次 88 ページ左下を勉強してください。「熱通過率の低下割合」は上級テキスト 203 ページ右下〜 204 ページ左上、そして、上級テキスト 8 次 224 ページ左下から（式 17.4 の解説）を統合された知識が必要になります。

　　熱通過率 $K = 1/1/\alpha_r + m\,(1/\alpha_w + f)$
　　（m：有効内外伝熱面積比、f：汚れ係数）

K の変化は（$m \cdot f$）であり、m はローフィン 3.5 〜 4.2（▼上級テキスト 8 次 p.88）、裸管は 1 であるから「裸管よりローフィンチューブのほうが大きくなるのは有効内外伝熱面積比が影響している」ということになります。
この問題は逃してもしょうがないよ…。こういう過去問にない難易な問題が毎年 1、2 問あります。でも、60 点取れば合格だから勉強している方は安心してください。もちろん、100 点満点を目指すことが王道ですが。

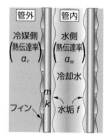

【答：○】

・水冷横形シェルアンドチューブ凝縮器で、冷却管にローフィンチューブの冷却管を利用すると、冷媒側の伝熱量が増加するので、冷却管内に水あかが厚く付着しても、熱通過率にはあまり影響がない。(平28 [保] 問2)

　サービス問題ですね。「熱通過率は低下する」です。　　　　　　　　　　　【答：×】

・水冷凝縮器では、冷却水側伝熱面が水あかによって汚れることに配慮して、熱通過率に冷却水側汚れ係数が考慮されている。(平26 [学] 問5)

　この式が頭に入っていればよいでしょう。

$$熱通過率\ K = 1/1/a_r + m(1/a_w + f)\qquad (f：汚れ係数)$$

　▼上級テキスト8次 p.87 右の式7.9　　　　　　　　　　　　　　　　【答：○】

(5) 熱通過率

過去問題にチャレンジ！

・凝縮器における冷却管の熱通過率の値は、一般に、水冷凝縮器の場合が最も大きく、次いで蒸発式凝縮器、空冷凝縮器の順に小さい。(平19 [学] 問5)

・凝縮器における熱通過率の値は、一般に、水冷凝縮器の場合が最も大きく、水冷凝縮器＞蒸発式凝縮器＞空冷凝縮器の順に小さくなり、空冷凝縮器の場合が最も小さくなる。

(平30 [学] 問5)

　これは、覚えるかイメージで連想します。上級テキストでは、8次82ページ「表7.1　凝縮器の種類と特徴」を、保安編では、8次204ページ「表15.1凝縮器の種類、特徴、<略>」を参照しましょう。不等号による出題は時々使われるので戸惑わないように慣れましょう。

【答：どちらも○】

・水冷凝縮器の熱通過率は、冷媒と冷却水との温度差に大きく影響され、冷却水の流速には影響されない。(平19 [保] 問2)

　流速は流量（水量）と考えればよいと思います。速いほうが熱交換量が多いです。もちろん、冷媒と冷却水の温度差には大きく影響されます。　　　　　　　　　　【答：×】

・水冷凝縮器では、冷却水量が減少すると、冷却管の熱通過率が小さくなり、冷却水の出入り口温度差が大きくなるので、凝縮圧力が上昇する。(平22 [保] 問2)

　3冷取得者であれば楽勝でしょう。でなければテキストを読むしかありません。▼上級テキスト8次 p.204 右「(3)冷却水量減少の原因」　　　　　　　　　　　　　　【答：○】

・水冷凝縮器において、水あかが厚く付着した場合には、水あかの付着による熱通過率の低下の割合は、ローフィンチューブに比べて裸管のほうが大きい。(平24 [保] 問2)

・水冷横形シェルアンドチューブ凝縮器の冷却管に水あかが厚く付着した場合、水あかの付着による熱通過率の低下の割合は、ローフィンチューブに比べて裸管のほうが大きい。

(平30 [保] 問2)

低下の割合は、裸管に比べてローフィンチューブのほうが大きいのです。　▼上級テキスト8
次 p.203 右「⑶ローフィンチューブ」　　　　　　　　　　　　　　　　　　【答：どちらも×】

（6）不凝縮ガスの影響

「保安」問2で多く出題される水冷凝縮器の不凝縮ガスについての問題は上級テキスト
8次201ページ右下「不凝縮ガスの影響と保守」を参照してください。「学識」問7で出
題される不凝縮ガスの問題（圧力の変化等専門的）は「⑰　熱交換器」にあります。

過去問題にチャレンジ！

> ・冷凍装置を運転中に装置内に空気が侵入しても、侵入した空気は凝縮器内に滞留するの
> 　で、圧縮機の体積効率や断熱効率は変わらない。（平13〔保〕問2）
>
> ・水冷凝縮器に不凝縮ガスが混入して滞留すると、凝縮圧力は高くなるが、熱通過率は変わ
> 　らない。（平14〔保〕問2）
>
> ・凝縮器内の不凝縮ガス濃度が高くなると、冷媒側の熱伝達抵抗が減少し、成績係数は大き
> 　くなる。（平16〔保〕問2）
>
> ・不凝縮ガスは、冷凍装置の運転中に凝縮せずに、凝縮器内に残留する。凝縮器内の不凝縮
> 　ガス濃度が高くなると、熱伝達抵抗が増し、冷媒側熱伝達率が小さくなって凝縮温度は高
> 　くなるが、不凝縮ガスの分圧相当分だけ凝縮器内圧力は低くなる。（令1〔保〕問2）

息もせず一気に語りましょう。不凝縮ガスは、ほとんどが空気で凝縮しないため凝縮器内に
滞留し、凝縮時に蒸気（冷媒）が放出する熱が冷却水に伝わりにくくなります。すなわち、
冷却管の冷媒側の**熱伝達抵抗が大きくなり熱伝達率は小さくなって**、**熱通過率が小さくなっ**
てしまいます。**凝縮温度と凝縮圧力はともに上昇**し圧縮機の**圧力比が大きくなって**、**体積効**
率や断熱効率は低下し、電動機消費電力は増加します。冷凍能力も低下し**成績係数は小さく**
なります。フ〜。　　　　　　　　　　　　　　　　　　　　　　　　　　　【答：すべて×】

> ・冷凍装置内に不凝縮ガスが混入すると、不凝縮ガスのほとんどが水冷凝縮器に滞留する。
> 　　　　　　　　　　　　　　　　　　　　　　　　　　　　　　　　（平15〔保〕問2）
>
> ・水冷凝縮器に不凝縮ガスが混入すると、圧縮機の吐出しガスの圧力と温度が上昇し、軸動
> 　力が増大する。（平21〔保〕問2）
>
> ・不凝縮ガスが冷媒に混入したまま冷凍装置を運転し、不凝縮ガスが凝縮器に溜まると、吐
> 　出しガスの圧力と温度が上昇し、圧縮機用電動機の消費電力が増大し、冷凍能力と成績係
> 　数が低下する。（平25〔保〕問2）

「不凝縮ガスは凝縮器内で液化しないため滞留する」これが諸悪の根源ですね。「×」問題を
把握しているあなたは、この問は素直なよい問題文に思えることでしょう。
　　　　　　　　　　　　　　　　　　　　　　　　　　　　　　　　　　【答：すべて○】

・水冷横形シェルアンドチューブ凝縮器内に不凝縮ガスが存在するか否かを確認するために、圧縮機を停止して、凝縮器の冷媒出入り口弁を閉止し、冷却水はそのまま凝縮器の圧力計の指示が安定するまで通水を続けたその後、その圧力計の指示が冷却水温度に相当する冷媒の飽和圧力よりも高かったので、不凝縮ガスが存在すると判断した。（平27〔保〕問2）

・水冷横形シェルアンドチューブ凝縮器内に不凝縮ガスが存在するかどうかの確認をするには、圧縮機を停止し、凝縮器の冷媒出入口を閉止し、冷却水を30分程度通水する。凝縮器の圧力が冷却水温に相当する冷媒の飽和圧力よりも高ければ、不凝縮ガスは存在している。（平28〔保〕問2）

　これは上級テキスト8次202ページ「装置内の不凝縮ガスの有無識別」を読んでイメージをふくらませて覚えましょう。ま、理屈がわかればよいのだけども。1冷はこれを理屈も含め完璧に覚えること必須。あ、2冷だったね…、たぶん難解な「×」問題は出ないでしょう。
【答：どちらも○】

（7）冷媒の充填による影響

　水冷凝縮器において、冷媒の過充填による冷媒液の滞留などによる影響の問題は、上級テキスト8次191ページ「冷媒の過充てん」、201ページ「伝熱面積と凝縮温度」を参照してください。図はシェルアンドチューブ凝縮器に冷媒が過充填された様子を表したものです。シェル内の冷却管（チューブ）が、大げさに冷媒液に浸かっています。この図を見ながら、問題を読んでイメージを作り上げてみましょう。

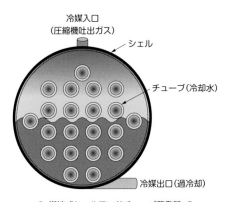

冷媒入口
（圧縮機吐出ガス）

シェル

チューブ（冷却水）

冷媒出口（過冷却）

● 満液式シェルアンドチューブ蒸発器 ●

過去問題にチャレンジ！

・受液器兼用の水冷シェルアンドチューブ凝縮器の装置に冷媒を過充てんすると、余分な冷媒は凝縮器内に貯えられるため、凝縮に有効に使われる冷却管の伝熱面積が減少し、凝縮圧力が上昇するが出口冷媒液の過冷却度は大きくなる。（平19〔保〕問2）

・受液器兼用のシェルアンドチューブ凝縮器は、冷凍装置に冷媒を過充てんすると、余分な冷媒液は凝縮器内に貯えられて、冷媒液に浸される冷却管の本数が増加するため、凝縮に有効に使われる冷却管の伝熱面積が減少し、凝縮温度が上昇する。(平25〔保〕問2)

冷媒を過充填すると、余分な冷媒は凝縮器内に貯えられるため、受液器兼用の水冷凝縮器では液冷媒に浸される冷却管の本数が増加して凝縮に**有効な伝熱面積**が**減少**し、**凝縮圧力と凝縮温度**がともに**上昇**しますが、出口冷媒液の**過冷却度は大きく**なります。【答：どちらも○】

・水冷凝縮器に凝縮液が滞留して冷媒液面が上昇し、凝縮に有効な冷却管の伝熱面積が減少すると、凝縮圧力が低下する。(平21〔保〕問2)

・受液器兼用水冷凝縮器内に多量の冷媒液が滞留して、冷媒液面が上昇すると、冷媒液の過冷却度が増大するので、冷凍装置の成績係数が大きくなる。(平22〔保〕問2)

・受液器兼用のシェルアンドチューブ凝縮器を備える装置に冷媒を過充てんすると、凝縮に有効に使われる冷却管の伝熱面積が減少して凝縮温度が上昇し、凝縮器から出る冷媒液の過冷却度は小さくなる。(平24〔保〕問2)

水冷凝縮器に冷媒を過充填すると凝縮液が滞留して冷媒液面が上昇し、凝縮に**有効な冷却管の伝熱面積が減少**します。また、冷却管の**伝熱面積が減少**して凝縮温度と凝縮圧力が上昇します。凝縮器から出る冷媒液の**過冷却度は大きく**なり、p–h 線図上では**成績係数**（$COP = h_1 - h_4/h_2 - h_1$）が大きくなるようにみえますが、動力増大や冷凍能力の低下（$COP = \Phi/P$）にともない**成績係数は小さく**なります。　　　　　　　　　【答：すべて×】

（8）凝縮圧力の異常上昇の原因

　水冷横型シェルアンドチューブ凝縮器運転中の凝縮圧力の異常上昇に関する問題は、上級テキスト8次205ページ「例題15.3（凝縮圧力異常上昇の原因（1）～（5）」を参照してください。「4-1　水冷凝縮器」を学んできたあなたは楽に解けるでしょう。

過去問題にチャレンジ！

・水冷凝縮器の冷却管に水あかが厚く付着すると、凝縮器内の圧力は上昇するが、冷却水の温度と水量が一定であれば、凝縮温度は変わらない。(平17〔保〕問2)

・凝縮器の伝熱管に水あかや油膜が付着すると、凝縮圧力は上昇するが、熱通過率は変わらない。(平18〔保〕問2)

・水冷凝縮器では、冷却水量が減少すると冷却水出入口の温度差が大きくなるが、凝縮圧力は変化しない。(平21〔保〕問2)

水冷凝縮器の冷却伝熱管に油膜や水垢が付着すると熱伝達率が小さくなり、**熱通過率が小さく**なって、冷却水の温度と水量が一定でも熱交換が悪くなるので**凝縮温度**（冷却水温度ではない）**は上昇**し、ともに**凝縮圧力も上昇**します。また、冷却水量が減少すると熱交換が悪く

なるので冷却水出入口の温度差が大きくなり、**凝縮圧力が異常に上昇**します。

【答：すべて×】

> ・水冷横形シェルアンドチューブ凝縮器を使用した冷凍装置の運転中に、凝縮圧力が異常に
> 上昇した。原因としては、装置内への空気の侵入、冷却管の汚れ、冷却水量の不足、冷却
> 水温の上昇などが挙げられる。（平28［保］問2）

凝縮圧力異常上昇の原因を端的にまとめた素直なよい問題ですね。　　　　　　【答：○】

4-2　冷却塔　▼上級テキスト8次 p.90「7.4 冷却塔」

　冷却塔は、凝縮器で温められ送られてきた冷却水を屋外で冷却し凝縮器に戻します。
「保安」では問2、「学識」では問5（と問7）あたりで出題される傾向があります。

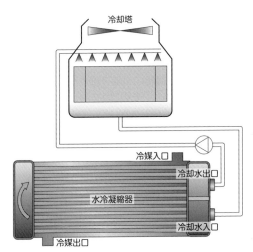

● 水冷凝縮器の冷却塔 ●

過去問題にチャレンジ！

> ・水冷凝縮器は、冷却水の顕熱を利用して冷媒蒸気を凝縮している。一般に、この凝縮器は
> 冷却塔と組み合わせて使用する場合が多く、冷却水は冷却塔での蒸気をともなう自己冷却
> のため、冷却水の一部を消費している。（平22［学］問5）
>
> ・冷却塔では、冷媒蒸気から熱を奪って温度が高くなった冷却水の一部を蒸発させて、その
> 蒸発潜熱によって冷却水自身を冷却する。（平26［学］問5）

　図を見ながらイメージしてちょうだい。凝縮器内での冷却水は状態変化せず**顕熱**により冷媒
蒸気を凝縮します。温度上昇した冷却水はポンプによって屋外の冷却塔に送られ、上部より
充填材に落下させ**蒸発潜熱**により自己冷却し、再び凝縮器へ戻ります。よって、冷却水は蒸
発するので補充する必要があります。　　　　　　　　　　　　　　【答：どちらも○】

・冷却塔は蒸発式凝縮器のことであり、冷却管内に冷媒蒸気を、その外面に冷却水を散布する。（平 15［学］問 5、平 20［学］問 5）

　冷却塔は蒸発式凝縮器のことではありません！　冷却塔とは水冷式凝縮器で温められた冷却水を冷却するものです。蒸発式凝縮器に格好が似ているので受験者を混同させる問題です。日常業務で混同したり間違えるかな？　「冷却塔」と「蒸発式凝縮器」の違いをつかんでおきましょう。　　　　　　　　　　　　　　　　　　　　　　　　　　　　　　　　　　【答：×】

・開放形冷却塔の補給水量は、蒸発量と飛沫による損失分の合計でよい。（平 13［学］問 5）

　設問だけの補給では駄目なのです。冷却水の一部が蒸発するため不純物が濃縮されていく（水が汚れていく）ので、補給水を入れて水を入れ替えてやります。これは、水の伝導度を計測し、たいてい自動で行われます。これがブローであり、このための余分な補給水が必要となります。　　　　　　　　　　　　　　　　　　　　　　　　　　　　　　　　【答：×】

・冷却塔の水質を管理するには、大気中の有害なガスなどが溶け込む循環水の水質を定期的に確認する必要がある。（平 16［学］問 5）

　水質管理、腐食防止、水垢等の保守が必要です。　　　　　　　　　　　　　　　【答：○】

・冷却塔の水の単位時間当たりの蒸発量は、空気と接する面積に比例するので、大きな表面積をもつ充てん材に均一に水を散布し、その表面をゆっくり流下させることによって、水と空気との接触が十分に行えるようになっている。冷却塔内を流下する水の表面からの蒸発量は、入口空気の湿球温度が高いほど多くなり、冷却塔の性能が向上する。

　　　　　　　　　　　　　　　　　　　　　　　　　　　　　　　（平 23［学］問 5）

・冷却塔において流下する水の表面からの蒸発量は、ファンによって吸い込まれる空気の湿球温度が高いほど多くなり、冷却塔の性能が向上する。（平 28［学］問 5）

　「湿球温度が低いほど蒸発量は多くなる」とは、乾燥していた方がよいってことです。平 23［学］問 5 は異常に長文ですが、湿球温度以外の記述は正しいです。　　【答：どちらも×】

・冷却塔の補給水量は、ブロー水量と蒸発量の他に飛沫による損失を含めて、通常の場合、循環水量の 1.2 〜 2％である。（平 18［学］問 5）

　うわ〜、嫌な問題…、数値まで覚えられますかね。　▼上級テキスト 8 次 p.92 左上 4 行目
　　　　　　　　　　　　　　　　　　　　　　　　　　　　　　　　　　　　【答：○】

Memo　　素直な問題が多い年度でも、このような重箱の隅をつつくような問題が出題されます。「学識」は計算含めて 10 問なのでこのような問題は、困りものですね。これがわからないために、1 問落とすことになりかねないですので、問 1 と問 2 の計算問題を確実に取りたいですね。

4-3　空冷凝縮器

（1）冬季の空冷凝縮器

　冬季の空冷凝縮器の不具合、その対策や制御はどうする！　といった問題で、空冷凝縮器の問題で一番多く、主に「保安の問2」で出題されます。まれに「学識の問5」でも出題されます。上級テキスト8次205ページ「季節変動対策としての凝縮圧力制御」、206ページ右「例題15.4」、学識では、8次86ページの「例題7.1」を参照してください。

過去問題にチャレンジ！

・温度自動膨張弁を用いた冷凍装置では、冬季に空冷凝縮器の熱交換能力が増大するので、冷凍能力が増大し、冷却不良を起こすことはない。（平22［保］問2）

・空冷凝縮器を用いた冷凍装置では、冬季に外気温度の低下により凝縮圧力が大きく低下するが、冷凍能力は変化しない。（平23［保］問2）

・空冷凝縮器では、冬季に外気温度が低いと凝縮温度が下がり冷凍効果が増えるので、膨張弁前後の差圧が大きく減っても温度自動膨張弁の能力不足になることはない。

（平26［保］問2）

・空冷凝縮器を用いた冷凍装置において、冬季に外気温度が低下する場合の凝縮圧力低下防止対策として、空冷凝縮器の送風機運転台数を減らす方法、送風機回転速度を下げる方法などがあるが、空冷凝縮器のコイル内に凝縮液をためて、凝縮器での凝縮に有効に使われる伝熱面積を増加させる方法もある。（令1［保］問2）

　「冷媒液が滞留すると有効伝熱面積は**減少する**。」「熱交換能力が**減少するので、冷凍能力が減少し、冷却不良を起こす**。」「凝縮圧力が大きく低下し、冷凍能力が**減少する**。」「温度自動膨張弁の**能力不足になる**。」（「冷凍効果が増える」は正しいです。）「伝熱面積を**減少させる**方法もある。」これらがポイントですね。　　　　　　**【答：すべて×】**

・空冷凝縮器では、冬季に凝縮圧力が異常に低下するのを防止するために、凝縮圧力調整弁を使用する場合が多い。（平17［学］問5）

・空冷凝縮器の外気温度低下による温度自動膨張弁の能力低下を防止するために、凝縮圧力調整弁や送風量制御器を使って凝縮圧力が適正値になるように制御する。（平20［保］問2）

・空冷凝縮器を用いた冷凍装置において冬季に外気温度が低下する場合の高圧維持対策として、空冷凝縮器の送風機運転台数を減らす、送風機回転速度を下げるなどがあるが、空冷凝縮器のコイル内に凝縮液をため込んで伝熱面積を減少させる方法もある。（平26［保］問2）

空冷凝縮器の外気温度低下による凝縮圧力の異常低下や、温度自動膨張弁の能力低下を防止するために、凝縮器と受液器の間に凝縮圧力調整弁を入れます。凝縮圧力調整弁が閉じると、凝縮器コイル内に凝縮液が滞留し伝熱面積が減少することによって凝縮圧力の低下を防ぎます。また、送風機運転台数や回転数を制御し送風量を下げて凝縮圧力を適正値に保つ方法もあります。

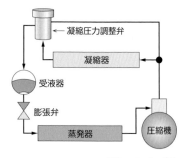

【答：すべて○】

（2）夏季の空冷凝縮器

　「学識」問5で出題される空冷凝縮器の問題は夏季の状態を問う問題です。上級テキスト8次81ページ「凝縮器」～「空冷凝縮器」を参照してください。

過去問題にチャレンジ！

・空冷凝縮器は、大気の顕熱を利用して冷媒蒸気を冷却・液化している。このため夏は大気温度の影響を受けて、凝縮温度が高くなる。（平16［学］問5）

・空冷凝縮器は大気の顕熱を利用して冷媒蒸気を冷却、液化しているため、夏は大気の影響を受けて凝縮温度が高くなり、圧縮機の軸動力が大きくなりやすい。（平28［学］問5）

　はい。顕熱とは「物体の状態変化なしに温度のみを変化させる熱」であるから、空冷凝縮器の送風機の空気（大気）の顕熱を利用しています。夏季は大気温度上昇とともに凝縮温度が高くなり圧縮機軸動力が大きくなりやすいのです。　▼上級テキスト8次p.81「右下図7.1の上6行目」
【答：どちらも○】

・空冷凝縮器を用いた冷凍装置の凝縮温度が、運転中に高くなる要因として、冷凍負荷の増大、冷却空気の風量減少や温度上昇などがある。（平19［学］問5）

　凝縮温度が高くなる要因は、「凝縮負荷（冷凍負荷）の増大」、「熱通過率の減少」、「伝熱面積の減少」、「入口冷却空気温度上昇」、「出口冷却空気温度上昇」です。イメージとともに覚えておきましょう。　▼上級テキスト8次p.85「凝縮温度の変化」
【答：○】

（3）面積
（a）学識編

　空冷凝縮器の「面積」に関する「学識」の問題は、上級テキスト8次 学識編82ページ「空冷凝縮器」を参照し、さらに、8次 保安編205ページ「空冷凝縮器能力の季節的変動対策」を読むとなおよいでしょう。

過去問題にチャレンジ！

・空冷凝縮器では、空気側の熱伝達率が小さいため、空気側に伝熱面積拡大のためのフィン
を設け、適切な風速と空気量を得られるような通過面積（正面面積）を確保し、空気抵抗
と騒音にも配慮して通過風速を適切に決めている。（平26［学］問5）

綺麗にまとめた問題文ですね。空冷凝縮器では空気側の熱伝達率が小さいため、これを補う
ためのフィンを設け、適切な風速と空気量を得られるよう空気抵抗や騒音にも配慮し、通過
面積を確保しています。

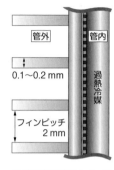

管外　　管内

0.1〜0.2 mm

過熱冷媒

フィンピッチ
2 mm

● 空冷凝縮器のフィン ●

【答：○】

・空冷凝縮器は、冷却管内に導かれた冷媒過熱蒸気を外面から大気で冷却し凝縮させるが、
冷媒側の熱伝達率が空気側に比べて小さいので、これを補うために冷却管にフィンをつけ
て伝熱面積を拡大している。（令1［学］問5）

「空気側の熱伝達率が冷媒側に比べて小さい」です！　　　　　　　　　　【答：×】

・空冷凝縮器は冷却管内に導かれた冷媒過熱蒸気を外面から大気で冷却し、凝縮させるが、
空気側の熱伝達率が小さいので、これを補うために空気側にフィンを付けて、冷却管の単
位長さ当たりの空気側伝熱面積を大幅に拡大している。しかし、冷却管の総管長は相当長
くなるので、冷媒の圧力降下が許される範囲内になるよう、一般に総管長を複数に分割
し、これらを並列に接続する。（平23［学］問5）

・空冷凝縮器では、空気側の熱伝達率が小さいので冷却管の総長が長くなり、冷媒の圧力降
下が大きくなるが、これを避けるために、総管長を分割して冷却管を並列に接続すること
がある。（平24［学］問5）

冷媒の圧力降下を問う問題です。空冷凝縮器は冷却管の総管長がとても長くなるため、冷媒
の圧力降下が大きくなってしまいます。このため、冷媒回路を複数に分割して並列接続しま
す。　　　　　　　　　　　　　　　　　　　　　　　　　　　　　　【答：どちらも○】

> ・空調用の空冷凝縮器は、外面にフィンを着けた内面溝付管を使用しており、内外面積比は
> 通常 18 〜 22 となっている。(平 13［学］問 5)

有効内外伝熱面積比を問う問題です。フィン無し裸管の場合の内外面積比は 1 となります。
外面にフィンを付けた内面溝付管（内面に溝がある）の内外面積比は 18 〜 22 と覚えちゃ
いましょう。問題が古いですがポツリと出題されるかも知れません。　▼上級テキスト 8 次
p.85「伝熱作用」　　　　　　　　　　　　　　　　　　　　　　　　　　　　【答：○】

（b）保安編

　空冷凝縮器の「面積」に関する「保安」の問題は、上級テキスト 8 次 200 ページ右〜
201 ページ右、204 ページ表 15.1 を読めばよいし、さらに学識編 8 次 82 ページ右〜を
読んでいればなおよいでしょう。

過去問題にチャレンジ！

> ・受液器をもたない空冷凝縮器を用いた冷凍装置では、冷媒を過充てんすると、凝縮の温度
> と圧力が高くなり、凝縮器の出口液の過冷却度が大きくなる。(平 29［保］問 2)
>
> ・受液器を持たない空冷凝縮器を用いた冷凍装置において、冷媒を過充てんすると、凝縮す
> るときの温度と圧力が高くなり、凝縮器出口冷媒液の過冷却度が大きくなる。
> 　　　　　　　　　　　　　　　　　　　　　　　　　　　　　　　(平 30［保］問 2)

「面積」という文字がないけれど、過充填すると有効に使われる伝熱面積が減少します。
▼上級テキスト 8 次 p.201「伝熱面積と凝縮温度」　　　　　　　　【答：どちらも○】

> ・空冷凝縮器の伝熱面積は、同じ冷凍能力で比較した場合には、蒸発式凝縮器よりも大きく
> なる。これは、空冷凝縮器の空気側熱伝達率が水の蒸発潜熱を利用する蒸発式凝縮器の蒸
> 発側熱伝達率よりも小さいことによる。(令 1［保］問 2)

イメージしてみてください。「水より空気の方が熱伝達率が小さい。なので、空冷は水冷よ
り面積を大きくする」ですよ。　　　　　　　　　　　　　　　　　　　　　【答：○】

（4）算術平均温度差　　▼上級テキスト 8 次 p.79「平均温度差」、p.84 〜 85「空冷凝縮器における伝熱」

過去問題にチャレンジ！

> ・凝縮器における伝熱量の計算において、冷媒と冷却媒体との間の温度差に対数平均温度差
> を用いて算定すると正確であるが、算術平均温度差を用いて算定しても、その誤差は小さ
> い。(平 14［学］問 5)

冷却水の入口から出口までの変化は直線では表せないので対数平均温度差を用いれば正確で
あるが、凝縮温度が一定であれば冷却水の温度変化を直線として計算（算術平均温度差）し
ても誤差は無視できるほど小さいです。だから、算術平均温度差を用いて計算する、ってこ
とです。　　　　　　　　　　　　　　　　　　　　　　　　　　　　　　　【答：○】

・空冷凝縮器の凝縮熱量の計算に用いる温度差として、実用的には冷媒と空気の算術平均温度差を、対数平均温度差の代わりに用いることができる。(平24［学］問5)

空冷凝縮器の伝熱における「算術平均温度差」はテキストにある計算式など全部把握するのは1冷の試験でよいです。2冷はこの問題のレベルでよいと思います。　　**【答：○】**

(5) 風速　▼上級テキスト8次 p.82〜83「構造と伝熱作用」

過去問題にチャレンジ！

・空冷凝縮器では、一般に前面風速は 1.5〜2.5 m/s、ファン回転速度は毎分1000回転程度とする。(平18［学］問5)

・空冷凝縮器の熱伝達率を大きく確保しながら、騒音を低く抑えるなどのために、一般に、前面風速は 1.5〜2.5 m/s にする。(平20［学］問5)

え、こんな数値まで覚えなきゃいけないの！　って感じだけど…、しょうがないね。数字さえ記憶しておけば、他の文はなんとなく素直にわかると思います。　　**【答：どちらも○】**

・空冷凝縮器の前面風速を大きくすると、空気抵抗が増大し、送風機の動力は大きくなるが、空気側の熱伝達率は変わらない。(平18［学］問5)

これは、なんとなくわかるね…。空気側熱伝達率が変わらないわけはない（向上する）。この辺は空冷の一番美味しい問題、必ずゲットしましょう。　　**【答：×】**

・空冷凝縮器では、インバータで送風機の回転数を制御し、凝縮圧力の過大な変化を防止することができる。これは、風量の増減により凝縮能力が変わることによって達成できる。(平22［保］問2)

ま、イメージでわかると思います…。　　**【答：○】**

4-4　蒸発式凝縮器　▼上級テキスト8次 p.93「蒸発式凝縮器」

蒸発式は出題数が結構多いですね。「顕熱ではなく潜熱」、「凝縮温度が低い」あたりがポイントかな。

過去問題にチャレンジ！

・蒸発式凝縮器は、冷却管内に冷媒蒸気を流し、外面に冷却水を散布すると、冷媒蒸気から熱を奪って冷却水の一部が蒸発し、主としてその蒸気潜熱で冷媒蒸気が凝縮する。(平22［学］問5)

「冷却管内に冷媒蒸気を」を水冷凝縮器と混同し
ないように気をつけましょう。蒸発式のイメージ
を作り上げよう。　▼上級テキスト 8 次 p.93 左上

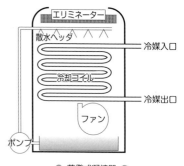

● 蒸発式凝縮器 ●

【答：○】

・蒸発式凝縮器は、冷却水の蒸発潜熱を利用して冷媒蒸気を冷却・液化している。このため
　空冷式と比べて、凝縮温度は高くなる。(平 16［学］問 5)

　　蒸発式凝縮器の特徴の 1 つ、空冷式よりも蒸発式は凝縮温度を低くできる！　これは、重
要です。　　　　　　　　　　　　　　　　　　　　　　　　　　　　　　　　　　　【答：×】

・蒸発式凝縮器は、冷却水の顕熱を利用して冷媒蒸気を凝縮、液化し、空冷式に比べて熱通
　過率の値が大きい。(平 17［学］問 5)

　　冷却水の潜熱を利用しています！　　　　　　　　　　　　　　　　　　　　　　　【答：×】

Memo　復習です！

顕熱	物体の状態変化なしに温度のみを変化させる熱。
潜熱	物体の状態が変化する場合に必要な熱量。

・蒸発式凝縮器は、アンモニア冷凍装置に使用され、フルオロカーボン冷凍装置に使用され
　ることはない。(平 27［保］問 2)

　　フルオロカーボン冷凍装置にも若干使用されます。上級テキスト 8 次 204 ページ「表 15.1
凝縮器の種類、特徴、＜略＞」に、「若干」と記されています。　　　　　　　　　　【答：×】

・蒸発式凝縮器では、冷却管内に冷媒蒸気を流し、外面に冷却水を散布しながら送風する
　と、冷媒蒸気から熱を奪って冷却水の一部が蒸発し、主としてその蒸発潜熱で冷媒蒸気が
　凝縮する。(平 21［学］問 5)

・蒸発式凝縮器の冷却管内を流れる冷媒蒸気は、冷却管外面に散布される冷却水に熱を与え
　てその一部を蒸発させ、主にその蒸発潜熱により凝縮する。(平 24［学］問 5)

　　よい文章ですね。「蒸発式凝縮器」の図を見てイメージしましょう。「潜熱」もしっかり確認
しましょう。　　　　　　　　　　　　　　　　　　　　　　　　　　　　【答：どちらも○】

・蒸発式凝縮器は、主として冷却水の顕熱を利用し、冷媒蒸気を凝縮、液化している。冷却水は循環使用され、補給水量は冷却塔の場合と同じくわずかである。しかし、空冷式凝縮器に比べて熱通過率の値が大幅に向上しているので、凝縮温度を低くすることができる。

(平23［学］問5)

長い文章に困惑気味になるかも。「顕熱」ではなく「**潜熱**」ですね。勉強してないと、顕熱、潜熱の違いに気がつかないかも知れないです。あ、あ、あなたなら、大丈夫！　**【答：×】**

・蒸発式凝縮器は冷却水の蒸発潜熱を利用して冷媒蒸気を凝縮しており、冷却塔を用いた場合よりも多量の冷却水を消費するが、空冷式に比べて凝縮温度を低くすることができる。

(平25［学］問5)

正しい文章にしてみましょう。「蒸発式凝縮器は冷却水の蒸発潜熱を利用して冷媒蒸気を凝縮しており、**冷却塔を用いた場合と同様に冷却水は循環使用され消費量は僅かである。**空冷式に比べて凝縮温度を低くすることができる」ですね。　**【答：×】**

・蒸発式凝縮器は、主として冷却水の潜熱を利用し、冷媒蒸気を凝縮、液化している。冷却水の補給量は、一般には、蒸発によって失われる量と飛沫となって失われる量の和に等しい。(令1［学］問5)

なんとなくあっているように思えますが…。「蒸発によって失われる量」と「飛沫となって失われる量」だけではなく、「**不純物の濃縮防止のための量**」（←大気中の不純物が混じるのでブローする）も加える必要があります。　**【答：×】**

難易度：★★★★★

5　蒸発器

　蒸発器は大きく3つに分類されます。この3つに沿って蒸発器の説明を進めていきます。「④ 凝縮器」と合わせてこの蒸発器を理解しないとだんだん苦しくなっていきます。凝縮器と似ている語句がたくさんあり、常に頭を整理しなければならないので、★5つ！

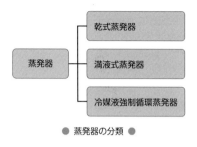

● 蒸発器の分類 ●

5-1　蒸発器の分類

　上級テキスト 7 次改訂版（平成 23 年 12 月発行）から「ブレージングプレート冷却器」（凝縮器も）が追加されました。8 次改訂版では「ブレージングプレート蒸発器」に変更されました。写真や図が増えているので今後の出題に留意されたいです。

過去問題にチャレンジ！

・蒸発器は、被冷却物の流動方式によって、乾式、満液式および冷媒液強制循環式に分類される。（平 15 ［学］問 6）

　正しい文章にしてみましょう。「蒸発器は、冷媒の供給方式によって、乾式、満液式および冷媒液強制循環式に分類される」です。ちなみに、流動方式による分類は、自然対流式、強制対流式です。　　　　　　　　　　　　　　　　　　　　　　　　　【答：×】

・冷媒の供給方式によって蒸発器を分類すると、乾式、満液式および冷媒液強制循環式がある。（平 20 ［学］問 6）

　さぁ、あなたは、平 15 ［学］問 6 と、この問題と軽くこなせましたか？　　　【答：○】

・低圧受液器、冷媒液ポンプ、蒸発器などの構成で冷媒液を強制循環させる方式を冷媒液強制循環方式という。また、空気を冷やす方式として、空気をファンで強制的に送る強制対流方式と、空気の温度で変わる密度差を利用する自然対流方式がある。自然対流方式には、裸管コイル冷却器や天井吊りフィンコイル冷却器などを用いる。（平 28 ［学］問 6）

　冷媒強制うんぬんに関しては、上級テキスト 8 次 106 ページ「冷媒液強制循環式蒸発器」から読み解きます。また、空気を…うんぬんに関しては、上級テキスト 8 次 102 ページ「強制対流式および自然対流式の冷却器」から、どうぞ。慌てずじっくり読めば難しいことはないです。勉強量と記憶力そして努力が必要かな。　　　　　　　　　　　　　　　　　【答：○】

5-2　蒸発器の能力

　「学識」問 6、「保安」問 3 で出題されます。蒸発器を理解する上で基本を試される問題です。上級テキスト 8 次 94 ページ「蒸発器と圧縮機の能力適合化」、210 ページ「低圧部の保守管理」、222 ページ「蒸発器の能力と蒸発温度」を熟読してください。

過去問題にチャレンジ！

> ・蒸発器の熱通過率の値は、ブライン、水、空気などの被冷却物の種類、蒸発器の乾式、満液式、冷媒液強制循環式などの形式によって異なる。（平26［保］問3）

これは、感覚でも「○」とわかりますね。　▼上級テキスト8次 p.210 右上と表 15.3　【答：○】

（1）設定温度差

　設定温度差の空調用と冷蔵用の比較の問題は、「5-4　乾式蒸発器（保安編）（1）いろいろ温度差」で、思いっきりどうぞ！

過去問題にチャレンジ！

> ・蒸発温度と被冷却物との設定温度差が小さ過ぎると、伝熱面積の大きな蒸発器を使用しなければならなくなり、また、設定温度差が大き過ぎると、蒸発温度を低くしなければならない。（平19［保］問3）
>
> ・設定温度を大きくし過ぎると蒸発温度が低くなり、冷凍能力が低下し、成績係数が低下するので、一般に蒸発器の冷却温度が高い場合には設定温度差を大きめにし、冷却温度が低い場合には設定温度差を小さくする。（平22［保］問3）

　この2問を同じ枠内にしましたが、これを読んで蒸発器の中でおこっている現象をイメージしてもらいたいです。さぁ、次の Memo の「サカナ君」を読んでみましょう。

【答：どちらも○】

Memo

イメージは湧いているかな？

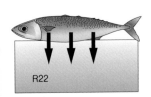

R22

図は、庫内に入れたサカナ君を冷凍（氷らせる）させるために、R22 冷媒液が蒸発しサカナ君の温度を奪っています。ここで、

・設定温度：サカナ君を冷凍させるための温度
・蒸発温度：冷媒（R22）が蒸発する（している）温度
・蒸発器の冷却温度：サカナ君の周りの温度（庫内の温度）

　サカナ君がとても暖かい場合は設定温度差を大きめにする、サカナ君が冷たくなっている場合は設定温度差を小さくする。さぁ、イメージしましょう。サカナ君の体温は5℃とすると、体長10センチで小さめだから、ま、設定温度は−2℃でよいかな？　なのに、−10℃に設定する必要はないのです。さぁ、問題文をもう一度読んでみましょう。

（2）比体積　▼上級テキスト8次 p.211「蒸発温度と冷凍能力」

「比体積（密度の逆数）が大きいと蒸気が薄い（密度が小さい）」と、覚えましょう。

過去問題にチャレンジ！

・液管のストレーナに目詰まりがあると、蒸発器への冷媒供給量が不足して蒸発圧力が低くなり、圧縮機吸込み蒸気の比体積が大きくなる。（平17［保］問3）

「比体積が大きい」は「蒸気が薄い」と覚えましょう。　　　　　　　【答：○】

・蒸発温度が低く蒸気の比体積が大きくなると、圧縮機に吸い込まれる蒸気量が少なくなるので、冷凍能力が減少する。（平20［保］問3）

・冷媒の蒸発温度が低下すると、蒸発器出口の蒸気の比体積が大きくなり、冷媒循環量が減少し、冷凍能力が低下する。（平24［保］問3）

「比体積が大きい（蒸気が薄い）」と知っていれば大丈夫のはずです。短い一文だけど、単刀直入で素直な問題だと思うか、それとも、わけがわからない！　か。勉強している人と、していない人の力量がわかる問いです。　　　　　　　　　【答：どちらも○】

・蒸発温度が低くなり、冷媒蒸気の比体積が大きくなると、圧縮機に吸い込まれる冷媒蒸気の質量流量が少なくなり、冷媒循環量が少なくなるので、冷凍能力は減少する。

（平28［保］問3）

素直なよい問題ですね。　　　　　　　　　　　　　　　　　　　　　【答：○】

・冷凍負荷および冷媒循環量が一定の場合に、冷凍負荷よりも小さな容量の圧縮機を使用すると、圧縮機吸込み蒸気の比体積が大きくなり、蒸発圧力が上昇し、蒸発温度の上昇による冷却不足を引き起こす。（平25［学］問6）

冷凍サイクルをバランスよく運転するには、膨張弁で制御された冷媒量をすべて圧縮機が吸い込む必要がありますが、容量が小さな圧縮機（ピストン押しのけ量が小さい）を使用すると、比体積が小さく（蒸気が濃い）なり、蒸発圧力が上昇し、蒸発温度の上昇による冷却不足を引き起こします。 ▼上級テキスト8次 p.94「蒸発器と圧縮機の能力適合化」　【答：×】

5-3　乾式蒸発器（学識編）　▼上級テキスト8次 p.94「蒸発器」

学識の問6、問7で出題される乾式蒸発器に関連した問題です。

（1）構造と伝熱作用

乾式蒸発器の構造と伝熱作用は、図を見ながら問題文を読めばよいです。さらに、上級テキスト8次95ページ「乾式蒸発器」を一度でも熟読すれば大丈夫でしょう。

● 乾式蒸発器の構造と伝熱作用 ●

過去問題にチャレンジ！

・乾式蒸発器へ供給される冷媒液は、膨張弁などの絞り膨張機構で減圧されて発生した冷媒蒸気とともに、蒸発器冷却管内を流れながら冷却管の外面に接した被冷却物から熱を奪って蒸発し、蒸発器を出るときは若干過熱状態となる。（平30〔学〕問6）

この問題文を読みイメージが頭の中に浮かんでくれば、合格目前です。構造概略図とp-h線図をみて問題文を読めば理解が深まるでしょう。概略図は乾式シェルアンドチューブ蒸発器で、管内に冷媒が通り、管外の冷水（ブライン）を冷却しています。乾き飽和蒸気線より若干右右にある点1が、若干過熱状態になった蒸気になります。

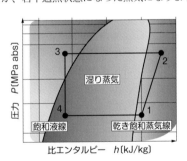

【答：○】

・乾式蒸発器では、冷媒側の圧力降下が大きくても、蒸発器出入口間の冷媒の飽和温度は変わらない。（平16〔学〕問6）

んなこた～ない。圧力降下が大きいと飽和温度が変化してしまいます。被冷却物と飽和温度の温度差は入口側の方が出口側より小さいです。圧力降下を考慮することは重要で、上級テキスト8次95ページ（右側真ん中あたり）をよく読んでイメージしましょう。　【答：×】

・乾式蒸発器はその構造から次のような特徴をもつ。システム全体の冷媒量が満液式に比べて少なくてすむこと、特別な油戻し装置を必要としないこと、蒸発器出口側に冷媒蒸気を過熱状態にするための伝熱面積が必要になることなどである。(平26［学］問6)

　　うむ、乾式蒸発器の特徴を表したよい問題ですね。　　　　　　　　　　　　　　　【答：○】

（2）熱通過率

　乾式蒸発器において、「熱通過率」に関連した問題をまとめてあります。けっこう難問かも…。

過去問題にチャレンジ！

・乾式蒸発器は、冷媒が冷却管内を流れるが、熱通過率Kの基準伝熱面積は一般に被冷却物（外表面）側の面積とする。(平16［学］問6)

熱通過率は熱伝導抵抗と伝熱面積に関係し、有効内外伝熱面積比をフィンの付いている側の伝熱面積とフィンの付いていない側の伝熱面積のどちらを基準とするかで決まります。乾式蒸発器は、管外表面積を基準とします。図はフィンコイル蒸発器を模したものです。

$$有効内外伝熱面積比 \ m = \frac{外側面積（基準）}{内側面積}$$

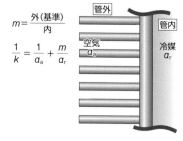

$$m = \frac{外（基準）}{内}$$

$$\frac{1}{k} = \frac{1}{a_a} + \frac{m}{a_r}$$

● フィンコイル乾式蒸発器のフィン ●

【答：○】

・フィンコイル乾式蒸発器では、熱通過率の基準伝熱面を外表面側にとり、内外表面積の違いによる熱通過率への影響を考慮して、有効内表面積を有効外表面積で除した有効内外伝熱面積比を熱通過率の計算に使用する。(令1［学］問6)

　　今度は「×」です。外と内が逆ですね。「<略>有効外表面積を有効内表面積で除した有効内外伝熱面積比を熱通過率の計算に使用する」です。式で表すと、「有効内外伝熱面積比 $m =$ 外側面積（基準）÷内側面積」ということです。　　　　　　　　　　　　　　　【答：×】

・乾式蒸発器の熱通過率は、冷却管外の流体の流速、着霜、冷却管内の油の滞留などにより大きく影響される。(平17［保］問3)

・フィンコイル乾式蒸発器では、霜が伝熱面に厚く付着すると、その熱伝導抵抗のため熱通過率が著しく低下する。(平18［学］問6)

・フィンコイル乾式蒸発器の熱通過率は、冷却管材の熱伝導抵抗が無視できる場合、被冷却物側熱伝達率、冷媒側熱伝達率、有効内外伝熱面積比が支配的であるが、霜や氷が付着した場合は霜や氷の厚さと熱伝導率を考慮する必要がある。(平27［学］問6)

乾式蒸発器の熱通過率は、冷却管外の流体の流速、冷却管内の油の滞留などにより大きく影響され、霜が伝熱面に厚く付着すると、その熱伝導抵抗のため熱通過率が著しく低下します。よって、熱通過率は、冷却管材の熱伝導抵抗が無視できる場合、被冷却物側熱伝達率、冷媒側熱伝達率、有効内外伝熱面積比が支配的であるが、霜や氷が付着した場合は霜や氷の厚さと熱伝導率を考慮する必要があります。

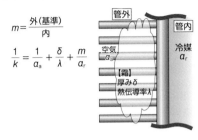

$$m = \frac{外（基準）}{内}$$

$$\frac{1}{k} = \frac{1}{a_a} + \frac{\delta}{\lambda} + \frac{m}{a_r}$$

● フィン伝熱面の着霜 ●　　　　　【答：すべて○】

・乾式シェルアンドチューブ水冷却器における熱通過率低下の要因として、水側への水あかの付着、水流量の低下、冷媒側伝熱面への油膜形成、不凝縮ガスの滞留などが考えられる。（平20［保］問3）

上級テキスト8次211ページから「熱通過率の保持」を読んでおけば、サービス問題です。ではなく、引っ掛け問題か！　冷却器（蒸発器）は、不凝縮ガスは発生しないのです。

【答：×】

（3）乾式シェルアンドチューブ蒸発器（インナーフィンチューブ）

　図は、インナーフィンチューブの断面図です。上級テキスト8次98ページ「乾式シェルアンドチューブ蒸発器」図8.10の方がよくわかりますが、ここで重要なことは、「管の外側に冷却水、内側に冷媒」です。

● インナーフィンチューブ断面図 ●

過去問題にチャレンジ！

・乾式シェルアンドチューブ蒸発器では、伝熱促進のためのインナーフィンチューブを使用することが多いが、フィン表面に細かい溝を付けたり、フィンで冷媒流路を細かく仕切ることがある。（平15［学］問6）

・乾式シェルアンドチューブ蒸発器では、冷却管内面にフィンを付けたインナーフィンチューブを使用して、伝熱を促進することが多い。(平18［学］問6)

・乾式シェルアンドチューブ蒸発器では、冷媒側熱伝達率は水などの被冷却物側に比べて小さいので、いろいろな伝熱促進方法が使われている。インナーフィンチューブも内面積の拡大とともに、フィン表面の細かい溝やフィンで冷媒通路を細かく仕切ることによって、伝熱促進処置がなされている。(平21［学］問6)

　　インナーフィンチューブは、管内にフィンをつけたものです。さらに、それに溝をつけたり、管内を仕切るようにしたものがあります。　　　　　　　　　　　　　【答：すべて○】

・インナフィンチューブを用いた乾式シェルアンドチューブ蒸発器の水冷却器では、フィンの付いている管内に冷水を流している。(平19［学］問6)

　　大丈夫でしたか？　管内には冷媒です。　　　　　　　　　　　　　　　　　　　【答：×】

・乾式シェルアンドチューブ蒸発器では、冷媒側の伝熱促進のため、冷却管外表面にフィン加工をして伝熱面積を拡大したローフィンチューブを使用することが多い。(平26［学］問6)

　　最初から問題を解いてくれば迷わず「×」とわかるだろう。後半は満液式蒸発器のローフィンチューブの説明です！　正しい文章にしてみましょう。「乾式シェルアンドチューブ蒸発器では、冷媒側の伝熱促進のため、冷却管内表面にフィン加工をして伝熱面積を拡大したインナーフィンチューブを使用することが多い」です。　　　　　　　　　　　　　　【答：×】

・乾式シェルアンドチューブ蒸発器には裸管のほかに各種の伝熱促進管が使用され、管内の伝熱性能向上のため、一般的にインナーフィンチューブ、らせん形の溝を付けたコルゲートチューブ、ローフィンチューブなどが使用される。(平28［学］問6)

　　おっと〜、これはうっかり「○」にしてしまうかも。ローフィンチューブは満液式蒸発器に使用されるのです！　これは注意ですね。　　　　　　　　　　　　　　　　　【答：×】

（4）分配器（ディストリビュータ）

　　上級テキスト8次99ページ「冷却管群への冷媒液の均等分配」を参照してください。ポツリポツリと出題されますよ。

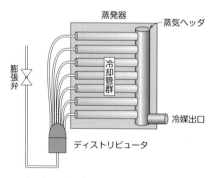

● ディストリビュータによる冷媒の分配 ●

過去問題にチャレンジ！

・フィンコイル乾式蒸発器の管群は多数の管路の集合であり、各々の管路への冷媒の供給量がなるべく同じ量になるように、ディストリビュータを用いることが多い。各々の管路への供給量がアンバランスになった場合、蒸発器の能力が減少する。（令1［学］問6）

多数の管路の集合体には、分配器（ディストリビュータ）を用いて各管に同じ量になるように供給します。供給量がアンバランスになると蒸発器の能力が減少します。【答：○】

・フィンコイル乾式蒸発器において各管路への冷媒量供給に差が出る場合では、冷媒過多の管路内の冷媒が蒸発しきれなくても、膨張弁は閉じるほうに動いて液戻りを防ぎ、冷媒が適正に分配されている場合と比較しても、冷却能力の減少はない。（平28［学］問6）

これは、そもそも各管路に差が出ているのだからアンバランスのまま自動膨張弁が制御しても適正分配時に比べれば冷却能力は減少しますよね。【答：×】

・空気冷却用のフィンコイル乾式蒸発器の管群は多数の管路の集合であり、各々の管路への冷媒供給量がアンバランスになった場合、蒸発器の能力が減少する。そのため、各々の管路への冷媒の供給量ができるだけ同じ量になるように、分配器（ディストリビュータ）を用いることが多い。（平29［学］問6）

はい、よくわかりました！　と思わず言いたいよい文章ですね。【答：○】

（5）蒸気過熱管長

　乾き度1.0の、蒸発器出口の配管を効率よくするにはどうするかということを問われます。過熱度と配管の長さ、それは風の向きがポイントです。蒸気過熱管長に関しては、上級テキスト8次99ページ「蒸気過熱管長の長短と伝熱作用」、「向流、並流」に関しては、上級テキスト8次228ページ「フィンコイル冷却器出口冷媒の過熱」を読んでください。

過去問題にチャレンジ！

・温度自動膨張弁で過熱度を制御している乾式フィンコイル蒸発器では、膨張弁の過熱度設定値が大きいと、蒸発管の全長に対して過熱領域の割合が大きくなり、蒸発器全体の平均熱通過率の値が小さくなる。（平19［学］問6）

これは、勉強してないとサッパリわからないかも知れないです。過熱度設定が大きい場合、蒸発器出口付近で乾き度1になると、過熱蒸気の気体のみになり蒸発して熱交換ができず熱伝達率が極端に悪くなります。よって、蒸発管の全長に対して過熱領域の割合が大きくなり、蒸発器全体の平均熱通過率が小さくなってしまいます。わかりましたか？　じっくりテキストを読んでみましょうね。【答：○】

・乾式蒸発器において、冷媒の過熱領域の伝熱面積はほとんど蒸発器の熱交換に寄与しない。過熱領域の伝熱面積を小さくするためには、被冷却物と冷媒は向流（対向流）で熱交換するのが有利である。（平26［学］問6）

うむ！　図のような冷媒と空気の流れが同じ方向の「並流」にすると、蒸発器出口部分は「冷媒の過熱領域の伝熱面積はほとんど蒸発器の熱交換に寄与しない」ということになり、

過熱に必要な管路が長く必要です。そこで、「向流」にして蒸発器を熱交換すると、必要な過熱を得るために有利であるというわけです。

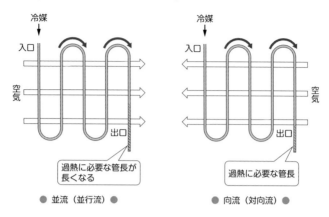

● 並流（並行流）●　　　　　　● 向流（対向流）●

（6）強制対流式冷却器（ユニットクーラ）

　ユニットクーラ関連問題はポツリポツリと出題されます。具体的な数値も問われますので、上級テキスト8次102ページ「強制対流式及び自然対流式の冷却器」に目を通していただきたいです。

過去問題にチャレンジ！

・空調用冷却器や冷蔵庫ユニットクーラなどに用いられるフィンコイル蒸発器は、ファンなどによって被冷却物の空気を強制的に流し、伝熱面に適切な流速をもたせることによって、蒸発器の熱通過率の向上を図っている。（平19［学］問6）

・ユニットクーラは、フィンコイルに送風用ファン、ファン用電動機、ドレンパン、除霜用ヒータなどを一体に組み込んだ冷凍・冷蔵庫用の強制対流式ユニットである。

（平20［学］問6）

　ユニットクーラは、大きな施設に行けばみかけることもあります。読みながらイメージを膨らましましょう。　　　　　　　　　　　　　　　　　　　　　　【答：どちらも○】

・冷凍・冷蔵庫用のユニットクーラのフィンピッチは、外表面積をできるだけ大きくとるために、2～3mmとしている。（平17［学］問6）

・冷凍庫用のユニットクーラは、フィンコイルに送風用ファン、ファン用電動機、ドレンパン、除霜用ヒータなどを組み込んだユニットであり、フィンピッチは3～4mmとしている。（平23［学］問6）

　どこが間違っている？　フィンピッチ2～3mm、3～4mmかな？　と思う問題です。フィンピッチは、着霜に考慮し6～12mmです。これはけっこう出てきます。

【答：どちらも×】

・冷凍・冷蔵庫用のユニットクーラのフィンピッチは、着霜することを考慮して6〜12mmの間で選ばれる。フィンコイルの前面風速は2〜3m/s、庫内温度と蒸発温度との温度差は10K、フィンコイル出入り口間の空気の温度差は5K程度で使用する。（平22［学］問6）

おおー！ 「フィンピッチ」、「前面風速」、「2種類の温度差」の数値を問われています。具体的数値は2冷は出題されるから、お、覚えるしかないですよ。　　　　　　　　**【答：○】**

（7）自然対流式冷却器　▼上級テキスト8次p.102「自然対流冷却器」

　自然対流式冷却器は、直冷式の冷蔵庫を見かけますが、あまり多く使われていないですかね。そのせいか出題が少ないです。

過去問題にチャレンジ！

・自然対流冷却器では、空気などの被冷却物が温度変化による密度の差により伝熱面を流れるので、その熱伝達率は強制対流冷却器に比べて小さい。自然対流冷却器として裸管コイル冷却器、天井吊りフィンコイル冷却器などがある。（平24［学］問6）

その通り。テキストを一度でも読んでおけば、感覚的にわかるでしょう。　　　**【答：○】**

5-4　乾式蒸発器（保安編）

（1）いろいろ温度差

　「保安」の問3で出題されます。上級テキスト8次210ページ「低圧部の保守管理」を一度熟読してみましょう。8次 学識編94ページ「蒸発器」あたりも読んでいればなおよいでしょう。「霜」に関しては、問題数が多いので「5-9 蒸発器の霜」にまとめました。

（a）冷媒の蒸発温度と被冷却物の温度差
▼上級テキスト8次p.210「冷媒の蒸発温度と被冷却物の温度差」

過去問題にチャレンジ！

・蒸発温度と被冷却物との設定温度差が小さ過ぎると、伝熱面積の大きな蒸発器を使用しなければならなくなり、また、設定温度差が大き過ぎると、蒸発温度を低くしなければならない。（平19［保］問3）

　蒸発温度と被冷却物との設定温度差が小さ過ぎると、熱交換が少ないので伝熱面積が大きくなければなりません。また、設定温度差が大き過ぎると、熱交換量が多いので蒸発温度を低くして冷媒をどんどん蒸発させなければならないのです。　　　　　　　　**【答：○】**

・空調用空気冷却器では、冷媒の蒸発温度と空気温度との温度差を15〜20Kに設定してい

る。(平 14［保］問 3)

・一般的な空調用空気冷却器では、蒸発温度と入口空気温度との温度差は通常 15 K から 20 K 程度に設定する。(平 30［保］問 3)

　覚えましょう。空調用は「15 〜 20 K」です。　　　　　　　　　　【答：どちらも○】

・冷蔵庫用空気冷却器では、冷媒の蒸発温度と庫内空気温度との温度差は通常 15 〜 20 K 程度が普通である。(平 15［保］問 3)

・空調用空気冷却器では、蒸発温度と入口空気温度との温度差は通常 5 〜 10 K 程度に設定する。(平 23［保］問 3)

・冷蔵用の空気冷却器においては、一般に蒸発温度と入口空気温度との温度差は、15 K から 20 K 程度に設定する。(平 29［保］問 3)

　はい、覚えましょう。「空調用は 15 〜 20 K、冷蔵用は 5 〜 10 K」ですね。
　　　　　　　　　　　　　　　　　　　　　　　　　　　　　　　【答：すべて×】

（b）　いろいろな温度差の比較（大きい、小さい）

過去問題にチャレンジ！

・蒸発温度と被冷却物との温度差は、空調用のほうが冷凍用よりも大きくとるのが一般的である。(平 16［保］問 3)

・空気冷却器は、空調用では除湿する場合もあるので蒸発温度と空気温度との温度差を大きく取り、冷凍冷蔵用の場合は空調用よりその温度差を小さくする。(平 27［保］問 3)

・冷媒と被冷却物との設定温度差は、空調用と冷蔵用を比較した場合、冷却温度が低い冷蔵用では一般的に小さめにする。(平 24［保］問 3)

　そうね。「冷蔵用は 5 〜 10 K。空調用が 15 〜 20 K」さえ覚えておけば楽勝ですね。空調冷却器は除湿もされるので気持ちよいです。　　　　　　　　　【答：すべて○】

 平 24［保］問 3 の「冷媒」は蒸発温度と同じことです。

・空気冷却器における蒸発温度と空気温度との温度差は、使用目的によって設定されており、設定温度差に従って装置が運転される。冷房の場合には、空気を除湿する必要があるので、設定温度差は大きくとり、15K から 20K 程度である。冷蔵の場合には、冷房の場合に比べて小さくとり、5K から 10K 程度である。(令 2［保］問 3)

　「冷蔵用は 5 〜 10 K。空調（冷房）用が 15 〜 20 K」。もう覚えましたね。あとは、よく読んでウッカリミスをしないようにしましょう。　　　　　　　　　　　　　【答：○】

・空気冷却器においては、一般に冷却温度が高い場合には、蒸発温度と入口空気温度との設

定温度差を小さくする。（平23〔保〕問3）

　う〜ん、真夏の部屋に帰宅したとき、リモコンの設定を思いっきり下げたりしますね。それと同じことでしょう。正しい文章は、「空気冷却器においては、一般に冷却温度が高い場合には、蒸発温度と入口空気温度との設定温度差を大きくする」ですね。　【答：×】

（2）蒸発温度、蒸発圧力　▼上級テキスト8次 p.211「蒸発温度と冷凍能力」

　問題文によく記されている「蒸発温度」というのは、冷媒が蒸発しているときの冷媒自体の温度のことです。「比体積が大きくなる」というのは、「密度が小さくなる（蒸気が薄くなる）」ということです。けっこう、考えこんでしまうかも…。

過去問題にチャレンジ！

・乾式の水冷却器への冷媒供給量が不足すると、蒸発温度は低下する。（平15〔保〕問3）

・液管のストレーナに目詰まりがあると、蒸発器への冷媒供給量が不足して蒸発圧力が低くなり、圧縮機吸込み蒸気の比体積が大きくなる。（平17〔保〕問3）

・蒸発温度が低下し蒸気の比体積が大きくなると、圧縮機に吸い込まれる蒸気量が少なくなり、冷凍能力が減少する。（平26〔保〕問3）

・冷媒充てん量が不足していると、高圧液配管内のフラッシュガス発生などによる、冷却不良や蒸発圧力の異常低下などの種々の不具合が起こる。（平30〔保〕問3）

・蒸発温度が低い場合には、蒸発器内の冷媒圧力が低くなり、圧縮機吸込み蒸気の比体積が大きくなるので、装置の冷凍能力は減少する。（令1〔保〕問3）

　冷媒供給量が減少すると感覚的には温度が上昇する感じがしますが、間違いです。冷却器の温度と蒸発温度の違いに心を留めましょう。問題文に基づいて正しい文章を作ってみましょう。

　「冷凍魚やアイスクリーム等の被冷却物を冷却器が冷やそうとしている時、液管のストレーナに目詰まりなどで**冷媒供給量が少ない**と、器内の冷媒は冷やすためにどんどん蒸発して、（冷媒の）**蒸発温度は低下**していくが、**比体積は大きく**なって蒸気は薄くなる。しかし、冷媒供給量が不足しているため被冷却物が必要とされる温度まで下げることができない、結果、装置の**冷凍能力は減少**し（冷媒の蒸発温度は低下しているが）アイスクリームはとけ始めてしまう。また、冷媒充填量が不足すると高圧液配管内の**フラッシュガス**が発生しやすくなる」ですね。　【答：すべて○】

・乾式蒸発器で各冷却管への液分配が均等でないと、温度自動膨張弁は絞り方向に作動し、その結果、冷媒供給量が不足して冷却能力が減少するが、蒸発温度は変わらない。
（平17〔保〕問3）

・乾式蒸発器で各冷却管への液分配が均等でないときやストレーナに目詰まりがあると、冷媒循環量が不足し、蒸発温度が低下するので、吸込み蒸気の比体積が小さくなり、冷凍能力が減少する。（平21〔保〕問3）

・冷凍装置内に水分が混入して膨張弁で氷結すると、蒸発器での冷媒循環量が減少し、蒸発圧力が高くなり、圧縮機吸込み蒸気の比体積が小さくなる。（平24〔保〕問3）

・冷凍装置内に水分が混入して膨張弁で氷結すると、蒸発器での冷媒循環量が減少し、蒸発圧力が高くなる。（平30〔保〕問3）

　さ、腕試しです。全部「×」問題を並べました。どこが間違いか、あなたなら大丈夫！　問題文を使って正しい文章を作ってみましょう。

　「乾式蒸発器で各冷却管への液分配が均等でないと温度自動膨張弁は絞り方向に作動する。また、ストレーナに目詰まりがあったり、装置内に水分が混入して膨張弁で氷結すると、蒸発器での**冷媒循環量が減少**し冷媒が不足するので**冷却能力が減少**、**蒸発温度と蒸発圧力が低下**する。蒸気は薄くなって圧縮機吸込み蒸気の**比体積は大きくなり**、**冷凍能力が減少**してしまう」です。　　　　　　　　　　　　　　　　　　　　　　　　　　　　　【答：すべて×】

（3）液戻り

　「液戻りの発生原因と対策」を勉強しておけばたいしたことはないと思います。テキストは…、とりあえず上級テキスト8次213ページ「液戻りの措置」を読んでください。

過去問題にチャレンジ！

・乾式蒸発器を用いた装置に液戻りが発生した。その原因は膨張弁の感温筒に封入された冷媒が漏れたためと判断し、膨張弁を交換した。（平13〔保〕問3）

　感温筒の冷媒が漏れると、膨張弁の弁は閉じる方向に作動するため、冷媒が流れなくなって液戻りにはならない。　▼上級テキスト8次 p.214「感温筒の取付不良」　　　【答：×】

・乾式蒸発器では、負荷が急激に変化したとき、圧縮機に液戻りを生じることがある。（平14〔保〕問3）

　急激に負荷が変化し、膨張弁が追従できない場合、冷媒蒸気が多量に供給され液滴となって圧縮機に吸い込まれる。　　　　　　　　　　　　　　　　　　　　　　　　　　　　　【答：○】

・乾式蒸発器に多量の液が残留したままで冷凍装置の運転を停止すると、再始動時に液戻りが発生することがある。（平18〔保〕問3）

・乾式蒸発器を使用した冷凍装置の運転を停止する場合、十分にポンプダウンして停止しないと、蒸発器に残留した多量の冷媒液が再始動時に圧縮機への液戻りを起こすことがある。（平22〔保〕問3）

・乾式蒸発器使用の冷凍機において、蒸発器内に多量の冷媒液が残留しないように運転停止前に圧縮機で冷媒を吸引することは、再起動時の圧縮機への液戻り運転を防止する。

（平28［保］問3）

　それぞれの問題文を合わせて正しい文章を作ってみましょう。「乾式蒸発器使用の冷凍機において、**多量の液が残留**したままで冷凍装置の運転を停止すると、再始動時に液戻りが発生することがある。よって、蒸発器内に多量の冷媒液が残留しないように運転停止前に圧縮機で冷媒を吸引する。このことを「ポンプダウン」という」となりますね。　**【答：すべて○】**

（4）凍結

　冬季に極寒の外気を取り入れたことにより空調用の冷却器が凍結し、パンク（配管に亀裂）すると、コイルから冷却水が吹出し、床上浸水のようになるので、さぁ大変です。凍結には、気をつけましょう！　上級テキスト8次213ページ「シェルアンドチューブ蒸発器での凍結防止」の乾式と満液式の違いを問われるので、これを勉強しましょう。って、問題少ないですけど。

過去問題にチャレンジ！

・乾式シェルアンドチューブ蒸発器では、冷却管内のブラインや水が凍結して冷却管を破損させる。（平14［保］問3）

・乾式シェルアンドチューブ蒸発器では、冷却管内を水またはブラインが流れているので蒸発温度が低下すると、管内で凍結を起こし、冷却管が破損するおそれがある。

（平19［保］問3）

　ブラインや水は管外です！　管外！　横形シェルアンドチューブ凝縮器と混同しないこと。乾式シェルアンドチューブ蒸発器は、冷却**管内に冷媒**が流れ、**管外にブラインや水**が流れます。管外のブラインや水が凍結しても破裂する危険性は少ないですが、満液式シェルアンドチューブ式は、管内にブラインや水が管外に冷媒が流れるため、ブラインや水が凍結すると冷却管を破損します。　**【答：どちらも×】**

・シェルアンドチューブ水冷却器は、満液式に比べて乾式のほうが水の凍結により冷却管が破損しやすい。（平16［保］問3）

　満液式は管外に低温の冷媒、管内に水（ブライン）があるため、管内の水やブラインが凍結すると破損しやすいです。　**【答：×】**

5-5　満液式蒸発器（学識編）

　「学識」は問6あたりで出題されます。乾式蒸発器と比較されるので戸惑わないようにしてください。上級テキスト8次 学識編104ページ「満液式蒸発器」です。テキストを、一度熟読すれば楽になるでしょう。

過去問題にチャレンジ！

・満液式蒸発器は、乾式蒸発器に比べて伝熱性能がよい。(平15〔学〕問6)

・満液式蒸発器の特徴は、乾式蒸発器に比べて伝熱性能がよく、かつ、器内冷媒の圧力降下が小さいことである。(平17〔学〕問6)

・満液式蒸発器の特徴は、蒸発器内の冷媒が核沸騰熱伝達で蒸発するために、乾式蒸発器に比べて伝熱性能がよく、かつ、器内冷媒の圧力降下が小さいことである。核沸騰熱伝達では、冷媒の飽和温度と冷却管表面温度との温度差が大きいほど、沸騰が激しくなり、熱伝達率は大きくなる。(平23〔学〕問6)

・満液式蒸発器は、一般に冷却管内を水やブラインが流れ、冷媒は胴体の下部から供給される。この方式の特徴は、蒸発器内の冷媒が核沸騰熱伝達で蒸発するために、乾式蒸発器に比べて伝熱性能がよく、圧力降下も小さい。(平24〔学〕問6)

　満液式蒸発器は、冷媒が**核沸騰熱伝達**で蒸発します。核沸騰とは核として気泡が発生する沸騰で、飽和温度と冷却管表面温度との温度差が大きいほど、沸騰が激しくなり、気泡が発生することによって器内に満たされた液冷媒が撹拌され**熱伝達率**が大きくなります。**乾式蒸発器に比べ伝熱性能が良く、器内冷媒の圧力降下が小さい**です。　　　　　**【答：すべて○】**

・満液式蒸発器に冷媒とともに流れこんだ大部分の油は、冷媒蒸気の流れにともなって圧縮機に戻る。(平16〔学〕問6)

　油の障害が満液式蒸発器の欠点であろうか、油は蒸発しないため圧縮機に戻らず器内に濃縮されていきます。冷媒液面の油濃度の高い冷媒液を処理する必要があります。　　**【答：×】**

・満液式蒸発器の管群は多数の管路の集合であり、各々の管路への冷媒の供給はできるだけ同じ量になるように、分配器（ディストリビュータ）を用いることが多い。(平22〔学〕問6)

　これは大笑い、乾式蒸発器の説明です。引っ掛からないでね。　　　　　　　**【答：×】**

・満液式蒸発器は、蒸発器出口でほぼ乾き飽和蒸気であり、フロートなどでの液面レベルの検知により膨張弁開度を調整し、液面位置が一定となるように冷媒流量の制御を行う。
　　　　　　　　　　　　　　　　　　　　　　　　　　　　　　　　　(平25〔学〕問6)

　うむ！　満液式蒸発器の構造の特徴を素直に表したよい問題ですね。　　　**【答：○】**

・液体冷却用の満液式蒸発器の特徴は、蒸発器内の冷媒が自然対流熱伝達で蒸発し、乾式蒸発器に比べて伝熱性能がよく、圧力降下が小さいことである。(平27〔学〕問6)

液体冷却用の満液式蒸発器の特徴は、蒸発器内の冷媒が**核沸騰熱伝達**で蒸発し、乾式蒸発器に比べて伝熱性能がよく、圧力降下が小さいことです。　　　　　【答：×】

5-6　満液式蒸発器（保安編）

「保安」は問3あたりで出題されます。

過去問題にチャレンジ！

- 満液式空気冷却器の散水デフロストは、コイル内の冷媒を回収するための補助受液器を設置し、ホットガスを送って、コイル内液を空にした後に行う。（平13［保］問3）

　　冷媒を回収しておかないと、10～25℃の水（温水）を散布して霜と溶かすときに、冷却管内の冷媒が蒸発し、**急激な圧力上昇や液封が起こる**場合があります。また、圧縮機**再始動時**に液戻り（液圧縮）の原因ともなります。　▼上級テキスト8次p.208「散水式の満液式蒸発器のデフロスト時」（補助受液器という語句はここしかない）　　　　　【答：○】

- アンモニア冷媒を使用した満液式蒸発器では、油（鉱油の場合）を底部油抜き弁から定期的に抜かないと、油が伝熱抵抗を大きくし、冷却不良を起こす。（平13［保］問3）

　　油はアンモニアに溶けないため蒸発器の底部に溜まるため、油抜きをしないとならないです。　▼上級テキスト8次p.227「冷媒の蒸発と凝縮に及ぼす油の影響」、p.106「液面レベル制御方法と油戻し方法」　　　　　【答：○】

- ローフィンチューブを使用した満液式冷却器では、水側の流速が小さくなると熱通過率も小さくなる。（平15［保］問3）

　　う～ん。「流速が小さいと熱交換が悪くなる」と覚えておきましょう。　▼上級テキスト8次p.211「熱通過率の保持」　　　　　【答：○】

- 満液式シェルアンドチューブ蒸発器は、乾式シェルアンドチューブ蒸発器よりも器内の冷媒量が少ない。（平23［保］問3）

　　「多いんじゃない！？　満液式だからね！」って、なんとなくわかります。満液式シェルアンドチューブ蒸発器は、**冷却管内にブラインが流れ、シェル側は冷媒**が流れるので、乾式シェルアンドチューブより冷媒量は**多い**です。　　　　　【答：×】

- 満液式シェルアンドチューブ蒸発器は、冷却管内に冷媒が流れ、シェル側はブラインが流れるので、ブラインの凍結による破損の危険は乾式の場合に比べると少ない。（平17［保］問3）

- 満液式シェルアンドチューブ蒸発器では冷却管内に冷媒を流し、シェル側に水やブラインを流すので、凍結しても冷却管を破損させる危険は少ない。（平21［保］問3）

- 満液式シェルアンドチューブ蒸発器は、冷媒の蒸発圧力が低下しても器内の冷媒量が多いので蒸発温度は変化せず、水またはブラインの凍結のおそれはない。（平24［保］問3）

・満液式シェルアンドチューブ蒸発器は、円筒胴と冷却管との間を流れる水が凍結しても、冷却管を破損させる危険が乾式シェルアンドチューブ蒸発器に比べると少ない。

(平28[保]問3)

間違い探しは完璧ですか。全部「×」です。正しい文章にしてみましょう。図は、満液式シェルアンドチューブ蒸発器の断面概略図です。イメージしましょう。

「満液式シェルアンドチューブ蒸発器は、**冷却管内にブラインが流れ、シェル側は冷媒が流れる**ので、**冷媒の蒸発圧力が低下して蒸発温度が低下**すると、**ブライン凍結の恐れ**がある。凍結による破損の危険は乾式に比べると多い」これでどうでしょうか。

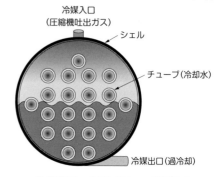

冷媒入口
（圧縮機吐出ガス）
シェル
チューブ（冷却水）
冷媒出口（過冷却）

● 満液式シェルアンドチューブ蒸発器 ●

【答：すべて×】

5-7 ヘリングボーン形満液式蒸発器

ヘリングボーン形満液式蒸発器は、上級テキスト8次改訂版105ページより追加され、平成30年度に初めて出題されました。

過去問題にチャレンジ！

・ヘリングボーン形満液式蒸発器は、液集中器に連結された下部の冷媒液ヘッダと上部の蒸気ヘッダとの間に「く」の字形の冷却管を多数取り付けた構造で、このヘッダや冷却管部を大きなタンク内に設置し、水やブラインを冷却する目的で用いられる。(平30[学]問6)

正しいです。「ヘリングボーン形満液式蒸発器」は、これから結構出題されるかも知れないです。新しい方式のようですし、わざわざ上級テキストの改訂（8次改訂版（平成27年11月発行））で、図解入りで追加されたので。下部の「冷媒液ヘッダ」と上部の「蒸気ヘッダ」に「く」の字形冷却管が取り付けられています。冷媒の蒸発がとても効果的に行われ、大きな水槽の冷却に使われるようです。

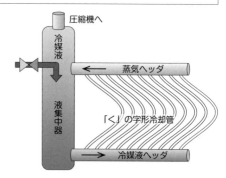

圧縮機へ
冷媒液
蒸気ヘッダ
液集中器
「く」の字形冷却管
冷媒液ヘッダ

● ヘリングボーン形満液式蒸発器 ●

【答：○】

ヘリングボーンは、魚のニシン（herring）の骨（bone）のような模様のことから。

5-8　冷媒液強制循環式蒸発器

　液量がポイントです。上級テキスト8次106ページ「冷媒液強制循環式蒸発器」を参照してください。忘れた頃にポツリと出題されますよ。

過去問題にチャレンジ！

・冷媒液強制循環式蒸発器では、冷媒送液量を蒸発液量とほぼ同量にする。（平15［学］問6）

・冷媒液強制循環式蒸発器では、供給する冷媒液量が蒸発量とほぼ同量なので、冷凍負荷の変動には対応しにくい。（平20［学］問6）

　　蒸発液量の3〜5倍を、液ポンプで強制的に冷却管内に送り込む。冷却管出口の乾き度は0.2〜0.3なので、冷却管内はほとんどが液冷媒で満たされる。よって、冷凍負荷の変動があっても乾き度が若干変化する程度で、冷凍装置運転状態への影響は少ないです。
【答：どちらも×】

・冷媒液強制循環式は、蒸発器内で蒸発するだけの液量を液ポンプで強制的に冷却管内に送り込む方法で、冷却管内面は大部分が冷媒液で濡れていることになり、良好な熱伝達率が得られる。（平22［学］問6）

・冷媒液強制循環式蒸発器は、蒸発器内で蒸発する冷媒液量とほぼ同じ冷媒液量を、液ポンプで強制的に冷却管内に送り込む方法である。また、冷凍機油が冷却管内に溜まりにくいため、冷凍機油による熱伝達の阻害もほとんどない。（平24［学］問6）

・一般的に冷媒液強制循環式蒸発器では、蒸発器内で蒸発する冷媒液量とほぼ同じ冷媒量を液ポンプで強制的に冷却管内に送り込む。冷却管内面は、大部分が冷媒液でぬれており、良好な熱伝達率が得られる。（平29［学］問6）

　　大丈夫ですか、間違いはわかりますね。正しい文章にしてみましょう。「冷媒液強制循環式蒸発器は、蒸発器内で蒸発する冷媒液量の**3〜5倍**を液ポンプで強制的に冷却管内に送り込む方法である。冷却管出口の乾き度は0.2〜0.3なので、冷却管内面は、大部分が冷媒液でぬれており、**良好な熱伝達率**が得られる。また、冷凍機油が冷却管内に溜まりにくいため、**冷凍機油による熱伝達の阻害もほとんどない**」です。
【答：すべて×】

5-9　蒸発器の霜

（1）影響
　「学識」では問6、「保安」問3で出題される着霜の問題は、上級テキスト8次103ページ「着霜及びその影響」、212ページ「霜付きの影響」を参照してください。熱通過率がポイントかな。

過去問題にチャレンジ！

・フィンコイル蒸発器に霜が厚く付着すると、熱通過率が低下して交換熱量が減少するが、蒸発圧力の異常低下、圧縮機への液戻りなどの冷凍サイクルの異常な運転に発展することはない。（平 19 [学] 問 6）

　最後の「ことはない」を「場合がある」にすれば、正解です。着霜したときの影響を把握していればなんの事はないです。　　　　　　　　　　　　　　　　　　　　【答：×】

・蒸発器に厚く霜が付着すると、熱通過率が低下するので蒸発温度は上昇する。

（平 14 [保] 問 3）

・蒸発器に厚く着霜すると、伝熱性能が低下するので、蒸発温度は上昇する。（平 18 [保] 問 3）

　蒸発温度は**低下**する。つまり、冷媒はどんどん蒸発しているけど、熱通過率が低下して熱交換が悪くなっているから、被冷却物（冷凍魚とか、アイスクリームとか）から温度を奪えないので、**冷媒の蒸発温度は低下**します。で、温度が上昇するのは霜の向こう側にある冷凍魚とかアイスクリームとか氷などで、結局、溶けてしまいます。なんとなく、わかってきたかな？　冷媒の蒸発温度とアイスクリームの温度との違いを理解しましょう。短文の問題ですが、けっこう奥深いです。　　　　　　　　　　　　　　　　　　　【答：どちらも×】

・フィンコイル乾式蒸発器の外表面に厚く付着した霜は、風の通路の邪魔になるとともに、空気から冷却管に流れる熱の移動も邪魔をする。そのため風量が減少し、蒸発圧力は上昇する。（令 1 [学] 問 6）

　熱交換が悪くなるので、蒸発圧力は低下します。「保安」と同じような問題が出題されます。

【答：×】

・空気冷却器に厚く着霜すると、空気側の熱伝導抵抗が大きくなり、熱通過率が低下し、蒸発圧力も低下するので冷凍能力は減少する。（平 21 [保] 問 3）

・熱通過率が低下する原因として、水冷却器における水あかの付着、空気冷却器における霜の付着や前面風速の減少、蒸発器内の油の滞留などが挙げられる。（平 25 [保] 問 3）

　空気冷却器の熱通過率が低下する原因と影響は、まさに問題文の通りです。

【答：どちらも○】

・蒸発器に霜が厚く付着すると、圧縮機への冷媒液の戻りを生じることがある。（空気冷却用の蒸発器）（平 14 [学] 問 6）

　霜が厚く付着すると、「空気側の熱伝導抵抗が大きくなる」→「熱通過率低下」→「熱交換量の低下」→「冷媒の蒸発量が少なくなる（蒸発圧力の低下・冷却能力低下）」→「液滴が多くなる」→「液戻り」という具合にイメージをふくらませていきましょう。　　【答：○】

（2）除霜法

　除霜法は出題数が多いです。一度テキストを熟読しましょう。上級テキスト 8 次 103 ページ「除霜方法」です。除霜法は「学識」で出題されます。

（a）除霜法：全般

過去問題にチャレンジ！

・フィンコイル蒸発器の主な除霜方法には、ホットガスデフロスト方式のほか、電気ヒータ方式、散水方式、ブライン散布方式、オフサイクル方式がある。（平28［学］問6）

そのとおりとしか言いようがない。ま、上級テキスト読んでおくしかないですね。【答：○】

（b）オフサイクル方式

過去問題にチャレンジ！

・庫内温度を−20 ℃程度の低い温度に保つ冷凍庫用の空気冷却器の除霜方法として、オフサイクル方式は送風機を運転して除霜を行うが、電気ヒータ方式およびホットガスデフロスト方式は送風機を止めて除霜する。（平30［学］問6）

正しい文章にしてみましょう。「庫内温度を**5℃程度の冷蔵庫（冷凍庫ではない）**用の空気冷却器の除霜方法として、オフサイクル方式は**庫内空気を熱源とするため**送風機を運転して除霜を行うが、電気ヒータ方式およびホットガスデフロスト方式は送風機を止めて除霜する」です。【答：×】

（c）電気ヒーター方式

過去問題にチャレンジ！

・フィンコイル蒸発器における電気ヒータ方式による除霜では、冷却管の配列の一部に組み込んだチューブ状の電気ヒータに、送風機を運転しながら通電することによって、霜を融かす。（平26［学］問6）

「送風機は停止する」です。送風機を運転していると、電気ヒータの熱によって庫内が暖められてしまいます。はい、「オフサイクル方式（送風機は運転）」と「電気ヒータ方式（送風機は停止）」は、これで混同しないでしょう。【答：×】

（d）ホットガスデフロスト方式

過去問題にチャレンジ！

・蒸発器が2台以上ある場合には、圧縮機の吐出しガスを除霜しようとする蒸発器に送り込み、その顕熱と凝縮の潜熱で霜を融かすことができる。このような方式をホットガスデフロスト方式という。（令1［学］問6）

その通りです！　一度でもテキストを読んでいれば、なんとなくわかる問題です。【答：○】

・ホットガスデフロスト方式は、蒸発器の霜を圧縮機吐出しガスの顕熱と凝縮の潜熱で融かすので、除霜中の蒸発器への送風は停止しないほうがよい。（平18［学］問6）

電気ヒータ方式と同様、送風を停止しないと冷却庫内の温度が上がってしまいます。【答：×】

> ・空気熱源ヒートポンプ暖房装置でのホットガスデフロスト方式の除霜は、一般的に室内機の送風機を停止した上で、冷房運転に切り換えることによって行う。(平29 [学] 問6)

　　冷却器が2台以上の場合だけでなく、ヒートポンプ冷凍装置でのホットガスデフロスト方式の除霜は、一般的に室内機の送風機を停止し、冷暖切換でお手軽に除霜ができます。

【答：○】

> ・乾式空気冷却器の除霜方法として、オフサイクル方式および電気ヒータ方式は送風機を運転して除霜を行うが、ホットガスデフロスト方式は送風機を止めて除霜する。
>
> (平21 [学] 問3)

　　「オフサイクルは送風機運転」、「ホットガスと電気ヒータは送風機停止」と覚えましょう。

【答：×】

（e）散水方式

　散水方式とは、冷媒の供給を止め、蒸発器内の冷媒を蒸発させて送風機を停止し、冷却器上部から 10 ～ 15℃の温水を散布することです。

> 　　散布温水温度は、6次改訂版（平成19年11月改訂）では「10 ～ 25℃の温水」でしたが、7次改訂版（平成23年12月改訂）より「10 ～ 15℃の温水」に変わりました。「10 ～ 25℃」を直接問う問題は見当たらないですが、「10 ～ 25℃」と表記された過去問題は「10 ～ 15℃」に変わっていることを留意されたいです。

過去問題にチャレンジ！

> ・散水方式による除霜は、蒸発器に多量の冷媒液が残留していると、散水中に急激な圧力上昇を生じる。(平14 [学] 問6)

　　これは、散水方式の大事な特徴の1つです。温度上昇によって冷媒液の圧力が急激に上がり液封のおそれもあります。蒸発器内の冷媒を空にしてから除霜を行います。　【答：○】

> ・散水方式による除霜方法は、送風機を運転しながら蒸発器上部から散水する方式であるため、蒸発器内に冷媒液が多量に残っていると散水中に冷却管内の冷媒が蒸発し、急激な圧力上昇を生じやすい。(平24 [学] 問6)

　　霜取り散水中の圧力上昇を防ぐため、冷媒液の供給を止め、蒸発器内の冷媒液が蒸発するまで送風をします。散水中は送風機の運転を停止します。　▼上級テキスト8次 p.104 左

【答：×】

> ・散水方式による除霜では、送風機を運転しながら、蒸発器上部から 10 ～ 25 ℃の温水を散布する。(平18 [学] 問6)

> ・散水方式による除霜方法は、蒸発器の送風機を運転しながら、蒸発器コイルの上から 10 ～ 25 ℃の温水を散布する。蒸発器内に冷媒液が多量に残っていると散水中に冷却管内の冷媒が蒸発し、急激な圧力上昇を生じるので注意を要する。(平23 [学] 問6)

温度ばかりに気を取られないこと。「送風機を停止して！」です。これ、引っかけの典型的な問題です。散水温度「10〜25℃」は、7次改訂版（平成23年12月発行）より「10〜15℃」に変わっていることに注意してください。　　　　　　　　　【答：どちらも×】

（f）ブライン散水方式

過去問題にチャレンジ！

> ・ブライン散布方式による除霜は空気中の水分を冷却器表面で不凍液に吸収し、水分は不凍液とともに回収されるが不凍液の濃度が低下しているので、回収した不凍液の水分を除去して不凍液の濃度を維持しなければならない。（平25［学］問6）

霜となる水分は、常時冷却に流れる不凍液（ブライン）に吸収され、霜が発生しなくなりますが水分が多くなって不凍液の濃度が低下していきますので、回収された不凍液を加熱し水分を蒸発させ、濃度を保つ必要があります。　　　　　　　　　　　　　【答：○】

難易度：★★★★

6　冷媒

「冷媒」は冷凍機油と同様に「保安」では問4、「学識」では問9で出題されます。毎年、必ず出題されるのでしっかり勉強して必ずゲットしたいですね。多くの化学式や冷媒記号を把握するまで少々辛いかも、★4つ。

6-1　地球環境

過去問題にチャレンジ！

> ・フルオロカーボン冷媒は地球温暖化係数が大きいので、温暖化防止のためには、冷凍装置からの漏れの低減、冷凍装置廃棄時の冷媒の確実な回収、冷媒充てん量の削減ならびに機器の効率向上に努めなければならない。（平21［学］問9）

フルオロカーボンは地球温暖化係数（GWP）が大きいので設問の通りです。　▼上級テキスト8次p.58〜59「地球温暖化評価」　　　　　　　　　　　　　　　　　　　【答：○】

> ・フルオロカーボン冷媒のうち、CFC系冷媒とHFC系冷媒は、大気に放出されると、いずれも成層圏のオゾン層を破壊する。（令1［保］問4）

おっと、「×」だ！！CFC系冷媒およびHCFC系冷媒はオゾン層を破壊するが、**HFC系冷媒はオゾン層を破壊しない**が温暖化をもたらします。テキストを開いて勉強するしかないのです。　▼上級テキスト8次p.216「冷媒の大気排出抑制」　　　　　　　　　　　【答：×】

・CFC 系冷媒、HCFC 系冷媒は大気に放出されると成層圏のオゾン層を破壊し、HFC 系冷媒は地球温暖化をもたらすなど、気候変動による地球規模の環境破壊の原因となるが、自然冷媒と呼ばれる非ふっ素系冷媒はオゾン層破壊や温暖化への影響がなく、安全性の観点からも大気放出をしても問題はない。（平 25 [保] 問 4）

　自然冷媒が何であるかわかっていないと、カンで勝負するしかないです。でも、ま、大気放出なんてダメだよねぇ。楽勝でしょう。自然冷媒は、アンモニア、炭化水素類（プロパン、ブタン）、二酸化炭素などで、異臭、毒性、燃焼性、酸素欠乏症など大気放出は望ましくないです。【答：×】

・自然冷媒には、アンモニア、炭化水素類、二酸化炭素などがある。これらの自然冷媒は、地球温暖化係数が 1 であり、オゾン層を破壊しないが、毒性や燃焼性に注意を払う必要がある。（令 1 [保] 問 4）

　さて、何が誤りなのか…。正しい文章にしてみましょう。「自然冷媒には、アンモニア、炭化水素類、二酸化炭素などがある。これらの自然冷媒の**地球温暖化係数は、アンモニアは 0、炭化水素類（プロパン）は 3、二酸化炭素は 1**、と低く、オゾン層を破壊しないが、毒性や燃焼性に注意を払う必要がある」です。自然冷媒の具体的数値は、上級テキスト 8 次学識編 57 ページ「地球温暖化」に記されています。【答：×】

・地球温暖化を評価する指標である総合的地球温暖化指数（TEWI）は、直接的な影響分（直接効果）と間接的な影響分（間接効果）の和として定義されており、その直接効果は冷媒の地球温暖化係数（GWP）に等しい。（令 1 [学] 問 9）

　勉強してないとチンプンカンプンでしょう。最後の「GWP に等しい」が誤りで正しくは「等しくない」のです。上級テキスト 8 次 59 ページ左の計算式あたりから読み取るしかないでしょう。「総合的地球温暖化指数 TEWI ＝ 直接効果 ＋ 間接効果」が基本式です。「直接効果 ＝ $GWP \times L \times N + GWP \times M \times (1 - a)$」ですから、直接温暖化傾向（直接効果）は GWP と等しくないです。【答：×】

6-2　共沸と非共沸の種類や記号

　共沸と非共沸は、上級テキスト 8 次 60 ページ左真ん中から「複数の単成分冷媒…〜」、記号については、上級テキスト 8 次 60 ページ右から「5.3.2 冷媒の記号」を勉強してください。落ち着いて一度熟読してみましょう。あなたなら、わずか？　30 分でも集中（メモして）すればかなり記憶にとどめられるはずです。頑張ろう！

（1）共沸と非共沸の種類や記号
　混合冷媒の問題です。「共沸」、「非共沸」などの種類と記号の違いを把握しましょう。

過去問題にチャレンジ！

・R404A、R407C、R401A などの HFC 混合冷媒は、共沸混合冷媒である。（平 16 [保] 問 4）

HFC 混合冷媒（400 番台）のように、沸点差の大きな複数の冷媒を混合させたものを「非共沸混合冷媒」といいます。共沸混合冷媒は 500 番台です。　▼**上級テキスト 8 次 p.60「冷媒の記号」**

【答：×】

・R134a は単成分冷媒であり、R407 C および R410 A は非共沸混合冷媒である。

(平 17［学］問 9)

はい、R134a のような 100 番台は単成分冷媒、400 番台は非共沸混合冷媒です。【答：〇】

・R134a、R407C および R410A は非共沸混合冷媒である。(平 20［学］問 9)

R134a は単成分冷媒です！

【答：×】

・冷媒の記号で 400 番台は非共沸混合冷媒、500 番台は共沸混合冷媒、600 番台は無機化合物、700 番台は有機化合物を示す。混合する冷媒の成分比が異なるものは、R407C のように番号の後に大文字のアルファベット A、B、C、…をつけて、成分比の違いを表す。

(平 27［学］問 9)

うわわ〜、記号をまんべんなく覚えろってか！このぐらいは、覚えておけってか！　「**600番台は有機化合物、700 番台は無機化合物**」です。

【答：×】

（2）非共沸混合冷媒
（a）保安編

過去問題にチャレンジ！

・一般に、非共沸混合冷媒の相変化時の伝熱性能は単成分冷媒よりも劣る。伝熱性能の劣る冷媒用の熱交換器では、伝熱性能向上策を講じることが多い。(令 1［保］問 4)

「非共沸混合冷媒の相変化時の伝熱性能は単成分冷媒よりも劣る」これを覚えるしかないですね。伝熱特性を向上させるために、二重管などによる向流式熱交換器や特殊な形状の熱交換器伝熱面などを採用しています。上級テキスト 8 次保安編では 219 ページ「伝熱性能」、学識編では具体的な向上策が記されています。　▼**上級テキスト 8 次 p.219「冷媒の種類」**

【答：〇】

・R407C などの非共沸混合冷媒は、液と蒸気が共存する飽和二相域においては、液と蒸気のそれぞれの成分比は異なる。(平 29［保］問 4)

ま、勉強して覚えるしかないね。　▼**上級テキスト 8 次 p.220「HF 混合冷媒の取り扱い」**(p.221左上 2 行目〜)

【答：〇】

・HFC 系非共沸混合冷媒の、液と蒸気が共有する飽和二相域における、液と蒸気のそれぞれの成分比は同じである。(平 30［保］問 4)

今度は「×」ですよ。「成分比は**異なる**」です！！

【答：×】

（b）学識編

過去問題にチャレンジ！

・非共沸混合冷媒 R407C は、一定圧力下で蒸発を始める温度（沸点）と蒸発終了の温度（露点）とに違いがあり、沸点よりも露点の方が低い。（平15［学］問9、平24［学］問9）

　　沸点（蒸発始める温度）より露点（蒸発終了の温度）の方が高いです。一定圧力であれば水が沸騰し蒸発終了の温度まで一定（例えば1気圧で100℃）で、これは、単成分冷媒や共沸混合冷媒も同様です。　▼上級テキスト8次 p.59「冷媒の種類」（p.60 右上1行目〜）【答：×】

・非共沸混合冷媒は、一定圧力下で蒸発し始める温度（沸点）と、蒸発終了時の温度（露点）に差がある。この温度差は、R404A、R407C および R410A の中で R407C が最も大きい。（令1［学］問9）

　　R404A、R410A は「擬似共沸点混合冷媒」と言って沸点と露点の温度差が小さい（0.2〜0.3 K）です。R407C は、−36.59（露点）、−43.57（沸点）ですから、温度差は約7 K（44−37＝7）ですので、R407Cのほうが温度差が大きいです。　▼上級テキスト8次 p.63「表5.2 ふっ素系冷媒の代表特性」【答：○】

Memo

他に注意されたいこと

　「沸点のほうが露点よりも低い。」これは正解ですが、上級テキスト8次60ページ右上3行目では、「沸点温度よりも露点温度のほうが高くなり」と記されています。つまり、「沸点のほうが露点よりも低い」と同じ意味です。うっかり誤りと考えないように…。ちなみに、「平15［学］問9、平24［学］問9」の問題では、「沸点よりも露点の方が低い。」これは誤りですよ。

・R404A、R407C、R410A など非共沸混合冷媒は、一定圧力下で蒸発を始める温度（沸点）と蒸発終了時の温度（露点）とに違いがあり、露点よりも沸点のほうが温度が高い。
（平27［学］問9）

　　えっと、これは簡単！？　「沸点よりも露点のほうが温度が高い」ですね。上級テキスト8次63ページ「表5.2 ふっ素系冷媒の代表特性」の沸点の欄に、「露点と沸点」の温度が記されています。R407C は−36.59（露点）、−43.57（沸点）であり、沸点よりも露点のほうが温度が高いです。【答：×】

6-3　非共沸点混合冷媒の充填の方法　▼上級テキスト8次 p.220「HFC系混合冷媒の取扱い」

Memo

「充てん」から「充填」への法改正

　平成28年11月1日に法改正があり、「充てん」から「充填」へと表記が変わりました。協会の模範解答の解説では、平成30年度試験より適用されています。本書の問題文は平成30年度以降より表記を変えています。

過去問題にチャレンジ！

・R407C を冷凍装置に補充する場合は、蒸気の状態で充てんしなければならない。

（平 14〔保〕問 4）

・R407C を容器（ボンベ）から蒸気の状態で冷凍装置内に補充すると、規格成分比よりも低沸点成分を多く含んだ冷媒が充てんされることになる。（平 18〔保〕問 4）

・R407C などの非共沸混合冷媒を補充する場合、冷媒容器（ボンベ）から蒸気の状態で充てんしても、とくに問題は生じない。（平 21〔保〕問 4）

・HFC 非共沸混合冷媒を冷凍装置へ充てんする場合には、規格成分比と異なった成分比の冷媒を充てんしないように、蒸気の状態で充てんする。（平 23〔保〕問 4）

　非共沸混合冷媒（HFC 冷媒（400 番台））は充填中に容器内の体積が変わってくると、成分比（複数の冷媒の割合）が変化していく。これは、蒸気より液体のほうが変化が少ないです。上級テキスト 8 次 220 ページ「HFC 系混合冷媒の取扱い」を一読しておきましょう。

【答：すべて×】

・HFC 系非共沸混合冷媒は飽和二相域では蒸気の成分比と液の成分比が異なる。装置に充てんする際には、冷媒蒸気で充てんすると規格成分比と異なる成分比の冷媒を充てんすることになるので、冷媒液で充てんする。（平 25〔保〕問 4）

　もう、過去問をこなした、あなたなら読めば読むほど正しいとわかりますね！　【答：○】

・非共沸混合冷媒を冷凍装置に充てんする場合は、充てんし過ぎたときに大気に放出しなくてもすむように、ボンベの冷媒蒸気側から充てんする。（平 27〔保〕問 4）

　これは、間違いとすぐわかるけれども、大気放出が云々は、その理由ではないように思えます。文章を変えてみましょう。「非共沸混合冷媒を冷凍装置に充填する場合は、**規格成分比と異なった成分比の冷媒を充てんしないように、ボンベの冷媒液で充てんする。**」これでよいでしょう。

【答：×】

・非共沸混合冷媒用ボンベにはサイホン管付とサイホン管なしがある。装置への冷媒液充てんは、サイホン管付ではボンベを寝かせて、また、サイホン管なしではボンベを倒立させて行う。（平 28〔保〕問 4）

　サイホン管に特化した問題は初めてかな。「非共沸混合冷媒用ボンベにはサイホン管付とサイホン管なしがある。装置への冷媒液充填は、**サイホン管付ではボンベを成立させて**、また、**サイホン管なしではボンベを倒立させて行う**」です。図をみれば、なんとなくわかると思います。

サイホン管

【答：×】

6-4　沸点について

「学識」の問 9 に出題されます。　▼上級テキスト 8 次 p.62「沸点の影響」

過去問題にチャレンジ！

・標準沸点の低い冷媒は、圧縮機の押しのけ量当たりの冷凍能力が、標準沸点の高い冷媒よりも大きい。(平 16 [学] 問 9)

・圧縮機押しのけ量が同じであれば、沸点の低い冷媒を用いたほうが、一般に冷凍能力は大きい。(平 18 [学] 問 9)

・標準沸点の低い冷媒は、低温用冷凍装置に適した冷媒で、蒸発温度が低いときでも真空運転になりにくい。(平 16 [学] 問 9)

　「沸点の低い冷媒ほど冷凍能力は大きくなる」と覚えましょう。沸点が低い冷媒ほど圧力が高い、蒸発温度を低くしても蒸発圧力が高いので真空運転になりにくいです。上級テキストは「真空運転」から「負圧運転」に変わっています。　　　　　　　　　　　　【答：すべて○】

・沸点の低い冷媒は、蒸発温度の高い冷凍装置に適した冷媒であり、その装置の蒸発温度が低くなっても真空運転になりにくい。(平 22 [学] 問 9)

　沸点の低い冷媒は、蒸発温度の**低い**冷凍装置に適した冷媒であり、蒸発温度が低くなっても真空(負圧)運転になりにくいです。　　　　　　　　　　　　　　　　　　　【答：×】

・標準沸点の低い冷媒は、圧縮機の押しのけ量当たりの冷凍能力が、標準沸点の高い冷媒よりも一般に小さい。(平 19 [学] 問 9)

　惑わされないように、よく読みましょう。「標準沸点の低い冷媒は、圧縮機の押しのけ量当たりの冷凍能力が、標準沸点の高い冷媒よりも一般に**大きい**」です。　　　　　【答：×】

・沸点の低い冷媒は、一般に、冷凍能力当たりの圧縮機押しのけ量が小さくてすむ。
(平 20 [学] 問 9)

　次から次へと沸点の問題は湧いてきて、あなたを苦しめます。心を落ち着けて上級テキストを熟読しておきましょう。　　　　　　　　　　　　　　　　　　　　　　　【答：○】

・一般に、沸点の低い冷媒ほど体積能力が大きくなり、圧縮機の必要押しのけ量や冷媒の流れの圧力損失が小さくなるが、理論成績係数は低下する傾向にある。したがって、使用する凝縮温度範囲により、適切な沸点や臨界温度の冷媒を選定する必要がある。
(平 22 [学] 問 9)

　この問題は、メイッパイ詰め込んであるね。でも、平気だよね♪　前半は過去問をこなしているうちに覚えられますし、後半は常識的だから大丈夫！　　　　　　　　　【答：○】

・圧縮機の体積能力は、圧縮機の吸込み状態における冷媒体積当たりの冷凍能力のことであ

り、単位は kJ/m^3 で表され、沸点の低い冷媒ほど大きな値になる傾向がある。

（平 23〔学〕問 9）

> 体積能力とは？　沸点との関係は？　あと、単位が出た！　ま、落ち着いて考えれば〔kJ/m^3〕で間違いないと想像できますね。「〔kJ/m^3〕：単位吸込み体積当たりの冷凍能力」という意味を把握すれば大丈夫でしょう。　　　　　　　　　　　　　　　　　　　　　　【答：○】

・自然冷媒と呼ばれるアンモニア、プロパンおよび二酸化炭素の中で、標準沸点が最も低い冷媒はアンモニアである。（平 17〔学〕問 9）

> 「アンモニアは−33.4、プロパンは−42.6、二酸化炭素は−78.5」なので、アンモニアは最も高いのです。チョと、意外な感じですね。上級テキスト 8 次 63 ページ表 5.2「ふっ素系冷媒の代表特性」、表 5.3「非ふっ素系冷媒の代表特性」をみておくしかないでしょう。
> 　　　　　　　　　　　　　　　　　　　　　　　　　　　　　　　　　　　【答：×】

・一般に、標準沸点が低い冷媒ほど理論成績係数は低下する。これは、標準沸点が低ければ、それに応じて臨界温度が高くなり、冷媒液の蒸発潜熱が小さくなり、冷凍効果が減少するためである。（平 24〔学〕問 9）

> 正しくは、「一般に、標準沸点が低い冷媒ほど理論成績係数は低下する。これは、標準沸点が低ければ、それに応じて臨界温度が低くなり、冷媒液の蒸発潜熱が小さくなり、冷凍効果が減少するためである」です。　　▼上級テキスト 8 次 p.66「理論成績係数」　【答：×】

・一般に沸点の低い冷媒は、同じ温度条件で比較するとサイクルの凝縮・蒸発圧力が高くなり、圧縮機ピストン押しのけ量が同じであれば冷凍能力は大きくなるが、理論 COP は低くなる傾向がある。（平 26〔学〕問 9）

・一般に、沸点の低い冷媒ほど理論成績係数は低下する傾向となるが、体積能力が大きくなり、圧縮機の必要押しのけ量や冷媒の流れの圧力損失は小さくなる。したがって、使用する凝縮温度範囲により、適切な沸点や臨界温度の冷媒を選定する必要がある。

（平 27〔学〕問 9）

> 2 つの問題を繋ぎ合わせてみました。「一般に沸点の低い冷媒は、同じ温度条件で比較するとサイクルの凝縮・蒸発圧力が高くなり、圧縮機ピストン押しのけ量が同じであれば冷凍能力は大きくなる。しかし、理論成績係数は低下する傾向となる。体積能力が大きくなり、圧縮機の必要押しのけ量や冷媒の流れの圧力損失は小さくなる。したがって、使用する凝縮温度範囲により、適切な沸点や臨界温度の冷媒を選定する必要がある」ですね。
> 　　　　　　　　　　　　　　　　　　　　　　　　　　　【答：どちらも○】

6-5　アンモニア（NH₃）の特性と性質

　アンモニアの特性などは、上級テキスト 8 次 67 ページ「非フッ素系冷媒のサイクル特性」を参照してください。しかし、アンモニアという文字は他のページにも記されているので、まっ、まんべんなく読んでおくしかないです。

（1）アンモニア（NH₃）

過去問題にチャレンジ！

・アンモニアは、毒性と可燃性をもっているが、冷媒としては体積能力が大きく、配管での圧力損失も小さいという特性がある。（平14［学］問9）

・アンモニアは毒性と微燃性を有するが、冷媒としては、体積能力が大きく、理論成績係数は高く、低圧蒸気配管での圧力損失は小さい。（平27［学］問9）

長所	体積能力大きい、理論成績係数高い、冷媒圧力損失低い。
短所	可燃性、毒性ガス。

【答：どちらも○】

（2）アンモニア（NH₃）と水

　アンモニアに水が混入すると、どうなるかという問題は、「学識」は問9、「保安」は問4で問われます。上級テキスト8次68ページ「水分による影響」、217ページ「水分混入の防止」を参照してください。

過去問題にチャレンジ！

・蒸発器内のアンモニア冷媒液に水分が溶け込むと、同じ蒸発温度での蒸気圧が下がるため、圧縮機吸込み蒸気の比体積は小さくなる。（平18［学］問9）

・アンモニア冷凍装置の蒸発器内のアンモニア冷媒液に水分の溶け込み量が多くなると、同じ蒸発温度で平衡する蒸気圧が下がり、圧縮機の吸込み蒸気の比体積が小さくなるので、装置の冷凍能力が低下する。（平21［学］問9、平30［学］問9）

　はい、比体積は**大きくなる**（冷媒蒸気が薄くなる）のです。　▼上級テキスト8次 p.68「水分による影響」　【答：どちらも×】

・蒸発器内のアンモニア冷媒液に水分が溶け込むと、同じ蒸発温度での蒸気圧が下がり、圧縮機吸込み蒸気の比体積は大きくなり、装置の冷凍能力が低下する。（平26［学］問9）

　一連の流れを覚えよう。「アンモニア冷媒液に水分が溶けこむ」→「同じ蒸発温度で平衡する蒸気圧が下がる」→「圧縮機吸込み蒸気の比体積は大きく（蒸気が薄く）なる」→「冷凍能力は低下する」です。　【答：○】

・アンモニア冷凍装置内に、少量の水分が入っても大きな影響はないが、あまり多いと冷凍能力が減少する。（平13［保］問4）

　水分はアンモニアと溶け合ってアンモニア水となります。微量であればあまり影響はないですが、多量に溶け込むと蒸発器に残り蒸発圧力が下がって、冷凍能力が低下してしまいます。他に、冷凍機油が乳化し金属の腐食原因ともなります。　【答：○】

・アンモニア冷凍装置の冷媒系統内に侵入した水分は、蒸発器に滞留しやすい。

（平14［保］問4）

水はアンモニアに比べ沸点が高いため蒸発せずに**蒸発器に滞留**していきます。膨張弁ではアンモニア水となって通過していき、フルオロカーボンに水分が混入したときのような氷結は起こらないです。　　　　　　　　　　　　　　　　　　　　　　　　　　　**【答：○】**

・アンモニア冷凍装置内に侵入した水分は凝縮器内に滞留し、凝縮圧力を上昇させる。

　　　　　　　　　　　　　　　　　　　　　　　　　　　　（平18［保］問4）

勉強してないと（感だと）、思わず「○」にしてしまう問題です。アンモニアに溶け込んだ**水分は凝縮器には溜まらない**、アンモニア冷媒と一緒に蒸発器まで運ばれます。水はアンモニアに比べ沸点が高いため蒸発せずに**蒸発器に滞留**します。　　　　　**【答：×】**

・フルオロカーボン冷媒に水分が混入した場合、金属の腐食や冷凍機油の劣化の原因となる。アンモニア冷媒に水分が混入した場合には、アンモニアに水が溶解して、安定したアンモニア水を作るが、銅やアルミなどはアンモニア水により腐食する。（令1［保］問4）

水分が混入するとどうなるのか。フルオロカーボン冷媒とアンモニア冷媒との違いをよく勉強しておきましょう。この問題文を丸暗記してもよいです。銅とアルミの腐食に留意しておきましょう。　　　　　　　　　　　　　　　　　　　　　　　　　**【答：○】**

・アンモニアは水が混入するとよく溶け合い、少量の水分が機器内に存在しても大きな影響はないが、多量の水分の存在は蒸発圧力の低下を招き冷凍能力が小さくなることがある。その際は凝縮器の底部より水分を除去する。（平25［保］問4）

少量の水分ならよく溶け合うので溜まらないですが、多量の水分の場合は蒸発器に溜まりますので**蒸発器の底部より水分を除去**します。　▼上級テキスト保安編8次 p.218 左上「水分混入の防止」　　　　　　　　　　　　　　　　　　　　　　　　　　　**【答：×】**

6-6　フルオロカーボン冷媒の特性と性質

　フルオロカーボン冷媒についてまとめてあります。アンモニアに比べ問題数が多いです。アンモニア冷媒との違いにも注意しましょう。上級テキスト8次 学識編67ページ「化学的安定性」、68ページ「電気的性質」、冷媒の性質は、その他にもいろんな所にヒョイと記されています。

（1）特性と性質
（a）学識編　▼上級テキスト8次 p.67「化学的安定性」、p.68「電気的性質」

過去問題にチャレンジ！

・フルオロカーボン冷媒は、一般に電気抵抗が小さく、絶縁破壊を起こしにくい。

　　　　　　　　　　　　　　　　　　　　　　　　　　　　（平13［学］問9）

「一般に電気抵抗は**大きく**、絶縁破壊を起こしにくい（密閉式圧縮機など有効）」です。　　　　　　　　　　　　　　　　　　　　　　　　　　　　　**【答：×】**

・塩素を含まないHFC冷媒は、一般的には塩素を含むHCFC冷媒よりも冷媒自体の熱安定性は高い。（平18［学］問9）

塩素の関係をよく覚えましょう。勉強していれば美味しい問題です。　　　【答：○】

・フルオロカーボン冷凍装置内の冷媒は、冷凍機油、微量の水分、金属などと接触していて、温度が高くなると冷媒だけの場合よりも科学的安定性が悪くなるので、圧縮機吐出しガス温度が高くなり過ぎないように運転しなければならない。(平21［学］問9)

文章は長いですが当然のことをいっています。　　　　　　　　　　　　【答：○】

・HFC冷媒は、HCFC冷媒よりも熱安定性が高いので、装置から漏えいした冷媒ガスが火炎のような高温にさらされても、熱分解や化学変化により有毒ガスを発生することはない。(平21［学］問9)

「そんなことはない」と、なんとなく思う問題です。火炎や高温に注意です。　【答：×】

・HFC系冷媒はHCFC系冷媒よりも一般に冷媒自体の熱安定性が低く、火炎や高温にさらされると熱分解や化学変化を起こして有毒ガスを発生する。(平28［学］問9)

落ち着いて読みましょう。「HFC系冷媒はHCFC系冷媒よりも一般に冷媒自体の熱安定性が高い。ただし、火炎や高温にさらされると熱分解や化学変化を起こして有毒ガスを発生する」です。　　　　　　　　　　　　　　　　　　　　　　　　　　【答：×】

・HFC系冷媒は、HCFC系冷媒よりも一般に冷媒自体の熱安定性が高いが、火炎や高温にさらされると熱分解や化学変化を起こして有毒ガスを発生する。(平30［学］問9)

今度は「○」です。　　　　　　　　　　　　　　　　　　　　　　　　【答：○】

（b）保安編

冷媒の特性や性質が問4や問10に出題されています。上級テキスト8次162ページ「冷凍装置用材料」、189ページ「冷媒の取扱い」、216ページ「冷媒の大気排出抑制」と広範囲に及んでいます。

過去問題にチャレンジ！

・HFC冷媒は、冷凍装置から漏えいすると、成層圏のオゾン層を破壊する。(平16［保］問4)

HFC冷媒は塩素を含まないので、オゾンを破壊しません。　▼上級テキスト8次p.216「冷媒の大気排出抑制」　　　　　　　　　　　　　　　　　　　　　　　　　　　　　【答：×】

・フルオロカーボン冷媒の伝熱性能は、アンモニアに比べ低い。(平16［保］問4)

OK。　▼上級テキスト8次p.219左下「16.4 伝熱性能」　　　　　　　　　【答：○】

・フルオロカーボン冷媒 R410A は、毒性が低く、可燃性もなく、漏えいしても酸素欠乏の危険性もないので安全である。(平20［保］問10 据付および試運転)

酸欠注意です！　据付時や試運転時に冷媒に対しての（安全面からの）取扱いなどへの注意が問われます。　▼上級テキスト8次p.189「冷媒の取扱い」　　　　　　【答：×】

・フルオロカーボン冷媒は、2％を超えるマグネシウムを含有するアルミニウム合金には腐食性があり使用できないが、黄銅は使用できる。（平 22〔保〕問 4）

　　うむ、正しいね。鋼、銅、黄銅など使用されています。　▼上級テキスト 8 次 p.162「フルオロカーボンとアルミニウム合金」　　　　　　　　　　　　　　　　　　　　　　【答：○】

（2）フルオロカーボンと水

過去問題にチャレンジ！

・フルオロカーボン低温冷凍装置では、冷媒充てん前の真空乾燥が不十分であると、運転中に膨張弁が氷結することがある。（平 14〔保〕問 4）

　　水分が冷媒との溶解度以上に混入すると、水分が水滴となり膨張弁で氷結し詰まらせます。
▼上級テキスト 8 次 p.217「水分混入の防止」　　　　　　　　　　　　　　　　　　　【答：○】

・フルオロカーボン冷媒の場合、水分が混入すると内部の金属の腐食原因になったり、油が劣化したりするので、水分の混入を避けなければならない。アンモニアの場合は、微量の水分であれば水とアンモニアとよく溶け合って比較的水分の影響は少ない。（平 20〔保〕問 4）

　　フルオロカーボンと水分の関係に加え、アンモニアと水分も上手にまとめたよい問題ですね。　▼上級テキスト 8 次 p.217「水分混入の防止」　　　　　　　　　　　　　　　【答：○】

・フルオロカーボン冷媒に水分が混入すると、冷媒が加水分解を起こして腐食の原因となるが、冷凍機油は加水分解しない。（平 18〔学〕問 9）

　　冷凍機油も加水分解して劣化します。冷媒は加水分解して、塩分と酸が発生すると考えればよいかな。凄く腐食するイメージだね。　▼上級テキスト 8 次 p.68「水分による影響」【答：×】

（3）フルオロカーボンと油　▼上級テキスト 8 次 p.219「注 1」
　　フルオロカーボンは鉱油を溶解しないです。「極性」がポイントかな。

過去問題にチャレンジ！

・HFC 冷媒は鉱油を溶解しない。それは、HFC 冷媒は極性をもつが、鉱油は極性をもたないからである。（平 20〔保〕問 4）

　　「水は極性が強い、油は極性を持たない＝水は油に溶けない」よって、「HFC 冷媒は極性が強い、鉱油は極性を持たない＝ HFC 冷媒は鉱油を溶解しない」というイメージです。
　　　　　　　　　　　　　　　　　　　　　　　　　　　　　　　　　　　　　　　【答：○】

・HFC 冷媒を使用した冷凍装置の配管の補修を行うとき、たとえば、配管のフレア継手のフレア端面に塗布する油は、一般的に極性をもたない鉱油を使用する。その理由は、HFC 冷媒が極性を持たないためである。（平 21〔保〕問 4）

　　正しくは、「その理由は、HFC 冷媒が極性を**持つ**ためである」ですね！　　　　【答：×】

・HFC 冷媒は強い極性をもつが、自然界に多く存在する炭化水素系の油は極性をもたない。極性が強い物質と極性が弱い物質とは溶解しない。そのため、HFC 冷媒は極性のない冷凍機油を溶解しない。(平 24［保］問 4)

その通りです。炭化水素系の油の代表が「鉱油」です！　【答：○】

・一般に、アンモニア液の比重は冷凍機油の比重よりも小さいが、フルオロカーボン冷媒液の比重は冷凍機油の比重よりも大きい。(平 24［学］問 9)

冷媒と油の比重に関しての記述が上級テキストには見当たらないですが、アルコールと油の関係は、上級テキスト 8 次 70 ページ「冷凍機油と冷媒の関係」に、「アンモニア液は油より軽い」と記されていますので、「アンモニア液の比重は冷凍機油の比重よりも小さい」は「○」でしょう。さて、フルオロは、合成油とは温度の違いで溶解したり分離したりします。油はフルオロ冷媒液に浮くだろうか。上級テキスト 8 次 25 ページ右「冷媒液強制循環式冷凍装置の冷凍サイクル」に「油が冷媒液に溶け込んだ、油の濃度の高い溶解液は浮く」と記されていますので、「フルオロカーボン冷媒液の比重は冷凍機油の比重よりも大きい」は「○」です。　【答：○】

6-7　二酸化炭素（炭酸ガス）

二酸化炭素は冷媒としての使用が増えているので、出題問題も増えていくかも知れません。

過去問題にチャレンジ！

・二酸化炭素（炭酸ガス）は、不燃性および非毒性のガスであるので、アンモニア冷凍装置の気密試験の試験流体として使用されている。(平 16［保］問 9)

気密試験後に残留した二酸化炭素（炭酸ガス）は、アンモニアと反応し炭酸アンモニウムの粉末ができ、装置内を閉塞させますので、アンモニア冷凍装置の気密試験では空気か窒素ガスを使用します。　▼上級テキスト 8 次 p.182「使用流体」　【答：×】

・二酸化炭素冷媒は、不活性ガスであり、それが室内に多量に漏えいして高濃度になっても安全である。(平 22［学］問 9)

ん、なこたぁ～ない。高濃度になると昏睡状態になるようです。　▼上級テキスト 8 次 p.68「毒性」　【答：×】

・二酸化炭素は、ヒートポンプ式給湯機などに利用されている。これは、地球温暖化係数（GWP）がゼロであり、かつ、毒性がないためである。(平 25［学］問 9)

GWP はゼロではなく、低い。毒性は、アンモニアに比べると低い。毒性がないことはないのです。　【答：×】

6-8　比熱比と吐出しガス温度

冷媒による吐出しガス温度の違いについての問題を解いてみましょう。比熱比との関係

は「学識」で出題されます。冷媒の比熱比の値が大きい小さいで、どうなるかですが、感覚的に楽勝かと思います。　▼上級テキスト8次 p.10「断熱圧縮」、p.65「比熱比」

過去問題にチャレンジ！

・理想気体を断熱圧縮するときの温度上昇は、比熱比の値が大きい冷媒ほど小さくなり、圧縮機の吐出しガス温度も一般に低い。（平14［学］問9）

> 比熱比が大きいほど吐出しガス温度は高くなります。また、フルオロカーボンよりアンモニアの方が吐出しガス温度は高くなります。【答：×】

・圧縮機における吸込み蒸気の断熱圧縮による吐出しガスの温度は、比熱比の大きな冷媒ほど高くなる。（平15［学］問9）

・冷媒ガスを断熱圧縮するときの温度上昇は、比熱比の値が大きい冷媒ほど大きくなり、圧縮機の吐出しガス温度も一般に高い。（平19［学］問9）

・比熱比の値が大きい冷媒蒸気を断熱圧縮する場合、断熱過程で比熱比の値が小さい冷媒蒸気より温度が上昇するため、圧縮機の吐出しガス温度が高くなる。（平28［学］問9）

> うむ。「比熱比大きい」と「吐出しガス温度高い」この3問を読めば記憶できるでしょう。【答：すべて○】

6-9　冷媒と吐出しガス温度

　アンモニアとフルオロカーボン吐出しガス温度の違いについては、「保安」で出題されます。　▼上級テキスト8次 p.219「圧縮機吐出しガス温度との関係」、p.65「比熱比」、p.195「吐出しガス圧力の上昇」、p.196「吸込み蒸気圧力の低下」

過去問題にチャレンジ！

・圧縮機の吐出しガス温度は、圧力比によって異なるので、圧力比が同じ場合には、アンモニア冷媒とフルオロカーボン冷媒とではほとんど差はない。（平18［保］問4）

> これは、思わず「○」にしてしまいそうですね。比熱比を忘れてはいけません！　アンモニアとフルオロは比熱比が違うので、圧力比が同じであれば吐出しガス温度はアンモニアのほうが高くなります。フルオロは120〜130℃以下なら油劣化の恐れがないです。【答：×】

・圧縮機吐出しガス温度は、アンモニア冷媒とフルオロカーボン冷媒ではほとんど差がない。（平15［保］問4）

・フルオロカーボン圧縮機の吐出しガス温度は、アンモニアの場合よりも高くなるので、潤滑油が劣化しやすい。（平14［保］問4）

> この2問を一緒に解けば鬼に金棒！　「アンモニア圧縮機の吐出しガス温度は、フルオロカーボンの場合よりも高くなるので、潤滑油が劣化しやすい」ですね。【答：どちらも×】

・多気筒圧縮機を使用したアンモニア低温用冷凍装置では、吐出しガス温度が高いので冷凍機油（鉱油）の劣化によりスラッジが生じるため、フルオロカーボン冷凍装置のように再使用せず、劣化した油は抜き取り、新しい油を補充する。（平21 [保] 問4）

うむ、その通り。アンモニア冷凍装置の短所の1つといったところでしょう。　【答：○】

6-10　漏洩、検知

わりと美味しい問題が多いです。出題は「保安」のみのようです。　▼上級テキスト8次 p.186「機器の配置（g）」、p.189「冷媒の取扱い」、P219「漏れ検知方法」

（1）ガス漏洩

ここでは、ガス漏洩の特性を把握すればよいでしょう。

過去問題にチャレンジ！

・装置から漏れたアンモニアガスは空気よりも重いので、漏れたとき床面に滞留しやすい。
（平15 [保] 問10）

アンモニアガスは、空気より軽い（密度が小さい）ので天井に溜まります。　【答：×】

・漏洩したR22は空気より密度が大きいので、漏洩ガスを排気するための換気扇は、機械室上部に取り付けるのがよい。（平13 [保] 問4）

R22は空気より密度が大きい（重い）ので機械室の床面に滞留します。機械室上部への換気扇設置は駄目ですね。　【答：×】

・フルオロカーボン冷媒は安定した冷媒で、一般的に毒性は弱く可燃性もないものが多いが、大気中では空気よりも重く、漏れると床面に滞留するので酸欠に対する注意が必要である。（平21 [保] 問10）

うむ、素直なよい問題です。　【答：○】

（2）漏れ検知

出題はわりと多いです。上級テキスト8次219ページ「漏れ検知方法」を参照してください。

過去問題にチャレンジ！

・アンモニア冷媒の漏れ検知方法として、電気的に濃度を検知する検知器があるが、その独特の臭気によっても検知できる。また、硫黄を燃やすと亜硫酸ガスが生成され、アンモニアと反応して硫化アンモニウムの白煙を生じることによって検知することもできる。
（平24 [保] 問4）

その独特の臭気によっても検知できます。自分の鼻が高感度の検知器であるということです。　【答：○】

- アンモニアの毒性は強くて危険であるが、酸欠事故を引き起こす可能性は低い。アンモニアの漏えいは臭気により検知できるほか、電気的に濃度を検知する検知器もある。
(平 26［保］問 4)

- アンモニアは毒性が強く可燃性があり危険である。アンモニアの漏えいは臭気により検知できるほか、電気的に検知することもできる。(平 30［保］問 4)

「酸欠事故を引き起こす可能性は低い」なぜ低い？　という疑問が湧きますが、臭気により漏れているのがすぐわかるためです。これは上級テキストにも「酸欠となる事故は起き難い」と記されています。　▼上級テキスト 8 次 p.219「漏れ検知方法」　【答：どちらも○】

- アンモニア冷媒の配管での漏れ検知には、炎色反応を利用したハライドトーチ式ガス検知器、電気的に濃度を測定する高感度の電気式検知器が使用される。(平 19［保］問 4)

- フルオロカーボンの漏れ検知器として使用される電気式検知器は、HFC 冷媒、HCFC 冷媒共用で、それぞれ専用の検知器を準備する必要はない。(平 22［保］問 4)

ハライドトーチ式ガス検知器は、フルオロカーボン冷媒の検知器です！　正しい専用の検知器を準備しておく必要があります。HFC と HCFC は分子構造が違うのでそれぞれ専用の検知器があります。　【答：どちらも×】

- フルオロカーボン冷媒の漏れ検査を行う場合、検知する分子によって専用のハライドトーチ式ガス検知器または電気式検知器を使用する。(平 27［保］問 4)

「検知する分子によって専用の」という一文がよいですね。　【答：○】

6-11　臨界温度　　▼上級テキスト 8 次 p.65「臨界温度」

過去問題にチャレンジ！

- 一般に、冷凍・空調装置では、凝縮温度を冷媒の臨界温度よりも低い温度で使用している。(平 22［学］問 9)

臨界温度以上だと凝縮しないです。　【答：○】

- 臨界温度以上では、液体と気体の区別がなくなり相変化が生じない。したがって、臨界温度以上の超臨界域では潜熱のみとなり、顕熱は利用できない。(平 25［学］問 9)

「潜熱」と「顕熱」が逆ですね。臨界点以上は気体と液体の区別がないので、温度変化のみ（顕熱）なので、状態変化が必要な「潜熱」は利用できないです。　【答：×】

⑦　冷凍機油

　油の問題は、「保安」と「学識」に同じような問題があるので注意！　いや、美味しい
かも。問題数は「保安」が圧倒的に多いです。冷媒での学習の中で冷凍機油もたくさん出
てきましたので、★3つ。ココで凹んでしまったら時間が足りないので次にどんどん進み
ましょう。そして苦手な箇所を把握していくべきでしょう。

7-1　冷凍機油（学識編）

　「学識」の冷凍機油関連は、問7（熱交換器）、問9（冷媒および潤滑油）あたりにポツ
リポツリと出題されます。上級テキスト8次 学識編69ページから「冷凍機油」を参照
してください。

過去問題にチャレンジ！

> ・HFC冷媒を用いる圧縮機の潤滑油には、R22冷媒の場合と同様に鉱油を使用している。
> (平17［学］問9)

　　HFC系冷媒は鉱油を使用せずエーテル油（合成油）を使用している。これを間違えるよう
　だと、勉強＆過去問攻略不足！　▼上級テキスト8次 p.70「冷凍機油と冷媒の関係」　【答：×】

> ・冷媒液は、アンモニア冷凍装置では通常使用されている鉱油より重く受液器などの底部に
> たまり、フルオロカーボン冷凍装置では上部にたまる。したがって、アンモニア冷凍装置
> の油抜きは受液器の上部より行う。(平26［学］問9)

　　うむ！！　間違いは2箇所です。「冷媒液は、アンモニア冷凍装置では通常使用されている
　鉱油より軽く、鉱油は受液器などの**下部（底部）**にたまる。フルオロカーボン冷凍装置では
　上部にたまる。したがって、アンモニア冷凍装置の油抜きは受液器の**下部（底部）**より行う」
　です。　　　　　　　　　　　　　　　　　　　　　　　　　　　　　　　　　　　　　【答：×】

> ・冷凍・空調用の圧縮機に使用されている潤滑油を冷凍機油と呼ぶ。HFC系冷媒用冷凍機
> 油の合成油は水分を吸収しやすいものが多いので保守管理には注意を要する。
> (平28［学］問9)

　　簡単な問いだけれども、解説泣かせだワ。合成油は水分を…云々（デンデンじゃないよ）は
　ね、上級テキストの学識編に記されているところがみつからないです。上級テキストの保安
　編には3箇所程度あるけれども、220ページ右「16.8 HFC系混合冷媒の取扱い」の4行目
　あたりがズバリ的解説かな。　　　　　　　　　　　　　　　　　　　　　　　　　　　【答：○】

> ・アンモニア液は冷凍機油（鉱油）よりも軽いので、アンモニア冷凍装置からの冷凍機油の油抜きは受液器などの容器の底部から行う。（令１［学］問９）

　　その通り。　　　　　　　　　　　　　　　　　　　　　　　　　　　　　　【答：○】

7-2　冷凍機油（保安編）　▼上級テキスト p.220「HFC 系混合冷媒の取扱い」

（１）吸湿性

　油にとって水分は大敵です。上級テキスト 8 次 保安編 217 ページ「b. 冷凍機油への水分混入防止」も参照してください。

過去問題にチャレンジ！

> ・R404A 冷凍装置で使用されるポリオールエステル（合成油）は吸湿性が高いので、水分に対する厳重な管理が必要である。（平 13［保］問 4）
>
> ・HFC 冷媒用の冷凍機油の合成油は吸湿性が高いので、油缶のふたは必要なとき以外は、常にしっかりと閉めておかなければならない。（平 15［保］問 4）

　　合成油は水分の吸湿性が大きい、油缶のふたは必要以外しっかり締めるなど厳重な管理下でないと、フルオロカーボン冷凍装置内への水分混入してしまいます。　　【答：どちらも○】

> ・冷凍機油の鉱油と合成油（エーテル油）は、吸湿性にほとんど差異がない。（平 19［保］問 4）

　　合成油は鉱油に比べ水分を吸収しやすいです。　　　　　　　　　　　　　　【答：×】

> ・HFC 冷媒用の冷凍機油は、合成油であり、水分を吸収し劣化しやすい。（平 23［保］問 4）

　　短文の問題文ですが、学習が足りないとつまずくかも知れません。　　　　　【答：○】

> ・鉱油は HFC 系冷媒用の合成油に比べて水分を吸収しやすく、冷凍装置に冷媒を充てんする前に真空ポンプにより装置内を高真空に保って、冷凍機油に溶解した水分を除去する必要がある。（平 26［保］問 4）

　　正しくは、「HFC 系冷媒用の合成油は、鉱油に比べて水分を吸収しやすく」です。
　　　　　　　　　　　　　　　　　　　　　　　　　　　　　　　　　　　　【答：×】

> ・鉱油は合成油に比べて水分を吸収しにくいが、一般に冷凍機油缶のフタは必要なとき以外は、確実に閉めておかなければならない。（平 27［保］問 4）

　　素直な問題でしょう。　　　　　　　　　　　　　　　　　　　　　　　　　【答：○】

（２）油の温度と冷媒（クランクケースヒータ）
　　▼上級テキスト 8 次 p.220「クランクケースヒータの使用」

過去問題にチャレンジ！

> ・圧縮機停止時は、圧縮機のクランクケースヒータにより冷凍機油の温度を上げ、冷凍機油に冷媒がよく溶解するようにする。(平23〔保〕問4)

　溶解しないようにするです。引っかからないように問題をよく読みましょう。　　【答：×】

> ・フルオロカーボン冷媒は圧縮機のクランクケース内の冷凍機油に常に溶解しているので、一般に圧縮機の運転中もクランクケースヒータに通電し冷凍機油の温度を上げ、冷媒を冷凍機油から追い出している。(平24〔保〕問4)

　運転中はクランクケースヒータの通電は必要ないです！　　　　　　　　　　【答：×】

> ・多気筒圧縮機において、圧縮機が停止して長時間放置されて温度が低下した状態では、クランクケース内の冷凍機油に冷媒が多量に溶解することがあり、始動時にオイルフォーミングや粘度低下による潤滑不良を起こす可能性がある。(平26〔保〕問4)

　うむ！　全くその通りです！　　　　　　　　　　　　　　　　　　　　　　【答：○】

（3）劣化（吐出しガス温度）　▼上級テキスト8次 p.219「圧縮機吐出しガス温度との関係」

過去問題にチャレンジ！

> ・吐出しガス温度はアンモニアより HFC 冷媒のほうが高くなるが、エステル油は劣化しないので自動返油を行っても支障はない。(平17〔保〕問4)

　正しい文章は「吐出しガス温度はアンモニアより HFC 冷媒のほうが**低くなり**、<略>」です。エステル油に関してはこれで正解！　　　　　　　　　　　　　　　　　【答：×】

> ・冷凍機油の劣化は、炭化、酸化、分解生成物の発生などが原因で、冷媒中にスラッジが生じる。そのため、多気筒圧縮機を使用した低温用のアンモニア冷凍装置では、吐出しガス温度が高くなるので冷凍機油（鉱油）は自動返油してはならない。(平22〔保〕問4)

　その通りです。　　　　　　　　　　　　　　　　　　　　　　　　　　　　【答：○】

> ・フルオロカーボン冷媒使用のヒートポンプ装置による高圧力比運転の場合、吐出しガス温度が 100℃以下であれば、劣化による油の交換は必要ない。(平19〔保〕問4)

　120 〜 130℃以下であれば劣化による油の交換必要ない。もちろん 100℃以下ならよいですね。　　　　　　　　　　　　　　　　　　　　　　　　　　　　　　　【答：○】

（4）不純物混入　▼上級テキスト8次 p.218「HFC 系冷媒への不純物混入防止」

過去問題にチャレンジ！

> ・HFC 冷媒配管のフレア継手端面に塗布する油は、エステル油、アルキルベンゼン油、鉱油を使用する。(平17〔保〕問4)

　同じ極性を持つ HFC と合成油であるエーテル油、エステル油、アルキルベンゼン油を塗布

します。鉱油は非極性なのでスラッジが生じ、目詰まりなどを起こします。　【答：×】

・冷媒系統内のスラッジは冷媒液に溶解せず分離するので、膨張弁の詰まりや圧縮機故障の原因になる。（平17〔保〕問4）

・部品加工時に使用される切削加工油や防せい（錆）油などの極性を持たない油は、HFC系冷媒には溶解せずに、装置内に残留した場合には膨張弁などに堆積して閉塞させ冷凍能力を低下させたり、冷凍機油を汚染して潤滑不良による各種の不具合を発生させたりする。（平25〔保〕問4）

　スラッジ、なんとなく溶ける気がしないですね。スラッジや加工油は、膨張弁の詰まり、油の汚染による圧縮機摺動部摩耗、止め弁、安全弁、電磁弁の傷つけ弁漏れや作動不良、シャルトシール破損、電動機巻線焼損などなど引き起こしますので、加工油の混入には注意が必要です。　【答：どちらも○】

・冷凍装置内に残留した切削加工油や防錆油は、HFC冷媒とよく溶け合い、装置内を循環するので、運転上支障はない。（平18〔保〕問4）

　よく溶け合わない！　【答：×】

難易度：★★

⑧ ブライン

　「保安」では問4と問10、「学識」では問9あたりに出題される問題です。出題数は少ないですが、逃したくないですね。腐食に関しての問題が多いです。ゲットしましょう。
▼上級テキスト8次 保安編 p.221「ブラインの使用について」、8次 学識編 p.72～「無機ブライン」「有機ブライン」

過去問題にチャレンジ！

・ブラインは、空気中の酸素を溶かし込むと金属の腐食が進行するため、空気とできるだけ接触しないようにする。（平14〔学〕問9）

　塩化ナトリウムブライン（塩水）は、よく錆びます。何となく感覚でわかりますね。【答：○】

・塩化カルシウムブラインは、空気と接触すると空気中の酸素を溶かし込んで金属腐食を促進したり、空気中の水分を取り込んで濃度が低下することがある。（平24〔学〕問9）

　金属腐食に関しては学識編、保安編の両方で、濃度に関しては保安編に記されていますので、勉強が忙しいでしょう。　▼上級テキスト8次 学識編 p.72～「無機ブライン」、8次 保安編 p.221「ブラインの使用について」　【答：○】

・塩化カルシウムブラインは、製氷、冷凍、工業用として古くから利用されており、入手性やブラインとしての性能に優れるが、金属に対して腐食性が強いので、腐食抑制剤を添加して使用する。(平25［学］問9)

怖いぐらいの素直な問題ですね。　▼上級テキスト8次 p.73「塩化カルシウムブライン」

【答：○】

・エチレングリコールのブラインは、腐食抑制剤を必要としない。(平16［学］問9)

・エチレングリコールブラインは、金属に対する腐食性はないので腐食抑制剤を必要としない。(平19［学］問9)

これに、腐食抑制剤を混ぜると金属に対する腐食性がほとんどなくなるんだって。　▼上級テキスト8次 p.73「有機ブライン」

【答：どちらも×】

・プロピレングリコールブレインは無害で食品の冷却用としても使用される。(平20［学］問9)

「人体に無害、食品用は有機なプロピレ」とでも、覚えるしかありません。　▼上級テキスト8次 p.73「有機ブライン」

【答：○】

・塩化カルシウム水溶液は、金属材料に対して腐食性が強い。このため、無機ブラインとして使用する場合には、腐食防止剤を加える必要がある。一方、エチレングリコール水溶液は、金属材料に対する腐食性がなく、有機ブラインとして使用する場合は、腐食抑制剤を加える必要はない。(平28［学］問9)

まんべんなく勉強してないとチンプンカンプンかも。正しい文章にしてみましょう。「塩化カルシウム水溶液は、金属材料に対して腐食性が強い。このため、無機ブラインとして使用する場合には、腐食防止剤を加える必要がある。一方、**腐食抑制剤を加えた有機ブラインであるエチレングリコール水溶液は、金属材料に対する腐食性がほとんどない**」ですね。

【答：×】

難易度：★★★★

⑨ 伝熱

　熱が、どこの何から、どこの何へ、どのように伝わっていくのか、です。上級テキスト「学識編」の熱交換で一番に勉強する部分、「熱の移動」の基本的なことから問われます。

2冷では平成9年度までは計算問題は3問あり、問3で伝熱計算がありました。その名残と思うのですが、令和になっても熱計算式を一通り理解していないと解けない問題があります。頑張ってポイントを押さえましょう。★4つです。

9-1　熱移動の基本

過去問題にチャレンジ！

> ・二物体の間に温度差がない場合には、その二物体間には伝熱現象は生じない。このとき、この二物体は熱平衡の状態にあるという。（平19［学］問4）

この文は、熱交換の一番基（もと）になる大事な文。とは言っても、感覚的にわかると思います。このような基本的な文を読んでいると、なにか閃くものがあるかも…。行き詰まったら基本に戻ってみましょう。　　　　　　　　　　　　　　　【答：○】

> ・物体内部あるいは物体間に温度差があると、高温側から低温側へと熱エネルギーが移動する。この熱移動の一つに、物体間を電磁波の形で内部エネルギーを相互にやりとりする放射伝熱があるが、一般の冷凍装置における伝熱は、熱伝導や熱伝達による伝熱が支配的である。（平23［学］問4）

うむ、な、長いけど。最初の行は熱移動の大事な一文。冷凍装置の伝熱は、熱伝導と熱伝達で成り立っています。　　　　　　　　　　　　　　　　　　　　　　　　　　【答：○】

> ・物体を通してその内部の分子や電子によって熱エネルギーが伝わる熱移動を熱伝導、固体壁面と流動流体との間の熱移動を対流熱伝達、物体間を電磁波の形で内部エネルギーを相互にやりとりし、それらのエネルギーの差し引きの形で行われる熱移動を放射伝熱という。（平27［学］問4）

三つの熱移動を把握しているかが問われます。よい問題としておきますかね。　　【答：○】

9-2　熱伝導と熱伝導率

まずは、「熱伝導」と「熱伝達」の違いを把握しましょう。上級テキスト8次74ページ「熱伝導」から75ページ「熱伝達」へと読み進み、イメージを作りましょう。

熱流束φは次式で成り立ちます（フーリエの法則）。

$$\varphi = -\lambda\left(d_t/d_x\right) \quad [\text{kW/m}^2]$$

伝熱量Φは、

$$\Phi = \lambda A \frac{t_1 - t_2}{\delta} \quad [\text{kW}]$$

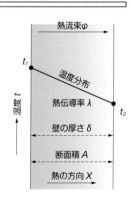

● 固体壁の熱伝導 ●

（1）基本問題

過去問題にチャレンジ！

・固体内を通して熱エネルギーが伝わる移動現象は熱伝導と呼ばれる。（平24［学］問4）

　　その通り！　「**固体内**」はイメージ作りに大事です。　　　　　　　　【答：○】

・固体壁面と流動流体との間の熱移動を熱伝導という。（平20［学］問4）

　　これは「**対流熱伝達**」のことです。固体壁面とか流動流体とか言葉を記憶するのではなくて、目を閉じイメージできるようにしましょう。熱伝導は「**固体（物体）内**」の熱移動です。
　　　　　　　　　　　　　　　　　　　　　　　　　　　　　　　　　【答：×】

・物体を通して熱エネルギーが伝わる熱移動現象を熱伝達という。（平20［学］問4）

　　うん。これが「**熱伝導**」のことだよね。熱伝達は流動流体と固体壁面の間の移動です。…3つの熱の移動をがっちり記憶すること！　　　　　　　　　　　　　【答：×】

・熱流束φ、物体の温度 t、熱の流れる方向を x 方向とすると、$\varphi = \lambda \, (d_t/d_x)$ の関係があり、比例定数の λ を熱伝導率という。（平25［学］問4）

　　な、なんと！　と、思う問題です。熱が流れる方向（x 方向）とすると、温度勾配（d_t/d_x）が常に負になるらしいので x 方向の熱流束を正方向に表すために、負の符号を付けなければならないです。$\varphi = -\lambda \, (d_t/d_x)$ ←**右辺に負の符号が付く**　なるほどね…。　【答：×】

・固体内を熱エネルギーが伝わる熱伝導においては、熱の流れる方向を x 方向とし、ある位置 x での物体の温度を t、x 方向への熱流束を φ とすると、$\varphi = \lambda \, (d_t/d_x)$ の関係がある。これをニュートンの冷却則といい、比例定数の λ を熱伝導率という。（平29［学］問4）

　　あら、近年熱伝導の問題が難問過ぎます。「＜略＞ $\varphi = -\lambda \, (d_t/d_x)$ の関係がある。これを**フーリエの法則**＜略＞」λ の前に「マイナス」が付きます。　　　　　【答：×】

・熱流速φ（kW/m²）、物体の温度 t（℃）、熱の流れる方向を x 方向とすると、$\varphi = -\lambda \, (d_x/d_t)$ の関係があり、比例定数の λ を熱伝導率という。（平30［学］問4）

　　う〜ん、フーリエの法則「$\varphi = -\lambda \, (d_t/d_x)$」。この式を覚えておくしかないですね。「＜略＞とすると、$\varphi = -\lambda \, (d_t/d_x)$ の関係があり、比例定数の λ を熱伝導率という」問題文の t と x が逆です。　　　　　　　　　　　　　　　　　　　　　　　　　　　【答：×】

（2）円筒壁の熱伝導

　　円筒壁の数式を問うものが出題されるようになりました。一度じっくりとこなしておけば戸惑うことが少なくなるでしょう。

$$\phi = \frac{2\pi \lambda L}{\ln \dfrac{r_2}{r_1}} \, (t_1 - t_2)$$

Point ▷ 　円筒壁を半径方向（r方向）にのみ一様に熱が流れる場合、円筒の内壁面（半径r_1）および外壁面（半径r_2）における温度をそれぞれt_1、t_2とすると、半径rが大きくなる方向への円筒壁の熱伝導による伝熱量$\varPhi$は、$(t_1 - t_2)/(\ln r_2 - \ln r_1)$ に比例する。

過去問題にチャレンジ！

・円筒壁の熱伝導による伝熱量$\varPhi$は、熱の流れる方向を半径rが大きくなる方向とすると、$(t_1 - t_2)/(\ln r_2 - \ln r_1)$ に比例する。ただし、内壁面を1、外壁面を2とする。
（平25［学］問4）

　な、何これ～、という問題です。上級テキスト8次では、75ページ式（6.4）の円筒壁の熱伝導ですが2冷では読み飛ばしでOKです。ま、落ち着いて考えれば「○」とわかるかも知れないです。「学識」10問のうちの2問の計算問題を確実にGET! しておかないと、このような問題で点数が減っていくので気をつけましょう。　　【答：○】

・円筒壁を半径方向（r方向）にのみ一様に熱が流れる場合、円筒の内壁面（半径r_1）および外壁面（半径r_2）における温度をそれぞれt_1、t_2とすると、半径rが大きくなる方向への円筒壁の熱伝導による伝熱量$\varPhi$は、$(t_1 - t_2)/(\ln r_2 - \ln r_1)$ に比例する。（令1［学］問4）

$$\varPhi = \frac{2\pi\lambda L}{\ln\dfrac{r_2}{r_1}}(t_1 - t_2)$$

この式を頭の片隅に覚えておくしかないでしょう。　　【答：○】

9-3　熱伝達、熱放射

　上級テキスト8次75ページ「熱伝達」と「放射伝熱」を読みましょう。計算式はイメージ的に意味を理解できていれば無理して覚えなくてもよいです。

（1）熱伝達
　冷凍機に関しては大事な熱移動ですので、「熱伝達」は出題数が多いです。

過去問題にチャレンジ！

・ポンプや送風機で流動させている流体と固体壁面との間に温度差があると、熱の移動が生じる。この熱の移動現象を自然対流熱伝達という。（平16［学］問4）

　これは、ポンプや送風機で強制的に流動させているから強制対流熱伝達のことです。自然対流熱伝達は、自然にお任せ（ヤカンでお湯を沸かすとか、お風呂が沸いていくときとか）で、流体内の温度差による密度の差で対流します。　　【答：×】

・流動している流体と固体壁面との間の熱移動には、強制的な流れ場における強制対流熱伝達と、流体内の温度差による密度差から発生する流れ場における自然対流伝達とがある。

（平18〔学〕問4）

強制対流熱伝達と自然対流熱伝達の違いは、もう大丈夫ですね！　　　　【答：○】

・蒸発器内の冷媒液が蒸発管に触れて、沸騰して気化するとともに熱が蒸発管から冷媒に伝わる場合のように、液相から気相へと相変化をともなう熱移動を沸騰熱伝達という。

（平21〔学〕問4）

満液式蒸発器で「核沸騰熱伝達」勉強しました。冷媒液が蒸発する様子が浮かんでくれば合格です！！　　　　【答：○】

・蒸発器内の冷媒液が蒸発管に触れて、沸騰して気化するとともに、熱が蒸発管から冷媒に伝わる場合のように、液相から気相へと相変化をともなう熱移動を沸騰熱伝達といい、蒸発管内の冷媒流速は下流に向かって次第に小さくなる。（平22〔学〕問4）

う〜ん、沸騰熱伝達は特に間違いはないよね。さて冷媒流速ですが、管内で冷媒液が蒸発しながら流れる時、下流ほど蒸気が多くなるので下流に向かって流速が次第に**大きく（速く）**なるのです。　▼テキスト8次 p.18「蒸発、凝縮の際の圧力効果の影響」　　【答：×】

・流動している流体と固体壁面との間に温度差がある場合の熱移動現象は、凝縮熱伝達と沸騰熱伝達に分けられる。（平24〔学〕問4）

あ〜、思わず「○」にするかな。凝縮熱伝達と沸騰熱伝達は、液体と気体の相変化をともなう熱伝達です。設問の「流動している流体と固体壁面との間に温度差がある場合の熱移動現象」は、必ずしも相変化を伴うものばかりではないので、**「強制対流熱伝達と自然対流熱伝達に分けられる」**が正しいのです。　　　　【答：×】

・熱伝達率は流体の種類とその状態で異なるが、一般に気体より液体のほうが大きい。

（平27〔学〕問4）

上級テキストには、気体と流体の種類によって伝達率が変わるぐらいで、ズバリ書かれていないです。上級テキスト8次76ページ「表6.2 熱伝達率」をみよって感じです。だから、この問題は表6.2をみておくか、一般常識的な感覚？　で正解を得なければならないのです。　　　　【答：○】

・相変化をともなう熱移動現象は、気相から液相に相変化する場合の凝縮熱伝達や、液相から気相に相変化する場合の沸騰熱伝達などがある。（平28〔学〕問4）

ここまで問題を解いたあなたは「○」にしますね！！　素直すぎて逆に怖いような問題です。

【答：○】

（2）熱放射

「熱放射」は、冷凍・空調には、ほとんど関係ないとテキストには記されていますが、平成27年度ごろから結構出題され、必須項目になっていますよ。

過去問題にチャレンジ！

・一般に物体から電磁波の形で放射される熱エネルギーはその物体の絶対温度の2乗に正比例する。（平27［学］問4）

・一般に、物体から電磁波の形で放射される熱エネルギーは、その物体の摂氏温度の4乗に正比例する。（平29［学］問4、令2［学］問4）

　はい。熱放射の勉強は必須になってしまいました。「一般に物体から電磁波の形で放射される熱エネルギーはその物体の絶対温度の4乗に正比例する」ですね。　【答：どちらも×】

・物体内部あるいは物体間に温度差があると、高温側から低温側へと熱エネルギーが移動する。この熱移動の一つに、物体間を電磁波の形で内部エネルギーを相互にやりとりする放射伝熱があるが、一般の冷凍装置においては、熱伝導や熱伝達による伝熱が支配的である。（平29［学］問4）

　それにしても、「一般の冷凍装置においては、熱伝導や熱伝達による伝熱が支配的である」のであればこの試験に放射伝熱は必要ないのではないかという疑問があります。　【答：○】

・黒体から放射されるエネルギー E （kW/m^2）は、黒体表面の絶対温度を T （K）とすると、$E = \sigma T^4$ （kW/m^2）と表される。ここで、σはステファン・ボルツマン定数と呼ばれる。（令1［学］問4）

　「熱放射」の勉強は必須項目となりました。「ステファン・ボルツマン定数」を記憶にとどめておきたいです。　【答：○】

9-4　熱通過

　上級テキスト8次76ページ「平板壁で隔てられた流体間の熱交換と熱抵抗」に、「熱通過」について記されています。

流体 —熱伝達→ 外壁面 —熱伝導→ 内壁面 —熱伝達→ 流体

● 熱通過 ●

過去問題にチャレンジ！

・固体壁を介して一方の流体から他方の流体への伝熱を熱通過という。（平20［学］問4）

はい。図を見てイメージを膨らましてほしいです。

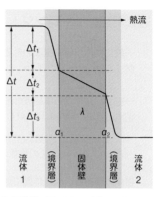

● 固体壁で隔てられた流体間の熱移動 ●

【答：○】

・冷凍装置の水冷凝縮機内での熱交換を考えると、熱は冷媒から冷却水へ伝えられる。このように固体壁を介して一方の流体から他方の流体への伝熱を熱通過という。（平 21 ［学］問 4）

・水冷凝縮器内での熱交換を考える場合、熱は冷媒蒸気から冷却水へと伝えられるが、冷媒蒸気から冷却管表面へは凝縮熱伝達、冷却管材内では熱伝導、冷却管表面から冷却水へは対流熱伝達によって熱が伝えられる。（平 23 ［学］問 4）

冷凍装置での具体的な熱移動の問題です。「凝縮熱伝達」、「熱伝導」、「対流熱伝達」、熱移動オンパレードの問題ですね…。図を見て、問題を読み、イメージ的に把握できればあなたは最強です。

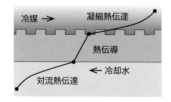

【答：どちらも○】

・固体壁を介して一方の流体から他方の流体へ熱が伝わる熱通過量は、流体間の温度差、伝熱面積および両壁面における熱伝達率の積で求められる。（平 24 ［学］問 4、令 1 ［学］問 4）

熱伝達率ではなく、熱通過率です！　う～ん、難しいような簡単なような問題ですね。上級テキスト 8 次 77 ページ右上の式（6.15）をみてください。熱通過量とは、テキストの伝熱量 Φ のことでしょう。$\Phi = KA(t_{f1} - t_{f2})$　と、あります。K は熱通過率のことです。K は、熱伝達率や熱伝導率を使って求めます。式（6.16）です。　【答：×】

・空冷凝縮器の熱交換では、熱は冷媒蒸気から空気へと伝えられる。その熱交換の過程は、冷媒蒸気から冷却管内表面へは対流熱伝達によって、冷却管材内では熱伝導によって、冷却管外表面から空気へは凝縮熱伝達によってそれぞれ熱が伝えられる。（平 26 ［学］問 4）

うむ。平 23 ［学］問 4 の改良版ですね。水冷から空冷に変わりました。でも、今までを理

解していれば大丈夫。問題文を正しい文にしてみましょう。「空冷凝縮器の熱交換では、熱は冷媒蒸気から空気へと伝えられる。その熱交換の過程は、冷媒蒸気から冷却管内表面へは**凝縮**熱伝達によって、冷却管材内では熱伝導によって、冷却管外表面から空気へは**対流**熱伝達によってそれぞれ熱が伝えられる」。頭のなかでイメージできれば最高でしょう。

【答：×】

・平板壁で隔てられた流体間の熱交換を考えた場合、高温流体から低温流体へ単位時間当たりに通過する伝熱量は、高温流体側の熱伝達による伝熱量と、平板壁内の熱伝導による伝熱量と、低温流体側の熱伝達による伝熱量とそれぞれ等しい。(平26［学］問4)

問題文に図の記号を使って計算式を挿入してみると、「平板壁で隔てられた流体間の熱交換を考えた場合、高温流体から低温流体へ単位時間当たりに通過する伝熱量は、高温流体側の熱伝達による伝熱量 $\Phi = \alpha_1 A \Delta t_1$ と、平板壁内の熱伝導による伝熱量 $\Phi = \lambda A (\Delta t_2 / \delta)$ と、低温流体側の熱伝達による伝熱量 $\Phi = \alpha_2 A \Delta t_3$ とそれぞれ等しい」となります。

つまり、

$$\Phi = \alpha_1 A \Delta t_1 = \lambda A (\Delta t_2 / \delta) = \alpha_2 A \Delta t_3$$

ということなのです。

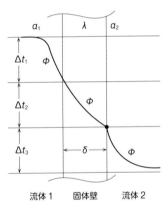

● 単位時間当たりの伝熱量 Φ ●

▼テキスト8次 p.77「式(6.8)〜式(6.10)」

【答：○】

・流動している流体と固体壁面との間に温度差があると熱移動を生じ、その伝熱量は「伝熱面積」と「伝熱壁面温度と周囲流体温度との温度差」に正比例する。このときの比例定数 α 〔kW/(m²・K)〕を熱伝達率と呼び、熱の伝わりやすさを表す。(平27［学］問4)

問題文に図の記号を使って計算式を挿入してみると、「流動している流体と固体壁面との間に温度差があると熱移動を生じ、その伝熱量（Φ）は「伝熱面積」（A）と「伝熱壁面温度と周囲流体温度との温度差」（t_1）に正比例（$\Phi = \alpha_1 A \Delta t_1$）する。このときの比例定数 α（α_1）〔kW/(m²・K)〕を熱伝達率と呼び、熱の伝わりやすさを表す」ということです。　【答：○】

9-5　熱伝達率

　固体壁面と流体との熱移動が対流熱伝達で、その熱の伝わりやすさを熱伝達率 α という。単位時間当たりの伝熱量 ϕ は、

$$\phi = \alpha A(t_\mathrm{w} - t_\mathrm{f})$$

で表されます。

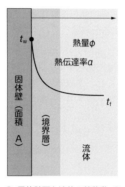

● 固体壁面と流体の熱移動 ●

過去問題にチャレンジ！

・伝熱管では、熱伝達率の大きな流体側にフィンを付けて、伝熱面積を増大する。

(平17［学］問4)

　熱伝達率が小さいからフィンを付けます。問題をよく読んで、うっかりミスしないこと。
　▼上級テキスト8次 p.77「伝熱面積が内外で異なる壁面で隔てられた流体感の熱交換」　【答：×】

・流体から固体壁への熱伝達率は流体の種類とその状態で異なるが、一般に気体より液体のほうが大きい。(平14［学］問4)

　液体のほうが…、そんな感じだよね。上級テキストでは、8次76ページ表「熱伝達率」から読み取るぐらいかな。　【答：○】

・冷媒を過充てんし、空冷凝縮器内に冷媒液が滞留すると、凝縮に有効な伝熱面積が小さくなり、凝縮温度が高くなる。(平15［学］問4)

　冷媒液に冷却管が浸かってしまうので、凝縮に有効な伝熱面積が小さくなって凝縮温度が上昇します。　▼上級テキスト8次 p.85「凝縮温度の変化 (c)」　【答：○】

・流体と固体壁面との間の熱移動現象が対流熱伝達であるが、その流体の種類により熱の伝わりやすさを示す熱伝達率の大きさが異なる。一般的な流動状態では、自然対流より強制対流のほうが、また液体よりも気体のほうが熱伝達率は大きい。(平28［学］問4)

　長い文だけども、ま、じっくり考えればわかるかな。「**気体よりも液体のほうが熱伝達率は大きい**」ですね。上級テキスト8次76ページ表「熱伝達率」から読み解くしかないと思われます。　【答：×】

9-6　熱通過率

ジ〜〜〜っと単位の記号を見てイメージする。なんとなく覚えられると思います。**熱通過率 *K*〔kW/(m²・K)〕**は、重要です。

● 定数の単位記号 ●

用語	単位
熱伝導率	〔kW/(m・K)〕
熱伝達率	〔kW/(m²・K)〕
熱通過率	〔kW/(m²・K)〕
汚れ係数	〔m²・K/kW〕

過去問題にチャレンジ！

・熱通過率 *K* の単位は〔kW/(m・K)〕である。（平21〔学〕問4）

はい、違いますね。**熱通過率 *K*〔kW/(m²・K)〕**です。　　　　　　　　　【答：×】

・水冷凝縮器の伝熱管の熱通過率は、一般にフィンの付いている側の伝熱面積を基準として表す。（平17〔学〕問4）

はい、付いている側が基準です。　　　　　　　　　　　　　　　　　　　【答：○】

・フィン付き伝熱管の熱通過率は、伝熱面積基準としてフィン側にとる場合とフィンの付いていない壁面側にとる場合とがある。水冷凝縮器に用いる冷却管のローフィンチューブでは、一般に外表面にフィンがあるので伝熱管内面側を熱通過率の基準面積として使用する。（平19〔学〕問4）

よく読まないとね。「<略>ローフィンチューブでは、一般に外表面にフィンがあるので伝熱管**外面側**を熱通過率の基準面積として使用する」です。▼上級テキスト8次 p.87「伝熱作用」
　　　　　　　　　　　　　　　　　　　　　　　　　　　　　　　　　　【答：×】

・水冷凝縮器の伝熱管における　には、内外伝熱面における熱伝達抵抗、伝熱管壁と水あかによる熱伝導抵抗がある。（平18〔学〕問4）

基本を試される問題です。熱の移動は矢印で表します。図内をひっくるめて、熱通過抵抗といいます。

● 熱通過抵抗 ●　　　　　　　　　　　　　　　　　　　　　　　　　　　【答：○】

・熱通過抵抗は、固体壁の高温側および低温側の熱伝達抵抗と固体壁の熱伝導抵抗より構成されている。凝縮器や蒸発器の伝熱管では、管材の熱伝導率の値が大きく、かつ、薄い金属であるので、それの熱伝導抵抗は小さく、管内外面の熱伝達抵抗が主として伝熱量を支配している。（平22〔学〕問4）

そうだね。だから、管内外面の熱伝達抵抗を小さくし、熱伝達率を大きくするように溝やフィンを付ける論拠になる文章だね。　▼上級テキスト8次 p.77「6.3 伝熱面積が内外で異なる壁面で隔てられた流体間の熱交換」
　　　　　　　　　　　　　　　　　　　　　　　　　　　　　　　　　　【答：○】

> ・伝熱面積が内外で異なる壁面で隔てられた流体間の熱交換における熱通過抵抗は、固体壁の高温側および低温側の熱伝達抵抗と固体壁の熱伝導抵抗より構成されており、これらのうち、とくに熱抵抗の値の小さいものが、熱通過抵抗に対して支配的となる。
>
> (平 23〔学〕問 4)

「とくに熱抵抗の値の**大きいものが**」、平 22〔学〕問 4 の問いが理解できていれば簡単です。

【答：×】

9-7　汚れ係数　▼上級テキスト 8 次 p.78

　汚れ係数に絡む問いは、「学識」問 4（熱の移動）で主に出題されます。汚れ係数 f〔$m^2 \cdot K/kW$〕の式を問われるので覚えてください。

$$f = \delta_s / \lambda_s \quad (\delta_s：汚れの厚さ〔m〕、\lambda_s：熱伝導率〔m^2 \cdot K/(kW)〕)$$

過去問題にチャレンジ！

> ・汚れ係数は、汚れの熱伝導率をその厚さで除して求められる。
>
> (平 14〔学〕問 4、平 17〔学〕問 4)
>
> ・実際の熱交換器では、伝熱管に水あかなどの汚れが付着し、熱伝導抵抗が増大する。この汚れの熱伝導率を汚れの厚さで除したものを、汚れ係数という。(平 30〔学〕問 4)

　逆、逆です！　汚れの厚さ δ_s をその熱伝導率 λ_s で除して求められます（$f = \delta_s / \lambda_s$）。このような問いが主です。

【答：どちらも×】

> ・水あかは、汚れの厚さを汚れの熱伝導率で除して汚れ係数を表す。汚れ係数の単位は（$m^2 \cdot K/kW$）で表せる。(平 19〔学〕問 4)

　$f = \delta_s / \lambda_s$〔$kW/(m \cdot K)$〕の単位をしっかり覚えましょう。辛いだろうけど頑張って！　ノートに、じっくりと熱の移動をイメージしながら書いてみましょう。何かみえてくるはずです。

用語	単位
熱伝導率	〔$kW/(m \cdot K)$〕
熱伝達率	〔$kW/(m^2 \cdot K)$〕
熱通過率	〔$kW/(m^2 \cdot K)$〕
汚れ係数	〔$m^2 \cdot K/kW$〕

【答：○】

9-8　有効内外伝熱面積比　▼上級テキスト 8 次 p.78 右下～

　「内と外の有効伝熱面積の比」です。フィン等を付けて拡大した面が基準になります。基準面は、内側か外側かって問われます。

過去問題にチャレンジ！

> ・ローフィンチューブの有効内外伝熱面積比とは、フィン側有効伝熱面積と管内側伝熱面積

との比をいう。(平17 [学] 問4)

　つまり、フィンをつけた側の面積が管内の面積の何倍か(3.5 ～ 4.2)ってことです。

【答：○】

・水冷凝縮器の冷却管に用いるローフィンチューブは、外面がフィンによって拡大されており、有効内外伝熱面積比 m は 3.5 ～ 4.2 の値である。その冷却管の熱通過率は、外表面積または内表面積のいずれを基準としてもその値は変わらない。(平18 [学] 問4)

　管外が冷媒、管内が冷却水です。これ重要です。

$$m = \frac{外（基準）}{内}$$

$$\frac{1}{k} = \frac{1}{\alpha_r} + m\left(\frac{1}{\alpha_w} + f\right)$$

熱通過率 K は、m で変わります。この問題は、まずローフィンチューブの構造を知らないとダメです。次に m が 3.5 ～ 4.2 が「○」か「×」か判断できねばダメ。そして、外表面基準と内面積基準を理解してないと迷走…、あなたの勉強の深さを試される問題です。

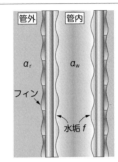

● 水冷凝縮器冷却管のローフィンチューブ ●

【答：×】

・水冷凝縮器に用いる冷却管のローフィンチューブでは、有効内外伝熱面積比 $m = 3.5$ ～ 4.2 の値である。一般に、伝熱管の外表面を基準として、伝熱面積および熱通過率の値を表す。(平22 [学] 問4)

　うむ、素直なよい問題です。

【答：○】

9-9　平均温度差　　▼上級テキスト8次 p.79「平均温度差」

　上級テキストをじっくり読めば、何となくわかります。2冷は計算問題はないし、過去問をこなせば大丈夫です。でも、対数平均温度差や算術平均温度差を理解していないと出題者にあなたはもて遊ばれることでしょう。

過去問題にチャレンジ！

・熱交換器の出入口における両流体間の入口側温度差と出口側温度差との算術平均より求まる温度差を、算術平均温度差という。(平20 [学] 問4)

　うむ。図は水冷式蒸発器の温度変化を表した図です。これを見ながら問題文を読んでみましょう。

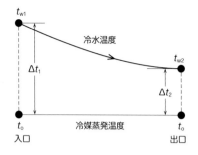

「熱交換器の出入口における両流体間の入口側温度差Δt_1と出口側温度差Δt_2との算術平均より求まる温度差（$\Delta t_m = (\Delta t_1 + \Delta t_2)/2$〔K〕）を、算術平均温度差$\Delta t_m$という。」
これで、どうでしょう。　　　　　　　　　　　　　　　　　　　　　　　　　【答：○】

・熱交換器での伝熱量を算定する場合、熱交換器の両流体間の温度差は近似的には算術平均温度差を用いるが、より正確に求める場合は対数平均温度差を用いる。（平16〔学〕問4）

・熱交換器における伝熱量の計算では、対数平均温度差と算術平均温度差とは差があるので、正確な計算では対数平均温度差を用いたほうがよい。（平26〔学〕問4）

入口と出口の温度変化は直線ではないから、対数的に計算すれば正確です。

【答：どちらも○】

・冷凍装置の熱交換器における伝熱量の計算では、近似的には対数平均温度差を用いるが、より正確に求める場合には、算術平均温度差を用いる。（平16〔学〕問4、平21〔学〕問4）

逆、逆です。　　　　　　　　　　　　　　　　　　　　　　　　　　　　　【答：×】

・冷凍装置の熱交換器における伝熱量の計算には、温度差として算術平均温度差を用い、対数平均温度差を用いてはならない。（平18〔学〕問4）

こ、これは戸惑い問題。対数平均温度差を用いれば正確な計算ができるが、冷凍装置では算術平均温度差を用いても4％以内の差異であるため、簡単な計算（実用的）になる算術平均温度差を用いて伝熱量等の計算をしてもよいのです。　　　　　　　　【答：×】

・熱交換器の伝熱量の計算では、対数平均温度差または算術平均温度差を用いる。正確な伝熱量の計算は、一般に対数平均温度差を用いるが、冷凍装置の熱交換器における伝熱量の計算では、実用的に算術平均温度差を用いることもある。（平28〔学〕問4）

そうですね。と、ここまでこの過去問を解けば断言できるでしょう！　　　　　【答：○】

・熱交換器内では、高温流体と低温流体の温度は熱交換により、それぞれ伝熱面に沿って流れ方向に変化する。平均温度差が同じ場合、並流（並行流）と、向流（対向流）を比較すると、高温流体の入口側温度差は向流の場合のほうが大きくなる。（平23〔学〕問4）

高温流体の入口温度と低温流体の入口温度の差は**並流**のほうが大きくなります。

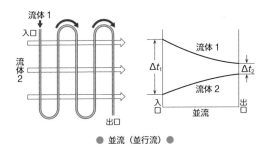

● 並流（並行流）●

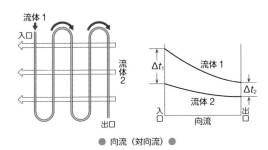

● 向流（対向流）●

【答：×】

アマイモノ
イカが？

難易度：★★★★

⑩　自動制御機器

自動制御機器は、膨張弁を乗りきれば大丈夫です。頑張れ★４つ！

10-1　温度自動膨張弁

保安では問５、学識では問８で出題されます。

（1）基本問題

過去問題にチャレンジ！

> ・乾式蒸発器の冷凍負荷変動に対応した冷媒流量の調節、蒸発器出口の冷媒過熱度の制御などを適切に行うために、温度自動膨張弁や電子膨張弁が使用される。(平22 [学] 問8)

　　負荷変動に対応した冷媒流量の調節、過熱度の制御は温度自動膨張弁の重要な2つの役割のうちの1つです。もう1つは絞り膨張です。　　　　　　　　　　　　　　　　　【答：○】

（2）容量と選定

過去問題にチャレンジ！

> ・膨張弁の選定には標準運転条件だけでなく、蒸発器の大きさ、負荷変動、蒸発温度設定値の変更なども考慮して、膨張弁容量、チャージ方式、均圧形式などを選択する。
> (平21 [学] 問8)

　　なんとなく「○」にする問題。　▼上級テキスト8次 p.126「蒸発器の負荷特性の把握」【答：○】

> ・温度自動膨張弁は、オリフィス口径、弁開度、出入り口間の圧力差、過冷却度により決まる。弁容量が過大であると、ハンチング現象が発生し、冷媒液配管、膨張弁のキャピラリチューブ、均圧管などの亀裂事故につながることがある。(平22 [保] 問5)
>
> ・温度自動膨張弁の容量は、オリフィス口径、弁開度、出入口間の圧力差、過冷却度により決まる。弁容量が大きすぎるとハンチングを起こしやすくなり、小さすぎると熱負荷が大きくなったときに冷却不良などの不具合が生じる。(令1 [保] 問5)

　　うむ。亀裂は重大事故につながります。令和の問題は弁容量が小さい場合も問われ、知識を試すにはよい問題です。　▼上級テキスト8次 p.125「膨張弁の容量」　【答：どちらも○】

> ・温度自動膨張弁の役割には、高圧の冷媒液を蒸発器に絞り膨張させる機能と、設定圧力に応じて冷媒流量を調節する機能があり、膨張弁は蒸発器の標準運転条件のみによって選定する。(平27 [学] 問8)

　　「標準運転条件のみ」ではないです。外気温度の変化や最大最少の負荷変動などを考慮しなければなりません。　　　　　　　　　　　　　　　　　　　　　　　　　　　【答：×】

（3）感温筒のチャージ方式　▼上級テキスト8次 p.120「感温筒のチャージ方式」
　ガスチャージ方式が主に出題されています。

過去問題にチャレンジ！

> ・ガスチャージ方式の温度自動膨張弁の取付において、弁本体頭部を感温筒よりも高い温度に保持できるようにしないと、適切な蒸発器出口冷媒の過熱度制御ができない。
> (平15 [学] 問8)

逆に弁本体が感温筒より低い温度になると、本体内部の冷媒が凝縮してしまい動作不良を起こしてしまう。【答：○】

・温度自動膨張弁の感温筒のチャージ方式のうち、ガスチャージ方式は冷凍装置の始動時の液戻り防止や、圧縮機駆動用電動機の過負荷防止に有効である。(平17 [学] 問8)

有効です。覚えて下さい。上級テキスト8次121ページ右真ん中チョと下（そこで、冷凍装置の始動時の〜）がズバリって感じかな。【答：○】

・ホットガスデフロストを行う装置やヒートポンプ冷暖房兼用装置に使用する温度自動膨張弁では、感温筒温度が過度に上昇してもダイアフラムを破壊することがないように、感温筒はガスチャージ方式を採用する。(令1 [学] 問8)

うむ。液チャージ方式より応答が速いし、一番の特徴は感温筒が高温になってもダイヤフラムが壊れないことです。【答：○】

・液チャージ方式の温度自動膨張弁の感温筒では、膨張弁本体の温度条件は弁動作に影響しない。この膨張弁では、弁開度を一定とした場合、蒸発温度が下がると、過熱度は小さくなる。(令2 [学] 問8)

蒸発温度が下がるほど、過熱度は大きくなります。蒸発温度が低温になるにしたがい、設定過熱度が大きくなる方向にずれてしまいます。 ▼上級テキスト8次 p.121左中 【答：×】

（4）均圧形式　▼上級テキスト8次 p.122「均圧形式」

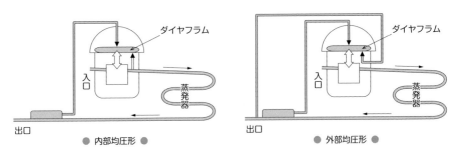

● 内部均圧形 ●　　● 外部均圧形 ●

膨張弁の均圧形式は、ダイヤフラム下面に、蒸発器入口から冷媒圧力を加える内部均圧形と蒸発器出口の冷媒圧力を加える外部均圧形があります。図を見ながら問題を解くあなたは合格間近！！

（a）基本問題

過去問題にチャレンジ！

・温度自動膨張弁のダイヤフラム下面に作用する冷媒圧力を、蒸発器の出口側から導入する場合を内部均圧形、蒸発器の入口側から導入する場合を外部均圧形という。(平22 [学] 問8)

逆ですね。出口側が外部均圧形、入口側が内部均圧形です。【答：×】

・温度自動膨張弁で制御される蒸発器出口冷媒の過熱度は、同じ圧力における冷媒の温度から
　　過熱度＝過熱蒸気温度－乾き飽和蒸気温度
　で表される。

（平23［学］問8）

　これは均圧形式の考え方の基本式です。過熱度の調整は、蒸発器出口の過熱蒸気温度を感温筒の飽和圧力に変換してダイヤフラムの上面に伝えます。一方、感温筒取付部の圧力（乾き飽和蒸気温度）をダイヤフラムの下面に伝えます（外部均圧形）。この圧力差で過熱度にほぼ比例するように制御できます。　　　　　　　　　　　　　　　　　　　　　　　【答：○】

（b）内部均圧形

過去問題にチャレンジ！

・圧力降下の大きな蒸発器や冷媒分配にディストリビュータを使用する場合、圧力降下相当分だけ過熱度が設定値よりずれるため、内部均圧形温度自動膨張弁を使用して、過熱度がずれないようにする。（平13［保］問5）

　蒸発器入り口と出口の圧力降下が大きい場合は、**外部**均圧形を使用しないと過熱度がずれてしまいます。　　　　　　　　　　　　　　　　　　　　　　　　　　　　　　　　【答：×】

・膨張弁と蒸発器との間にディストリビュータを用いる冷凍装置では、一般に内部均圧形温度自動膨張弁を使用する。（平17［学］問8）

　ディストリビュータは圧力降下が大きいので、外部均圧形を使います。　　　　　【答：×】

（c）外部均圧形

過去問題にチャレンジ！

・外部均圧形温度自動膨張弁は、蒸発器の冷媒側の圧力降下が大きい場合に使用する。

（平15［保］問5）

　はい、そのとおり。　　　　　　　　　　　　　　　　　　　　　　　　　　　【答：○】

・外部均圧形温度自動膨張弁の冷媒流量の制御は、蒸発器出口冷媒蒸気の過熱度によって行う。（平18［学］問8）

　蒸発器出口の感温筒で過熱蒸気温度を変換した圧力がダイヤフラムの上面に伝わり、感温筒部分の冷媒圧力が下面に伝わります。その圧力差に応じて冷媒流量を制御します。これは過熱度の大きさにほぼ比例します。つまり、問題文の通りです！　　　　　　　　　　【答：○】

（5）取付け上の注意　▼上級テキスト8次p.126右下「(2) 取付上の注意」〜p.127

　取り付け位置や不具合が、本体と感温筒と混同しないようにイメージを作り上げましょう。学識で出題されます。

過去問題にチャレンジ！

・温度自動膨張弁の弁本体の取り付け姿勢は、ダイアフラムのある頭部を下側にするのがよい。（平 20 [学] 問 8）

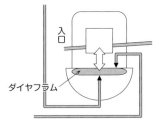

入口

ダイヤフラム

図のようにしては駄目ですよね。「頭部」といわれているダイヤアフラムを上側にします。　▼上級テキスト 8
次 p.126「取付上の注意」

【答：×】

・温度自動膨張弁の感温筒を蒸発器出口の垂直管部に取り付ける場合には、弁本体と連結されている感温筒のキャピラリチューブ接続部を下側にする。（平 14 [学] 問 8）

うむ。原則的に感温筒は水平配管に取り付けるが、垂直配管に取り付ける場合はキャピ接続部を上側に向けないと温度検知が適切にできず変換された圧力が正しく伝わらないです。

【答：×】

・温度自動調整弁の取付けにおいて、蒸発器出入り口管が長い場合に、膨張弁本体と感温筒を蒸発器から大きく離れた位置に取り付けると、ハンチングを発生しやすい。

（平 13 [学] 問 8）

感温筒は蒸発器出口近くに付け、膨張弁本体は入口近くに付けないと（蒸発器本体に近づける）、ハンチング（弁の開閉が短周期に変化する）を起こしやすいです。　【答：○】

・外部均圧形温度自動膨張弁の感温筒は、空気冷却器からの冷風を受けるような位置で、蒸発器出口配管の均圧管接続部よりも下流側に取り付ける。（平 19 [学] 問 8）

間違いは 2 箇所あります。正しくは、「外部均圧形温度自動膨張弁の感温筒は、空気冷却器からの冷風を受けないような位置で、蒸発器出口配管の均圧管接続部よりも上流側に取り付ける」です。

【答：×】

・外部均圧形温度自動膨張弁の均圧管は、蒸発器出口配管の感温筒よりも下流の圧縮機側の配管下側に接続する。（平 21 [学] 問 8）

均圧管は配管上側に接続する。配管下側に接続すると異物が入り込むよね。　【答：×】

・温度自動膨張弁は、弁本体と感温筒がキャピラリチューブで接続されているので、キャピラリチューブの長さによる取付け位置の制限がある。膨張弁本体の取付け位置は蒸発器の冷媒配管入口に近いほうが、また、感温筒の取付け位置は蒸発器の冷媒配管出口に近いほうが、過熱度制御の安定性がよい。（平 26 [学] 問 8）

長さによる取付け位置の制限、過熱度制御の安定性、その通りです！　【答：○】

・乾式蒸発器で用いられる MOP（最高作動圧力）付き温度自動膨張弁は、弁本体温度が感

温筒温度よりも高くなるような温度条件で使用する必要がある。(令1〔保〕問3)

MOP（Maximum Operation Pressure）付は、チャージガス上限圧力である最高作動圧力が設定されているため、感温筒が高温になってもダイヤフラムが破壊されません。よって、過負荷防止、ホットガスデフロスト装置、ヒートポンプ冷暖房装置などに有効です。しかし、弁本体温度が感温筒温度より高く保持できなくなると、感温筒のチャージガスは少ないため感温筒内に飽和液がなくなり弁本体に集り低温となって適切な膨張弁制御ができないので、取り付け場所に注意せよということです。　　　　　　　　　　　　　　　　　【答：○】

（6）取り付け後の保守

「保安」で出題されます。上級テキスト 8 次 214 〜 215 ページ「膨張弁の選定不良または取付け不良」を参照してください。図は $P_1 = P_2 + P_3$ でニードル弁の開度が調整されている正常な状態の概略図です。

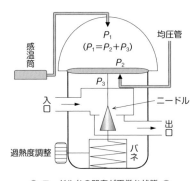

● ニードル弁の開度が正常な状態 ●

過去問題にチャレンジ！

・温度自動膨張弁の感温筒が外れたり、感温筒内ガスが抜けると、過熱度が大きくなり、弁開度が大きくなる。(平13〔保〕問5)

感温筒が**外れる**と、P_1 の圧力が上昇し、ニードル弁は下方に下がります。また過熱度は大きくなり、弁は大きく**開き**ます。

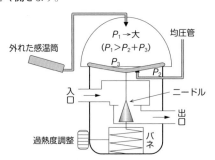

● 温度自動膨張弁の感温筒が外れた状態 ●　　　　　　　　　【答：×】

・温度自動膨張弁の感温筒で漏れが発生すると膨張弁が開いたままとなり、圧縮機吸込み側に液が戻って、液圧縮が発生する。(平 25 [保] 問 3)

温度自動膨張弁の感温筒で漏れが発生すると P_1 の圧力がなくなりニードル弁が上昇、膨張弁は**閉じます**。よって、圧縮機吸込み側に液が戻って、液圧縮は発生**することはない**ですので、蒸発器に冷媒が供給されないため、冷却不良を起こします。

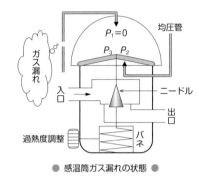

● 感温筒ガス漏れの状態 ●

【答：×】

10-2　定圧自動膨張弁

上級テキスト 8 次 128 ページ右〜 129 ページ右です。温度自動膨張弁との違いをポイントを絞って理解しておきましょう。

過去問題にチャレンジ！

・定圧自動膨張弁は、蒸発圧力を一定に保持するように動作するので、吸込み管に他の圧力制御弁がある場合には、これを使用することは不適切である。(平 20 [学] 問 8)

そうだね、一定にするものが 2 つ付いているのも変ですからねぇ。　　　【答：○】

・定圧膨張弁には、弁出口の圧力を検出して制御する内部均圧形と、蒸発器出口の圧力を検出して制御する外部均圧形とがある。(平 16 [学] 問 8)

温度自動調整弁と同じように内部均圧形と外部均圧形があります。　　　【答：○】

・定圧自動膨張弁は、圧力センサからの電気的信号を調節器で処理し、電気的に駆動して膨張弁開閉の操作を行うため、幅広い制御特性に対応することができる。(平 18 [学] 問 8)

これは電子膨張弁の説明です。定圧自動膨張弁は弁出口または蒸発器出口のいずれかの圧力を検出し、制御します。　　　【答：×】

・蒸発圧力を一定に制御するときは、蒸発圧力調整弁または定圧自動膨張弁を使用する。

(平 22 [学] 問 8)

その通りです。ちなみに「蒸発圧力調整弁」は蒸発圧力を一定値以下にならないようにします。▼上級テキスト 8 次 p.117「自動制御機器」の一番最後　　　【答：○】

> ・定圧自動膨張弁は、弁入口側の冷媒液圧力の影響をほとんど受けないで絞り膨張し、作動
> 圧力調整用ネジで設定した一定の蒸発器内圧力に制御をするので、複数の蒸発器を備えた
> 冷凍装置でも適切に使用できる。（平24［学］問8）

　定圧自動膨張弁は、負荷変動が少なく小形で単一冷凍機に使われる、と知っているなら、負
荷の違う複数の蒸発器を適切に制御できるとは思えませんね。　　　　　　　　　【答：×】

10-3　電子膨張弁

　夢の21世紀なので、この手の機器の問題は増えそうな気がしますが、どうでしょうね。
上級テキスト8次129ページ「電子膨張弁」を参照してください。

過去問題にチャレンジ！

> ・電子膨張弁は、温度自動膨張弁と比べて、調節器によって幅広い制御特性にすることがで
> きる利点がある。（平17［学］問8）

　素直に「○」、そんな感じがするよね。　　　　　　　　　　　　　　　　　　　【答：○】

> ・電子膨張弁は、サーミスタなどの温度センサからの過熱度の電気信号を調節器で演算処理
> し、電気的に駆動して弁の開閉操作を行う。電子膨張弁は、温度自動膨張弁と比較して制
> 御範囲は狭いが、安定した過熱度制御ができる。（平26［学］問8、平28［学］問8）

　一瞬、どこが誤りかわからない、よい？　問題です。「＜略＞電子膨張弁は、温度自動膨張弁
と比較して**幅広い**制御特性（**範囲**）で、安定した過熱度制御ができる」です。　【答：×】

10-4　キャピラリチューブ　　▼上級テキスト8次p.131「キャピラリチューブ」

　昔の家庭用冷蔵庫は、後ろに回れば圧縮機、凝縮器、銅の針金のような細いキャピラリ
チューブが見えて、楽しかったなぁ。単なる細い管だけども、奥が深いんですよ。

過去問題にチャレンジ！

> ・キャピラリチューブは、膨張弁と同様に高圧冷媒液を蒸発器へ絞り膨張させる絞り膨張機
> 構の一種であり、容量の大きな冷凍装置や熱負荷変動の大きい冷凍装置に用いられてい
> る。（平18［学］問8）

　容量の小さな冷凍装置や熱負荷変動の小さい冷凍装置に用いられています。　　　【答：×】

> ・キャピラリチューブは、膨張弁と同じように高圧冷媒液を蒸発器へ絞り膨張させる絞り機
> 構の一種である。凝縮器の圧力と過冷却度の状態によって流量が大きく変わるが、キャピ
> ラリチューブ内で冷媒の流れが臨界状態に到達した場合には蒸発器の圧力の影響は受けな
> い。（平24［学］問7）

「冷媒の流れが臨界状態」というのは「冷媒の流れが音速に達した時」のこと。ってマッハの速さですかね凄いです。このときは出口側の蒸発器圧力の影響を受けないということです。　　　　　　　　　　　　　　　　　　　　　　　　　　　　　　　　　　　　【答：○】

> ・蒸発器の熱負荷変化に応じて冷媒流量を調節するため、乾式蒸発器では、一般に温度自動膨張弁や電子膨張弁が使用される。小容量の冷凍装置には、キャピラリチューブが膨張弁の代わりに使用されることも多い。（平28［学］問8）

そうだね、家庭用冷蔵庫とかだね。　　　　　　　　　　　　　　　　　　　　【答：○】

10-5　蒸発圧力調整弁（EPR：Evaporation Pres-sure Regulator）

▼上級テキスト8次 p.132「蒸発圧力調整弁」、p.20「蒸発温度の異なる2台以上の蒸発器を1台の圧縮機で冷却する場合の冷凍サイクル」

次項の「吸込圧力調整弁」と混同しないように。EPR（Evaporation（蒸発）Pres-sure（圧力）Regulator（レギュレーター））は「保安」では問2、「学識」では問5（と問7）あたりで出題されます。出題数がわりと多いからしっかり勉強しましょう。

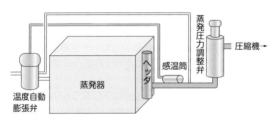

● 蒸発圧力調整弁の取付位置 ●

（1）蒸発圧力調整弁の目的と動作

過去問題にチャレンジ！

> ・蒸発圧力を一定に制御するときは、蒸発圧力調整弁または定圧自動膨張弁を使用する。
> （平22［学］問8）

この一文は心の片隅に留めておきたいです。　**▼上級テキスト8次 p.117「自動制御機器」**
　　　　　　　　　　　　　　　　　　　　　　　　　　　　　　　　　　　　【答：○】

> ・蒸発圧力調整弁は蒸発圧力を一定値以下にならないように制御し、主に水またはブライン冷却器の凍結を防止する。（平25［学］問8）

はい。冷却器を凍結から守ってくれる頼もしいEPRです。　　　　　　　　　　　【答：○】

> ・蒸発圧力調整弁はEPRとも呼ばれ、蒸発圧力を設定圧力以上にならないように制御することができる。蒸発圧力調整弁は蒸発器出口管に取り付ける。（平27［学］問8）

凍結から守ってくれる頼もしいEPRは「**一定値以下にならないよう**」にです！　【答：×】

（2）複数の蒸発器と蒸発圧力調整弁

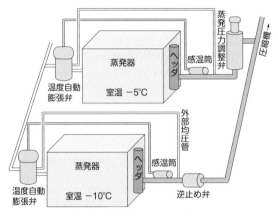

● 2台の蒸発器と蒸発圧力調整弁 ●

過去問題にチャレンジ！

・蒸発圧力調整弁は、水冷却器の凍結防止、非冷却物の一定温度管理、1台の圧縮機による
　蒸発温度の異なる複数の蒸発器の運転などに使用される。（平21〔学〕問8）

・蒸発圧力調整弁を用いると、蒸発圧力が一定値以下にならないように冷凍装置を制御する
　ことができ、1台の圧縮機で蒸発温度の異なる複数の蒸発器を運転することができる。
　　　　　　　　　　　　　　　　　　　　　　　　　　　　　　　　　（平28〔学〕問8）

　その通りです。図を見ながら解けば楽しいでしょう。　　　　　　　【答：どちらも○】

・1台の圧縮機で蒸発温度が異なる2基の蒸発器を制御する場合、蒸発圧力調整弁で制御す
　るのは低圧側である。（平22〔保〕問5）

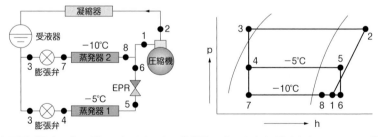

　高圧側（温度の高い方）です。図では、蒸発器1（−5℃）に付けます。　　【答：×】

・1台の圧縮機に蒸発温度の異なる2基の蒸発器をつなぐ場合、蒸発温度の低いほうの蒸発
　器を蒸発圧力調整弁で制御する。（平29〔保〕問5）

　正しい文章にしてみましょう。「1台の圧縮機に蒸発温度の異なる2基の蒸発器をつなぐ場

合、蒸発温度の**高い**ほうの蒸発器を蒸発圧力調整弁で制御する」ですね。 **【答：×】**

（3）蒸発圧力調整弁と温度自動膨張弁とのコラボ

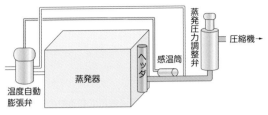

● 蒸発圧力調整弁と温度自動膨張弁 ●

過去問題にチャレンジ！

・蒸発圧力調整弁と温度自動膨張弁とを組み合わせて用いる場合には、感温筒は蒸発圧力調整弁の上流側に取り付けなければならない。（平17［学］問8）

図の感温筒は蒸発圧力調整弁の上流側です。蒸気の流れをイメージしてね。 **【答：○】**

・温度自動膨張弁と蒸発圧力調整弁とを組み合わせて用いる場合には、膨張弁の感温筒は蒸発圧力調整弁の下流側に取り付けなければならない。（平25［学］問8）

うーん、よく読みましょう。「膨張弁の感温筒は蒸発圧力調整弁の**上流側**」ですね。
【答：×】

10-6 吸入圧力調整弁（SPR：Suction Pressure Regulator）

蒸発圧力調整弁との違いを把握しましょう。「学識」の問8あたりで出題されます。「保安」でも（間違って？）出題されるかも？

蒸発圧力調整弁 (Evaporating Pres-sure Regulator)	・蒸発圧力が一定値以下にならないようにする。 ▼上級テキスト8次132ページ「蒸発圧力調整弁」
吸入圧力調整弁 (Suction Pressure Regulator)	・圧縮機吸込み圧力を一定値以上に上昇させない。 ▼上級テキスト8次135ページ「吸入圧力調整弁」

過去問題にチャレンジ！

・吸入圧力調整弁は、圧縮機の電動機の過負荷を防止するために、吸込み圧力が設定圧力より高くならないように制御する調整弁で、パイロット形の主弁は蒸発圧力調整弁と共用できる。（平22［保］問5）

冷凍試験では「設定圧力より高くならないように」と「一定値以上に上昇させないように」と混在していますが同意語に扱われています。パイロット形はパイロット弁と主弁があり、パイロット弁が主弁を制御します。図は直動形です。この年度だけ「保安」で出題されています。（冷凍七不思議の1つ）

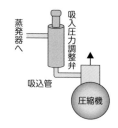

【答：○】

・圧縮機の吸込み圧力が高くなると、電動機が過負荷になるため、圧縮機の吸込み管に吸入圧力調整弁を取り付けて、その調整弁の入口圧力を所定圧力以上にならないように制御する。（令1［学］問8）

　一瞬「○」かと思いますが、落ち着いて読むとゥムムとなります。「<略>その調整弁の出口圧力を所定圧力以上にならないように制御する」です。　　　　　　　　　　【答：×】

・圧縮機の吸込み圧力が一定値以上に高くなると、圧縮機用電動機が過負荷になる。これを防止するために、圧縮機吸込み管に吸入圧力調整弁を取り付ける。（平26［学］問8）

　素直なよい問題だね。　　　　　　　　　　　　　　　　　　　　　　　　　　【答：○】

・吸入圧力調整弁（SPR）は、圧縮機の吸込み圧力が設定の圧力より低くなり、電動機が過負荷となることを防止するために、圧縮機吸込み蒸気配管に取り付けられる。
　　　　　　　　　　　　　　　　　　　　　　　　　　　　　　　　　（平29［学］問8）

　うむ。「吸込み圧力が設定の圧力より**高く**なり、電動機が過負荷となることを防止する」ですね。　　　　　　　　　　　　　　　　　　　　　　　　　　　　　　　　　【答：×】

10-7　凝縮圧力調整弁（CPR：Condensing Pressure Regulator）と冷却水調整弁

　凝縮圧力調整弁と冷却水調整弁は、混同しやすいので両者を一気に勉強し、把握したほうがよいでしょう。

凝縮器圧力調整弁 (Condensing Pressure Regulator)	・空冷凝縮器の圧力調整（冬季の異常圧力低下防止）。 　▼上級テキスト8次135ページ「凝縮圧力調整弁」
冷却水調整弁	・水冷凝縮器に取り付けて凝縮圧力を適正に保つ。 　▼上級テキスト8次137ページ「冷却水調整弁」

（1）凝縮圧力調整弁（CPR）

過去問題にチャレンジ！

・凝縮圧力調整弁は、夏季に空冷凝縮器の凝縮圧力が高くなり過ぎないように設定圧力以下に制御する。（平16［保］問5）

冬季に空冷凝縮器の凝縮圧力が**低く**ならないように設定圧力以上に制御します。　　**【答：×】**

・凝縮圧力調整弁による凝縮圧力制御は、空冷凝縮器への液の滞留による方法であり、そのための受液器は不要である。（平21［学］問8）

凝縮器への液滞留のために、冷媒量に余裕をもたせるように受液器がなければならないです。　　**【答：×】**

・三方形凝縮圧力調整弁は、空冷凝縮器の出口側に取り付けられ、一般に、凝縮圧力が設定値より低下すると調整弁が閉じ、別に設置されたバイパス弁が開いて、受液器内冷媒の送液に必要な圧力を圧縮機吐出しガスから供給するように作動する。（令1［学］問8）

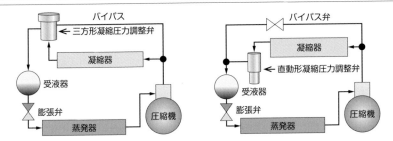

この問いは「直動形」とこの「三方形」の構造や動作を把握してないと戸惑うでしょう。図を見てほしいです。設問は三方形ではなく、**直動形**の説明です。　　**【答：×】**

・凝縮圧力調整弁はCPRとも呼ばれ、凝縮圧力を最低の必要凝縮圧力に設定し、空冷凝縮器の冬季運転時における凝縮圧力の異常な低下を防止する。（平27［学］問8）

うむ。簡潔な素晴らしい文章ですね。　　**【答：○】**

（2）冷却水調整弁

Point
・冷却水調整弁は凝縮圧力を安定に制御するため冷却水の流量を調整する。
・温度式と圧力式がある。

過去問題にチャレンジ！

・水冷凝縮器に取り付ける冷却水調整弁は、凝縮圧力または凝縮温度を検知して作動し、凝縮圧力が適正な状態を保つように冷却水量を調節する。（平27［学］問8）

直動型の圧力式冷却調整弁は、圧力式ベローズで凝縮圧力を検知するもの、ベローズ圧力の代わりに感温筒で温度を圧力変換し検知するもの、凝縮器冷媒温度を検知するものがあります。　また、温度式冷却水調整弁は冷却水出口温度を検知します。それぞれ凝縮圧力が適正な状態を保つように冷却水量を調節します。　　**【答：○】**

・温度式冷却水調整弁は、水冷凝縮器の冷媒温度を検知して作動し、冷凍装置が停止したとき、ただちに冷却水を止めることができる。(平16［学］問8)

　　温度式冷却水調整弁は、水冷凝縮器の冷媒温度を検知して、冷却水量を調整するが応答が**遅い**。圧力式冷却水調整弁は冷凍装置が停止したとき、**自動的**に冷却水を止めることができる。　　　　　　　　　　　　　　　　　　　　　　　　　　　　【答：×】

・水冷凝縮器の冷媒温度を検知して作動する温度式冷却水調整弁は、応答が速く、急激な凝縮圧力変動にも追従することができる。また、この調整弁は、冷媒に直接触れることなく動作し、凝縮器以外のオイルクーラなどの液体の温度制御用にも使用できる。

　　　　　　　　　　　　　　　　　　　　　　　　　　　　　　　　(平30［学］問8)

　　勉強してないとどれもが正しく思えるでしょう。正しくは「水冷凝縮器の冷媒温度を検知して作動する**温度**式冷却水調整弁は、応答が遅く、急激な凝縮圧力変動には追従することができない。＜略＞」です。　　　　　　　　　　　　　　　　　　　　【答：×】

10-8　断水リレー・フロート液面レベル制御　▼上級テキスト8次p.138「断水リレー」

　「断水リレー・フロースイッチ」、「フロートスイッチ・フロート弁」、しっかり整理しましょう。

（1）断水リレー・フロースイッチ

▼上級テキスト8次p.138「10.9.1 圧力式断水リレー、10.9.2 フロースイッチ」

　断水リレーとフロースイッチはセットで学んだほうがよいです。

過去問題にチャレンジ！

・水冷凝縮器の断水リレーは、冷却水回路の断水または大幅な減水、水圧の低下が起きた場合に圧縮機を停止させたり、警報を発したりして冷凍装置を保護する。(平25［保］問5)

　　はい！　素直なよい問題ですね。　　　　　　　　　　　　　　　　　　【答：○】

・断水リレーは、冷却水回路の断水や減水を検知して圧縮機を停止させたり警報を発して装置を保護する安全装置で、圧力式とフロート式がある。(平27［保］問5)

　　圧力式と**流量式**です。圧力式は「圧力断水リレー」、流量式は「フロースイッチ」(うっかり、フロートスイッチと間違わないこと) です。　　　　　　　　　　　　　　　【答：×】

・圧力式断水リレーは水冷凝縮器の冷却水回路に用いられ、冷却水出入口間の圧力降下の変化を検出する圧力スイッチで、圧力降下の小さい場合にのみ用いられる。(平28［保］問5)

　　最後の文言が間違いです。「＜略＞圧力降下の小さい場合は**使えない**。」　【答：×】

・断水リレーには、圧力式と流量式があり、圧力式は流水状態の冷却水出入り口圧力差を検出する圧力スイッチである。流量式は冷却水出入り口の圧力差が小さい場合に用いるもの

で、フロースイッチと呼ばれる。(平20〔保〕問5)

そのとおり。よい文章ですね。断水リレーの圧力式と流量式の違いを把握しましょう。

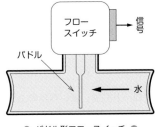

● パドル形フロースイッチ ●

【答：○】

・パドル形フロースイッチは、冷却水配管の圧力降下を検出する断水リレーであり、圧力変化に対して連続的に働き、圧力に対する感度も高い。(令1〔保〕問5)

圧力検知ではないですね。「パドル形フロースイッチは、冷却水配管の**流れを検知する流量式**断水リレーであり、**流量**変化に対して連続的に働き、**流量**に対する感度も高い」でよいでしょう。　【答：×】

・流量式断水リレーの1つであるパドル形フロースイッチは、配管内にパドルを入れて流れを検知する。流量による作動の設定値は調整ねじで設定でき、パドルは流量の変化により連続的に働き、流量感度が高い。(令2〔保〕問5)

うむ、上級テキスト8次138ページ右「10.9.2 フロースイッチ」の全体を上手に組み合わせてありますね。令和2年度の問題文の特徴です。テキストの該当箇所を全部読む必要があります。　【答：○】

（2）フロートスイッチ・フロート弁　▼上級テキスト8次 p.139「フロート液面レベル制御」
液面の制御だよ。「低圧」と「高圧」に注意スベしです。

（a）フロートスイッチ

過去問題にチャレンジ！

・満液式蒸発器の液面レベルの制御に用いられるフロートスイッチは、操作部をもたないので、膨張弁前の電磁弁などに接続して使用される。(平18〔保〕問5)

問題文の通り。他に、リレーや警報アラームなどに接続します。　【答：○】

・フロートスイッチは満液式蒸発器の液面レベルの制御に用いられ、液面高さの上昇、下降にともなうフロートの動きを電気信号に変換し、フロートスイッチに内蔵される電磁弁を直接操作するのが一般的である。(平28〔保〕問5)

電磁弁は内蔵されていないです。内蔵されているのはリレーで、接続された電磁弁を操作します。上級テキスト8次139ページ「10.10.1 フロートスイッチ」右の一番下、「また、フロートスイッチは操作部を持たない～」に、記されています。　【答：×】

（b）フロート弁　▼上級テキスト8次 p.140「フロート弁」

　フロート弁は、いろいろな問題文が出てきますので過去問を多く解くことが大切です。

過去問題にチャレンジ！

・高圧フロート弁はターボ冷凍機でよく使用され、凝縮器の液面レベルを制御することで、蒸発器への液量を制御する。（平17［保］問5）

　はい、ターボ冷凍機と言われればこれです。　　　　　　　　　　　　　　　【答：○】

・満液式蒸発器の液面制御用フロート弁は、液レベルの上下に対応して送液するので、フロートスイッチに手動膨張弁と電磁弁とを組み合わせた場合よりも、液レベルの変動を小さくできる。（平19［保］問5）

・満液式蒸発器の液面制御にフロート弁を用いるよりも、フロートスイッチに手動膨張弁と電磁弁とを組み合わせた場合のほうが、液レベルの上下に対応した送液ができ、液レベルの変動を小さくできる。（平24［保］問5）

　正答は異なりますがあえて一緒にしてみました。冷凍試験はこのような日本語を読み解くことが必要です。平成19年度「場合よりも」、平成24年度「場合のほうが」の違い、さらに文言の前後の入れ替えをお楽しみください！

平19［保］問5【答：○】

平24［保］問5【答：×】

・満液式蒸発器、低圧受液器、中間冷却器などの液面レベルを一定に保持するためのフロート弁は、低圧フロート弁と呼ばれ、高圧冷媒液を絞り膨張させて低圧機器内に送液する。（平25［保］問5）

　うむ！　低圧フロート弁は絞り膨張も兼ねることができます。　　　　　　　【答：○】

・満液式シェルアンドチューブ蒸発器の液面制御では、フロートスイッチに手動膨張弁と電磁弁とを組み合わせた場合よりも、フロート弁のほうが、液面レベルの上下変動に対応した送液ができ、その変動を小さくできる。（平30［保］問5）

　「よりも」と「ほうが」が、上手にコラボした素晴らしい名文です。　　　　　【答：○】

10-9　自動制御機器：電磁弁

　上級テキスト8次142ページ「電磁弁の取扱い、使用上の注意」を参照してください。直動式電磁弁とパイロット式電磁弁の動作の違いを突っ込まれますよ。

直動式電磁弁	・弁前後の圧力差が無くても開閉できる。
パイロット式電磁弁	・弁前後の圧力差がゼロだと動作しない。 ・一般に7～30 kPaの圧力差を要す。

過去問題にチャレンジ！

・直動式電磁弁は開閉動作に弁前後の圧力差が 7 ～ 30 kPa 必要であるが、パイロット式電磁弁は弁前後の圧力差はなくても作動する。（平 21 ［保］問 5）

> 正しくは、「直動式電磁弁は開閉動作に弁前後の**圧力差が無くても作動する**が、パイロット式電磁弁は一般に 7 ～ 30 kPa の弁前後の圧力差が必要である」です。　　　　　　【答：×】

・パイロット式電磁弁は、その作動機構により弁前後の圧力差がゼロでは作動しないが、直動式電磁弁は圧力差がゼロでも作動する。（平 24 ［保］問 5）

> 端的でよい問題ですね。　　　　　　　　　　　　　　　　　　　　　　【答：○】

・直動式の電磁弁は弁前後の圧力差がゼロでは作動しない。直動式の場合、一般に 7 ～ 30 kPa の圧力差が必要である。（平 26 ［保］問 5）

> ハイ、直動式はゼロで作動します！　直動式とパイロット式の作動と圧力差のいろいろな組み合わせオンパレードです。　　　　　　　　　　　　　　　　　　　　　【答：×】

・直動式の電磁弁は小口径の配管に用いられ、大口径の配管にはパイロット式の電磁弁を用いる。パイロット式の電磁弁は弁前後の圧力差がゼロでは作動しない。（平 27 ［保］問 5）

> うむ。なかなか美しい文章です。　　　　　　　　　　　　　　　　　　【答：○】

・直動式の電磁弁は、電磁力で弁が直接駆動され、一般的に口径の大きな電磁弁に用いられる。口径の小さなものはパイロット式となっており、弁前後の圧力差がゼロでは動作しない。（平 28 ［学］問 8）

> えっと、正しい文章にしてみましょう。「直動式の電磁弁は、電磁力で弁が直接駆動され、口径の**小さい**電磁弁に用いられる。口径の**大きな**ものはパイロット式となっており、弁前後の圧力差がゼロでは動作しない」ですね。　　　　　　　　　　　　　　　　【答：×】

10-10　四方切換弁　▼上級テキスト 8 次 p.144 左上「四方切換弁」

四方弁は出題がポツリポツリと忘れた頃に出題されています。注意されたいですね。

過去問題にチャレンジ！

・差圧式の四方切換弁は、冷暖房兼用ヒートポンプなどに用いられる。この弁は一般に、切換え時に高圧側から低圧側への冷媒の漏れが短時間起こるが、高低圧間の圧力差が小さくても完全に切換えできる。（令 1 ［学］問 8）

> 圧力差が充分ないと切換え不良になります。　　　　　　　　　　　　　【答：×】

・冷暖房兼用ヒートポンプに用いられる差圧式四方切換弁は、一般的に切換え時に高圧側と低圧側の圧力に差があると完全な切換えができず、中間期などの長期間運転停止後に切換えを行う。（平 30 ［学］問 8）

今度も「×」です。「<略>切換え時に高圧側と低圧側に圧力差が**充分ない**と切換えができない。**運転中に切り替えを行う。**」が正しい文章です。　　　　　　　　　　　【答：×】

・ヒートポンプに用いられる四方切換弁は、冷媒の流れを切り換えて冷凍サイクルの二つの熱交換器の役割を入れ換える。（平26［保］問5）

「二つの熱交換器の役割を入れ替える」は、「凝縮器と蒸発器の役割を逆にする」ということです。　　　　　　　　　　　　　　　　　　　　　　　　　　　　　　　　　　　【答：○】

10-11　圧力スイッチ、油圧保護スイッチ

　圧力スイッチ、油圧保護スイッチは、上級テキスト8次144ページ「圧力スイッチ」、「油圧保護スイッチ」を参照してください。テキストでは「学識編」の項目となりますが、試験では「保安管理技術」の試験問題として出題されています。

（1）圧力スイッチ

過去問題にチャレンジ！

・圧力スイッチの作動については、電気接点の開と閉の間の動作すきまが必要で、これを入り切り差またはディファレンシャルといい、通常、この動作すきまの範囲は調整できる。
（平19［保］問5）

　その通りとしか言いようがないです。「動作すきま」や「ディファレンシャル」は他の試験でもよく出てきますね。　　　　　　　　　　　　　　　　　　　　　　　　　　　　【答：○】

・圧縮機の保護や冷凍装置の保安を目的とする圧力スイッチは、原則として自動復帰形を用いる。（平23［保］問5）

　保安目的ですから、やはり手動復帰でしょ。　　　　　　　　　　　　　　　　【答：×】

・冷凍装置の高圧圧力の異常な圧力の上昇を防止する高圧圧力スイッチは、安全装置としての高圧遮断装置であり、原則として手動復帰式である。（平28［保］問5）

　　はい、その通り！　　　　　　　　　　　　　　　　　　　　　　　　　　　【答：○】

（2）油圧保護圧力スイッチ　　▼上級テキスト8次 p.144「油圧保護圧力スイッチ」

過去問題にチャレンジ！

・多気筒圧縮機の油圧保護圧力スイッチは、クランクケース内の冷媒蒸気圧力と給油圧力との差圧が設定値よりも低下すると、一定時間後に圧縮機を停止させる。（平15［保］問5）

　そうなんです、設定値より低下しても即停止ではないです。一定時間後（約90秒）です。
　▼上級テキスト8次 p.145 左下（「…作動圧力に到達してから接点開の作動までの時間が、調整できるようになっている。作動を遅らせる（一般に90秒程度）理由は…」）　　　　　【答：○】

- 油圧保護圧力スイッチは、圧縮機の給油ポンプ圧力とクランクケース圧力との差圧を検出し、差圧が設定値以下になると、直ちに圧縮機を停止させるものである。（平 20 [保] 問 5）

- 圧縮機の油圧保護圧力スイッチは、圧縮機の軸受などを焼付き事故から保護するため、油圧が定められた値より低下すると、低下した瞬間に圧縮機を停止させる。（平 27 [保] 問 5）

　問題文を切り貼りして正しい文章にしてみましょう。「圧縮機の油圧保護圧力スイッチは、圧縮機の軸受などを焼付き事故から保護するため、給油ポンプ圧力とクランクケース圧力の差圧を検出し、差圧が定められた値より低下すると、一般に 90 秒程度の**一定時間後に作動**させ圧縮機を停止させる。**手動復帰である**」ですね。　　　　　【答：どちらも×】

- 油圧保護圧力スイッチは、給油圧力と圧縮機吐出し圧力との圧力差が設定値になると、圧縮機を停止させる。（平 23 [保] 問 5）

　おっとー！　「給油ポンプ圧力と**クランクケース圧力**との差圧」です！　　　【答：×】

- 圧縮機の油圧保護圧力スイッチは、始動時または運転中に一定時間経過しても給油圧力が定められた圧力を保持できなくなったときに圧縮機を停止させて保護するスイッチで、手動復帰式である。（平 28 [保] 問 5）

　テキストを上手にまとめた素直なよい問題ですね。　　　　　　　　　　【答：〇】

10-12　低圧と高圧圧力スイッチ

　低圧高圧圧力スイッチは上級テキスト 8 次 学識編 145 ページ「低圧圧力及び高圧圧力スイッチ」、圧力スイッチ関係は上級テキスト 8 次 保安編 193 ページ「冷凍装置の合理的運転と保守管理」で各所に登場します。試験では学識編の内容が「保安管理技術」の試験問題として出題されていますので留意されたいです。「高圧遮断圧力スイッチ」関連の問題は、「13-2　高圧遮断装置」にあります。

（1）低圧圧力スイッチ

過去問題にチャレンジ！

- 自動復帰形の低圧圧力スイッチを用い、それの作動圧力の入り切り差をあまり小さく設定すると、圧縮機の電動機焼損の原因となることがある。（平 23 [学] 問 8）

　入切り差が小さいと圧縮機が短時間で運転停止を繰り返し電動機焼損の恐れがあります。　　　　　　　　　　　　　　　　　　　　　　　　　　　　　　　【答：〇】

- 低圧圧力スイッチは、冷凍負荷の減少などで圧縮機吸込み圧力が低下した場合には、その圧力低下を検知して圧縮機を停止させる。（平 26 [保] 問 5）

　そうだね、その通り。ちなみに自動復帰で再始動させます。　　　　　　【答：〇】

- 低圧圧力スイッチを使用する場合、冷凍装置の圧縮機の吸込み蒸気配管にその圧力検出端

を接続する。このスイッチは、一般に、蒸発圧力が異常に上昇したとき、その圧力を検出して圧縮機電源回路を遮断し、圧縮機を停止することに使用される。(令1〔保〕問5)

うーん、文章が長いので一瞬戸惑うかも。でも、よく読めば楽勝です。「<略>一般に、蒸発圧力が**低下**したとき、<略>」ですね。　　　　　　　　　　　　　　【答：×】

（2）高圧圧力スイッチ　▼上級テキスト8次 p.146「高圧圧力スイッチ」

出題数は少ないので、自動復帰形と手動復帰形があることに留意して確実にGET! したいですね。

過去問題にチャレンジ！

・高圧圧力スイッチを凝縮器用送風機の台数制御に用いる場合には、手動復帰式でなければならない。(平18〔保〕問5)

できました？自動復帰でなければ台数制御できませんね。受験者を、あざ笑うかのような問題です。あなたは、惑わされない、大丈夫、大丈夫。　　　　　　　　　【答：×】

・高圧圧力スイッチは、圧縮機吐出し圧力が設定圧力に達すると、圧縮機を停止させる。
(平23〔保〕問5)

そう、その通り。ちなみに安全装置として、使用しているから原則として手動復帰です。
【答：○】

・手動復帰形の高圧圧力スイッチは、保安のための安全装置として用いるものであり、空冷凝縮器の送風機の台数制御には用いられない。(平27〔保〕問5)

うむ、そうだね。自動復帰形を用いるですね。　　　　　　　　　　　　　【答：○】

10-13　サーモスタット　▼上級テキスト8次 p.146「サーモスタット」

さ、自動制御機器の最後を飾る「サーモスタット」です。蒸気圧式サーモスタットの感温筒の3つのチャージ方式のうち、ガスチャージ方式が主に出題されていますが、吸着チャージ方式と液チャージ方式も把握する必要があります。

過去問題にチャレンジ！

・ガスチャージ方式サーモスタットは、感温筒内の液量が少ないため応答は速く、受圧部のある本体の温度が感温筒の温度より低くなっても正常に作動する。(平25〔保〕問5)

惑わされないように！　「低く」ではなく、「高く」です。MOP 付き温度自動膨張弁の弁本体と感温筒の動作と似ていますね。　　　　　　　　　　　　　　　　　【答：×】

・ガスチャージ方式のサーモスタットは、受圧部の温度が作動に及ぼす影響が小さく、サー

モスタット本体が感温筒と異なった温度環境でも使用できる。(平26〔保〕問5)

　うーん、正しい文章にしましょう。「**吸着チャージ方式のサーモスタットは、受圧部の温度**が<略>」。吸着チャージ方式の大切な特徴の1つです。　　　　　　　　**【答：×】**

・ガスチャージ方式の蒸気圧式サーモスタットは、感温筒内に封入した媒体が最高使用温度で全て蒸発し終わるように制限チャージされている。このサーモスタットは、主に低温用に使われ、感温筒よりも受圧部の温度が高くないと正常に作動しない。(令1〔保〕問5)

　上級テキストに記されている「制限チャージ」は問題文で初めて使われました。感温筒内の媒体が最高使用温度ですべて気化するようにチャージされます。　　　　　　　**【答：○】**

・電子式サーモスタットは、応答が速く、温度感度と精度が高く、作動温度範囲を広くできる。また、温度検出対象は、水などの流体だけでなく、固体表面に接触させる温度検出用にも使用される。(令2〔保〕問5)

　上級テキストを一度読んでおけば、たいがい「○」にする素直な文章です。電子式は過去問にありませんが、今後は増えるかも知れません。　　　　　　　　　　　　　　**【答：○】**

難易度：★★

11　附属機器

　附属機器は、冷媒が通る機器のことです。設置場所を整理しながら解けば大丈夫でしょう。★2つ。

11-1　油分離器　　▼上級テキスト8次 p.108「油分離器」

　油分離器は毎年と言ってよいほどに出題されます。どんな冷凍装置に、どこへ取り付けて、なにをするのか、どんな種類があるのか。油分離器の問題は「保安」問6で出題されています。

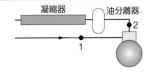

凝縮器　　　　油分離器

過去問題にチャレンジ！

・油分離器は、凝縮器や蒸発器に冷凍機油が入り込むのを極力防止する機能をもつ。アンモニア冷凍装置では圧縮機吐出し側に設置することが多いが、フルオロカーボン冷媒用の多気筒圧縮機を使用した冷凍装置で、乾式蒸発器を使用する場合は油分離器を設置しないことがある。また、低温装置では蒸発器からの油戻しが難しいので、油分離器の設置が必要である。(平23〔保〕問6)

そのとおり！　って、長い問題文ですね。「油分離器はアンモニア装置は必ず設置、フルオロ装置も設問のような場合は必要」とわかればよいです。　　　　　　　　　【答：○】

・蒸発温度が−40℃以下の冷凍装置では、冷凍機油の粘度が高くなり、蒸発器からの油戻しが難しいため、油分離器を設けて循環する冷凍機油量を減らすようにする。(令1〔保〕問6)

素直なよい問題です。テキストにも「−40℃以下」と具体的数値が記されていますので記憶に留めておきたいですね。　　　　　　　　　　　　　　　　　　　　【答：○】

・デミスタ式油分離器は、圧縮機吐出しガス中の油滴をデミスタ内の線条で捕らえて分離する方式であり、蒸発器での伝熱作用が油によって阻害されるのを防ぐ。(平25〔保〕問6)

・デミスタ式油分離器は、吐出しガス中の油滴をデミスタ内の繊維状の細かい金属線で捕らえ、分離する。(平30〔保〕問6)

全くその通り！　附属機器は、目的、構造、動作を覚えておく必要がありますね。
　　　　　　　　　　　　　　　　　　　　　　　　　　　　　　【答：どちらも○】

・油分離器は、圧縮機吐出し冷媒ガスに含まれている潤滑油を分離して、凝縮器や蒸発器での熱交換の低下を防止する。油分離器には、バッフル式、金網式、デミスタ式などがある。(平27〔保〕問6)

うむ。上級テキストを一度読んでおけば大丈夫かと思います。　　　　　　【答：○】

・装置全体の配管距離が長く、油が圧縮機に戻りにくくなる場合は、液分離器を設けて冷凍装置内を循環する油を減らすようにする。(平28〔保〕問6)

「液分離器」→「油分離器」です！　圧縮機の油が減らないように、装置内を循環する油を減らすのも油分離器の目的の1つです。　　　　　　　　　　　　　　　　　　【答：×】

11-2　受液器

　高圧と低圧の受液器があるので、混同しないようにしましょう。また容量、目的を把握し、上級テキスト8次109ページ「高圧受液器」を一度熟読しましょう。出題年度に注目すると、ポツリ、ポツリと忘れた頃に出題される感じです。

（1）高圧受液器

　図は簡単な冷凍サイクル図です。高圧受液器は、凝縮器の出口側にあります。主な目的は、
　　・冷媒液量の変動を吸収する
　　・冷媒の回収
です。

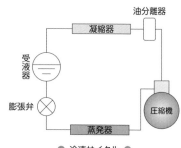

● 冷凍サイクル ●

過去問題にチャレンジ！

・高圧受液器の容量は、圧縮機のピストン押しのけ量によって決定される。(平15〔保〕問6)

・高圧受液器は凝縮器で凝縮した冷媒液を蓄える容器であり、その内容積は装置の冷凍能力によって決定される。(平21〔保〕問6)

　　ピストン押しのけ量や冷凍能力は関係ない。あくまでも「冷媒充填量の大部分を回収できる容量」です。【答：どちらも×】

・受液器は、蒸発器の運転状態の変化が大きいときに、凝縮器と蒸発器での保有冷媒量の変化を受液器で吸収する。また、修理時に装置内の冷媒を回収したとき、受液器に20%以上の蒸気空間を残す必要がある。(平23〔保〕問6)

・高圧受液器の容量は、修理時に装置内の冷媒充てん量の大部分を回収できる容量とし、回収される冷媒液は受液器の内容積の80%以内とする。(平29〔保〕問6)

　　「装置内の冷媒充填量の大部分を回収できる容量」、「20%以上の蒸気空間」、「冷媒液80%以内」を覚えましょう。【答：どちらも○】

・ヒートポンプ装置では、冷房と暖房の切換えにより熱交換器内の冷媒量が変わるので、高圧受液器でその変化量を吸収する。(平30〔保〕問6)

　　いえい！　ヒートポンプ装置の受液器と聞いてビビらない。至極当然のことです。【答：○】

・水冷横形シェルアンドチューブ凝縮器では、空冷凝縮器に比べて器内に冷媒液をためる容積が小さいので、受液器を必要とする場合が多い。(令1〔保〕問6)

　　過去にはない大胆な間違い問題です。「**空冷凝縮器では、水冷横形シェルアンドチューブ凝縮器に比べて器内に冷媒液をためる容積が小さいので、受液器を必要とする場合が多い**」が正しいですね。【答：×】

（2）低圧受液器

過去問題にチャレンジ！

・冷媒液強制循環式冷凍装置の低圧受液器は、液分離器としての機能も果たしている。
(平15〔保〕問6)

　　冷媒液強制循環式は蒸発器から出た気液混合冷媒を低圧受液器にもどし、液とガスを分離し圧縮機へ吸い込まれます（図参照）。

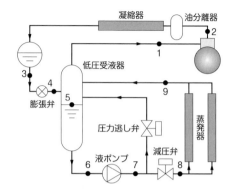

【答：○】

> ・低圧受液器は、冷媒液強制循環式冷凍装置の液溜めの機能と液分離の機能を併せもつ。
>
> 　　　　　　　　　　　　　　　　　　　　　　　　　　　（平18〔保〕問6）

　液溜めの機能で蒸発器が安定した運転ができ、液分離機能で圧縮機への液戻りを防ぐ、また加熱してない蒸気を圧縮機に吸い込ませることができます。　　　　【答：○】

> ・低圧受液器、ポンプ式冷凍装置の蒸発器へ低圧冷媒を送り込むための液溜機能と蒸発器から戻った冷媒を気液分離する機能がある。また、運転状態が大きく変化しても、冷媒液ポンプが安定して運転できるように、十分な冷媒液量の保特と一定した液ポンプ吸込み揚程が確保できるようにする。（平23〔保〕問6）

　年々、文章が長くなっています。　　　　　　　　　　　　　　　　【答：○】

11-3　サイトグラス　　▼上級テキスト8次p.111「サイトグラス」

　平成29年度に初めて出題されたサイトグラス！

過去問題にチャレンジ！

> ・サイトグラスは冷媒液配管中に設置され、運転中に液管でフラッシングがあると気泡となって現れるので冷媒の流れの状態を見ることができる。さらに、のぞき窓の内側に水分含有量により変色するモイスチャインジケータがあり、冷媒中の水分含有量が許容範囲にあるかどうかを指示色によって判断することができる。（平29〔保〕問6）

　手間入らずの自動制御運転冷凍機でも、このような附属品の知識があれば万全です。著者は、サイトグラスを毎日必ず目視点検していました。　　　　　　　　【答：○】

11-4　ろ過器（フィルタドライヤ）　　▼上級テキスト8次p.110「ろ過乾燥器（フィルタドライヤ）」

　アンモニア冷凍装置とフルオロカーボン冷凍装置の「水分」の違いを把握してください。

（1）基本問題

過去問題にチャレンジ！

・フィルタドライヤは、冷媒中の水分を吸着して除去するために、一般に吸込み配管に取り付ける。（平16［保］問6）

受液器出口（膨張弁手前とか）冷媒液管に取り付けます。　【答：×】

（2）アンモニア冷凍装置

過去問題にチャレンジ！

・アンモニア冷凍装置の場合、冷媒系統内の水分はアンモニアと結合しているため、乾燥剤による分離がむずかしい。（平21［保］問6）

分離が難しいので、アンモニア冷凍装置では乾燥剤は使用しないです。　【答：○】

・アンモニア冷凍装置の冷媒系統に水分が存在すると、装置各部に悪影響を及ぼす。そこで、フィルタドライヤにアンモニア液を通して、アンモニア液中の水分を吸着除去する。（平24［保］問6）

・アンモニア冷凍装置では、冷媒系統内の水分を除去するために、シリカゲルやゼオライトを内部につめたろ過乾燥器を用いる。（平28［保］問6）

アンモニア冷凍装置ではフィルタドライヤ（ろ過乾燥器）は使用しない（できない）です。
シリカゲルやゼオライトは有名な乾燥剤ですが、惑わされないように。　【答：どちらも×】

・アンモニア冷凍装置の冷媒系統に水分が存在すると、膨張弁での氷結や金属材料の腐食など装置各部に悪影響を及ぼす。そこで、冷凍装置の吸込み配管にフィルタドライヤを取り付け、水分を吸着除去する。（平26［保］問6、令2［保］問6）

アンモニア冷凍装置では、フィルタドライヤは使用しない！　それと、「吸い込み配管には取り付けない！」ことも勉強したあなたへの素敵なプレゼントです。　【答：×】

・アンモニア冷凍装置に水分が混入した場合、冷媒系統内の水分はアンモニアに溶解するため、フィルタドライヤなどの乾燥剤による吸着分離がむずかしい。（平30［保］問6）

素直なよい問題ですね。　【答：○】

（3）フルオロカーボン冷凍装置

過去問題にチャレンジ！

・フィルタドライヤは、フルオロカーボン冷凍装置に使用される。（平13［保］問6）

はい、フルオロカーボン冷凍装置は水分は大敵です。アンモニア冷凍装置ではアンモニア水となるから微量なら大丈夫です。　【答：○】

・フルオロカーボン冷凍装置には、一般に、吸込み配管にろ過乾燥器が取り付けられており、このろ過乾燥器に冷媒蒸気を通し、冷媒蒸気中の水分を吸着して水分を除去する。ろ過乾燥器に充てんされている乾燥剤には、シリカゲルやゼオライトなどが用いられている。（令1［保］問6）

慌ただしく解くと間違えます。「＜略＞**高圧**配管に＜略＞冷媒**液**を通し、冷媒**液**中の水分を」が正しいです。　　　　　　　　　　　　　　　　　　　　　　　　　　　【答：×】

・フルオロカーボン冷凍装置では一般に高圧液配管へフィルタドライヤを取り付けて、冷媒系内に侵入した水分をシリカゲルやゼオライトなどの乾燥剤で除去する。（平25［保］問6）

その通り！　　　　　　　　　　　　　　　　　　　　　　　　　　　　　　【答：○】

11-5　液ガス熱交換器　▼上級テキスト8次 p.112「液ガス熱交換器」

　液ガス熱交換器は、テキストでは半ページにも満たない項目なのですが、出題数が多いです。サイクル図の動作説明を読み、イメージが浮かべば最高！

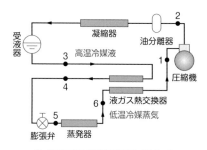

● 液ガス熱交換器付冷凍サイクル ●

【液ガス熱交換器付冷凍サイクル動作】
1. 凝縮器出口（受液器）を出た高温（高圧）冷媒液は、液ガス熱交換器の液入口に入る（点3）。
2. 同時に液ガス熱交換器のガス入口には、蒸発器出口からの低温（低圧）冷媒ガスが入る（点6）。
3. 互いのガスは熱交換する。
4. フラッシュガスの発生を防止するため、液を過冷却する（点4）。それと、湿り蒸気を吸い込んで液圧縮を防止するため吸込み蒸気を適度に過熱させる（点1）。
※注）アンモニア冷凍装置では使用しない。

（1）液ガス熱交換器の目的

過去問題にチャレンジ！

・フルオロカーボン冷凍装置に用いられる液ガス熱交換器の主目的は、装置の成績係数の改

善を行うことである。(平20 [保] 問6)

　うーむ、簡単のようだが考え込んでしまうかも。**フラッシュガス発生の防止、適度な過熱度にし液戻り防止**が主な目的。さぁ、頑張りましょう。合格は目の前だ！　　　　【答：×】

・液ガス熱交換器は、液配管が長い場合や周囲の温度の高い所を通るときにフラッシュガスが発生するのを防ぐため、フルオロカーボン冷凍装置に使用される。(平16 [保] 問6)

・フルオロカーボン冷凍装置の液管が長い場合、液ガス熱交換器で冷媒液を過冷却することは、液管内でのフラッシュガス発生防止に有効である。(平28 [保] 問6)

　液ガス熱交換器は、冷媒液の過冷却度と圧縮機吸込み蒸気の過熱度を適度に保ちます。設問の液配管では、冷媒液を過冷却しフラッシュガスの発生を防止できます。【答：どちらも○】

・フルオロカーボン冷凍装置の液ガス熱交換器は、膨張弁前の液を圧縮機吐出しガスによって加熱するものである。(平17 [保] 問6)

　フルオロカーボン冷凍装置の液ガス熱交換器は、膨張弁前の液を**蒸発器からの低温蒸気と熱交換させる**ものです。　　　　　　　　　　　　　　　　　　　　　　【答：×】

・フルオロカーボン冷凍装置の液ガス熱交換器は、圧縮機吸込み蒸気の過熱度を適度に持たせて液戻りを防げるが、蒸発器の効率は低下する。(平19 [保] 問6)

　過熱度も過冷却度も適度に保つので、低下しないのです！　　　　　　　　　【答：×】

・液ガス熱交換器は、凝縮器から出た凝縮液と蒸発器からの低温蒸気と熱交換させて、液の過冷却と圧縮機吸込み蒸気の過熱度を適度にもたせることができる。また、低圧受液器や満液蒸発器からの油戻し管を熱交換器の吸込み蒸気側に接続し、油に含まれた冷媒液を蒸発させることもできるので、フルオロカーボン冷凍装置やアンモニア冷凍装置でも広く使用されている。(平23 [保] 問6)

　な、長い（笑）でも、アンモニア云々で「×」と直感できれば、合格！　　　【答：×】

・液ガス熱交換器は、負荷変動などによる液戻りに対して有効にはたらくが、液管内のフラッシュガスの発生を防止できない。(平25 [保] 問6)

　おもいっきり誤りすぎて、逆に戸惑ってしまうようなサービス問題です。　　【答：×】

・フルオロカーボン冷凍装置の液ガス熱交換器は、冷媒液の過冷却度と圧縮機吸込み蒸気の過熱度を適度にもたせることにより、液管内でのフラッシュガス発生を防止でき、負荷変動などによる液戻りもある程度防止できる。(平26 [保] 問6)

・フルオロカーボン冷凍装置の液管が長い場合、液ガス熱交換器で冷媒液を過冷却することは、液管内でのフラッシュガス発生防止に有効である。(平28 [保] 問6)

　その通り！　なかなか素直なよい問題。何の迷いもなく「○」ですね！　【答：どちらも○】

（2）液ガス熱交換器とアンモニア冷凍装置

過去問題にチャレンジ！

・液ガス熱交換器は高圧液配管でのフラッシュガス発生防止に有効であり、アンモニア冷凍装置にも使用される。（平21［保］問6）

・液ガス熱交換器は、液の過冷却増大と蒸気の過熱増大の相乗効果で、冷凍効果の増大が期待できるので、アンモニア冷凍装置にも使用される。（平22［保］問6）

　アンモニア冷凍装置で使用すると、過熱度増大で圧縮機吐出しガス温度が著しく上昇してしまうので使用しません。また、冷凍効果の増大は期待できません。これを間違うようでは勉強不足ですよ。　**【答：どちらも×】**

・アンモニア冷凍装置では、液ガス熱交換器を設けて、凝縮器出口の高温冷媒液と蒸発器出口の低温冷媒蒸気を熱交換させ、凝縮器出口冷媒液の過冷却度と圧縮機吸込み蒸気の過熱度とを大きくさせるほうがよい。（平24［保］問6）

　うむむ！　先頭の「アンモニア冷凍装置」を「フルオロカーボン冷凍装置」に変更すれば正しくなりますね。　**【答：×】**

11-6　中間冷却器　▼上級テキスト8次 p.112「中間冷却器」

1冷は必須ですが、2冷ではレアな問題です。

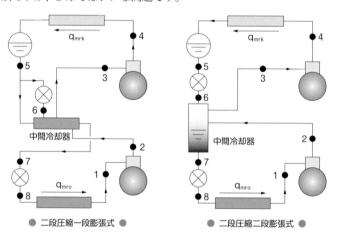

● 二段圧縮一段膨張式 ●　　　● 二段圧縮二段膨張式 ●

過去問題にチャレンジ！

・中間冷却器には、その冷却方法により、フラッシュ式、液冷却式、直接膨張式がある。フラッシュ式は二段圧縮一段膨張式冷凍装置に用いられる。（平29［保］問6）

　フラッシュ式は二段圧縮二段膨張式に用いられ、液冷却式、直接膨張式は二段一段膨張式に

用いられます。　　　　　　　　　　　　　　　　　　　　　　　　　　　【答：×】

> ・中間冷却器には、その冷却方法により、フラッシュ式、液冷却式、直接膨張式がある。液冷却式は、二段圧縮一段膨張式冷凍装置の中間冷却器に利用される。（令1〔保〕問6）

今度は正解。形式を覚えておく必要があります。2冷でも必須になったかな？　【答：○】

11-7　液分離器、液戻し装置

　附属機器は、まんべんなく公平に？　出題されています。液分離器は、上級テキスト8次113ページ「液分離器」を参照してください。

（1）液分離器
　液分離器は、結構出題されますよ。

過去問題にチャレンジ！

> ・液分離器は圧縮機と凝縮器の間に取り付けられ、分離した液は少量ずつ圧縮機に戻されるようになっている。（平16〔保〕問6）

ちゃうよね！　圧縮機と蒸発器の間に設置します。圧縮機と凝縮器の間は「油分離器」ですね。

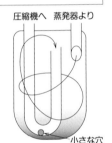

圧縮機へ　蒸発器より

小さな穴

【答：×】

> ・小形のフルオロカーボン冷凍装置の液分離器は、負荷変動時の吸込み蒸気に含まれる冷媒液を分離し、液分離器底部の冷媒液と冷凍機油を少量ずつ圧縮機に戻す。（平24〔保〕問6）

その通り、よい問題ですね。　　　　　　　　　　　　　　　　　　　　　【答：○】

> ・アンモニア冷凍装置の吸込み側に設ける液分離器には、器内蒸気の流速を1 m/s以下とし、液滴を重力によって容器の下部に溜まるようにするものがある。
> 　　　　　　　　　　　　　　　　　　　　　（平17〔保〕問6、平21〔保〕問6）

流速 1 m/s 以下で少々戸惑うかな？　素直に
「○」。ここで、覚えられたはずです！

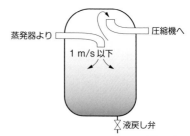

蒸発器より

圧縮機へ

1 m/s 以下

液戻し弁

【答：○】

・液分離器は、冷凍装置の熱負荷変動の際に圧縮機吸込み蒸気に混入した冷媒液を分離するが、アンローダ作動時の液戻りの防止には効果がない。（平 19〔保〕問 6）

・液分離器は、蒸発器と圧縮機の間に取り付けられ、冷凍装置の負荷変動の際に、圧縮機吸込み蒸気に混入した冷媒液を分離して蒸気だけを圧縮機に吸い込ませ、液戻りによる圧縮機の事故を防ぐ。しかし、多気筒圧縮機のアンローダが作動したときの、液戻り防止には効果がない。（平 26〔保〕問 6）

効果が**ある**のです！　液分離器は、液戻り防止のために付けます。年々問題が長文化している傾向があります。　　　　　　　　　　　　　　　　　　　　【答：どちらも×】

・ヒートポンプでは、冷房と暖房の間で運転モードを切り換えたときに熱交換器内の冷媒量が変化するため、液分離器を設置し、この変化量を吸収する。（平 27〔保〕問 6）

このような変化量を吸収するのは、受液器なのです。　　　　　　　　　　　【答：×】

（2）液戻し装置　　▼上級テキスト 8 次 p.113 右一番下〜「液戻し装置」

過去問題にチャレンジ！

・大形のアンモニア冷凍装置では、液分離器で分離された冷媒液を液だめ器を介して高圧受液器に戻す液戻し装置を設ける場合がある。液分離器と液だめ器および液だめ器と高圧受液器との間にはそれぞれ逆止め弁を取り付ける。（平 27〔保〕問 6）

液戻し管で蒸発器に戻しきれない場合、液溜め器を介して高圧受液器に戻す**液戻し装置**を設けます（図参照）。

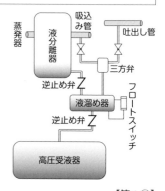

蒸発器

液分離器

吸込み管

吐出し管

三方弁

逆止め弁

液溜め器

フロートスイッチ

逆止め弁

高圧受液器

【答：○】

・自動液戻し装置において、液だめ器と高圧受液器とのヘッド差が小さいので、逆止め弁を取り付けないのが一般的である。(平14［保］問6)

全然一般的ではない。逆止弁がないと高圧受液器側から液溜め器に逆流してしまいます（図参照）。　　　　　　　　　　　　　　　　　　　　　　　　　　　　　　　　　　【答：×】

・液戻し装置では、逆流防止用に高圧受液器と液溜め器の間に逆止め弁を取り付けるが、液分離器と液溜め器の間には、低圧側のため逆止め弁は必要ではない。(平18［保］問6)

うむ。図を見て。高圧受液器に冷媒液を流すために液溜め器には、三方弁が切り替って吐出し管からの圧力がかかります。そのときに、液分離器と液溜め器の間に逆止弁がないと、液溜め器から液分離器へ冷媒液が逆流してしまうのです。　　　　　　　　　　　　　【答：×】

11-8　不凝縮ガス分離器　▼上級テキスト8次p.114「不凝縮ガス分離器」

過去問題にチャレンジ！

・不凝縮ガス分離器（ガスパージャ）は、凝縮器上部に取り付けて、冷凍装置停止後に、凝縮器上部に集まった不凝縮ガスを冷媒蒸気と分離して器外に排出する装置で、不凝縮ガスだけを排出することができる。(平15［保］問6)

う〜ん、引っ掛けられないように。ガスパージャは、冷凍装置を停止しないで不凝縮ガスを取り出せるし、冷媒が不凝縮ガスと一緒に出にくいなど、とても便利な附属機器だね。アンモニア冷凍装置の場合は、アンモニアが大気中へ放出されないように除害設備を必ず設けます。　　　　　　　　　　　　　　　　　　　　　　　　　　　　　　　　　　　　【答：×】

・アンモニア冷凍装置に取り付けた不凝縮ガス分離器から不凝縮ガスを排出する際には、除害設備を設けて、アンモニアを直接大気中に排出しないようにする。
(平22［保］問6、平25［保］問6、平28［保］問6)

うむむ、この問題は多いから心に留めておきたいです。　　　　　　　　　　　【答：○】

11-9　油回収器　▼上級テキスト8次p.115「油回収器」

過去問題にチャレンジ！

・フルオロカーボン冷凍装置の満液式蒸発器に油回収器を付けるのは、蒸発器内の冷媒中の油濃度が一定値以上にならないようにして、圧縮機が潤滑油不足になるのを防ぐためである。(平14［保］問6)

はい。油分離器があっても冷媒に溶け込んだ油は蒸発器内に蓄積され、油量が減ります。そのため、冷媒液を油回収器に抜き出し加熱して冷媒蒸気と分離し、油を圧縮機へ戻します。なお、アンモニアの場合は油回収器の油は劣化しているので装置外に排出します。【答：○】

11-10　冷媒循環液ポンプ　▼上級テキスト8次 p.116「冷媒循環液ポンプ」

過去問題にチャレンジ！

・大形冷凍装置において、冷媒を液ポンプで強制循環する冷媒液強制循環式蒸発器の場合では、液ポンプは通常密閉式のキャンドポンプを使用し、この蒸発器の冷媒循環量は、一般に蒸発量の3～5倍程度とする。(平26 [保] 問6)

　　そのとおりと言うしかない。上級テキストはまんべんなく読んでおくしかない。レアな問いで不明な場合は、思い切って勘に頼る！　しかし、そこで努力の結果が実るものもあるでしょう。　　　　　　　　　　　　　　　　　　　　　　　　　　　　　【答：○】

難易度：★★★

⑫　配管

　「配管」の問題は「保安」のみで問7で出題されています。機器の役割と位置関係等によって配管内の冷媒の流れが見えれば、★3つ。　▼上級テキスト8次 p.149「配管」

Memo

冷媒配管とは

　　冷凍サイクルを完成させる**冷媒が通る**配管を冷媒配管といいます。大きく分けて4つに大別され、これらの配管は、冷凍装置の運転の安定性・性能・機能・経済性に大きな影響を与えます。

高圧側	1. 吐出しガス配管	圧縮機　→　凝縮器
	2. 液配管	凝縮器　→　(受液器)　→　膨張弁
低圧側	3. 液配管(気液混合)	膨張弁　→　蒸発器
	4. 吸込み配管	蒸発器　→　圧縮機

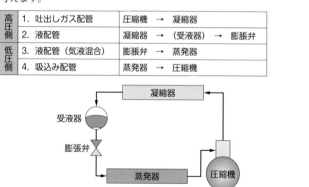

過去問題にチャレンジ！

・冷凍サイクルは、一般的に圧縮機→油分離器→凝縮器→受液器→膨張弁→蒸発器→圧縮機
の順に冷媒が循環する。これらの機器を結ぶ冷媒配管は、高圧側の吐出しガス配管および
液配管、低圧側の液（気液混合）配管および吸込み配管の四つに大別することができる。

（平27〔保〕問7）

ココにピッタリの問題ですね。　　　　　　　　　　　　　　　　　　　【答：○】

12-1　配管材料　▼上級テキスト8次 p.150「配管材料」

　配管材料の記号や性質等、わりと手強いと思われます。過去問を一気にこなせば大丈夫
でしょう。

過去問題にチャレンジ！

・フルオロカーボン冷凍装置の冷媒配管に銅管を使用できるが、腐食の問題から鋼管は使用
できない。（平14〔保〕問7）

　フルオロカーボンは、銅管も鋼管も腐食の問題はないです。銅管と鋼管の文字の違いに注意
しましょう。　　　　　　　　　　　　　　　　　　　　　　　　　　【答：×】

・アンモニア冷凍装置の配管に、配管用炭素鋼鋼管（SGP）を使用した。（平15〔保〕問7）

・アンモニア冷凍装置の低圧側運転圧力が0.5 MPa以下なので、配管材料として配管用炭素
鋼鋼管（配管用炭素鋼鋼管）（SGP）を使用した。（平21〔保〕問7）

　配管用炭素鋼鋼管（SGP、ガス管）は、毒性冷媒、設計圧力1 MPaを超える、または、
100℃を超える耐圧部分は使用不可です。　　　　　　　　　　　【答：どちらも×】

・配管用炭素鋼鋼管（SGP）を−35℃の低温用配管として使用した。（平22〔保〕問7）

　う〜ん、SGPは−25℃までです。覚えるのが大変だね。STPGは−50℃だから、−25と−
50を記憶に留めておけばよいかな。　　　　　　　　　　　　　　　　【答：×】

・低温配管では、圧力配管用炭素鋼鋼管（STPG）は−25℃まで、配管用炭素鋼鋼管（SGP）
は−50℃までは使用することができる。（平24〔保〕問7）

　お、おい！　SGPとSTPGの温度が逆でないの！　結局全部覚えなさいと…。　【答：×】

・アンモニア冷媒の配管材料として、銅管及び銅合金は使用できない。また、フルオロカー
ボン冷媒では、2%以上のマグネシウムを含有したアルミニウム合金は使用できない。

（平16〔保〕問7、平25〔保〕問7）

　ピンポン。アンモニアとフルオロカーボンの定番の配管材料は注意項目ですね。　【答：○】

12-2　接続方法（継手）　▼上級テキスト 8 次 p.151

　継手の問題は、ポツリポツリと出題されるようですね。これもわりと、手強いです。ろう材がポイントかな。それと、ろう付け温度の把握も必要ですね。

過去問題にチャレンジ！

・外径 25.4 mm の銅管をろう付けにより接合する場合、ろうによる接着力とせん断に対する抵抗力で強度をもたせるものであるから、はまり込み深さを 50 mm 以上、隙間を 0.5 mm 以上にした。(平 18 [保] 問 7)

　　上級テキスト 8 次 151 ページ「表 11.3 銅管及び銅合金継ぎ手の最小差し込み深さ」をみると、一番大きい外径 45 mm でも最小はまり込み深さは 14 mm になっているから、設問の 50 mm は明らかに大きすぎておかしい…と、気が付けばよいのだけれど。ある意味サービス問題かも知れません。　　　　　　　　　　　　　　　　　　　　　　　【答：×】

・銅管は、銀ろうや黄銅ろうなどのろう材を使用し、ろう付けにより接合する。ろう付けは、銅管を差し込んで接合面を重ね合わせ、その隙間に溶けたろう材を流し込み溶着させる。差込みの最小深さは 3 mm とする。(平 24 [保] 問 7)

　　おーい！　今度は 3 mm って、少なすぎでしょ！　表によれば一番少なくても 6 mm です。上級テキスト 8 次 151 ページ表 11.3 をよく見ておけば余裕ですね。　　　　【答：×】

・一般的に、鋼管の接合にはろう付けが使用される。ろう材には銀ろう（BAg）系が用いられるが、黄銅ろう（BCuZn）系も使用できる。(平 30 [保] 問 7)

　　う～ん、ここまで覚えるの！　と、叫びたいですね。平成 20 年度にも出題されたので覚えるしかないです。　　　　　　　　　　　　　　　　　　　　　　　　　　　　【答：○】

・銅管のろう付けは、BAg（銀ろう）系、BCuZn（黄銅ろう）系などのろう材を使用し、銅管にろう付け継手を差し込んで接合面を重ね合わせ、その隙間にフラックスを用いて溶けたろうを流し込み溶着させる。ろう付け温度は、BAg 系のほうが BCuZn 系よりも高い。(平 26 [保] 問 7)

・銅管のろう付けに使用するろう材には BAg 系と BCuZn 系のろう材があり、BAg 系のほうがろう付け温度が高い。(平 27 [保] 問 7)

　　こんなのわからんョ！　と叫びたい。テキストによれば、BAg 系ろう材は 625 ～ 700℃で、BCuZn 系のろう材は 850 ～ 890℃と記されています。ということは、「ろう付け温度は、**BAg 系のほうが BCuZn 系よりも低い**」となりますね。この 2 種類の比較だけだから、もう、楽勝ですね。　　　　　　　　　　　　　　　　　　　　　　　【答：どちらも×】

・銅管のろう付けに使用するろう材には、BAg 系と BCuZn 系のろう材がある。BCuZn 系のろう付け温度は、BAg 系より高い。(令 1 [保] 問 7)

　　大丈夫でしたか？　この手の問題では珍しい「○」問題です。　　　　　　　【答：○】

> ・フランジ継手などで取り外しの必要のない鋼管は、ろう付けによって接合する。ろう付けには BAg 系のろう材がよく使われている。(平 28[保]問 7)

「溶接」と「ろう付け」は違うので注意してください。ろう付けは、接着剤でくっつける感じです。正しい文章は、「フランジ継手などで取り外しの必要のない鋼管は、**溶接継手とする**。ろう付けには BAg 系のろう材がよく使われている」です。　　　　　　　　　　　【答：×】

12-3　吐出し配管

　吸込み配管と混同しないように、「吐出し配管、吐出し配管、吐出し配管」と念じるように、常に頭に入れて問題を解くようにしましょう。

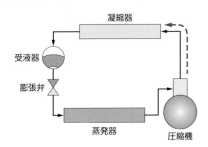

（1）適切な配管径　▼上級テキスト 8 次 p.152「吐出し配管の管径」

　圧縮機の吐出し**配管径**を決定する際、確実に冷媒ガスに吐出された油が同伴される流速を確保できるように、吐出し配管の立ち上がり管の蒸気速度は **6 m/s 以上**、横走り管は **3.5 m/s 以上**、摩擦抵抗損失の圧力降下は **0.02 MPa を超えない**ようにしてください。油が同伴される流速を確保できるように、この 3 つの数値を抑えておけば大丈夫でしょう。

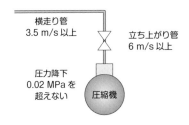

過去問題にチャレンジ！

> ・圧縮機の吐出し配管径を決定する際に、確実に冷媒ガスに吐出された油が同伴される流速を確保できるように、立上がり吐出し配管内の冷媒ガス流速を 7 m/s とした。
>
> (平 21[保]問 7)

うむ、「吐出し立ち上がり管 6 m/s 以上」を把握してれば楽勝！　　　　【答：○】

・吐出しガス配管は冷媒ガスとともに圧縮機から吐き出された油が冷媒ガスに確実に同伴されるように、一般的には、冷媒ガスの流速が横走り管で 3.5 m/s 以上、立ち上がり管で 6 m/s 以上となるとともに、冷媒ガスの弁の絞りや管の摩擦抵抗損失による圧力降下は 0.02 MPa を超えないように配管径を決める。(平 29 [保] 問 7)

「吐出し立ち上がり 6 m/s 以上、横走り 3.5 m/s 以上、圧力降下 0.02 MPa を超えない」を覚えてくださいね。　　　　　　　　　　　　　　　　　　　　　　　　【答:○】

(2) 勾配　　▼上級テキスト 8 次 p.152「吐出しガス配管施工上の注意」

「圧縮機が停止しているときに油や管内で凝縮した冷媒液が圧縮機に逆流しないように吐出し配管に勾配を付ける」これがポイントです。

過去問題にチャレンジ!

・圧縮機から凝縮器に至る吐出し配管を上がり勾配とした。(平 17 [保] 問 7)

・圧縮機の吐出し配管は上り勾配とし、圧縮機停止時に、油を圧縮機に戻すようにするのが望ましい。(平 21 [保] 問 7)

　圧縮機が停止しているとき、配管内で凝縮した冷媒液や油が逆流しないように下り勾配(凝縮器側に流れるように)にします(図参照)。

　　　　　　　　　　　　　　　　　　　　　　　　　　　　【答:どちらも×】

・圧縮機と凝縮器とが同じ高さに設置されている場合の吐出し管は、圧縮機が停止しているときに油や管内で凝縮した冷媒液が圧縮機に逆流しないように、圧縮機からいったん立ち上がり管を設けてから下がり勾配で凝縮器に接続する。(平 26 [保] 問 7)

・圧縮機と凝縮器が同じ高さに設置されている場合は、圧縮機が停止しているときに油や管内で凝縮した冷媒液が圧縮機に逆流しないように、まず最初に圧縮機から立上がり管を設け、次に下がり勾配で凝縮器に配管する。(平 29 [保] 問 7)

　うむ、ズバリそうですね!　　　　　　　　　　　　　　　　【答:どちらも○】

(3) トラップ

　凝縮器と圧縮機の高低差の大きさに応じて、不要だったり設けたりってところがポイントです!

過去問題にチャレンジ！

・凝縮器が圧縮機の上方 7 m にあるとき、立ち上がり配管の下部にトラップを設けた。
(平 17［保］問 7)

「上方 7 m」がポイントです。勉強して
いないとわからないです。2.5 m 未満
は、トラップは不要です。

下がり勾配

立ち上がり管
2.5 m 以上 10 m 以下

凝縮器

圧縮機　トラップ

【答：○】

・凝縮器が圧縮機よりも高い位置に設置されている場合に、圧縮機が停止しているときに、
油や管内で凝縮した冷媒液が圧縮機に逆流しないように、吐出し管の高低差の大きさに応
じてトラップを設けることがある。(平 23［保］問 7、令 1［保］問 7)

はい、その通り。「高低差の大きさに応じて」で確信を得られれば素直なよい問題ですね。
【答：○】

（4）2 台以上の圧縮機　▼上級テキスト 8 次 p.152「吐出しガス配管の施工上の注意」

　2 台以上の圧縮機を並列運転する場合、それぞ
れの圧縮機の吐出し配管に逆止め弁を取り付け、
停止している圧縮機に吐出し管内の冷媒や油が流
れ込まないようにします。「逆止め弁」がポイン
トかな。

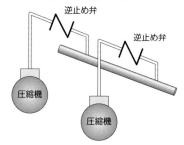

逆止め弁

逆止め弁

圧縮機

圧縮機

過去問題にチャレンジ！

・フルオロカーボン冷凍装置で、2 台以上の圧縮機を並列運転する場合には、それぞれの圧
縮機の吐出し管に逆止め弁を取り付け、停止している圧縮機の油に冷媒が多量に溶け込ま
ないようにする。また、各圧縮機は同一レベルに設置し、クランクケース内の油量が同じ
になるように、均圧管および均油管で結ぶ。(平 26［保］問 7)

うむ、全くその通りとしか言いようがないです。
【答：○】

・2 台以上の圧縮機を並列運転する場合には、それぞれの圧縮機の吐出しガス配管に逆止め
弁を取り付ける。それぞれの吐出しガス配管を主管に接続するときは、主管の上側（上面
側）に接続する。(平 28［保］問 7)

うむ。楽勝ですね。
【答：○】

12-4　液配管

　液配管は、「凝縮器（受液器）→ 膨張弁 → 蒸発器」までの配管です。イメージできているかな？　上級テキスト8次153ページ「液配管」、他もまんべんなく読んでおく必要があります。図を見ながらイメージしましょう。

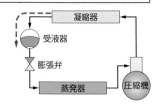

（1）流速

　ここでは「液落とし管」と「液配管」の流速と摩擦圧力の数値を覚えてください。

過去問題にチャレンジ！

・液管内の流速は、3 m/s 以上がよい。（平13〔保〕問7）

　　液配管は 1.5 m/s 以下、凝縮器から受液器への落とし管は 0.5 m/s 以下です。　【答：×】

・凝縮器から受液器への液落とし管では液の流速を 0.5 m/s 以下として、それ自身で均圧管の役割を持たせるか、あるいは別に外部均圧管を設ける。（平19〔保〕問7）

　　そうだね。落とし管は 0.5 m/s 以下だ。外部均圧管は図を参照してください。

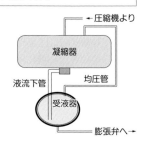

【答：○】

・蒸発器へ供給する液管内の冷媒の速度は 1.5 m/s 以下とし、摩擦抵抗による圧力降下は 0.02 MPa 以下になるように管径を決めた。（平22〔保〕問7）

　　うむ、とにかく液配管は 1.5 m/s 以下、圧力降下は 0.02 MPa です！　【答：○】

・液配管の施工を行うため、凝縮器から受液器への液落とし管における液の流速を 1.5 m/s とし、液落とし管自身に均圧管の役割を持たせるように設計した。（平27〔保〕問7）

　　「受液器への液落とし管は 0.5 m/s 以下」、「液管内は 1.5 m/s 以下、0.02 MPa 以下」と覚えられたかな。　【答：×】

（2）2つの凝縮器の液配管

　結構、出題されます。「圧力損失差に見合う液柱」がポイントかな。ヘッダにトラップがない場合の液の流れをイメージしましょう。

第2章　保安管理技術・学識

⑫　配管

Point

［条件］
・吐き出しガス入口：10 MPa
・凝縮器 A：6 MPa（圧力降下が凝縮器 B より小さい）
・凝縮器 B：8 MPa（圧力降下が大きい）

　例えば、上記条件の場合、凝縮器 A（6 MPa）と凝縮器 B（8 MPa）をそれぞれ吐き出しガス入口 10 MPa から引き算をすると受液器入口のヘッダでは B 側が 2 MPa、A 側は 4 MPa となります。つまり、連絡配管にトラップがないと矢印線のように A 側よりヘッダ側圧力の低い B 側（圧力効果の大きい B 側）に液が流れて（押されて）しまうというわけです。

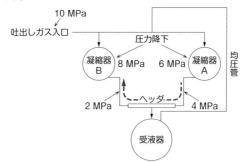

過去問題にチャレンジ！

・2 基以上の凝縮器からの液落とし管を 1 本の主管にまとめて受液器へ配管する場合は、液の流れ抵抗による圧力差を吸収するため、液落とし管にトラップを設けなければならない。（平 23［保］問 7）

　トラップがない状態は上の説明を読んでほしいです。

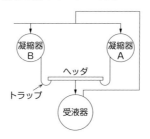

【答：○】

・2 台の凝縮器において、ヘッダを利用し、液落とし管を 1 本にまとめて 1 台の受液器に配管する場合、ヘッダへの液落とし管にトラップがないと、圧力降下の小さいほうの凝縮器内に凝縮液がたまる。（平 30［保］問 7）

　圧力降下の大きい凝縮器内に流れ込みます。Point を読んでください。　【答：×】

12-5　吸込み配管の蒸気速度　▼上級テキスト8次 p.155「吸込み配管」

　ここでは具体的な数値が出てきます。「吸込み、吐出し共に、横走り管3.5 m/s以上、立ち上がり管6 m/s以上」と覚えておきましょう。

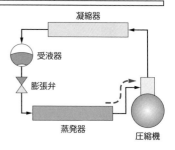

過去問題にチャレンジ！

・冷凍装置の乾式蒸発器では、吸込み立ち上がり管より潤滑油を圧縮機に戻すため最小蒸気速度を確保しなければならない。（平14［保］問7）

　はい、その通り。冷媒流速が遅すぎると油が戻りにくくなる。横走り管3.5 m/s以上、立ち上がり管6 m/s以上ですね。　　　　　　　　　　　　　　　　　　　　　【答：○】

・圧縮機吸込み管立ち上がり部の流速は、3 m/s以下がよい。（平13［保］問7）

・フルオロカーボン冷凍装置では、吸込み配管内の蒸気速度が大きいと、流れの抵抗による圧力降下が大きくなるので、一般に立ち上がり管での蒸気速度は3 m/s以下になるように管径を決める。（平16［保］問7）

　うむ。6 m/s以上ー！！　　　　　　　　　　　　　　　　　　【答：どちらも×】

・フルオロカーボン冷凍装置の蒸発器から圧縮機への配管内の蒸気速度は、横走り管では3.5 m/s以上、立ち上がり管では6 m/s以上がよい。（平22［保］問7）

　うむ！　全くその通り！　素直なよい問題です。　　　　　　　　　　　【答：○】

12-6　吸込み配管のトラップ

　吸い込み配管のトラップについては、「吸い込みの横走りにトラップはダメ」、「非常に長い立ち上がり管（約10 mごと）」、「油戻りと液戻り」、「圧縮機と蒸発器の位置」がポイントになります。

（1）横走り管のトラップ

過去問題にチャレンジ！

・蒸発器から圧縮機までの距離が非常に長い場合には、圧縮機の吸込み口近くの蒸気の横走り管にトラップを付け、そこに油をためて油が戻りやすくなるようにする。（平28［保］問7）

・吸込み蒸気配管の横走り管にトラップを設けることにより、負荷変動時の油や冷媒液をためて、液が圧縮機に戻るのを防止する。(令１［保］問７)

横走り管のUトラップは冷媒液が溜まるので絶対に設けてはいけません。また、柱などの箇所で点線のような液溜まりになる施工をしてはいけません。

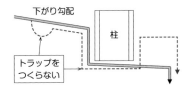

【答：どちらも×】

（２）圧縮機近くのトラップ

過去問題にチャレンジ！

・容量制御装置（アンローダ）を持った多気筒圧縮機の吸込み配管に、軽負荷運転時での油戻りをよくするために、圧縮機の近くにトラップを設けた。(平15［保］問７)

圧縮機の吸込み近くにトラップを設けるのは絶対ダメ。トラップがあると、軽負荷運転時、再始動時、軽負荷から全負荷に変わったときに、液が一気に圧縮機へ流れます。　【答：×】

（３）長い立ち上がり管のトラップ

過去問題にチャレンジ！

・圧縮機の下方25ｍに蒸発器があるとき、圧縮機吸込み管に10ｍ程度ごとにトラップを設けた。(平17［保］問７)

・吸込み配管の施工では、吸込みの立ち上がり管が非常に長い場合には、約10ｍごとに中間トラップを設ける。これは、油が戻りやすいようにするためである。(平27［保］問７)

そうだね、10ｍごとにトラップをつけると油が戻りやすくなります。ただし、圧縮機の下に蒸発器があり、かつ、配管が非常に長い場合だけですよ。

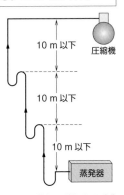

【答：どちらも○】

（4）圧縮機が蒸発器の下にある場合のトラップ

　圧縮機が上方にある場合の長い立ち上がり管は約 10 m ごとに中間トラップが必要でしたが、この場合は蒸発器出口に小さなトラップを設け、いったん蒸発器上部まで立ち上げてから圧縮機に接続します。

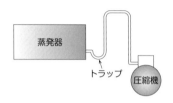

過去問題にチャレンジ！

・圧縮機が蒸発器よりも下側に設置されている装置の吸込み配管は、装置停止中に冷媒液が圧縮機に流れ落ちるのを防止するため、蒸発器からその上部まで一度立ち上げてから圧縮機に接続した。（平 15［保］問 7）

・ポンプダウン停止をしない装置では、圧縮機が蒸発器より下側に設置されている装置の吸込み配管を、蒸発器上部まで一度立ち上げてから圧縮機へ接続し、装置停止中に冷媒液が圧縮機に流れ落ちるのを防止する。（平 25［保］問 7）

　うむ。「圧縮機が蒸発器よりも下側に設置」を意識してね。　　　　　　【答：どちらも○】

12-7　吸込み配管の二重立ち上がり管

　二重立ち上がり管の問題は、忘れた頃にポツリと出題されます。図を見ながら過去問を解けば、目的、構造、動作を理解できると思います。上級テキスト 8 次 155 ページ「吸い込み蒸気配管の施工上の注意」を一読すればなお万全です！

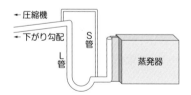

過去問題にチャレンジ！

・容量制御装置をもった多気筒圧縮機の吸込み管では、返油のために最小冷媒蒸気速度が確保できるよう二重立ち上がり管を設けるが、二重立ち上がり管の管径はともに同じにする必要がある。（平 16［保］問 7）

　蒸気は、軽負荷時には細い配管を、全負荷時には両方流れます。　　　　　　【答：×】

- ・容量制御装置付きのフルオロカーボン多気筒圧縮機の立ち上がり吸込み配管は、最大負荷時に返油のための最小蒸気速度が確保されていれば、とくに二重立ち上がり配管にする必要はない。（平20［保］問7）

　圧縮機最大負荷時に最小蒸気速度が確保されていると、軽負荷時に返油に必要な蒸気速度が確保できないので、細い配管を設けた二重立ち上がり配管が必要になります。　【答：×】

- ・容量制御装置をもつ圧縮機の吸込み管では、アンロード運転やロード運転の負荷変動時の返油のために必要な最小蒸気速度を確保するため、二重立ち上がり管を設けることがある。（平24［保］問7）

　その通り！　…素直すぎて逆に怖い問題ですね。　【答：○】

- ・フルオロカーボン冷凍装置で、容量制御装置をもった多気筒圧縮機の立ち上がり吸込み配管は、最小負荷時にも最大負荷時にも、返油のために必要な最小蒸気速度が確保できるように二重立ち上がり管を設けることがある。（平24［保］問7、平30［保］問7）

　そ、その通りだ！！　上級テキスト8次156ページ左上にズバリですね。　【答：○】

- ・フルオロカーボン冷凍装置の満液式シェルアンドチューブ蒸発器に取り付けられた油戻し配管では、油を含んだ冷媒液を絞り弁を通して少しずつ抜き出し、液ガス熱交換器で冷媒液を気化した後、圧縮機に油を戻している。（平28［保］問7）

　うむ。上級テキスト8次157ページ「11.4.4 油戻し配管」の問題だけれども、この絞り弁は二重立ち上がり管に接続されるようなので、ここの項目に分類しました。　【答：○】

12-8　2台以上の蒸発器の吸込み管

　蒸発器が圧縮機より下にある場合は、無負荷の蒸発器に主管から冷媒液や油が流れ落ちないように上部に吸込み管を取り付けます。蒸発器が圧縮機より上にある場合は、停止中に蒸発器から液が圧縮機に流れ落ちないように、蒸発器に立ち上がり管を設けます。いずれも、トラップを設けます（図参照）。

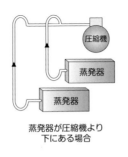

蒸発器が圧縮機より
下にある場合

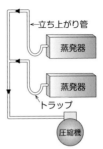

蒸発器が圧縮機より
上にある場合

● 2台以上の蒸発器の吸込み管 ●

過去問題にチャレンジ！

・2基以上の蒸発器が異なった高さに設置されている場合、それぞれの吸込み管にトラップと立ち上がり管を設け、主管に接続した。（平18［保］問7）

図をよく見ておきましょう。いずれも下方に液や油が流れないようにします。　【答：○】

・2基以上の蒸発器が異なった高さに設置されている場合は、それぞれの吸込み管にトラップと立ち上がり管を設け、主管に接続する必要がある。また、圧縮機が蒸発器よりも下部に設置されている場合は、停止中に冷媒液が圧縮機へ流れ落ちるのを防ぐため、吸込み管に小さいトラップを設け、蒸発器上部まで一度立ち上げてから圧縮機の吸込み配管に接続するが、圧縮機を停止するときに必ずポンプダウンを行う場合であってもこれらは必要である。（平23［保］問7）

な、長い！　これ、1冷の問題でしょ…。どこが間違っているかというと、最後の「必ずポンプダウンを行う場合には、**これらは必要としない**」です。確かに、ポンプダウンで冷媒を受液器に回収するので流れ落ち防止のためのトラップや立ち上がりは不要ですね。
【答：×】

12-9　配管附属品と支持　▼上級テキスト8次p.157「配管の附属品」、p.160「配管の支持」

（1）配管附属品

過去問題にチャレンジ！

・冷媒止め弁用のパックレスバルブは、弁軸と弁本体との間にベローズまたはダイヤフラムを介在させて、グランド部から漏れがないようにしている。（平16［保］問7）

うむ。止め弁、パックレスバルブ、サービスバルブ等々、テキストを一通り読んでおくしかないです。　【答：○】

・冷凍装置に用いる止め弁は、耐圧、気密性能が十分で、冷媒の流れ抵抗の小さいことが要求される。（平19［保］問7）

この問題は、絶対、「○」！　一般常識的な感じですね。　【答：○】

（2）配管支持　▼上級テキスト8次p.160「配管の支持」、p.149右下「冷媒配管（K）」

過去問題にチャレンジ！

・冷媒配管の支持は十分な強度を持った支持金具で固定しなければならない。特に横走り管では耐震上、支持間隔を極力長くすることが望ましい。（平19［保］問7）

う〜ん、長くはしないでしょう？　常識的に考えれば正解する問題です。耐震設計指針で定められていて、上級テキストには表「配管の標準支持間隔」に記されています。とりあえず上級テキストを読んでおけば、大丈夫！　【答：×】

- ・距離の長い配管では、熱膨張による管の伸縮を考慮する必要があり、その対策として、支持金具の締付けボルトを緩めることにした。（平18〔保〕問7）

> う～ん、支持金具だから緩めるのは駄目でしょ…と、思う問題です。指示金具はしっかり固定します。対策としては、配管にループなどを設けるとしています。　【答：×】

- ・横走り冷媒配管の支持間隔は、銅管の場合は鋼管に比べて柔軟性があるので、同じ管径なら鋼管よりも支持間隔を長くできる。（平20〔保〕問7）

- ・冷媒配管は十分な強度をもった支持金具で固定しなければならない。横走り管の標準支持間隔は、管の材質によらずに、管径でその値が定められている。（平29〔保〕問7）

> 冷静に考えると、銅と鋼を比べれば銅のほうが柔軟性があって弱そうだから支持間隔を短くしないといけないと感覚的にわかるでしょう。支持間隔は、管径と材質で定められています。▼上級テキスト8次 p.160 表「配管の標準支持間隔」　【答：どちらも×】

難易度：★★★

⑬ 安全装置

　冷媒設備の「安全装置」とは、高圧遮断装置、安全弁、破裂板、溶栓、圧力逃がし装置があります。これらは「装置の圧力を**許容圧力以下に戻す**ことができるもの」です。今までの成果が出てきて意外に楽しく覚えられるはずです。よって★3つ！ 「安全装置」の問題は「保安」のみで問8あたりに出題されています。　▼上級テキスト8次 p.176「安全装置」

13-1　基本問題

過去問題にチャレンジ！

- ・圧縮機吐出し部には、安全弁および高圧遮断圧力スイッチを取り付ける。ただし、法定の冷凍能力が20トン未満の場合には安全弁を省略できる。（平20〔保〕問8）

> 「20トン未満」を記憶してね。▼上級テキスト8次 p.176 左（a）　【答：○】

Memo
> 冷凍保安規則関係例示基準8.2（1）より
>
> 　圧縮機（遠心式圧縮機を除く。以下8.において同じ。）には、その吐出し部で吐出し圧力を検知できる位置に高圧遮断装置及び安全弁を取り付けること。ただし、冷凍能力が20トン未満の圧縮機においては、安全弁の取付を省略することができる。

- ・フルオロカーボン冷凍装置の受液器の安全装置として、内容積が500 L未満であれば安全

弁の代わりに溶栓が使用できる。（平15〔保〕問8）

・フルオロカーボン冷凍装置のシェル形凝縮器および受液器には、安全弁を取り付ける。ただし、内容積が 500 L 未満であれば溶栓でもよい。（平25〔保〕問8）

　その通りです。　▼上級テキスト8次 p.176 左（b）　　　　　　　【答：どちらも○】

> **Memo**
>
> 冷凍保安規則関係例示基準 8.2（2）より
>
> 　シェル型凝縮器及び受液器には、安全弁を取り付けること。ただし、内容積が 500 L 未満のものには、溶栓をもって代えることができる。

・溶栓や破裂板は、可燃性ガスや毒性ガスには使用してはならない。（平19〔保〕問8）

・低圧部の容器で、容器本体に附属する止め弁によって封鎖（液封）される構造になっているものは、安全弁、破裂板または圧力逃がし装置を取り付ける。ただし破裂板は、可燃性ガス、毒性ガスには使用できない。（平29〔保〕問8）

　なんとなく常識的ですね。　▼上級テキスト8次 p.176 左「安全装置（f）」　【答：どちらも○】

13-2　液封

　液封への安全装置は、他の安全装置や法規制を絡めての惑わし問題が多いので、個々の安全装置をよく把握することです。上級テキスト8次 176 ページ「安全装置（d）〜（f）」がメインで、液封の詳細は、8次 207 ページ「液封防止への配慮」を参照してください。

過去問題にチャレンジ！

・銅管配管において、液封によって著しく圧力の上昇のおそれのある部分には、安全弁、破裂板、または圧力逃がし装置を取り付けなければならない。（平13〔保〕問8）

　そうです、**銅管**は除くのです！　頑張ってください。

> **Memo**
>
> 冷凍保安規則関係例示基準 8.2（7）より
>
> 　液封により著しい圧力上昇のおそれのある部分（<u>銅管及び外径 26 mm 未満の配管の部分を除く。</u>）には、安全弁、破裂板又は圧力逃がし装置を取り付けること。

【答：×】

・液封によって著しい圧力の上昇のおそれがある部分には、圧力逃がし装置などの安全装置が必要であるが、銅管および外径 26 mm 未満の配管には取り付けなくてもよい。

（平22〔保〕問8）

　そうだね。銅管および外径 26 mm 未満の配管の部分を除くと、されているからね。

【答：○】

・液封により著しい圧力上昇のおそれのある部分には、高圧遮断装置を取り付ける必要がある。(平14 [保] 問8)

　引っ掛からないように。高圧遮断装置は液封のための安全装置ではないです。液封防止のための安全装置は、「安全弁」、「破裂板」、「圧力逃がし装置」です。　　　　【答：×】

・液封事故防止には、圧力逃がし装置が使用できる。(平17 [保] 問8)

・液封により、著しく圧力上昇のおそれのある部分には、安全弁または圧力逃がし装置を取り付けることにした。(平20 [保] 問8)

・フルオロカーボン冷凍装置の低圧部の容器で、容器本体に附属する止め弁によって封鎖（液封）される構造になっているものには、安全弁、破裂板または圧力逃がし装置を取り付ける。(平24 [保] 問8)

　さぁ、これだけ解けば、液封の安全装置について把握できたでしょう。　　　【答：すべて○】

・アンモニア冷凍装置の低圧部の容器で、容器本体に附属する止め弁によって液封されるものは、安全弁または圧力逃がし装置を取り付ける。(平23 [保] 問8)

・アンモニア冷凍装置の低圧部の容器で、容器本体に附属する止め弁によって封鎖（液封）されるものは、安全弁、破裂板または圧力逃がし装置を取り付ける。(平27 [保] 問8)

　これは腕試し問題。あえて正答が異なる問題をまとめました。できたかな？　**アンモニアは溶栓と破裂板は使用できません！**　　　　　　　　平23 [保] 問8【答：○】
　　　　　　　　　　　　　　　　　　　　　　　　　　　平27 [保] 問8【答：×】

・圧力逃がし装置は液封のおそれのある配管（銅管および外径26 mm 未満の配管を除く。）などに取り付けるもので、圧力を逃がす目的を達成できるものでなければならない。
　　　　　　　　　　　　　　　　　　　　　　　　　　　　　　　(平28 [保] 問8)

　全くその通り。心地よい文章です。　　　　　　　　　　　　　　　【答：○】

13-3　高圧遮断装置

　安全装置として高圧遮断に使用される「高圧遮断圧力スイッチ」は、けっこう多く出題されるのでしっかり把握しておきましょう。上級テキスト8次176ページ「高圧遮断装置」では半ページしかありませんが、出題数は多いです！

（1）圧力誘導管
　取り付け位置とその理由がポイントです。

過去問題にチャレンジ！

・高圧遮断圧力スイッチの圧力誘導管は、油や異物の流入を避けるため、配管下側に接続し

てはいけない。(平 14 [保] 問 8)

　　その通り。　　　　　　　　　　　　　　　　　　　　　　　　　　　　　　【答：○】

・高圧遮断圧力スイッチは、安全弁の作動圧力よりも低い圧力で作動する。高圧遮断圧力ス
　イッチは、圧縮機吐出し部で吐出し圧力を正しく検出する位置に圧力誘導管で接続する。
　また、圧力誘導管を配管に接続する場合には、一般に配管の下側（下面側）に接続する。
　　　　　　　　　　　　　　　　　　　　　　　　　　　　　　　　　　　(令 1 [保] 問 8)

　　油や異物の流入の防止のため、配管の**上側（上面側）**に接続します。「吐出し圧力を正しく
　　検出する位置」も大切ですね。　　　　　　　　　　　　　　　　　　　　【答：×】

（2）設定　　▼上級テキスト 8 次 p.176「高圧遮断装置」
　　設定圧力を把握せねばなりません。

過去問題にチャレンジ！

・高圧遮断圧力スイッチの設定圧力は、高圧部に設けられた安全弁の最低吹始め圧力以下
　で、高圧部の許容圧力以下の圧力で作動するように設定する。(平 19 [保] 問 8)

・高圧遮断圧力スイッチの設定圧力は、高圧部に設けられた安全弁の最低吹始め圧力以下
　で、かつ、高圧部の許容圧力以下の圧力で作動するように設定する。(平 24 [保] 問 8)

・高圧遮断圧力スイッチの設定圧力は、高圧部に取り付けられたすべての安全弁（内蔵形安
　全弁を除く）の最低吹始め圧力以下で、かつ、高圧部の許容圧力以下の圧力で作動するよ
　うに設定する。(平 27 [保] 問 9)

　　全部「○」ですが、平 24 [保] 問 8 は「かつ、」（上級テキストでは「しかも、」）が追加され、
　　さらに、平 27 [保] 問 9 では「すべて」と「（内蔵形安全弁を除く）」が追加されています。
　　あまり深く考えず、最低吹始め圧力許容圧力うんぬんを押さえておけばよいでしょう。
　　　　　　　　　　　　　　　　　　　　　　　　　　　　　　　　　【答：すべて○】

・高圧遮断圧力スイッチの設定圧力は、安全弁の作動圧力と同じとし、安全弁の作動ととも
　に高圧遮断圧力スイッチが作動し圧縮機を停止させる。(平 29 [保] 問 8)

　　うむ。勉強してあれば楽勝ですね。「高圧遮断圧力スイッチの設定圧力は、安全弁の作動圧
　　力よりも低い圧力とし、安全弁の作動**する前**に高圧遮断圧力スイッチが作動し圧縮機を停止
　　させる」ですね。　　　　　　　　　　　　　　　　　　　　　　　　　【答：×】

（3）手動復帰、自動復帰
　　ポイントは「自動復帰形でもよい」というところかな。

過去問題にチャレンジ！

> ・アンモニア冷凍装置で、安全装置として使用する高圧遮断圧力スイッチは手動復帰形でなければならない。（平21［保］問5）
>
> ・高圧遮断圧力スイッチは、圧力が異常に上昇した場合に作動するので、いったん作動したら、圧力上昇の原因を除去するために、圧力スイッチの復帰は手動復帰形とした。
> （平20［保］問8）

うむ。手動復帰型です！　　　　　　　　　　　　　　　　　　　　　　【答：どちらも○】

> ・高圧遮断圧力スイッチは原則として手動復帰形とするが、法定の冷凍能力10トン未満の不活性のフルオロカーボン冷媒使用のユニット形で、自動運転方式のものは自動復帰形でもよい。（平21［保］問8）

うむ。いろいろと適用の条件が絡んできますが、下記の条文を一読しておけば確信を得られるでしょう。

> **冷凍保安規則関係例示基準8.14（3）**
> 　高圧遮断装置は、原則として手動復帰方式とすること。ただし、**可燃性ガス及び毒性ガス以外のガスを冷媒とするユニット式の冷凍設備**（冷媒ガスに係る一の循環系統の冷凍能力が10トン未満の冷凍設備に限る。）で運転及び停止が**自動的に行われても危険の生じるおそれのない構造のもの**は、**自動復帰式とすることができる。**

【答：○】

> ・高圧遮断圧力スイッチは、安全弁の作動圧力よりも低い圧力で作動する。また、法定の冷凍能力10トン以上の冷凍設備では、圧力上昇の原因を除去してから復帰させるために手動復帰型の圧力スイッチが用いられる。（平26［保］問8）
>
> ・高圧遮断圧力スイッチは、安全弁の作動圧力よりも低い圧力で作動する。また、法定の冷凍能力10トン以上の冷凍設備では、手動復帰形の圧力スイッチを用いる。（平30［保］問8）

「10トン以上」だけの条件で惑わされませんよね。　　　　　　　　　　【答：どちらも○】

（4）圧力設定と手動復帰か自動復帰かのコラボ問題

過去問題にチャレンジ！

> ・高圧遮断圧力スイッチは、安全弁の作動圧力よりも低い圧力で作動するように設定し、また高圧遮断圧力スイッチは原則として手動復帰形を使用する。（平14［保］問8）

うむ。　　　　　　　　　　　　　　　　　　　　　　　　　　　　　　【答：○】

> ・法定冷凍能力10トン以上の圧縮機高圧用遮断圧力スイッチは、作動圧力を安全弁より低い圧力に設定し、作動後圧力が下がれば自動復帰しなければならない。（平16［保］問8）

う～む、引っ掛けっぽい…でもないか。設定はOK。原則として手動復帰。この場合は、10

トン以上の点で手動復帰ですね。　　　　　　　　　　　　　　　　　　　【答：×】

・高圧遮断装置は、高圧部に取り付けられたすべての安全弁の最低吹始め圧力以下で、かつ、高圧部の許容圧力以下の圧力で作動するように設定する。また、冷媒の種類に関係なく、法定の冷凍能力 10 トン未満であれば、自動復帰形高圧遮断圧力スイッチを使用してもよい。(平 23 [保] 問 8)

まず「冷媒の種類に関係なく」がダメ。あと「ユニット形、自動運転方式、危険云々」が抜けています。　　　　　　　　　　　　　　　　　　　　　　　　　　　　　　【答：×】

・高圧遮断圧力スイッチは、安全弁の作動圧力よりも低い圧力で作動するように設定した。
(平 17 [保] 問 8)

うむ！　なんとなく素直にわかる問題です。ここで、安全弁の作動圧力とは、吹き始め圧力及び吹出し圧力のことです。　　　　　　　　　　　　　　　　　　　　　　　　【答：○】

Memo

冷凍保安規則関係例示基準 8.11 (3)

　高圧遮断装置の作動圧力は、当該冷媒設備の高圧部に取り付けられた**安全弁**（内蔵型安全弁を除く。）の吹始め圧力の最低値以下の圧力であって、かつ、当該冷媒設備の高圧部の許容圧力以下の圧力になるように設定しなければならない。

・アンモニア冷凍装置の高圧遮断圧力スイッチは、安全弁の作動圧力より低い圧力で作動するように設定してあれば、自動復帰形でも問題ない。(平 25 [保] 問 8)

いや、問題ありですよね。アンモニア冷凍装置は手動復帰です！　　　　　　　【答：×】

13-4　圧縮機に取り付ける安全弁

　安全装置といえば「安全弁」！　テキストには計算式がありますが、ポイントの式は記憶し、あとは式の意味を把握しましょう。

（1）基本問題　▼上級テキスト 8 次 p.176「安全弁」

過去問題にチャレンジ！

・圧縮機に取り付ける安全弁は、吐出し側止め弁の出口側に取り付けなければならない。
(平 17 [保] 問 8)

止め弁の入口側（テキストでは「弁の手前」）です。止め弁を締めた状態を考えると、ほら、イメージが湧くでしょ。　　　　　　　　　　　　　　　　　　　　　　　　　　【答：×】

・冷媒装置の安全弁は一般的に、ばね式安全弁が使用されており、圧縮機に取り付けるときは、吐出し止め弁の手前に取り付ける。また、安全弁の口径は冷媒循環量を基準として定められている。(平 21 [保] 問 8)

はい。「冷媒循環量」ではなくて「ピストン押しのけ量」を基準とします。　【答：×】

> ・冷凍装置の安全弁は一般的に、ばね式安全弁が使用されており、圧縮機に取り付けるときは、吐出し止め弁の手前に取り付ける。圧縮機用安全弁は、吹出し圧力において圧縮機が吐き出すガスの全量を噴出することができなければならない。したがって、安全弁の必要最小口径は、圧縮機のピストン押しのけ量を基準として定められている。（平27［保］問8）

　な、長い。「構造＋取り付け位置＋設定＋口径」のてんこ盛り問題でした。ここまで勉強したあなたなら大丈夫ですね！　　　　　　　　　　　　　　　　　　　　　　　【答：○】

（2）吹出し圧力と吐出しガス量

　吹出しと吐出し、最初は戸惑うかも…、慣れですよ慣れ。

過去問題にチャレンジ！

> ・圧縮機用安全弁は、吹出し圧力において、圧縮機が吐出しガスの80％を噴出することができなければならない。（平22［保］問8）
>
> ・圧縮機用安全弁は吹出し圧力において圧縮機が吐き出すガスの90％以上を噴出することができなければならない。（平26［保］問8）

　80％でも90％でもいけません。100％（全量）噴出です！！　　　【答：どちらも×】

> ・圧縮機用の安全弁は、吹出し圧力において圧縮機が吐き出すガスの全量を噴出することができなければならない。（平19［保］問8）

　はい！　「全量を噴出」ですね。　　　　　　　　　　　　　　　　　　　　【答：○】

> ・安全弁の作動圧力とは、吹始め圧力および吹出し圧力のことをいう。吹始め圧力は実際に安全弁からガスが吹き始めるときの圧力であり、吹出し圧力は実際に安全弁が作動して、ガスが勢いよく吹き出すときの圧力である。（平28［保］問8）

　才筆、麗筆な問題文です。この一文で、作動圧力、吹き始め圧力、吐出しガス圧力を把握してください。　　　　　　　　　　　　　　　　　　　　　　　　　　　　　　　【答：○】

（3）圧縮機の安全弁口径

　最後まで解けば、圧縮機の「安全弁の口径」は把握できるでしょう！

過去問題にチャレンジ！

> ・圧縮機用安全弁の必要最小口径は、圧縮機ピストン押しのけ量によって決まり、冷媒の種類には関係ない。（平16［保］問8、平24［保］問8）

　んなこた～ない。圧縮機用は、冷凍保安規則関係例示基準8.6.1では「$d_1 = C_1\sqrt{V_1}$　　（d_1：安全弁の最小口径　C_1：**冷媒の種類**による定数　V_1：標準回転数における1時間のピストン押しのけ量）」と書いてあります。　　　　　　　　　　　　　　　　　　　　　【答：×】

・圧縮機用安全弁の必要最小口径は、圧縮機の押しのけ量に正比例する。（平22〔保〕問8）

　　あ〜、うっかり「○」にしないでね。圧縮機用の場合は「$d_1 = C_1\sqrt{V_1}$」で、押しのけ量 V_1 の**平方根**に正比例です。　　　　　　　　　　　　　　　　　　　　　　【答：×】

・圧縮機用安全弁の必要最小口径は、圧縮機のピストン押しのけ量の平方根に比例する。
（平25〔保〕問8）

　　ハイ！　$d_1 = C_1\sqrt{V_1}$　（V_1：ピストン押しのけ量）ですね。　　　　　　【答：○】

13-5　凝縮器や受液器（容器）に取り付ける安全弁

　容器の安全弁の問題は、口径の算出式を覚えないと解けないでしょう。口径の算出式が、圧縮機と違うので混同しないように注意してください。

過去問題にチャレンジ！

・凝縮器や受液器に取り付ける安全弁の必要最小口径は、容器の内容積に正比例している。
（平15〔保〕問8）

・圧力容器に取り付ける安全弁の必要最小口径は、容器の直径と長さの積に正比例する。
（平22〔保〕問8）

・凝縮器や受液器に取り付ける安全弁の必要最小口径は、各容器の外表面積に正比例する。
（平24〔保〕問8）

　　まずは、圧縮機と容器の安全弁口径の基準は違うということを頭に入れましょう。冷凍保安規則関係例示基準 8.8 では「$d_3 = C_3\sqrt{DL}$　　（d_3：安全弁又は破裂板の最小口径、C_3：ガスの種類による定数、D：容器の外径、L：容器の長さ）」なので、**外径と長さの積の平方根に正比例するのです。**　　　　　　　　　　　　　　　　　　　　　　　　【答：すべて×】

・圧力容器用安全弁は、火災などの際に外部から加熱されて容器内の冷媒が温度上昇することによって、その飽和圧力が設定された圧力に達したときに、蒸発する冷媒を噴出して、過度に圧力が上昇することを防止することができなければならない。（令1〔保〕問8）

　　間違っているところはない！　と思うよい文章です。上級テキスト8次 177 ページ左一番下〜右上を丸写しです。なるほど納得。　　　　　　　　　　　　　　　　　　　　【答：○】

13-6　安全弁の放出口　▼上級テキスト8次 p.179 左真ん中「安全弁」

過去問題にチャレンジ！

・安全弁放出口に接続される放出管の口径が安全弁の口径と同じであれば、放出管の配管長は背圧に関係しない。（平18〔保〕問8）

配管が細かったり長すぎるとやっぱし詰まる感じ、つまり背圧が大きいのです。このような場合は口径の大きい配管にします。 **【答：×】**

・安全弁の放出口から放出されるガスを建屋上部から大気に放出する場合は、冷媒ガスの種類に関係なく大気放出が許される。ただし、放出管の口径は、安全弁の所要吹出し量が確保できるようにしなければならない。（平23〔保〕問8）

ガス種に関係ない、なんてことはないだろと思う問題です。アンモニア等の毒性ガスは大気放出の前に除害装置に入れます。可燃性ガスは、酸欠や火事にならないような場所に放出管をつけるなど注意しないとならないです。 **【答：×】**

13-7 溶栓

溶栓と破裂板を混同しないように常に意識しましょう。上級テキスト8次176ページ「安全装置（b）、（d）〜（f）」と179ページ「溶栓」を読み、過去問をこなせば大丈夫でしょう。数値が出てきますが、覚えるしかないです。

（1）基本問題

過去問題にチャレンジ！

・シェル凝縮器および受液器において、それぞれの内容積が600リットルのものは安全弁に代えて75℃以下に溶融する溶栓でもよい。（平21〔保〕問8）

「溶栓・500リットル未満75℃以下」と覚えましょう。 ▼上級テキスト8次p.179右、p.176左（b） **【答：×】**

・溶栓は、圧力容器は火災などで加熱された際に溶融して、内部の異常高圧の冷媒を放出するので、すべての冷凍装置の凝縮器に設けられる。（平19〔保〕問8）

うむ、楽勝だ！ 「すべて」がポイントです。可燃性・毒性ガス使用の凝縮器はダメです。 **【答：×】**

・溶栓の溶融金属部は75℃以下で溶融する合金で作られており、圧力容器が火災などで表面から加熱されて昇温したときに、溶栓が溶融して冷媒ガスが放出される。溶栓は、圧縮機の吐出しガスの影響を受ける場所、冷却水で冷却される管板などに取り付けてはならない。（平23〔保〕問8）

・一般的な溶栓の溶融金属部は、75℃以下で、溶融する合金で作られている。溶栓は、圧縮機の吐出しガスの影響を受ける場所、冷却水で冷却される管板などに取り付けてはならない。（平30〔保〕問8）

はい、溶栓は温度の影響を受けるところは設置不可です。 **【答：どちらも○】**

・溶栓は温度によって作動するので、水冷横形シェルアンドチューブ凝縮器で圧縮機の高温の吐出しガスの影響を受ける場所などに取り付ける。（平28〔保〕問8）

溶栓は、圧縮機の**吐出しガスの影響**を受ける場所、**冷却水で冷却**される管板などに取り付けてはならないのです！　　　　　　　　　　　　　　　　　　　　　　【答：×】

（2）溶栓の口径

過去問題にチャレンジ！

・圧力容器に取り付ける溶栓は 75 ℃以下で溶融する合金で作られ、口径は安全弁の必要最小口径の 1/2 以上でなければならない。（平 16［保］問 8）

うむ。溶栓の数値的特徴を表した一文、記憶しましょう。　　　　　　　【答：○】

・圧力容器に取り付ける溶栓の口径は、その圧力容器に取り付けるべき安全弁の口径と同じでなければならない。（平 20［保］問 8）

安全弁口径の 1/2 以上です！　　　　　　　　　　　　　　　　　　　【答：×】

・溶栓の最小口径は安全弁の最小口径と同じであり、破裂板の口径は安全弁の最小口径の 1/2 以上の値であればよい。（平 25［保］問 8）

溶栓と破裂板のコラボです。「溶栓の最小口径は安全弁の**最小口径の 1/2 以上の値**であり、破裂板の口径は**安全弁の最小口径と同じであればよい**」です。　　【答：×】

・高圧部の圧力容器に取り付ける溶栓は、一般に 75℃以下で溶融する合金で作られ、必要最小口径は安全弁の必要最小口径と同じである。また、毒性、可燃性のある冷媒の冷凍設備には用いてはならない。（令 1［保］問 8）

溶栓の知識を問うにはよい問題です。安全弁口径の 1/2 以上ですね。　　【答：×】

13-8　破裂板

　溶栓と破裂板を混同しないように常に意識しましょう。上級テキスト 8 次 176 ページ「安全装置（d）〜（f）」と 179 ページ「破裂板」を読み、過去問をこなせば大丈夫でしょう。

過去問題にチャレンジ！

・溶栓および破裂板は、アンモニア冷凍装置には使用できない。（平 17［保］問 8）

うむ。溶栓・破裂板は、可燃性及び毒性ガスには使用不可です。　　　　【答：○】

・破裂板は、経年変化によって破裂圧力が次第に低下する傾向があり、また、圧力の脈動の影響も考慮して、耐圧試験圧力の 0.8 倍から 1.0 倍の範囲の圧力を破裂圧力とすることが多い。（令 1［保］問 8）

「破壊圧力は耐圧試験圧力の 0.8 〜 1.0 倍」を記憶にとどめておきたいです。頑張ろう！
　　　　　　　　　　　　　　　　　　　　　　　　　　　　　　　　【答：○】

・圧力容器に取り付ける破裂板は、使用する板と同一の材料、形状、寸法の板で破壊圧力を確認する必要があり、オゾン層を破壊する冷媒や毒性、可燃性のある冷媒の冷凍設備には用いてはならない。（平26［保］問8）

　う〜ん、「オゾン層を破壊する冷媒」に用いてならないとなると、フルオロカーボン冷凍設備では破裂板が使えないということになります。冷媒の性質も織り交ぜた…、名文ではなくて迷文でした。　　　　　　　　　　　　　　　　　　　　　　　　　　　　　　　　【答：×】

・破裂板は、圧力によって金属の薄板が破れる方式の安全装置で、主として大形の圧力容器に使われる。破裂板の最小口径は、圧力容器に取り付ける溶栓の必要最小口径と同じである。（平27［保］問8、平30［保］問8）

　できました？　　これで迷っていると勉強不足です。頑張って！　「<略>破裂板の最小口径は、圧力容器に取り付ける**安全弁**の必要最小口径と同じである」ですよ。　　【答：×】

難易度：★★

14　圧力試験

　圧力試験は「保安」では問9に出題されます。一連の試験のつながりを把握すれば一気に攻略できるでしょう。★2つ！　一度、上級テキスト8次180ページ「13.2 圧力試験」を読んで、耐圧試験、気密試験、真空試験の概略をつかみましょう。過去問をこなすのに楽になるはずです。

14-1　基本問題　　▼上級テキスト8次 p.180「圧力試験」冒頭部分

　ここでは、ゲージ圧力がポイントかな。

過去問題にチャレンジ！

・冷媒設備の耐圧試験と気密試験に使用する圧力は、すべてゲージ圧力である。

（平21［保］問9）

　「圧力試験の圧力は、すべてゲージ圧力である。」これ、必須です。　　　　　【答：○】

・冷媒設備の圧力試験には、耐圧試験、強度試験、気密試験、真空試験などがあるが、圧力試験の圧力は絶対圧力で表示される。（平24［保］問9）

　テキストには「圧力試験の圧力は、すべてゲージ圧力である。」とあるので、強度試験や真空試験もゲージ圧力でしょう。　　　　　　　　　　　　　　　　　　　　　　　　【答：×】

・耐圧試験と気密試験を実施した圧力は保安上重要な事項であり、被試験品本体の銘板や刻印に絶対圧力で表示しなければならない。(平 28［保］問 9)

うむ！ 銘板や刻印の表示もゲージ圧力だよね。 【答：×】

14-2 耐圧試験 ▼上級テキスト 8 次 p.180「耐圧試験」

（1）試験対象

過去問題にチャレンジ！

・長さ 450 mm、内径 200 mm の油分離器は、圧力容器になるので耐圧試験をしなければならない。(平 17［保］問 9)

法的定義では「内径 160 mm を超えるものが圧力容器」と覚えておきましょう。 【答：○】

・内径 300 mm のフィルタドライヤやヘッダは、配管として認められ、耐圧試験を必要としない。(平 18［保］問 9)

・圧力容器の内径が 200 mm のものや自動制御機器、軸封装置は耐圧試験を行わなくてよい。(平 19［保］問 9)

・耐圧試験は、圧縮機や圧力容器などの耐圧強度を確認するために行われているものであるため、配管やその附属品では不要で、内径が 180 mm 未満のフィルタードライヤも実施する必要がない。(平 22［保］問 9)

うむ。160 mm を超えていますので圧力容器として耐圧試験が必要です。160 mm 以下のヘッダやフィルタは「配管」となります。 【答：すべて×】

・外径 160 mm のヘッダは圧力容器としてみなされ、耐圧試験の対象となる。(平 23［保］問 9)

あれ、外径！？ でも、当然内径は 160 mm 未満ですよね。「160 mm を超えるもの」ですから、外径 160 mm のヘッダは「圧力容器」ではなく「配管」とみなされます。耐圧試験は配管以外の部分が対象と記されています。 【答：×】

・耐圧試験は、圧縮機、圧力容器など耐圧強度を確認しなければならない構成機器またはその部品を対象として、実際の使用状態での耐圧性能を確認するために行う。(平 27［保］問 9)

う〜ん。「実際の使用状態での」は上級テキストと同様の表現であるが、どういうこと？という疑問が残ります。でも素直に「○」です。 【答：○】

（2）使用流体 ▼上級テキスト 8 次 p.181「(3) 使用流体」

過去問題にチャレンジ！

・耐圧試験に用いる液体は、水以外は使用できない。(平 13［保］問 9)

原則として液圧で行い、使用する液体は水や油です。　　　　　　　　　【答：×】

・冷凍保安規則関係例示基準により、液圧による耐圧試験の流体として油を使用し、設計圧力または許容圧力のいずれか低いほうの圧力の 1.5 倍以上の圧力で試験することにした。
（平 19 [保] 問 9）

耐圧試験は、水、油、その他難燃性の液体を使用します。とうぜん、ガソリン・灯油など、引火性、揮発性、毒性、腐食性のあるものは使用不可です。圧力試験 1.5 倍うんぬんは「○」です。　　　　　　　　　【答：○】

・耐圧試験は一般に液圧で行う試験であるが、液体を使用することが困難な場合は、一定の条件を満たせば空気や窒素などの気体を用いて試験を行うことも認められている。
（平 28 [保] 問 9）

液体で行う理由は、高圧が得やすい、対象物が破壊しても危険性が少ないことですが、液体使用が困難な場合は、一定の条件を満たせば空気や窒素などの気体で試験が可能とされています。　　　　　　　　　【答：○】

（3）試験圧力　▼上級テキスト 8 次 p.181「試験圧力」
液体は 1.5 倍以上、気体は 1.25 倍以上と、とりあえず記憶すべし！

Memo

冷凍保安規則関係例示基準 5.（2）
　耐圧力試験は、設計圧力または許容圧力のいずれか低い圧力（以下この項において「設計圧力等」という。）の 1.5 倍以上（気体を使用する耐圧試験圧力は設計圧力等の 1.25 倍以上）の圧力とする。

過去問題にチャレンジ！

・冷凍保安規則関係例示基準により、耐圧試験を液体で行う場合、試験圧力は設計圧力または許容圧力のいずれか低い方の圧力の 1.5 倍以上の圧力で、気体で行う場合の最低試験圧力よりも高い。（平 20 [保] 問 9）

うむむ。「液体は 1.5 倍以上、気体の場合は 1.25 倍以上」ですから正しいですね。【答：○】

・冷凍保安規則関係例示基準により、耐圧試験の圧力は、液体によって試験を行う場合には設計圧力または許容圧力のいずれか低いほうの圧力の 1.5 倍以上の圧力で、気体で行う場合の圧力と同じである。（平 21 [保] 問 9）

うむ、ちがうよね〜！　気体の場合は 1.25 倍以上です。　　　　　【答：×】

・耐圧試験時に機器の材料に発生する応力が、その材料の降伏点よりも低くなければならないので、試験圧力は必要以上に高くしてはならない。（平 25 [保] 問 9）

・耐圧試験は、設計圧力の範囲内で事故の発生が避けられることの確認のために行うものであり、加圧時に機器の材料に発生する応力が、その材料の降伏点より低くなければならない。（平 30 [保] 問 9）

「耐圧試験圧力は、発生する応力がその材料の降伏点よりも低く」ぐらいで覚えればよいでしょう。「降伏点」は「応力－ひずみ線図」を見ましょう。「⑮ 圧力容器」で出てきます。

【答：どちらも○】

> ・耐圧試験は、圧力容器などの耐圧強度を確認しなければならない構成機器に対し、液体や気体を用いて行う。液体を用いて耐圧試験を行った場合、気密試験を省略することができる。（令1［保］問9）

耐圧と気密はイメージで違うものとわかるでしょう。気密試験は省略できません。【答：×】

（4）強度試験　▼上級テキスト8次 p.181「（補足説明）強度試験」

強度試験は、テキストでは耐圧試験の後に「（補足説明）強度試験」として記されています。補足説明でも出題されるので勉強しておきたいです。

過去問題にチャレンジ！

> ・圧縮機や容器など冷媒設備の配管以外の部分について、その強さを確認するために、耐圧試験の代わりに量産品について適用する試験に強度試験があり、試験圧力は設計圧力の3倍以上でなければならない。（平22［保］問9）
>
> ・製品のばらつきが生じにくいことが確認された圧縮機などの量産品については、抜取り試験である強度試験を実施し、個別に行う耐圧試験を省略できる。（平25［保］問9）
>
> ・圧縮機や容器など冷媒設備の配管以外の部分について、耐圧試験に代わり量産品に対して適用する強度試験がある。その試験圧力は、耐圧試験圧力より高い。（平29［保］問9）

この3つの文章をまとめてみると、「圧縮機や容器など冷媒設備の配管以外の部分について、製品のばらつきが生じにくいことが確認された量産品については、耐圧試験に代わり抜取り試験である強度試験を設計圧力の3倍以上で行う。これで個別に行う耐圧試験を省くことができる」です。世の中そういうことになっているらしいです。　【答：すべて○】

14-3　気密試験（構成機器の組立品）

気密試験には、上級テキスト8次181ページ「気密試験（**構成機器の組立品**）」、182ページ右～「気密試験（**配管を完了した設備**）」の2つがあることを頭にいれましょう。ここでの「構成機器組立品の気密試験」とは、機器メーカーの工場、つまり、冷凍機（機器）製造工場で行う気密試験のことです。

（1）目的・対象　▼上級テキスト8次 p.181 右下「(1) 目的」

過去問題にチャレンジ！

> ・圧力容器の気密試験は、耐圧試験を実施した後に行う。（平17［保］問9）

その通りだ！　サービス問題です！ 【答：○】

・圧力容器の圧力試験では、一般に耐圧性能の確認のため液圧による耐圧試験を最初に行うが、気密試験より高い圧力で実施するので、気密試験は省略してよい。（平 15［保］問 9）

耐圧試験は耐圧であり、気密の試験ではないです。よって、気密試験は耐圧試験のあとに必ず実施します。 【答：×】

・気密試験は、耐圧試験後の圧縮機や圧力容器などの構成機器の組み立て品について行うものと、冷媒配管が完了したあとの冷媒配管全系統の漏れを調べるために行うものがある。（平 22［保］問 9）

冷凍機メーカーで組み立てた機器の試験があって、あなたの勤務先で購入して、現場で組み立てた後に実施する試験があるってこと。考えてみれば当然のようなことで、これをわかっていないと「法令」で少々困惑することになるので、把握しておきましょう。 【答：○】

・気密試験は、耐圧試験を実施する前の圧縮機や圧力容器などの構成機器の組み立て品について行うものと、冷媒配管が完了したあとの冷媒配管全系統の漏れを調べるために行うものがある。（平 27［保］問 9）

正しくは、「耐圧試験を実施した後の」ですよ。 【答：×】

（2）使用流体　▼上級テキスト 8 次 p.182「使用流体」

過去問題にチャレンジ！

・アンモニア冷媒用機器の気密試験には、炭酸ガスは使用できない。（平 18［保］問 9）

・アンモニア冷媒設備における機器の気密試験には、二酸化炭素（炭酸ガス）を使用しない。（平 21［保］問 9）

その通り。二酸化炭素とアンモニアが反応し、炭酸アンモニウム粉末を生成してしまいます。 【答：どちらも○】

・気密試験で圧縮空気を使用するときは、吐出し空気温度が 140℃を超えないようにする。（平 15［保］問 9）

この一文は記憶してしまいましょう。ちなみに「機器」も「設備」も同じです。 【答：○】

・気密試験で使用するガスは、気密性能を容易に確認できるものであればよく、窒素、酸素、二酸化炭素のいずれも使用可能である。（平 23［保］問 10）

・構成機器の個々の組立品に対して行う気密試験では、漏れの確認が容易にできるようにガス圧試験を行う。試験に使用するガスは、空気、酸素、窒素などの非毒性ガスを用いる。（平 30［保］問 9）

支燃性の酸素はダメだよ。酸素を空気と同じと勘違いしないことです。これは 3 冷レベルの問題！ 【答：どちらも×】

・アンモニア冷媒設備の機器を気密試験する場合、二酸化炭素を使用すると試験後に機器内に残留した二酸化炭素とアンモニアが反応して炭酸アンモニウムの粉末が生成される。したがって、アンモニア冷媒設備の機器では二酸化炭素を使用しない。（平28［保］問9）

素直なよい問題ですね。　　　　　　　　　　　　　　　　　　　　　　　　　【答：○】

（3）試験圧力　▼上級テキスト8次 p.182「(4) 試験圧力」

> **冷凍保安規則関係例示基準 6.（2）より**
> (2) 気密試験圧力は、設計圧力または許容圧力のいずれか低い圧力以上の圧力とする。

過去問題にチャレンジ！

・気密試験の圧力は、設計圧力または許容圧力のいずれか低い方の圧力の 1.0 倍以上とする。
（平13［保］問9）

　お、おい、「1.0 倍以上」って（笑）こういう表現は、算数的、科学的、学術的に、さらに、美学的にありなの？　平成13年度か、ずいぶん昔だなぁ。あ、正しいですよ。　【答：○】

（4）圧力計　▼上級テキスト8次 p.182「(7) 圧力計」

> **冷凍保安規則関係例示基準 6.（5）より**
> (5) 気密試験に使用する圧力計は、文字盤の大きさは 75 mm 以上でその最高目盛は気密試験圧力の 1.25 倍以上 2 倍以下であること。

過去問題にチャレンジ！

・気密試験に使用する圧力計の文字盤の大きさは 75 mm 以上で、その最高目盛りは気密試験圧力の 1 倍以上 2 倍以下とする。（平13［保］問9）

　「1.25 倍以上 2 倍以下」です。これは機器でも設備でも同じです。覚えてくださいね。試験圧力値の倍率と混同しな事です。　　　　　　　　　　　　　　　　　　　　　　【答：×】

14-4　気密試験（配管完了した設備）
▼上級テキスト8次 p.182「気密試験（配管を完了した設備）」

　「○○○○○冷凍装置」、「冷媒設備全体」と書かれていたら、配管が完了した設備のことです。なんといっても、使用流体の問題が多いです。

（1）目的・対象

過去問題にチャレンジ！

・配管が完了した時点で行う気密試験は、真空試験を実施した後に行う。(平14〔保〕問9)

ブブーっ。「耐圧試験」→「気密試験」→「真空試験」です。真空試験は、冷媒設備内の残ガス・水分を除去する目的があるから最後です。　　【答：×】

・気密試験は、真空試験で代替えすることができる。(平20〔保〕問9)

真空試験は漏れ箇所の判別はできないです。　　【答：×】

・冷凍装置を構成する各機器について、それぞれの気密試験によって個々に気密性能が確認されていれば、配管完了後の冷凍設備全体に対する気密試験は省略できる。
(平16〔保〕問9、平24〔保〕問9)

ん、なこたぁ〜ない。冷媒設備完成後の防熱工事、冷媒充填前に、冷媒配管等の冷媒設備全体の気密を試験しなければならないです。　　【答：×】

（2）使用流体　▼上級テキスト8次 p.182「（3）使用流体」

過去問題にチャレンジ！

・配管が完了した時点で行う気密試験で、アンモニア冷凍装置の場合の使用流体として、炭酸ガス（二酸化炭素）がよい。(平14〔保〕問9)

・二酸化炭素（炭酸ガス）は、不燃性および非毒性のガスであるので、アンモニア冷凍装置の気密試験の試験流体として使用されている。(平16〔保〕問9)

・アンモニア冷凍装置の気密試験を行うにあたって、漏れが容易に確認できるように二酸化炭素（炭酸ガス）で設計圧力まで昇圧した。(平19〔保〕問9)

・アンモニア冷凍装置の気密試験には、不燃性および非毒性である二酸化炭素を使用する。
(平25〔保〕問9)

試験後の炭酸ガスの残ガスがアンモニアと反応し、炭酸アンモニウム粉末を生成し、装置に悪影響を与えます。　　【答：すべて×】

・アンモニア冷凍装置の気密試験では、二酸化炭素はアンモニアと化学反応する可能性があるので使用しない。(平24〔保〕問9)

なんと、素直な問題ですね。　　【答：○】

・アンモニア冷凍装置の気密試験では、試験流体に空気、窒素、二酸化炭素などの非毒性ガスが用いられる。しかし、フルオロカーボン冷凍装置では、水分を含む空気を使用しないほうがよい。(令1〔保〕問9)

注意力と知識を試すにはよい問題かも。アンモニア冷凍装置では二酸化炭素を使用できない

ですから、「×」ですね。フルオロカーボン冷媒設備は水分が混入しないよう空気の代わりに窒素か炭酸ガスを使用するのだね。　　　　　　　　　　　　　　　　　　　【答：×】

・フルオロカーボン冷凍装置の気密試験には、二酸化炭素を使用することはできない。

（平 20［保］問 9）

二酸化炭素はフルオロカーボンでは使用可能です！　　　　　　　　　　　　　　　【答：×】

・冷媒配管が完了したアンモニア冷媒設備全系統に対する気密試験では、ボンベに詰められた二酸化炭素、窒素ガスまたは試験用空気圧縮機で加圧された空気を用いる。

（平 30［保］問 9）

「アンモニア」と「二酸化炭素」の二言があれば速攻で「×」！　でも油断大敵、問題はよく読もうね。　　　　　　　　　　　　　　　　　　　　　　　　　　　　　　　　【答：×】

（3）試験圧力　　▼上級テキスト 8 次 p.182「(4) 試験圧力」

> **Memo**
>
> 冷凍保安規則関係例示基準 6.（2）より
> （2）気密試験圧力は、設計圧力または許容圧力のいずれか低い圧力以上の圧力とする。

過去問題にチャレンジ！

・配管が完了した時点で行う気密試験の試験圧力は、許容圧力または設計圧力のいずれか低い方の圧力以上で行う。（平 14［保］問 9）

うん。　　　　　　　　　　　　　　　　　　　　　　　　　　　　　　　　　　　【答：○】

（4）実施要領　　▼上級テキスト 8 次 p.182「(5) 実施要領」

過去問題にチャレンジ！

・気密試験では圧力をかけたままで発泡液を塗布し、つち打ちなどの軽い衝撃を与え漏れ箇所の確認を行うが、漏れ箇所の修理はすべての圧力を大気圧まで下げてから行う。

（平 26［保］問 9、令 1［保］問 9）

圧力をかけたままの、つち打ちは危険なので駄目です。発泡液の目視を時間をかけてゆっくりと行い、修理の場合は大気圧まで下げてから行います。　　　　　　　　　　　【答：×】

（5）合格基準　▼上級テキスト8次p.183「(6) 合格基準」

Memo
> 冷凍保安規則関係例示基準6.（4）より
>
> （4）気密試験は、非試験品内のガスを気密試験圧力に保った後、水中において、又は外部に発泡液を塗布し、泡の発生の有無により**漏れを確かめ、漏れのないことをもって合格とする**。ただし、フルオロカーボン（不活性のものに限る。）又はヘリウムガスを検知ガスとして使用して試験する場合には、ガス漏えい検知器によって試験することができる。

過去問題にチャレンジ！

・配管が完了した時点で行う気密試験の合格基準は、漏れのないことである。（平14 [保] 問9）

　うむ。ズバリその通り！！　　　　　　　　　　　　　　　　　**【答：○】**

14-5　真空試験　▼上級テキスト8次p.183「真空試験（真空放置試験）」

　真空試験は、<u>なぜするのか</u>、<u>どうやってするのか</u>、よく理解しましょう。

（1）目的・対象

　「目的」の問題は一番多いです。文脈の違いを楽しみながら！一気に攻略してください。

過去問題にチャレンジ！

・真空放置試験は、冷凍装置が運転されたとき真空になる部分について行う試験である。
（平17 [保] 問9）

　思わず、「○」としてしまいたい問題です。冷凍装置全体を真空にして、微小な漏れの確認で気密の最終試験とします。漏れ箇所の特定はできないです。　　**【答：×】**

・真空試験では、微少な漏れでも判別できるが、漏れ箇所の特定はできない。（平15 [保] 問9）

・真空試験は漏れ箇所の判別はできないが、わずかな漏れでも確認できる。（平20 [保] 問9）

・冷媒設備の気密の最終的な確認を行うための試験が、真空放置試験である。真空状態では微妙な漏れも判定できるが、漏れ箇所の判別はできない。（平22 [保] 問9）

・冷媒設備の気密の最終確認をするための真空試験は、微量な漏れでも判定可能であるが、漏れ箇所の特定はできない。（平29 [保] 問9）

　文章表現の違いに慣れてください。平29 [保] 問9の問題文が一番美しいと思います。
【答：すべて○】

・フルオロカーボン冷媒設備では、とくに微少な漏れ、水分の存在、さらに不凝縮ガスとしての空気や窒素ガスなどの残留も嫌うため、真空放置試験は重要な試験である。

(平21［保］問9)

うむ、素直なよい問題です。逃さないように。　　　　　　　　　　　　【答：○】

・真空試験は冷媒設備の気密の最終確認をする試験であり、微少な漏れや漏れ箇所の確認を行う。真空試験は高真空を必要とするので、真空ポンプを使用しなければならない。

(平28［保］問9)

どこが違う？　「微少な漏れや漏れ箇所の確認を行う」→「微少な漏れの**確認を行う**。漏れ箇所の確認は**行えない**」または、「微妙な漏れでも判定できるが、漏れ箇所の特定はできない」。下線の文章が少々難解ですね。「漏れ箇所は判別できないので、漏れ箇所の確認を行う作業は必要ない」と読み解けば下線はまちがいとわかるでしょう。　　　　　　【答：×】

（2）実施要領・合格基準

過去問題にチャレンジ！

・真空放置試験では微少な漏れでも判定できるが、漏れ箇所の判定はできない。なお、放置時間は数時間から一昼夜近い十分に長い時間とし、5 K程度の温度変化があっても0.7 kPa程度の圧力変化であれば問題はない。(平19［保］問9)

う～む。5 Kと0.7 kPaを記憶しておけばよいでしょう。あとはあなたの勉強次第でわかると思います。　　　　　　　　　　　　　　　　　　　　　　　　　　　　【答：○】

・冷媒設備の気密の最終的確認をする試験である真空試験では、試験真空度に到達後微量な漏れでもすぐに判定できる。(平25［保］問9)

すぐに判定はできません。数時間から一昼夜近く放置したのち判定を行います。　【答：×】

・真空放置試験は、微少な漏れでも判定できるが、漏れ箇所の特定はできない。装置内に残留水分が存在すると、真空になるのに時間がかかり、また、真空ポンプを止めると圧力が上昇する。(令1［保］問9)

その通り！　　　　　　　　　　　　　　　　　　　　　　　　　　　　【答：○】

（3）真空計　▼上級テキスト8次 p.184「(5) 真空計」

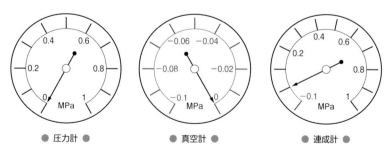

● 圧力計 ●　　　　　　● 真空計 ●　　　　　　● 連成計 ●

過去問題にチャレンジ！

・真空試験に用いる真空計には、文字盤の大きさが 75 mm 以上あれば冷凍装置附属の連成
計を使用できる。(平 17〔保〕問 9)

・真空放置試験での真空度の測定に、冷凍装置の連成計を使用してもよい。(平 23〔保〕問 9)

　連成計は正確な値が読み取れないので、真空計を用います。文字盤の大きさは定義されてい
ないようです。視認性がよければよいでしょう。　　　　　　　　　　【答：どちらも×】

14-6　溶接部の試験

過去問題にチャレンジ！

・冷凍装置を構成する各機器の溶接部は、母材の最小引張強さ以上の強度が必要である。
　　　　　　　　　　　　　　　　　　　　　　　　　　　　　　　　(平 23〔保〕問 9)

・冷凍装置を構成する各機器のアーク溶接施工の良否は、母材の材質、板厚と開先形状、溶
接棒の種類、溶接の電流と電圧などの条件が関係する。溶接部の強度は、母材の最小引張
強さ以上の強度が必要である。(平 27〔保〕問 9)

　その通り。と、書くしかない。上級テキストを読むしかない。と、しか言えない。　▼上級
テキスト 8 次 p.184「溶接部の欠陥」　　　　　　　　　　　　　　【答：どちらも○】

難易度：★★★★

15　圧力容器

　圧力容器は「学識」では問 10 に出題されます。上級テキスト 8 次保安編 161 ページ「圧
力容器の強度」を読みましょう。許容圧力と設計圧力の関係をいち早く理解することがポ
イントですが、力学の知識に悩まされるかも知れないです。★ 4 つ。

15-1　応力とひずみ　▼上級テキスト 8 次 p.161「応力とひずみ」

　図を見て、P 比例限度から下降伏点ぐらいまでは、写実しておきましょう。じーーーっ
と見ていればなんとなく覚えられますよ。

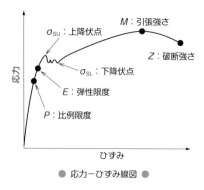

● 応力－ひずみ線図 ●

過去問題にチャレンジ！

・炭素鋼の棒材に引張り荷重を作用させた後、荷重を静かに除去したときに元の寸法に戻る
事ができる応力とひずみの関係が、直線的に比例する限度を比例限度という。

（平14［学］問10）

　うむ。「比例限度」これで覚えました！　　　　　　　　　　　　　　　【答：○】

・炭素鋼の棒材に引張りの荷重を作用させた後、荷重を静かに除去したときに元の寸法に戻
ることのできる応力とひずみの関係が、直線的に比例する限界を降伏点という。

（平19［学］問10）

　降伏点は元に戻らない点、もとに戻る点は「弾性限度」です！　　　　　【答：×】

・一般に鋼材における引張応力とひずみの関係の図が鋼材の応力－ひずみ線図である。この
線図では、一般に、ひずみの大きいほうから順に、下降伏点、上降伏点、弾性限度、比例
限度となっており、比例限度のひずみが一番小さい。（令1［学］問10）

　さぁ、図を見ましょう。「ひずみ」と「応力」の比較で順番が変わるので注意してください。
特に下降伏点と上降伏点です。　　　　　　　　　　　　　　　　　　　【答：○】

・一般に鋼材における引張応力とひずみの関係の図が鋼材の応力－ひずみ線図で、この線図
では、応力の小さいほうから順に、比例限度、弾性限度、下降伏点、上降伏点となってい
る。また、引張りの荷重を作用させた後、荷重を静かに除去したときに、元の寸法に戻る
ことができ、応力とひずみの関係が直線的で、正比例する限界を比例限度という。

（平28［学］問10）

　線図の応力の比較と比例限度の知識を試すためのよい問題文です。　　　【答：○】

15-2　材料の記号

「A＞B＞Cの順に」などの、不等号で惑わされないように。

Memo 不等号について

　テキストでは炭素含有量と溶接性の比較に不等号が使われていて、試験問題でも使われますが、いろいろ勘違いするのでココで勉強しておきましょう。

> 　「＜」は、左辺が右辺より、小さいことを示し、「＞」は、左辺が右辺より、大きいことを示します。
> 　日本語の読みは文部科学省により「〜は〜より小さい」、「〜は〜より大きい」と読むように指導されていますが、「小（しょう）なり」「大（だい）なり」とされることも多いです。
> ■使用例
> 　　3＞2　（3は2より大きい）
> 　　A＞B　（AはBより大きい）
> 　　A＜B　（AはBより小さい）

上級テキスト8次162ページ「材料の記号」では、

> 　この材料には、JIS規格にSM 400 A、SM 400 B及びSM 400 Cの3種あり、最後のアルファベットの記号はA＞B＞Cの順に炭素含有量が少なくなっており、炭素含有量が少ないほど溶接性がよくなる。

となると、「**Cが一番炭素含有量が少なく、溶接性がよい**」と覚えればよいでしょう。さ、問題に挑戦してみましょう！

（1）炭素含有量 A、B、C（不等号での比較）
さぁ、不等号パズル問題を解くことができるかな？

過去問題にチャレンジ！

・圧力容器に使われることの多い、溶接構造用圧延鋼材 SM 400 A、SM 400 B および SM 400 C の最後のアルファベット記号は、A、B、C の順に炭素含有量が多く、溶接性が悪くなる。（平14［学］問10）

　これは簡単。テキスト文を少し変えただけ。「A、B、Cの順に炭素含有量が**少なく**、溶接性がよくなる」ですね。　　　　　【答：×】

・溶接構造用圧延鋼材 SM 400 A、SM 400 B、SM 400 C の3種類の違いは、A、B、C の順に炭素含有量が少なく、この順に溶接性がよい。（平15［学］問10）

　これも簡単。その通りです。　　　　　【答：○】

・圧力容器に使われることの多い、溶接構造用圧延鋼材で、SM 400 A、SM 400 B および SM 400 C の最後のアルファベットの記号は A＞B＞C の順に炭素含有量が少なくなっており、炭素含有量が少ないほど溶接性がよくなる。（平19［学］問10）

　不等号が出てまいりました。でも、全然簡単ですね。　　　　　【答：○】

・圧力容器に使用される溶接構造用圧延鋼材において、SM 400 A、SM 400 B および SM 400 C の末尾のアルファベット記号は、A ＜ B ＜ C の順に炭素含有量が多くなっており、炭素含有量が多くなるほど溶接性が悪くなる。(平22 [学] 問10)

（笑）不等号を逆にしていますね。さらに、多いとか少ないとか。はてな？ …考え始めると日本語困惑スパイラルに迷い込みます。こういう問題を、困惑問題と言っています。問題文は「A ＜ B ＜ C の順に炭素含有量が多くなっており」とあります。つまり、C が一番多いことになる（だろう）から「×」、ということでしょう。「炭素含有量が多くなるほど溶接性が悪くなる」というのは「○」だね。　　　　　　　　　　　　　　　　　　　　　【答：×】

・圧力容器に使用される溶接構造用圧延鋼材には SM 400 A、SM 400 B、SM 400 C の三種類があるが、A を最大とし、A ＞ B ＞ C の順に炭素含有量が少なくなっており、炭素含有量が少ないほど、溶接性が悪い。(平26 [学] 問10)

おおー、素晴らしい問題ですね。「A を最大とし、」のひと言が素晴らしい！太陽のように輝いている！　不等号における問題文の名文となって、冷凍機械責任者試験の歴史に残るでしょう。あ、「溶接性が良い」が正解です。　　　　　　　　　　　　　　　【答：×】

（2）SM 400 B の許容引張応力
▼上級テキスト 8 次 p.162 左上「12.1.3 許容引張応力」、p.162 左〜「12.2 材料の記号」

過去問題にチャレンジ！

・溶接構造用圧延鋼板 SM 400 B の数字の 400 は、許容引張応力が 400 N/mm² であることを表している。(平17 [学] 問10、平20 [学] 問10)

この 400 は最小引張り強さが 400 N/mm² のことで、その 1/4（常温）が許容引張応力 100 N/mm² なのです。　　　　　　　　　　　　　　　　　　　　　　　【答：×】

・冷凍装置の圧力容器に使われる材料として SM 400 B がある。この材料記号のうち、S は鋼、M は船舶用の頭文字をとっている。400 は許容引張応力が 400 N/mm² であること、B は炭素含有量の程度を表している。この材料の常温における最小引張強さを 100 N/mm² としている。(平23 [学] 問10)

どこが間違ってるか！　勉強しないとわからないです。正しくは「＜略＞400 は最小引張強さが 400 N/mm² であること、B は炭素含有量の程度を表している。この材料の常温における許容引張応力を 100 N/mm² としている」です。　　　　　　　【答：×】

・溶接構造用圧延鋼材 SM 400 B の許容引張応力 σ_a は、100 N/mm² である。
　　　　　　　　　　　　　　　　　　　　　　　　　　　　(平24 [学] 問10)

・溶接構造用圧延鋼材 SM 400 B の最小引張強さは 400 N/mm² であり、常温における許容引張応力は 100 N/mm² である。(平30 [学] 問10)

うむ。単刀直入な問題です。上級テキスト 8 次 162 ページで勉強するしかないですね。σ_a が気になる方は、上級テキスト 8 次 171 ページの式(12.4) あたりを読んでください。　　　　　　　　　　　　　　　　　　　　　　　　　　　　　【答：どちらも○】

・溶接構造用圧延鋼材 SM 400 B の数字の 400 は、許容引張応力が 400 N/mm² であることを表している。また、最後のアルファベットの記号Bは炭素含有量を示している。

（平25［学］問10）

最小引張強さが 400 N/mm² です。どうしても、「**最小引張強さ**」と「**許容引張応力**」で、受験者を惑わしたいみたいですね。あなたはもう大丈夫！　【答：×】

15-3　冷凍装置用材料　▼上級テキスト8次 p.162「冷凍装置用材料」

管の種類、性質、制限が出題されます。

（1）低温脆性（ていおんぜいせい）　▼上級テキスト8次 p.163「炭素鋼と低温脆性」

冷凍装置に使われている材料、特に「低温脆性」を勉強する必要があります。

過去問題にチャレンジ！

・鋼材の低温脆性による破壊が最も発生しやすくなる条件は、一般に
　　1）低温であること
　　2）形状に切り欠きなどの欠陥があること
　　3）三軸（円周、半径、長手）方向に引張応力があること
の三つの条件が重なったときである。（平22［学］問10）

この3つの条件を、覚えるしかないですね。　【答：○】

・鋼材は一般に温度が下がるにつれて引張強さ、降伏点、硬さなどが増大するが、ある温度以下の低温で伸びが小さくなって塑性変形の性質を失い、低温脆性により破壊することがある。冷凍の場合、低温では冷媒の飽和蒸気圧が低くなり、材料に衝撃力を加えなければ低温脆性による破壊の心配はほとんどない。（平23［学］問10）

温度に関しては上級テキスト8次163ページ左上にズバリです。破壊に関しては、同ページ右から読み取るしかないのかな。　【答：○】

・鋼材は、一般に温度が下がるにつれて引張強さ、絞り率、硬さなどは増大するが、伸び、降伏点、衝撃値などは低下する。そして、ある温度以下の低温で伸びが小さくなり、低温脆性によるもろさを示す。（平27［学］問10）

正しくは、「鋼材は、一般に温度が下がるにつれて引張強さ、**降伏点**、硬さなどは増大するが、伸び、**絞り率**、衝撃値などは低下する」です。　【答：×】

・鋼材は一般に温度が下がるにつれて引張強さ、降伏点、硬さなどが増大するが、伸び、絞り率、衝撃値などは低下する。ある温度以下の低温で、伸びが小さくなって塑性変形の性質を失い、低温脆性により破壊することがある。（平28［学］問10）

覚えましたか？　このように連チャン（平成27年度、平成28年度）で出題される場合もあるのです。　【答：○】

・一般に鋼材は、ある温度以下の低温で伸びが小さくなって、塑性変形の性質を失う低温脆性を示す。低温脆性による破壊では、破壊の進展速度が遅く、容器や配管が徐々に開口するため、事故の予見が遅れる。(平30［学］問10)

前半はそのとおり。正しい文章にしてみましょう。「<略>低温脆性による破壊では、破壊の進展速度が**極めて速く**、容器や配管が**一瞬にして**開口するため、大事故になる」。低温脆性破壊は危険です。　　　　　　　　　　　　　　　　　　　　　　　　　　【答：×】

（2）使用制限

　上級テキスト8次165ページ「表12.2 材料の使用制限一覧（容器）」から読みとるしかないです。

過去問題にチャレンジ！

・アンモニア冷凍装置の圧力容器に、JIS G3452 配管用炭素鋼鋼管（SGP、通称ガス管）が使用できる。(平15［学］問10)

配管用炭素鋼鋼管（SGP、ガス管）は、毒性冷媒、設計圧力1 MPaを超える、または100℃を超える耐圧部分は使用不可です。　　　　　　　　　　　　　　　　　【答：×】

・冷凍装置の容器、配管および弁については、材料の使用制限がある。(平16［学］問10)

・冷凍装置に用いる圧力容器、配管および弁については、それらに用いる材料の種類と使用温度範囲に制限がある。(平22［学］問10)

うむ。材料の使用制限が「冷凍保安規則関係例示基準に決められている」ぐらいの把握でよいんじゃないかな。　▼上級テキスト8次 p.163「材料の使用制限」　【答：どちらも○】

・圧力容器に使用されることの多い材料 SM 400 B は、設計圧力が3 MPaを超える圧力容器には使用できない。(平25［学］問10)

うーん、この一文を覚えるしかないです。　▼上級テキスト8次 p.166 左上　【答：○】

15-4　設計圧力・許容圧力・最高使用圧力
▼上級テキスト8次 p.166「設計圧力、許容圧力」、最高使用圧力は8次 p.172「限界圧力」

　設計、許容、最高使用圧力の関係を把握しましょう。計算式が結構あるけれども、2冷は暗記せずともよいです。ただし、意味を考えるべし！

Memo

8次改訂版（平成27年11月発行）から、「最高使用圧力」から「限界圧力」に変わりました。

▼上級テキスト8次 p.172「12.8 限界圧力」
　他のページでは「最高使用圧力」は使われています。今後の改訂や試験問題はどうなるのかよくわからないです。

（1）圧力区分など　▼上級テキスト8次 p.166「圧力の区分」

過去問題にチャレンジ！

・圧力容器の強度計算に使用する設計圧力および許容圧力は、ともに冷媒の絶対圧力である。（平25［学］問10）

　上級テキスト8次166ページ「圧力の区分」の冒頭に「**すべてゲージ圧力する**」と力強く太字で宣言しています。ちなみに、絶対圧力 ＝ ゲージ圧力 ＋ 0.1 です。　　【答：×】

（2）設計圧力（基本問題）

過去問題にチャレンジ！

・設計圧力は、圧力容器などの設計において、その各部について必要厚さの計算または耐圧強度を決定するときに用いる圧力である。一方、許容圧力は、指定された温度において圧力容器などが許容できる最高の圧力のことである。（平29［学］問10）

・設計圧力は、圧力容器などの設計において、その各部について必要厚さの計算または耐圧強度を決定するときに用いる圧力で、許容圧力は、その容器に取り付ける安全装置の作動圧力の基準である。（令1［学］問10）

　この問題文は、メモして記憶しても損はないです。　▼上級テキスト8次 p.166「設計圧力」、p.169「許容圧力」の冒頭　　【答：どちらも○】

（3）設計圧力（高圧部）　▼上級テキスト8次 p.167「設計圧力」、p.168「表12.5 設計圧力」、「(a) 高圧部設計圧力」（冷凍保安規則関係例示基準19）

過去問題にチャレンジ！

・設計圧力は、基準凝縮温度によって区分けされている。（平17［学］問10）

・冷凍保安規則関係例示基準による高圧部の設計圧力は、基準凝縮温度によって区分されている。これは設計圧力を運転時に予想される最高圧力と考えているからである。（平18［学］問10）

・一般に、高圧部の設計圧力は、冷媒の種類ごとに基準凝縮温度に対応する飽和圧力によって定められているが、その温度は43℃未満にすることはできない。（平21［学］問10）

　はい！　高圧部設計圧力の基準凝縮温度は冷凍保安規則関係例示基準19で区分けされ、43℃、50℃、55℃、60℃、65℃、70℃です。これは設計圧力を運転時に予想される最高圧力と考えているからですが、43℃**未満**は決められていないのです。　【答：すべて○】

（4）設計圧力（低圧部）　▼上級テキスト8次 p.167「設計圧力」、p.168「表12.5 設計圧力」、「(b) 低圧部設計圧力」(冷凍保安規則関係例示基準19)

過去問題にチャレンジ！

・低圧部の設計圧力は、冷凍装置の停止中の周囲温度条件を考慮しており、周囲温度は約38℃として定められている。(平14［学］問10)

・非共沸混合冷媒ガスの低圧部の設計圧力は、周囲温度38℃の気液平衡状態の液圧力である。(平20［学］問10)

　テキストも問題文もこれらが定義されている「冷凍保安規則関係例示基準19」を基に作られていますので、できるだけ覚えるしかないです。　　　　　　　　　　**【答：どちらも○】**

・低圧部の設計圧力は、冷凍装置の停止中の周囲温度条件を考慮しており、周囲温度は約43℃として定められている。(平19［学］問10)

　停止中の低圧部と問われれば38℃！　だね。高圧部基準凝縮温度の43℃と混同しないように気をつけてください。　　　　　　　　　　　　　　　　　　　　　　　　　　**【答：×】**

・冷凍装置の運転停止中に予想される低圧部の最高温度が45℃になる場合でも、低圧部圧力容器の設計圧力は、周囲温度38℃の使用冷媒の飽和圧力でよい。(平26［学］問10)

　停止中の周囲温度は38℃を基準としていますが、**予想される低圧部の最高温度が45℃**ならばそのときの冷媒圧力が設計圧力になるということですね。なので、「周囲温度38℃の使用冷媒の飽和圧力でよい」が間違いです。　　　　　　　　　　　　　　　　　　**【答：×】**

（5）許容圧力　▼上級テキスト8次 p.169「許容圧力」

過去問題にチャレンジ！

・許容圧力とは使用できる最高圧力のことである。(平13［学］問10)

・圧力容器の許容圧力は、その容器に取り付ける安全装置の作動圧力の基準である。(平17［学］問10)

・許容圧力は、すでにできあがっている圧力容器の耐圧試験圧力、気密試験圧力、安全装置の作動圧力を定めるときおよび既設機器の最高使用圧力を求めるときなどに用いられる。(平27［学］問10)

　そのとおり！　許容圧力とは使用できる最高圧力のことで、安全装置の圧力設定や耐圧試験圧力、気密試験圧力の基準となります。もちろん設問の圧力容器も含まれます。　　　　　　　　　　　　　　　　　　　　　　　　　　　　　　　　**【答：すべて○】**

・許容圧力は、圧力容器の各部について、その板厚より腐れしろを除いて算定しなければならない。(平16［学］問10)

うむ！　最高使用圧力（許容圧力）$P_a = 2\sigma_a \cdot \eta\,(t_a - \alpha)/D_i + 1.2(t_a - \alpha)$ です。許容圧力は板厚 t_a より腐れしろ α を除します。　　　　　　　　　　　　【答：○】

> ・設計圧力は、圧力容器などの設計において、その各部について必要厚さの計算または耐圧強度を決定するときに用いる圧力で、設計圧力と許容圧力が異なる場合、設計圧力は、その圧力容器に取り付ける安全装置の作動圧力の基準である。（平28〔学〕問10）

これは「×」です！　ここまで解いたあなたは何が間違いかわかりますね。「<略>設計圧力と許容圧力が異なる場合、**許容**圧力は、その<略>基準である」です。　　　【答：×】

（6）最高使用圧力（限界圧力）　▼上級テキスト8次 p.172「限界圧力」

上級テキスト8次改訂版から「最高使用圧力」から「限界圧力」に変わり、この2つが混在することは、冒頭で述べてあります。留意してください。

過去問題にチャレンジ！

> ・設計圧力を超えて、許容圧力で冷凍装置を運転してはならない。（平15〔学〕問10）

設計圧力通りに制作されたものは設計圧力を許容圧力としてよいので、設計圧力は許容圧力（最高圧力）以下でなければならないですから、設計圧力以下で運転します。　　　【答：○】

> ・既存の圧力容器の円筒胴板の厚さがわかっているとき、その圧力容器の使用可能な最高圧力を求める式は、最小厚さを求める式に腐れしろを加えた式から導くことができる。
> （平24〔学〕問10）

う〜ん、冷静に問題文を分解しながら見てみましょう。

① 「既存の圧力容器の円筒胴板の厚さがわかっているとき、」←実際厚さ t_a を求める式は、$t_a = \{P \cdot D_i/2\sigma_a \cdot \eta - 1.2P\} + \alpha$（式12.5）です。
② 「その圧力容器の使用可能な最高圧力を求める式は、」←実際厚さ t_a を使い、最高圧力 P_a を求める式は、$P_a = 2\sigma_a \cdot \eta\,(t_a - \alpha)/D_i + 1.2(t_a - \alpha)$（式12.8）です。
③ 「最小厚さを求める式に腐れしろを加えた式から導くことができる。」←式と記号を組み込んでみると「最小厚さ t を求める $t = \{P \cdot D_i/2\sigma_a \cdot \eta - 1.2P\}$（式12.4）に、腐れしろ α を加えた $t_a = (t の式) + \alpha$（式12.5）の式から、導くことができる」と、いうことで正しいです。
▼上級テキスト8次 p.171「例示基準による円筒胴の厚さの計算式」　　　　　　　【答：○】

15-5　薄肉円筒胴圧力容器の内圧
▼上級テキスト8次 p.169「内圧を受ける薄肉円筒胴容器」

接線方向と長手方向の応力問題です。意外に出題が少ないです。円筒胴の内圧 P から起因する、接線方向 σ_1 と長手方向 σ_t の応力についてまとめた図です。

σ_l 〔N/mm^2〕	長手方向の引張応力	$\sigma_l = \dfrac{P \cdot D_i}{4t}$
σ_t 〔N/mm^2〕	接線方向の引張応力	$\sigma_t = \dfrac{P \cdot D_i}{2t}$ σ_t は、円筒胴板に誘起される最大引張応力

過去問題にチャレンジ！

・円筒胴の接線方向の応力は長手方向の応力の2倍である。（平20〔学〕問10）

・円筒胴圧力容器に内圧が作用したときに発生する最大引張応力は、円筒胴の接線方向の引張応力であり、この引張応力は長手方向の引張応力の2倍である。

（平29〔学〕問10、令1〔学〕問10）

　公式を見れば一目瞭然ですね。「接線方向の引張応力 $\sigma_t = P \cdot D_i/2t$」、「長手方向の引張応力 $\sigma_l = P \cdot D_i/4t$」ですから、接線方向の応力は長手方向の応力の2倍「$\sigma_t = 2\sigma_l$」です。最大引張応力は、円筒胴の接線方向の引張応力になります。　　　【答：どちらも○】

・円筒胴圧力容器に内圧が作用したときに発生する最大引張応力は、円筒胴の長手方向の引張応力である。（平18〔学〕問10）

　円筒胴に内圧が作用したときに発生する最大の応力（最大引張応力）は、**接線**方向の応力です。　　　【答：×】

15-6　溶接継手と腐れしろ

　溶接継手は、上級テキスト8次170ページ表「溶接継手の効率」、171ページ表「容器の腐れしろ」を参照してください。

（1）溶接継手

過去問題にチャレンジ！

・圧力容器の溶接継手の効率は、溶接部の全長に対する放射線透過試験を行った部分の長さの割合で定められており、溶接継手の種類は特に定められていない。（平14〔学〕問10）

　圧力容器の溶接継手の効率は、溶接継手の種類と溶接部の全長に対する放射線透過試験を

行った部分の長さの割合で値が**定められています**。　　　　　　**【答：×】**

・突合せ両側溶接継手の効率ηの数値は、溶接部の全長に対する放射線透過試験を行った部分の長さの割合によって決められている。（平 24［学］問 10）

はい、決められています。　　　　　　　　　　　　　　　　　**【答：○】**

・溶接部の全長に対して超音波探傷試験を行った場合、突合せ両側溶接またはこれと同等以上とみなされる突合せ片側溶接継手の効率は 1 である。（平 27［学］問 10）

超音波探傷試験は母材の試験、溶接部は**放射線透過試験**です！　引っ掛からないように。
　　　　　　　　　　　　　　　　　　　　　　　　　　　　　【答：×】

・円筒胴板の溶接部の全長にわたって放射線透過試験を行った場合、突合せ両側溶接またはこれと同等以上とみなされる突合せ片側溶接継手の効率は 1 である。（令 1［学］問 10）

素直に正解です。効率 1 に関してはサクッと記憶にとどめておきたいですね。　**【答：○】**

（2）腐れしろ

過去問題にチャレンジ！

・圧力容器に必要な腐れしろの値は、材料によって異なっている。ステンレス鋼の腐れしろは 0 mm である。（平 18［学］問 10、平 20［学］問 10）

・実際の必要厚さは、最小厚さに腐れしろを加えるが、冷凍装置ではステンレス鋼の腐れしろは 0 mm である。（平 24［学］問 10）

ま、0 mm ってことはない！　と、思うよね。銅、アルミニウムなどと同じ 0.2 mm です。
　　　　　　　　　　　　　　　　　　　　　　　　　　【答：どちらも×】

・圧力容器は、大気に接する外表面側が耐食塗装してあれば、冷媒に接する内面側は腐食のおそれがないので、腐れしろを必要としない。（平 16［学］問 10）

・圧力容器の許容圧力は、容器の各部について、その板厚から腐れしろを除いて計算しなければならない。なお、圧力容器が直接風雨にさらされることなく、大気に接する外表面が耐食処理を施してあれば、その容器の腐れしろは不要である。（平 22［学］問 10）

耐蝕処理してあり直接風雨にさらされなくても大気に接していれば腐れしろは必要と考えます。許容圧力計算は腐れしろを除くは正解です。　　　　　**【答：どちらも×】**

・圧力容器の実際の板厚計算では、腐食性のない冷媒を使用するときには、圧力容器の外面側の腐食を考え、最小厚さに腐れしろを加えて、板厚計算をすればよい。（平 26［学］問 10）

うむ。そのとおりとしか言いようがないです。　▼上級テキスト 8 次 p.171 式(12.5)　**【答：○】**

15-7　鏡板の形状、応力集中

　鏡板の形状はすぐに覚えられると思います。上級テキスト 8 次 172 ページ「圧力容器の鏡板の形状」の表「鏡板の種類」、173 ページ「応力集中」を参照してください。応力集中は、形状とのコラボ問題になりますが、あなたなら大丈夫でしょう。

（1）鏡板の形状

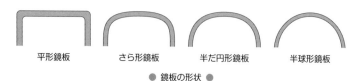

平形鏡板　　　　さら形鏡板　　　　半だ円形鏡板　　　　半球形鏡板

● 鏡板の形状 ●

過去問題にチャレンジ！

・皿形鏡板の中央部の半径に対して、隅の丸みの半径が小さくなるほど、鏡板の厚さは小さくてすむ。（平 16 [学] 問 10）

　　正しくは「鏡板の厚さは**大きくしなければならない**」です。　　　　　　　　　　【答：×】

・円筒胴圧力容器の鏡板に必要な板厚は、鏡板の形状によって大きく異なり、同じ設計圧力、同じ胴の内径、同じ材料の場合において、平板 < 皿形鏡板 < 半球形鏡板の順に、より厚い鏡板を必要とする。（平 21 [学] 問 10）

　　平鏡板 ＞ 皿形鏡板 ＞ 半球形鏡板の順に、より厚い鏡板を必要とする。不等号での出題は日本語の使い方で惑わされるので注意です。　　　　　　　　　　　　　　　　　　【答：×】

・円筒胴圧力容器の鏡板に必要な板厚は、円筒胴と鏡板の直径が同じであっても鏡板の形状によって大きく異なる。鏡板の必要な最小板厚は、平形が最も厚く、平形、浅さら形、さら形、深さら形、半球形の順に薄くできる。（平 27 [学] 問 10）

　　そうだね、としか言いようがないです。イメージを膨らませましょう。　　　　　【答：○】

・円筒胴圧力容器の鏡板に必要な板厚は、円筒胴と鏡板の直径が同じであっても、鏡板の形状によって大きく異なる。同じ設計圧力、同じ円筒胴の内径、同じ材料の場合において、平形を最大として、平形 ＞ 深さら形 ＞ さら形 ＞ 浅さら形 ＞ 半球形の鏡板の順に必要な最小厚さが薄くなる。（平 28 [学] 問 10）

　　正しくは「平形を最大として、平形 ＞ 浅さら形 ＞ さら形 ＞ **深さら形** ＞ 半球形の鏡板の順に必要な最小厚さが薄くなる」です。不等号を使用した問題ですが「平型を最大として」の一文が大小比較困惑スパイラルから解放してくれます。でも、あんまりよい問題じゃァないですよね。　　　　　　　　　　　　　　　　　　　　　　　　　　　　　　　　　　　【答：×】

（2）応力集中

過去問題にチャレンジ！

・圧力容器の皿形鏡板の隅の丸みが小さい場合には、応力集中により、隅の丸みの部分に大きな応力がかかりやすい。(平18［学］問10)

　はい、そのとおり。応力集中は必須科目ですね。　　　　　　　　　　【答：○】

・圧力容器のさら形鏡板における隅の丸み部分には、応力集中により大きな応力がかかりやすい。したがって、冷凍保安規則関係例示基準では、さら形鏡板の最小板厚を、さら形の形状に関する係数を導入した式によって求めることになっている。(平23［学］問10)

　球面で誘起される応力 σ_1 は、$\sigma_1 = PRW/2t$（P：内圧、R：半球面内面半径、W：鏡板の形状に応じた係数）で、最小板厚 t は、$t = PRW/2\cdot\sigma_a\cdot\eta - 0.2P$（$\sigma_a$：材料の許容引張応力、$\eta$：溶接効率）です。なお、$W = 1/4\{(3 + \sqrt{(R/r)})\}$（$r$：隅の丸み半径）であり、半球形鏡板は（$R/r$）＝ 1 となります。　　　　　　　　　　　　　　　　　【答：○】

・圧力容器のさら形鏡板では、応力集中により隅の丸みの部分に大きな応力が生じやすいので、板厚の計算ではその丸みを考慮して板厚を決める。(平26［学］問10)

　その通りだ！「丸みを考慮して」は「鏡板の形状に応じた係数」です。　　【答：○】

難易度：★★

⑯　据付けと試運転

　「保安」問10の最後の問題です。「学識」には類似問題は見当たりません。据付けと試運転関係の問題は、テキストを一度熟読しておけば感覚的に正解がわかるでしょう。★は2つ。　▼上級テキスト8次 p.186「据付けと試運転」

16-1　機器の配置

　「機器の配置」でのガス漏洩関係は問4の「冷媒」にまぎれて出題されます。

過去問題にチャレンジ！

・フルオロカーボン冷媒を使用した冷凍装置では、ガス漏れによる酸欠の危険があるので、機械室の換気に注意しなければならない。(平26［保］問10)

　はい、その通りです。　　　　　　　　　　　　　　　　　　　　　【答：○】

・フルオロカーボン冷媒は無臭のため大量の漏えいに気づきにくいが、天井に滞留しやすく酸欠事故の危険はない。しかし、ガス漏れ検知器による漏れ箇所の発見を容易にするために換気は十分に行うほうがよい。（平 28〔保〕問 4）

　「天井」ではなく「床面」に滞留します。よって酸欠事故の危険があります。　▼上級テキスト 8 次 p.186「機器の配置（g）」　　　　　　　　　　　　　　　　　　【答：×】

16-2　機器の基礎　▼上級テキスト 8 次 p.186「機器の基礎」

過去問題にチャレンジ！

・機器の据え付けには、コンクリート基礎に直接固定するものと、機器と基礎の間に防振ゴムなどの振動絶縁物を入れて取り付ける方法がある。（平 13〔保〕問 10）

　この 2 種類がありますね。　　　　　　　　　　　　　　　　　　　　　　　【答：○】

・基礎の固有振動数は、設置する機械が発生する振動数に対して 20％以上差をつけないと、機械と基礎とが共振することがある。一般には、基礎の質量は、その上に乗せる機械の質量よりも大きくする。（平 22〔保〕問 10）

　うむ。質量と共振、よい問題ですね。20％は心に留めましょう。　　　　　　【答：○】

・機器の基礎は、基礎底面に係る荷重（静的、動的を含む。）がどの部分でも地盤の許容応力度以下とし、できるだけ荷重を地盤に平均にかかるようにする。また、地震などで転倒しないように、一般的には、基礎の質量は上に設置する機器の質量よりも大きくする。（平 24〔保〕問 10）

　基礎の問題は多いです。「許容応力度以下」を覚えておきたいですね。　　　　【答：○】

・機器の基礎底面にかかる荷重は、どの部分でも地盤の許容応力度より大きくし、できるだけ荷重が地盤に平均にかかるように分布させる。また、基礎の質量は、一般にその上に据え付ける機器の質量よりも大きくする。（平 27〔保〕問 10、平 30〔保〕問 10、令 1〔保〕問 10）

　よく読めば、わかるでしょう。「許容応力度以下にし、」です。　　　　　　　【答：×】

・冷凍機器を据え付ける場合、一般的に、基礎の質量は据え付ける機器の質量より大きくする必要がある。圧縮機は、運転中の負荷変動が大きく、特に多気筒圧縮機では、基礎の質量を圧縮機の質量の 4 倍から 5 倍としている。（令 2〔保〕問 10）

　具体的な数値が出されました。「4 倍から 5 倍」ではなく「2 倍から 3 倍」です。う〜ん、確かに多すぎる気がするね。　▼上級テキスト 8 次 p.187 左上 (c)　　　　　　【答：×】

16-3　機器の防振支持　▼上級テキスト 8 次 p.187「防振支持」

　出題が多いです。運転中や、開始や停止時も、振動防止に注意してください。ポイントは、「振動」、「共振」、「可とう管（フレキシブルチューブ）」です。

過去問題にチャレンジ！

・機器の共振の振動数で加振すると、機器の振動振幅が拡大する。（平15〔保〕問10）

　よく言われていることですね。基礎地盤でも共振が出てきました。　　　　　【答：○】

・冷凍装置の防振対策としては、機械の回転部分の静的バランスがとれていればよい。

（平18〔保〕問10）

　静的バランスとは、いわゆる止まっているときのバランスってことです。テキストには静的
バランスはひと言も出てこないです。動（どう）的バランスという語句で説明されています。
回転部分だから動的バランスですね。　　　　　　　　　　　　　　　　　　【答：×】

・冷凍装置は運転開始・停止時に大きく振れることがあるので、圧縮機近くの配管などは強
　度が高いものを用い、堅固に固定する必要がある。（平20〔保〕問10）

　勉強が足りないと思わず「○」にしてしまうかも。配管は、可とう管（フレキシブルチュー
ブ）を使用します。　　　　　　　　　　　　　　　　　　　　　　　　　　【答：×】

・防振支持では、振動の伝達はかなり絶縁されるが、機械自身の振動により配管が破損する
　ことを防止するため、一般に圧縮機近くの吸込み管などには可とう管（フレキシブル
　チューブ）を入れる。（平27〔保〕問10）

　圧縮機の配管はフレキシブルチューブが必須ですね。　　　　　　　　　　　【答：○】

・圧縮機吸込み管に可とう管（フレキシブルチューブ）を使用する場合、氷結するおそれの
　ある可とう管をゴムで被覆することによって、氷結による破壊を防止する。

（令1〔保〕問10）

　「吸込み配管氷結防止に効果あり」も頭に入れておきましょう。映画『アイアンマン』でも
氷結対策は大切な事項でした。　　　　　　　　　　　　　　　　　　　　　【答：○】

・機器の防振装置としては、一般に防振ゴムやゴムパットが用いられ、これらを使用すると
　きにはその特性やばね定数を検討すればよく、その配置については特に気をつけることは
　ない。（平24〔保〕問10）

　機器が水平になるように、気をつけなさいということです。　　　　　　　　【答：×】

・機器の防振装置の使用目的としては、一般に振動がほかの場所へ伝わるのを防止すること
　のほかに、振動によって発生する二次的な騒音の防止もある。（平28〔保〕問10）

　うむ。振動による騒音対策も大切な事項ですね。　　　　　　　　　　　　　【答：○】

16-4　機器の据付け　▼上級テキスト8次 p.187「機器の据付け」

　さ、いよいよ据付けですよ。配管継ぎ手、基礎ボルト、コンクリート、モルタルまで機
器ごとにまんべんなくポツリと出題されるので難儀な項目です。テキストを一度でも熟読
しておきたいです。

（1）基本問題

過去問題にチャレンジ！

・機器の据付けに用いる基礎ボルトは規格品の良質なものを用いる。基礎ボルトの周囲や、機械底面とコンクリート基礎との間に流し込む注ぎモルタルは、セメントと砂の比が1：4の良質なものを使用する。（平23［保］問10、令1［保］問10）

　　1：2が正解。う〜ん、よく考えれば1：4では砂が多すぎですね。令和2年度では「セメントと砂の比が2：1」と出題されました。惑わされませんように。　【答：×】

（2）凝縮器

過去問題にチャレンジ！

・屋外に設置する空冷凝縮器と蒸発式凝縮器は重く、重心が比較的高いので、地震によって据付け位置がずれることがある。そのため、屋外に設置する基礎の鉄筋を強固に組み合わせ、屋外床盤の鉄筋に固く結び付け、凝縮器本体との基礎も十分に締結する。
（平21［保］問10）

　　その通りです。誠意のある問題文は美しいですね。　【答：○】

（3）受液器

過去問題にチャレンジ！

・内容積10 m³以上の毒性ガスの受液器に設ける防液堤の大きさは、受液器の内容積の60％を収容できるようにする。（平22［保］問10）

　　90％だよ。60％では万が一の時、あ、あ、溢れますよね。　【答：×】

・受液器の下部は、床面の水や湿気により腐食されやすいので、床面との間を十分とるように据え付ける。（平26［保］問10）

　　うむ。　【答：○】

（4）蒸発器

過去問題にチャレンジ！

・天井吊りのユニットクーラは、ファンの回転により振動しないようにし、吊りボルトは十分な太さで強固な鉄筋または鉄骨に溶接する。（平20［保］問10）

・天井吊りユニットクーラは、ファンの回転による振動が起きやすい。また、かなりの質量があるので、吊りボルトは十分な太さにし、強固な鉄筋または鉄骨に溶接する。
（平29［保］問10）

　　落下したら大変ですからね。振動防止も大事です。　【答：どちらも○】

（5）冷却塔

過去問題にチャレンジ！

・冷却塔は、水が多量に溜まっており、質量が大きくなるので基礎ボルトによる締め付けは不要である。（平14〔保〕問10）

激しく、ブーッですね。地震や台風等の自然災害を考えねばですね。　【答：×】

16-5　乾燥と冷媒の取り扱い（漏洩）
▼上級テキスト8次 p.188「真空乾燥」、p.189「冷媒の取扱い」

　据付けも無事終了した後、ホッとしたのもつかの間、試運転前の冷媒設備内の乾燥と、使用冷媒の取り扱い、漏洩についての問題です。

（1）試運転前の乾燥

過去問題にチャレンジ！

・フルオロカーボン冷媒設備では、設備内に水分が混入すると正常な運転を阻害するため、事前に真空乾燥が必要である。その際、水蒸気飽和圧力曲線を参考にして、所定以下の真空度を保持しながら、必要に応じて、設備内の水分残留場所の加熱を実施する。
（令2〔保〕問10）

加熱が乱暴に感じますが、ヒーターや温風を使用するようです。　【答：○】

（2）冷媒の取り扱い　▼上級テキスト8次 p.189
　出題数は多いです。漏洩や限界濃度に関する問題が主です。冷媒は「⑥　冷媒」で学んだのでわかりやすいでしょう。

過去問題にチャレンジ！

・フルオロカーボンは安定した冷媒であり、一般的に毒性は低く可燃性もないが、大気中では空気よりも重く、漏れると床面付近に滞留するので、酸欠に対する注意が必要である。
（平30〔保〕問10）

フロンの漏洩には気が緩みやすい、酸欠は怖いです。油断禁物です！　【答：○】

・冷媒の漏えい時の注意事項として、酸素濃度18%以下での酸欠に対する危険、空気に対する比重などがある。R 410A、R 404A、R 744 などの空気よりも重い冷媒では床面での滞留に注意が必要である。（平25〔保〕問10）

酸素濃度18%以下の酸欠は正しいです。さて、R 410A、R 404A は、HFC系非共沸点混合冷媒で要するにフルオロカーボンだから空気より重いです。R 744 は二酸化炭素で空気より重いので床面の滞留に注意です。冷媒記号を覚えていました？　【答：○】

・フルオロカーボン冷媒を用いた圧力容器や配管を修理する際に熱を加える場合は、フルオロカーボン冷媒は燃焼性がなく、内部残留ガスの考慮をしなくてよい。(平26［保］問10)

　フルオロカーボンは火や高温に物体に触れると有毒ガスを生成します。油断するととても危険です。　　　　　　　　　　　　　　　　　　　　　　　　　　　　　　　　　【答：×】

・冷凍装置から冷媒ガスが漏れた場合、大気中で空気よりも重い冷媒であるR 404A、R 407C、R 717、R 744は、床面での滞留に注意が必要である。(平28［保］問10)

　冷媒番号を把握してないと解けないよ。R 404A、R 407C は、HFC系非共沸点混合冷媒で要するにフルオロカーボンだから空気より重いです。R 744は二酸化炭素で空気より重く、R 717はアンモニアだから空気より軽いですね。なので、床面には滞留しないのです。　【答：×】

・冷媒設備の全冷媒充てん量〔kg〕を、冷媒を内蔵している機器を設置した最小室内容積〔m³〕で除した値が、限界濃度以下でなければならない。(平23［保］問10)

　高圧ガス保安協会自主基準とのことです。　　　　　　　　　　　　　　　　　　　【答：○】

・冷媒ガスの限界濃度は、冷媒設備の全冷媒充てん量〔kg〕を、冷媒を内蔵している機器を設置した最大室内容積〔m³〕で除した値である。(平28［保］問10)

　今度は「×」ですよ。正しい文章は、「冷媒ガスの限界濃度は、冷媒設備の全冷媒充填量〔kg〕を、冷媒を内蔵している機器を設置した**最小室内容積**〔m³〕で除した値である」です。
　　　　　　　　　　　　　　　　　　　　　　　　　　　　　　　　　　　　　　【答：×】

（3）アンモニア関連　▼上級テキスト8次 p.189〜190

　上級テキストでは、アンモニア冷媒について半ページ以上記述されていますので、重要な事項なのです。

過去問題にチャレンジ！

・アンモニア冷凍装置から冷媒が漏れると、微量の漏れでもアンモニアの強い刺激臭によって早期に発見できるので、アンモニア冷媒設備には漏えい検知警報設備を設けなくてもよい。(平16［保］問10、平25［保］問10)

　設けなければなりません！　冷規第7条第1項15号で定められていて、法令でも出題される重要事項です！　　　　　　　　　　　　　　　　　　　　　　　　　　　　　　　　【答：×】

・アンモニア冷媒の漏れは配管系統で起きた例があり、温度変化の著しい配管系統や断熱のために被覆されている部分は特に注意を要する。(平24［保］問10)

　その通りです！　隠れた部分の腐食などに注意です。　　　　　　　　　　　　　　【答：○】

16-6　試運転前の油の充填　▼上級テキスト8次 p.190「冷凍機油の充填」

　据付け後の油の充填について、油の選定条件や取り扱いが問われます。ポツポツポツポツ、雨だれのように出題されます。

（1）油の取り扱い

過去問題にチャレンジ！

> ・冷凍機油は大気中の湿気を吸収しないので、長期間空気にさらされていても、ゴミが混入していなければ使用できる。（平 17 ［保］問 10）
>
> ・冷凍機油は、鉱油の他に各種の合成油が冷凍装置の仕様に合わせて作られており、開封して長時間空気にさらされたものを使用しても支障はない。（平 22 ［保］問 10）

　冷凍機油は水分を吸収しやすいので長時間空気にさらすのは厳禁です。特に合成油は吸湿性が激しいです。　　　　　　　　　　　　　　　　　　　　　　　【答：どちらも×】

> ・冷凍機油の容器の蓋を開放して大気に触れた場合、鉱油は合成油に比較して湿気を吸収しやすい。（平 18 ［保］問 10）
>
> ・冷凍機油には、鉱油のほかに合成油があり、それらの粘度、流動点、炭化生成物など性質に特徴がある。冷凍機油は湿気を吸収しやすく、鉱油では特にその性質が激しい。
> （平 24 ［保］問 10）

　引っ掛からないでね！　**合成油**は**鉱油**に比較して湿気を吸収しやすいです。
　　　　　　　　　　　　　　　　　　　　　　　　　　　　　　　【答：どちらも×】

> ・冷凍機油を充てんするときには、空気中の水分を吸収していない新しいものを使用するようにする。（平 20 ［保］問 10）

　うむ。素直過ぎる問題ですね。　　　　　　　　　　　　　　　　　　　　　【答：○】

（2）冷凍機油の選定条件

過去問題にチャレンジ！

> ・冷凍機油の選定の条件の一つに、粘度が適当で油膜が強いことが挙げられる。一般に、低温用には流動点が高く、高速回転圧縮機で軸受荷重の比較的小さいものには粘度の低い油を選定する。（平 25 ［保］問 10）

　うむ。「＜略＞一般に、低温用には流動点が**低く**、＜略＞」テキストを一読しておけば、なんとなくイメージできるかな。　　　　　　　　　　　　　　　　　　　　　　【答：×】

> ・一般的な冷凍機油の選定条件は、凝固点が低くろう分が少ないこと、粘性が適当で油膜が強いこと、水分により乳化しにくいこと、酸に対する安定性がよいことなどであるが、熱安定性がよく、引火点が高いことも重要である。（平 27 ［保］問 10）

　粘性が適当で、油膜が強く、凝固点が低く、ろう分が少なく、乳化しにくく、酸への安定性、熱安定性がよく、引火点が高い冷凍機油。主な選定条件が記されたよい問題ですね。
　　　　　　　　　　　　　　　　　　　　　　　　　　　　　　　　　　【答：○】

・冷凍機油の選定の条件の一つに、粘度が適当で、油膜が強いことが挙げられる。一般に、低温用の冷凍装置には流動点が低く、高速回転圧縮機で軸受荷重の比較的小さいものには粘度の低い油を選定する。(平30 [保] 問10)

　平27 [保] 問10の条件のほかに、低温用は流動点が低く、高速回転圧縮機は粘土の低い冷凍機油。選定条件がたくさんあります。把握するのに大変ですが、冷凍機油の重要性が伺われます。【答：○】

16-7　冷媒の充填と試運転・凍上

　いよいよ、試運転となりました。試運転前の冷媒充填の過不足、試運転時の点検について「保安」問10で問われます。

（1）試運転前の冷媒の充填　▼上級テキスト8次 p.191「冷媒の充填」
（a）冷媒の過充填

過去問題にチャレンジ！

・冷媒が過充てんされると凝縮圧力は上昇し、凝縮液の過冷却度は大きくなる。
(平15 [保] 問10)

・冷凍装置の試運転において、冷媒を過充てんすると、凝縮圧力が高くなる。
(平18 [保] 問10)

　冷媒が過充填されると凝縮器の冷却管を冷媒液が浸かしてしまいます。凝縮に必要な伝熱面積が減少し凝縮圧力が上昇すると、冷媒液は、冷却管により、よけいに冷却されることによって過冷却状態になります。【答：どちらも○】

（b）冷媒の充填不足

過去問題にチャレンジ！

・冷媒量が不足すると、蒸発圧力が低下し、圧縮機の吸込み蒸気の過熱度が大きくなり、吐出し圧力が低下するが、吐出しガス温度は上昇するので、油が劣化するおそれがある。また、密閉フルオロカーボン圧縮機では、冷媒による電動機巻線の冷却が不十分になる。
(平25 [保] 問10)

・冷媒量が不足すると、蒸発圧力が低下し、圧縮機の吸込み蒸気の過熱度が大きくなる。さらに、吐出し圧力が低下し、吐出しガス温度が上昇するので、冷凍機油が劣化するおそれがある。(令1［保］問10)

> 冷媒蒸気が少ないから、蒸発圧力は低下し、過熱度は大きくなり、吐出し圧力低下、吐出しガス温度は上昇するのです。冷凍機油の劣化や電動機焼損の危険性があります。
>
> 　　　　　　　　　　　　　　　　　　　　　　　　　　　　　　【答：どちらも○】

・冷媒の充てん量が不足すると、蒸発圧力が低下し、圧縮機の吸込み蒸気の過熱度が小さくなる。(平17［保］問10)

・冷凍装置の冷媒量が不足すると、蒸発圧力が低下し、圧縮機の吸込み蒸気の過熱度が小さくなり、吐出し圧力も低下するが、吐出しガス温度は上昇し、潤滑油が劣化するおそれがある。(平19［保］問10)

> 「過熱度が小さく」ではなく「過熱度が大きく」です。　　　　　【答：どちらも×】

・冷凍装置の冷媒の充てん量が不足していると、蒸発圧力が低下し圧縮機の吸込み蒸気の過熱度が大きくなるが、吐出し圧力も低下して吐出しガス温度は下がる。(平26［保］問10)

> 正しい文章は、「吐出し圧力が低下するが吐出しガス温度は**上昇する**」です。　　【答：×】

・冷凍装置への冷媒充てん量不足は、冷凍能力の低下、吐出し圧力の低下および吐出しガス温度の低下の原因となる。一方、過充てんは、吐出し圧力の上昇および凝縮液の過冷却度の増加の原因となる。(平27［保］問10)

> 「充填不足は、吐出しガス圧力は低下するが、吐出しガス温度は上昇する」ですね。
>
> 　　　　　　　　　　　　　　　　　　　　　　　　　　　　　　　　　　【答：×】

（2）試運転　　▼上級テキスト8次 p.191「試運転」

過去問題にチャレンジ！

・試運転開始前には、電気系統・自動制御系統の点検、冷媒系統・冷却水系統の配管経路の接続や弁の開閉状態、冷媒・潤滑油の種類と量などを十分に確認する必要がある。

　　　　　　　　　　　　　　　　　　　　　　　　　　　　　(平19［保］問10)

> サービス問題かな。試運転前はこの一文を読めば大丈夫でしょう。試運転してからは、各装置の動作異常の有無、点検データ採取、性能試験などを行います。　　【答：○】

（3）凍上　　▼上級テキスト8次 p.191「凍上の防止」

過去問題にチャレンジ！

・低温のために、冷蔵室床下の土壌が氷結して床面が盛り上がってくることがある。この凍上を避けるために、特に床面積が広い低温冷蔵庫では、最初から凍上防止計画を実施する。(平22［保］問10)

> うむ。レアな凍上です。ここで心に留めておきましょう。　　　　　　　【答：○】

⑰ 熱交換器

　冷凍機はいわゆる「熱交換器」なのです。冷凍サイクル構成機器での熱交換の知識を試されます。上級テキスト 8 次 222 ページ「熱交換器の合理的使用」で「学識」問 7 からの出題になります。いままでの勉強の成果が問われます。★ 4 つ。

17-1　熱負荷の増減と平均温度差

　冷凍サイクルの核心を問う問題は、上級テキスト 8 次 222 ページ「熱負荷の増減と蒸発温度及び凝縮器での平均温度差」から出題されます。温度差と成績係数がポイントです。

過去問題にチャレンジ！

・蒸発器における冷媒蒸発温度と被冷却媒体（水、ブライン、空気など）との温度差が大きくなるほど、冷凍装置の冷凍能力が増大し、成績係数は大きくなる。(平 24［学］問 7)

　　この問で戸惑うのは温度差です。$\Phi = K \cdot A \cdot \Delta t_m$ から、温度差 Δt_m が大きいとそれだけ熱交換が多く必要となるので冷凍能力は増大します（大きな圧縮機で余裕がある場合）。しかし、蒸発温度（圧力）は低下し、比体積が大きくなり（密度が薄くなる）体積効率が低下すると、結局、冷凍能力は低下し、成績係数は小さくなります。　　　　　　　　　　　【答：×】

> **Memo**
>
> ### 蒸発温度と凝縮温度と成績係数
>
> 　蒸発温度と被冷却媒体（ブラインや空気）温度との温度差、あるいは凝縮温度と冷却媒体（冷却水や空気）との温度差が小さいほど、冷凍装置の成績係数は大きくなります。すなわち、<u>蒸発温度が高いほど</u>、また凝縮温度が**低いほど**、冷凍サイクルの成績係数は大きくなるのです。
>
> 冷凍サイクルの重要な一文だ、メモしておきましょう。

・蒸発温度が高いほど、また凝縮温度が低いほど、冷凍サイクルの成績係数は大きくなる。冷凍装置の成績係数を大きくするためには、高い伝熱性能と合理的な大きさの伝熱面積をもつ熱交換器を選択しなければならない。(平 26［学］問 7、平 30［学］問 7)

　　蒸発温度とか凝縮温度とかは**冷媒の温度**です。熱交換がしっかりできていれば「温度差は小さく成績係数は大きい」これのイメージが湧くかな？　この正しい文章を何度か読んでみましょう。ここが、頑張りどころ！　　　　　　　　　　　　　　　　　　　　【答：○】

・冷水と冷却水の温度がそれぞれ一定の場合、蒸発器における冷媒蒸発温度と冷水との温度差、あるいは凝縮器における冷媒凝縮温度と冷却水との温度差が大きくなるほど、冷凍装置の冷凍能力が増大し、成績係数は大きくなる。（令1［学］問7）

　正しくは、「温度差が大きくなるほど、冷凍装置の冷凍能力が**減少**し、成績係数は**小さくなる**」です。【答：×】

17-2　蒸発器の能力と蒸発温度

　蒸発器の能力や蒸発温度に関する問題は、上級テキスト8次222ページ「蒸発器の能力と蒸発温度」から出題されます。テキストでは、計算式とグラフでダラダラと記述されていて、とてもわかり難いですが、頑張っているとそのうちサイクル的なイメージが湧いてくると思います。

過去問題にチャレンジ！

・空気冷却器の熱通過率 K の値と伝熱面積 A が変わらなければ、空気と冷媒との算術平均温度差 Δt_m が大きくなると、伝熱量（冷凍能力 ϕ_o）は減少する。（平17［学］問7）

　蒸発器冷凍能力 ϕ_o は、熱通過率 K と伝熱面積 A と算術平均温度差 Δt_m に比例します。つまり、$\phi_o = K \cdot A \cdot \Delta t_m$ なのです。設問を正しくすると「＜略＞Δt_m が大きくなると、伝熱量（冷凍能力 ϕ_o）は**増大**する」ですね。【答：×】

・冷蔵室に設置されているユニットクーラの循環風量を小さくすれば、庫内温度と蒸発温度との温度差を小さくすることができる。（平19［学］問7）

　循環風量を小さくするということは蒸発器の熱交換が悪くなって庫内温度と蒸発温度との温度差は**大きく**なってしまいます。【答：×】

・乾式空気冷却用蒸発器の能力は、伝熱面積、熱通過率および算術平均温度差から求められる。ただし、熱通過率の値は、算術平均温度差が大きくなれば、空気側の熱伝達抵抗が大きいため、算術平均温度差に比例して大きくなる。（平22［学］問7）

　熱通過率の値は、算術平均温度差には関係なくほぼ一定値が正解です。【答：×】

・蒸発器内の蒸発温度が低くなるほど、吸込み蒸気の比体積は小さくなり、体積効率と蒸発器出入口間の比エンタルピー差はそれぞれ少し小さくなる。また、圧縮機の冷凍能力は蒸発温度が低くなると小さくなる。（平30［学］問7）

・運転中の冷凍装置において、蒸発温度が高くなると、圧縮機吸込み蒸気の比体積が小さくなり、蒸発器出入口間の比エンタルピー差と圧縮機の体積効率はともに少し小さくなる。（令1［学］問7）

　正しい文章にしてみましょう。「蒸発器内の蒸発温度が低くなるほど、吸込み蒸気の比体積は**大きく**なり、体積効率と蒸発器出入口間の比エンタルピー差はともに少し**小さく**なる。このために、圧縮機の冷凍能力は蒸発温度が低くなると小さくなる」です。【答：どちらも×】

・冷凍装置の熱負荷が減少し、可変容量圧縮機のアンローダが作用して圧縮機能力が小さくなると、フィンコイル蒸発器では、室温と蒸発温度の温度差は小さくなる。（平27［学］問7）

　冷凍装置の熱負荷が減少し、可変容量圧縮機のアンローダが作用して圧縮機能力が小さくなると、蒸発温度は上がります。よって、室温と蒸発温度の温度差は小さくなります。　▼上級テキスト8次 p.223「図17.2　部分負荷時の圧縮機能力と蒸発器能力の平衡」　　【答：○】

17-3　水冷凝縮能力と凝縮温度
▼上級テキスト8次 p.223 右下～ p.224 左「17.1.2　水冷凝縮器能力と凝縮温度」

過去問題にチャレンジ！

・空冷凝縮器では、冷媒温度と空気温度との算術的温度差が増大すると、管内の凝縮液膜が厚くなり冷媒側熱伝達率は大きくなる。（平16［学］問7）

　正しくは「管内の凝縮液膜が厚くなり冷媒側熱伝達率は**小さくなる**」です。　　【答：×】

・同じ凝縮負荷に対して、水冷凝縮器の伝熱面積が適正値よりも小さいと、冷却水の入口温度と水量が変わらなければ、冷却水出口温度は変わらないので、凝縮温度が高くなる。
（平20［学］問7）

　伝熱面積が小さいのだから凝縮器内の高温高圧の冷媒は冷却水で冷やされにくくなるということだから凝縮温度（冷媒自体の温度）は高くなってしまう。どう、なんとなくイメージが湧いてきた？　　【答：○】

・水冷凝縮器の冷却水量が減少すると、凝縮器の冷媒温度と冷却水温度との算術平均温度差が大きくなり、凝縮温度が高くなるので、冷凍装置の成績係数は小さくなる。
（平21［学］問7）

　凝縮負荷 Φ_k と熱通過率 K、凝縮器伝熱面積 A、算術平均温度差 Δt_m の式から。
$$\Phi_k = K \cdot A \cdot \Delta t_m = K \cdot A\left[t_k - \{(t_{w1} + t_{w2})/2\}\right] = C_w \cdot q_{mw}(t_{w2} - t_{w1})$$
水冷凝縮器の冷却水量 q_{mw} が減少すると、凝縮器の冷媒温度 t_k と冷却水温度（t_{w1}, t_{w2}）との算術平均温度差 Δt_m が大きくなり、凝縮温度 t_k が高くなるので、冷凍装置の成績係数は小さくなるのです。　　【答：○】

・水冷凝縮器では、冷媒温度と冷却媒体との算術平均温度差が大きいほど熱流束（熱流密度）が大きくなって凝縮作用が活発になり、凝縮液膜が厚くなるので冷媒側熱伝達率が大きくなるが、空冷凝縮器では逆に小さくなる。（平22［学］問7）

　正しい文章は、「水冷凝縮器でも**空冷凝縮器でも**、冷媒温度と冷却媒体との算術平均温度差が大きいほど熱流束（熱流密度）が大きくなって凝縮作用が活発になり、凝縮液膜が厚くなるので**熱伝導抵抗が大きくなって**、**冷媒側熱伝達率は小さくなる**」です。これは難問です。　　【答：×】

・一般に、水冷凝縮器では、凝縮温度と冷却水温度との間の算術平均温度差が5Kから6K程度になるように、伝熱面積を選定する。また空冷凝縮器では、入口空気温度よりも12Kから20K程度高い凝縮温度となるように、伝熱面積を選定する。（令1［学］問7）

「水冷は 5 〜 6 K、空冷は 12 〜 20 K」と覚えましょう。実務の毎日の点検項目に、冷却水
出入り口温度差、凝縮温度との温度差があります。【答：○】

・一般に、水冷凝縮器では、凝縮温度と冷却水温度との間の算術平均温度差は 12 K から 20 K
程度、空冷凝縮器では、入口空気温度よりも 5 K から 6 K 高い凝縮温度になるように、伝
熱面積が選ばれる。（平 30 ［学］問 7）

覚えましたか？　正しい文章は、「一般に、水冷凝縮器では、凝縮温度と冷却水温度との間
の算術平均温度差は 5 K から 6 K 程度、空冷凝縮器では、入口空気温度よりも 12 K から
20 K 高い凝縮温度になるように、伝熱面積が選ばれる」ですよ。【答：×】

17-4　水冷凝縮器、満液式水冷冷却器の汚れ係数、熱通過率及び平均温度差
▼上級テキスト 8 次 p.224「水冷凝縮器、満液式水冷冷却器の汚れ係数、熱通過率及び平均温度差」

（1）水冷凝縮器
汚れ係数、熱通過率、温度差がポイントです。

過去問題にチャレンジ！

・水質や運転期間などの条件によって汚れ係数が大きくなると、水冷凝縮器の熱通過率は大
きくなる。（平 21 ［学］問 7）

「汚れ係数が大きくなると熱通過率は小さくなる」と覚えましょう。【答：×】

・ローフィンチューブを用いた水冷凝縮器の熱通過率は、水あかなどの汚れが増えるととも
に小さくなり、そのため冷媒と冷却水との温度差は増大する。（平 22 ［学］問 7）

素直な問題、その通りですね。【答：○】

・ローフィンチューブを用いた水冷凝縮器では、水あかなどの付着による汚れ係数の増大と
ともに熱通過率は減少し、冷媒と冷却水との温度差も減少する。（平 25 ［学］問 7）

「冷媒と冷却水との温度差は増加する」ですね。【答：×】

・ローフィンチューブを用いた水冷凝縮器では、水あかなどの付着による汚れ係数の増大と
ともに熱通過率の値および冷媒と冷却水との温度差は増大する。（平 29 ［学］問 7）

平 25 ［学］問 7 の見事な改良版です。「**および**」がポイント。惑わされるかも？　正しい
文章にしてみましょう。「ローフィンチューブを用いた水冷凝縮器では、水あかなどの付着
による汚れ係数の増大とともに熱通過率の値は減少し、冷媒と冷却水との温度差は増大す
る」です。【答：×】

・水冷凝縮器の熱通過率は汚れ係数の増大とともに減少するが、その減少の割合は汚れ係数
の値が大きい範囲では大幅に低下する。（平 26 ［学］問 7）

その減少の割合は汚れ係数の値が**小さい**範囲では大幅に低下します。汚れ係数の値が、さら

に大きくなると熱通過率はあまり変わらなくなります。　　　　　　　　　　　【答：×】

> ・水冷凝縮器では、冷媒と冷却水との温度差 Δt の設計値が大きいほど、管広面の汚れの増大によるこの温度差 Δt の増加割合が大きくなる。（平27［学］問7）

これは、こういうものだとして覚えておくしかないです。　　　　　　　　　【答：○】

（2）満液式冷却器

過去問題にチャレンジ！

> ・管外蒸発方式の満液式冷却器において、冷却管内面の水側の汚れ係数の値が大きくなっても、蒸発温度は変わらない。（平15［学］問7）

　熱交換が悪くなるので、冷媒はガンガン冷やそうとドンドン蒸発します。つまり蒸発温度（圧力）は低下するのです。　　　　　　　　　　　　　　　　　　　　　　　【答：×】

17-5　伝熱作用に及ぼす不凝縮ガスの影響
▼上級テキスト8次 p.226「伝熱作用に及ぼす不凝縮ガスの影響」

　「運転中」と「運転停止中」での圧力の違いがポイントです。読み間違いはOUT！

過去問題にチャレンジ！

> ・不凝縮ガスが混入した装置の運転停止中には、凝縮の伝熱作用は行われないから、水冷凝縮器内圧力は器内に存在する不凝縮ガスの分圧相当分だけ飽和圧力よりも高くなる。
> （平17［学］問7）

　停止中だから、分圧相当分だけ、飽和圧力よりも高くなります。　　　　　【答：○】

> ・凝縮機内に空気が存在すると伝熱作用が阻害されるため、冷凍装置の運転中には、空気の分圧相当分以上に凝縮圧力がより高くなる。（平21［学］問7）
>
> ・水冷凝縮器内に不凝縮ガスが存在すると伝熱作用が阻害される。このため運転中に不凝縮ガスが混入すると、不凝縮ガスの分圧相当分以上に凝縮圧力がより高くなる。
> （平24［学］問7）

　運転中だから「分圧相当分**以上に**」より高くなります。ちなみに空気は不凝縮ガスのことですよ。　　　　　　　　　　　　　　　　　　　　　　　　　　【答：どちらも○】

> ・水冷凝縮器内に不凝縮ガスが存在すると、伝熱作用が阻害される。冷凍装置の運転中には、不凝縮ガスの分圧相当分だけ凝縮圧力が高くなる。（平23［学］問7）

　運転中だから「分圧相当分**以上に**」です！　　分圧相当分だけの場合は装置**停止**中のときです。　　　　　　　　　　　　　　　　　　　　　　　　　　　　【答：×】

17-6　冷媒の蒸発と凝縮に及ぼす油の影響

▼上級テキスト8次 p.227「冷媒の蒸発と凝縮に及ぼす油の影響」

（1）アンモニアと冷凍機油

過去問題にチャレンジ！

・アンモニアと鉱油とは溶解しにくい。そこで、鉱油が熱交換器の伝熱面に付着滞留して伝熱作用を妨げないように、アンモニア冷凍装置では、圧縮機の吐出し管路に油分離器を設けている。（平25［学］問7）

　ハイ！　アンモニア冷凍装置は油分離器必須です。　　　　　　　　　　【答：○】

・アンモニアと鉱油とは互いに溶け合うが、鉱油の一部は、伝熱面に付着滞留して伝熱を阻害する。したがって、伝熱面上の油膜は伝熱面から排除することが望ましい。

（平26［学］問7）

　正しい文章は「アンモニアと鉱油とは互いに溶け**合わない**ので、鉱油の一部は、伝熱面に付着滞留して伝熱を阻害する。したがって、圧縮機の吐出し管に必ず**油分離器**を設ける」です。　　　　　　　　　　　　　　　　　　　　　　　　　　　　　　　【答：×】

（2）フルオロカーボンと冷凍機油

過去問題にチャレンジ！

・フルオロカーボン冷媒液は、油を溶解すると粘度が高くなるので、過度に油を溶解すると熱交換器の伝熱管への伝熱を阻害する。（平20［学］問7）

　はい。その通りです。　　　　　　　　　　　　　　　　　　　　　　【答：○】

・フルオロカーボン冷媒液は、油を溶解すると粘度が高くなる。したがって、過度に油を溶解すると、熱交換器の伝熱を阻害することになる。（平23［学］問7）

　はい。油分が多くなるから伝熱は悪くなる、感覚的にわかるでしょう。　【答：○】

・フルオロカーボン冷媒液へ油が溶解して粘度が高くなると、伝熱壁面付近の速度の遅い流れの層（境界層）の厚さが厚くなって、熱が移動しにくくなる。（平27［学］問7）

　その通りとしか言いようがないです。一般に油の溶解量が3％以下であれば影響ないとされています。　　　　　　　　　　　　　　　　　　　　　　　　　　　　　　　　【答：○】

（3）冷媒と油

過去問題にチャレンジ！

・管内を流れる冷媒液と管壁との間の熱伝達率は、冷媒液の熱伝導率が大きいほど、また粘度が低いほど大きくなる傾向がある。（平16［学］問7）

　熱伝導率は大きいほどはその通りです。壁面近くでの流体の流れの速さの差によって、境界

層（流れの層）が変わります。粘度が高いほど境界層が厚くなるので、熱が移動しにくくなります。例えば、フルオロカーボンに油が溶け込みすぎると冷媒の粘度が高くなり、熱伝達率が小さくなります。　　　　　　　　　　　　　　　　　　　　　　　　　【答：○】

17-7　フィンコイル冷却器出口冷媒の過熱
▼上級テキスト8次 p.228「フィンコイル冷却器出口冷媒の過熱」

過去問題にチャレンジ！

・温度自動膨張弁を使用するフィンコイル乾式蒸発器では、蒸発器出口の感温筒取付け部の管内冷媒蒸気を数K（ケルビン）過熱した状態になるように冷媒液量を制御する。
（令1［学］問7）

上級テキスト8次228ページ左下「17.5 フィンコイル冷却器出口冷媒の過熱」の冒頭部分にズバリ記述があります。　　　　　　　　　　　　　　　　　　　　【答：○】

Memo

並流（並行流）と向流（対向流）について

冷媒の流れる矢印の方向と、空気の流れる方向を見ると、向流（対向流）と並流（並行流）のイメージが湧いてくるかなと思います。フィンコイル蒸発器は、冷却にあまり寄与しない過熱部の伝熱管長を短くするために、蒸発器の冷媒出口側に冷却しようとする空気を吹き込むようにし、冷媒と空気とを向流方式にするのがよいのです。

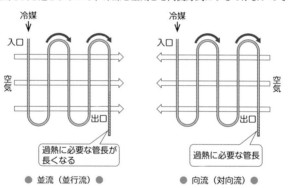

上級テキスト（保安編）8次228ページ「フィンコイル冷却器出口冷媒の過熱」からは「学識」問7（熱交換器）で出題されています。8次 学識編100ページ「例題8.1 向流」からは「学識」問6（蒸発器）から出題されます。

・フィンコイル蒸発器は、冷却にあまり寄与しない過熱部の伝熱管長をできるだけ短くすることが望ましい。（平17［学］問7）

過熱部の伝熱管長をできるだけ短くすれば伝熱性能上有利です。　　　　　【答：○】

・フィンコイル蒸発器は、冷却にあまり寄与しない過熱部の伝熱管長を短くするために、蒸発器の冷媒出口側に冷却しようとする空気を吹き込むようにし、冷媒と空気とを並流方式にするのが望ましい。(平25［学］問7)

図を参照すれば向流方式のほうがよいとわかるでしょう。 【答：×】

・フィンコイル乾式蒸発器では、空気を蒸発器の冷媒入口側から吹き込む向流方式にすると、冷却にあまり寄与しない過熱部の管長が短くなる。(平27［学］問7)

はい。「冷媒**出口**側から吹き込む向流方式」です。 【答：×】

お疲れ様でした。このページで、保安と学識の過去問攻略は終了です。苦難は忍耐を、忍耐は練達を、練達は希望を生みます。健闘をお祈りします。著者は、試験前に「勝利のカツ丼」を食べて合格しました！

※エコーランドプラス（https://www.echoland-plus.com）では、「腕試し」ができる過去問ページを用意してあります。本書で一通り問題を解いた後に、ぜひ試してみてください。

めも

第3章

学識計算問題

1 学識計算の基本

　学識は計算問題 2 問と残り 8 問の全部で 10 問です。60 点以上でないと合格できませんので、計算問題を放棄して、その他の問題を「3 問」間違えると確実に落ちてしまいます。残り 8 問といっても、1 問につきイロハニと 4 つの問いがありますから、8 × 4 で 32 の問いの正誤を考えなければなりません。そして、たいがい、過去問にもなく受験者を悩ます問いが含まれています。そして、学識計算の答えでイロハニの 1 つでもわからないと、う〜ん…、となってしまいます。出題を考える方はそこをお見通し！？　でも、安心してください学識計算は簡単なのです！

　すっかり！？　ビビっているあなた。大丈夫です。とにかく公式を覚えてください。理屈は抜きです。とにかく覚えるのです。アルファベットと数字の組み合わせだけです。さぁ、基本の公式を覚えましょう！

　冷凍機械責任者試験の学識問題の計算式は四則計算のみで中学生でも解ける感じです。しかし、与えられた要素から基本式をどのように使って答えを導き出すのか？　これが結構難しいというかパズル的な感じでもあって、最初はわけがわかりません。でも、何度も過去問題を繰り返し繰り返し解いていると必ずひらめきます！　その、お手伝いになれば幸いです。

学識計算では何を求めるのか

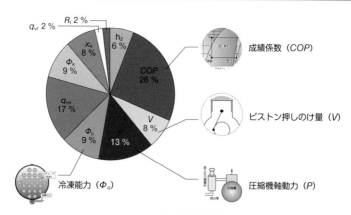

● 平成 20 〜 30 年度出題問題内容の割合 ●

　断トツで COP が多いです。ですので、圧縮機動力 P と冷凍能力は Φ_o は求めることが多くなります。凝縮負荷 Φ_k は、圧縮機動力 P と冷凍能力は Φ_o から求められるのでここでは省きましょう。ピストン押しのけ量 V から冷媒循環量 q_{mr} を導き出すことが多く、これと

比エンタルピー h_2 は計算途中で求めなければならないものと考えると、この V、Φ_o、P、COP の４つを主に学べばよいでしょう。乾き度 x_4 は、わりと多く出題されています。過去問をこなすことで大丈夫でしょう。

次に、ピストン押しのけ量（V）、冷凍能力（Φ_o）、圧縮機軸動力（P）、成績係数（COP）について簡単に解説します。

（1）ピストン押しのけ量（V）

ピストン押しのけ量は、公式さえ覚えればわりと簡単に導き出せます。これが求められないと、たぶん！冷凍能力、軸動力を出せません。さらに成績係数も出ません。確実に理解し、点を GET しましょう。問題文の中にはピストン押しのけ量（体積流量）の単位 $[m^3/s]$ と、１時間単位 $[m^3/h]$ の２つが使われているので注意してください。混在して惑わし問題！？　のようになっています。この辺は、「⑤圧縮機動力（P）」または、「⑥成績係数（COP）」のあたりで勉強できます。

（2）冷凍能力（Φ_o）

冷凍能力を求めるだけの問題はサクッと片付けましょう。とにかく冷媒循環量さえ求めれば、たぶん答えが出ます。ただし、冷凍能力 Φ_o は、V、P、COP に激しく関連しているためサクッとできないと苦しくなります。

（3）圧縮機動力（P）

圧縮機動力を求める問題は毎年といってよいほど多く出題されています。動力と一口に言っても少々考慮しないとならないいくつかの種類があります。次で説明する COP と同じように記号の違いを拾い出してみましょう。

- P_{th} $[kW]$：理論断熱圧縮動力（理論的圧縮動力）
- P $[kW]$：実際に圧縮機に必要な軸動力
- P_c $[kW]$：蒸気の圧縮に必要な圧縮動力
- P_m $[kW]$：機械的摩擦損失動力

この４つは、機械効率 η_m、断熱効率 η_c に関係し、成績係数にも関連していきます。ほとんどの問題では P_{th} か P を求める計算になります。すべての年度といってよいほど動力を求める問題、あるいは動力を求めないと答えが出ない問題が出題されます。動力を攻略すればすべてを制す！　と、言ってしまってもよいかもしれません。

（4）成績係数（COP）

まずは記号から、成績係数は COP（シーオーピー）と書きます。COP といっても理論上の成績係数や実際の成績係数があって（COP）の後にいろいろ付け加えて区別します。

- （COP）$_R$ ：実際の冷凍装置の成績係数
- （COP）$_{th \cdot R}$：理論成績係数
- （COP）$_H$ ：実際のヒートポンプ冷凍装置の成績係数

- $(COP)_{\text{th}\cdot\text{H}}$：理論上のヒートポンプ冷凍装置の成績係数

COP の問題は、理論成績係数 $(COP)_{\text{th}\cdot\text{R}}$ を求めるものは比較的簡単な問題ですが、COP を求めるには、たいがい P と ϕ_o を求めないと COP が導き出せない問題が多いです。$p\text{-}h$ 線図がなく文章のみの問題や、正しい値の冷媒循環量と成績係数の組み合わせを選ぶ問題があります。これは、難しくはありませんが、ややこしい問題です。勉強していない方はチンプンカンプンだと思います。成績係数攻略法は「⑥成績係数（COP）」のページで解説します。

難易度：★★★★★

2 重要公式

とにかく、ここでは公式を暗記しましょう。もう勉強時間がない、やる気が出ない、わからない…って、いうあなたに朗報です。2冷の場合、**基本式をとにかく覚えればなんとかなります**。さぁ、丸暗記しましょう。つねにメモして進んでください。メモはいつも手元に置いて問題を解きましょう。

2-1　冷媒循環量 q_{mr}、体積効率 η_{v}、ピストン押しのけ量 V、比体積 v

まず式①として、q_{mr}、η_{v}（イータブイ）、V、v の基本式を覚えましょう。

式①

$$V\eta_{\text{v}} = q_{\text{mr}}v$$

V：ピストン押しのけ量〔m³/s〕、q_{mr}：冷媒循環量〔kg/s〕
η_{v}：体積効率、v：比体積〔m³/kg〕

問題では、V、q_{mr}、η_{v}、v の中の3つがたいがい最初から指定されているはずです。3つわかれば式を変形して他の1つが導き出せます。

Memo

以下の式は覚えておいた方がよいでしょう。

$$\eta_{\text{v}} = \frac{q_{\text{vr}}}{V}$$

$\left(\begin{array}{l} q_{\text{vr}}：実際の吸込み蒸気量〔m³/s〕、\eta_{\text{v}}：体積効率、\\ V：ピストン押しのけ量〔m³/s〕 \end{array}\right)$

q_{mr} と q_{vr} の違いをよく見て覚えてください。え、理論は後回し、とにかく覚えてください。圧縮機の実際の吸込み量 q_{vr}〔m³/s〕は、圧縮機の軸動力に関係してきます。

2-2　冷凍能力 Φ_{o}、比エンタルピー h_1 と h_4、冷媒循環量 q_{mr}

式②として、Φ_{o} と比エンタルピー h_1 と h_4 冷媒循環量 q_{mr} の基本式を覚えましょう。

式② ▶
$$\Phi_{\text{o}} = q_{\text{mr}}(h_1 - h_4) \qquad \text{〔kW〕}$$

Φ_{o}：冷凍能力〔kW〕、q_{mr}：冷媒循環量〔kg/s〕
h_1：圧縮機吸込み過熱蒸気比エンタルピー〔kJ/kg〕
h_4：蒸発器入口湿り飽和蒸気比エンタルピー〔kJ/kg〕

冷媒循環量に蒸発器の入口と圧縮機の入口（蒸発器出口）の比エンタルピーの差（冷凍効果）をかけ算してやれば 冷凍能力を求めることができます。

式②から、q_{mr} が指定されていれば（h_1、h_4 は、たいがい $p\text{-}h$ 線図から読み取る）冷凍能力が計算できますね。でも、そうは問屋が卸さない…、q_{mr} が指定されていない場合もあります。では、どうするかのか？

式①を使います。V、η_{v}、v の 3 つが指定されているはずですから、q_{mr} を求められます。式①を変形します。

$$q_{\text{mr}} = \frac{V\eta_{\text{v}}}{v} \ \text{〔kg/s〕}$$

あとは、式②に代入しましょう。

式②-1 ▶
$$\Phi_{\text{o}} = \frac{V\eta_{\text{v}}}{v}(h_1 - h_4) \qquad \text{〔kW〕}$$

この式は、式②-1 としておきましょう。過去問題集の解説などではこの式がいきなり出てきますが、式①と式②を覚えておいて、自由自在に変形させて目的のものを導き出しましょう。さて、次は基本中の基本の圧縮機動力に行ってみましょうか。

2-3　理論断熱圧縮動力 P_{th}、実際に必要な軸動力 P

圧縮機が冷媒蒸気を圧縮する行程では、まったく圧縮時の損失を考えない理論断熱圧縮動力（理論的圧縮動力）P_{th} と、圧縮機の断熱効率 η_{c} と機械効率 η_{m} を考慮した、実際の圧縮機駆動に必要な軸動力（圧縮機所要動力）P の、2 つの違いを頭に入れないとなりません。効率や損失の詳細説明はここではやめて、とりあえず問題を解ける基本式を覚えてみましょう。まずは、理論断熱圧縮動力（理論的圧縮動力）の基本式です。

$$\boxed{\textbf{式③}} \quad P_{\text{th}} = q_{\text{mr}}(h_2 - h_1) \qquad [\text{kW}]$$

P_{th}：理論断熱圧縮動力〔kW〕、q_{mr}：冷媒循環量〔kg/s〕
h_1：圧縮機の吸込み蒸気比エンタルピー〔kJ/kg〕
h_2：理論断熱圧縮後の吐出し比エンタルピー〔kJ/kg〕

　これが基本中の基本これなくして圧縮機は語れないといった感じです。この式③を、覚えましょう。とにかく！暗記してください。
　さて、断熱効率 η_{C} と機械的摩擦損失 η_m を考えて見ましょう。まずは、この式

$$\boxed{\textbf{式③-1}} \quad P = \frac{P_{\text{th}}}{\eta_{\text{C}} \eta_m} \qquad [\text{kW}]$$

P_{th}：理論断熱圧縮動力〔kW〕、P：実際の軸動力〔kW〕
η_{C}：断熱効率、η_m：機械効率

　ようは、理論と実際の関係の式です。損失が全くない場合は圧縮機の効率（$\eta_{\text{C}} \eta_m$）が1で $P = P_{\text{th}}$ ということで、理論圧縮動力と実際の圧縮機駆動軸動力が同じになります。でも、世の中そんなことはありえませんね。なので、理論と指定されていない問題は、必ず図や文章に η_{C} や η_m がひそんでいるはずです。注意しましょう。
　さてさて、次は式③と式③-1を合体してみましょう。式③-1に式③を代入すると、

$$\boxed{\textbf{式④}} \quad P = \frac{q_{\text{mr}}(h_2 - h_1)}{\eta_{\text{C}} \eta_m} \qquad [\text{kW}]$$

　この式④で、実際に必要な軸動力 P を求めることができました。問題文では、P を「圧縮機軸動力」とか「圧縮機の実際の軸動力」とか「圧縮機の所要軸動力」などと言い方が年度によって違います。そして、機械効率 η_m や断熱効率 η_{C} が問題内にあったら「理論」？「実際」？　のどちらを求めればよいのかを頭に入れて問題をよく読んでみましょう。

2-4　理論成績係数 $(COP)_{\text{th·R}}$、実際の成績係数 $(COP)_{\text{R}}$

　さぁ、式①から式④を使って成績係数について覚えましょう。理論成績係数 $(COP)_{\text{th·R}}$ を、一気に行きましょう。
　ええ〜い！

$$\boxed{\textbf{式⑤}} \quad (COP)_{\text{th·R}} = \frac{\Phi_o}{P_{\text{th}}} = \frac{q_{\text{mr}}(h_1 - h_4)}{q_{\text{mr}}(h_2 - h_1)} = \frac{h_1 - h_4}{h_2 - h_1}$$

　引き続き、実際の成績係数 $(COP)_{\text{R}}$ も一気に行きますよ。式⑤の理論動力 P_{th} を、式④の実際の動力 P に置き換えます。

$$\boxed{\textbf{式⑥}} \quad (COP)_{\text{R}} = \frac{\Phi_o}{P} = \frac{q_{\text{mr}}(h_1 - h_4)}{q_{\text{mr}}(h_2 - h_1)}(\eta_{\text{C}} \eta_m) = \frac{h_1 - h_4}{h_2 - h_1}(\eta_{\text{C}} \eta_m)$$

どうでしょう、式⑤と式⑥から実際の成績係数は、理論成績係数よりも「×（$\eta_C \eta_m$）」だけ小さくなることがわかりますね。また、h_1、h_2、h_4、h_3（$h_3 = h_4$）、がわかれば成績係数を求めることができます。

2-5　公式のまとめ「これだけ公式①〜⑥」

さぁ、この6つの公式を暗記してください。暗記したら、いよいよ問題を解いてみましょう。

式① $\quad V\eta_v = q_{mr} v$

式② $\quad \Phi_o = q_{mr}(h_1 - h_4) \quad$〔kW〕

式③ $\quad P_{th} = q_{mr}(h_2 - h_1) \quad$〔kW〕

式④ $\quad P = \dfrac{q_{mr}(h_2 - h_1)}{\eta_C \eta_m} \quad$〔kW〕

式⑤ $\quad (COP)_{th\cdot R} = \dfrac{\Phi_o}{P_{th}} = \dfrac{q_{mr}(h_1 - h_4)}{q_{mr}(h_2 - h_1)} = \dfrac{h_1 - h_4}{h_2 - h_1}$

式⑥ $\quad (COP)_R = \dfrac{\Phi_o}{P} = \dfrac{q_{mr}(h_1 - h_4)}{q_{mr}(h_2 - h_1)}(\eta_C \eta_m) = \dfrac{h_1 - h_4}{h_2 - h_1}(\eta_C \eta_m)$

難易度：★★★

3　ピストン押しのけ量（V）

覚えた6つの公式の中から、ピストン押しのけ量（V）を求める過去問題を解いてみましょう。

平成 14 年　問 1

ピストン押しのけ量は、冷媒循環量 q_{mr} と冷凍能力 Φ_o の関連公式2つあれば、たいがい求められるでしょう。

問1   R22冷凍装置の理論冷凍サイクルが下図の条件であるとき、圧縮機のピスト
ン押しのけ量はいくらか。下記の答えのうちから最も近いものを選べ。ただし、
冷凍能力は90 kW、圧縮機の体積効率は0.7とする。

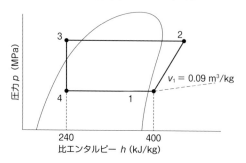

(1) 0.044 m³/s   (2) 0.072 m³/s   (3) 0.72 m³/s
(4) 4.37 m³/s   (5) 8.93 m³/s

この問題で指定されているものを書き出してみましょう。

・冷凍能力 $\Phi_o = 90$ kW
・体積効率 $\eta_v = 0.7$
・比 体 積 $v_1 = 0.09$ m³/kg
・比エンタルピー $h_4 = 240$ kJ/kg
・比エンタルピー $h_1 = 400$ kJ/kg

さぁ、ここで式①の登場ですよ、覚えていますか。

式①▷ $V\eta_v = q_{mr}v$

求めるものは、ピストン押しのけ量Vなので、式①を変形します。

$$V = \frac{q_{mr}v_1}{\eta_v}$$

指定されているものをあてはめてみましょう。ここに、$v = v_1$ $v_1 = 0.09$ $\eta_v = 0.7$

$$V = \frac{q_{mr} \times 0.09}{0.7}$$

う〜む、q_{mr}がわかればVは出ますね！　そしたらば、q_{mr}を求める式は、式②を思い
浮かべてください。

式②▷ $\Phi_o = q_{mr}(h_1 - h_4)$ 〔kW〕

求めるものは、冷媒循環量q_{mr}なので、式②を変形し、与えられた数値を代入して冷媒
循環量q_{mr}を求めます。

$$q_{\mathrm{mr}} = \frac{\Phi_{\mathrm{o}}}{h_1 - h_4} = \frac{90}{400 - 240} = 0.5625 \ \mathrm{kg/s}$$

さぁ、V を求める式に q_{mr} の値を代入しましょう。

$$V = \frac{q_{\mathrm{mr}} \times 0.09}{0.7} = \frac{0.5625 \times 0.09}{0.7} = 0.0723214 \fallingdotseq 0.072 \ \mathrm{m^3/s}$$

【答：(2)】

平成 19 年　問 1

> 問1　下図は R22 冷凍装置の理論冷凍サイクルである。冷凍能力が 154 kW であると
> き、ピストン押しのけ量はいくらか。次の答えの（1）〜（5）のうち、最も近
> いものを選べ。ただし、圧縮機の体積効率 η_{v} は 0.7 とする。
>
>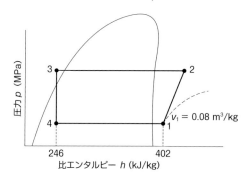
>
> （1）0.08〔$\mathrm{m^3/s}$〕　　（2）0.11〔$\mathrm{m^3/s}$〕　　（3）0.99〔$\mathrm{m^3/s}$〕
> （4）1.41〔$\mathrm{m^3/s}$〕　　（5）8.64〔$\mathrm{m^3/s}$〕

必要な公式は、式①と式②です。

式①	$V\eta_{\mathrm{v}} = q_{\mathrm{mr}} v$
式②	$\Phi_{\mathrm{o}} = q_{\mathrm{mr}}(h_1 - h_4)$ 〔kW〕

与えられた項目（数値）をチラチラと見ていると、なにやら、冷媒循環量 q_{mr} を求めれ
ばいいんでないの！　と、気がつきます。じゃ、式を変形展開して一気に行きましょう。
冷媒循環量 q_{mr} は、式②から

$$q_{\mathrm{mr}} = \frac{\Phi_{\mathrm{o}}}{h_1 - h_4} = \frac{154}{402 - 246} = \frac{154}{156} = 0.98717 \ \mathrm{kg/s}$$

ピストン押しのけ量 V は、式①から（ここに、$v = v_1$）

$$V = \frac{q_{\mathrm{mr}} v_1}{\eta_{\mathrm{v}}} = \frac{0.98717 \times 0.008}{0.7} \fallingdotseq 0.113 \ \mathrm{m^3/s}$$

【答：(2)】

どうでしょう。「ピストン押しのけ量」問題を攻略するカギは冷媒循環量 q_{mr} を求めることになるようです。次は、冷凍能力 Φ_o を求める問題を攻略してみましょう。

難易度：★★

4　冷凍能力（Φ_o）

ここでは、冷凍能力 Φ_o を求める過去問題を解いてみましょう。問題文で与えられた項目（数値）が、どのようなものがあるかを把握しましょう。ここからは、「**理論**」と「**実際**」がありますから問題をよく読み、そして、6つの「これだけ公式」のどれかにあてはめれば大丈夫です。四則計算のみの簡単なパズルです。成績係数（*COP*）の計算式は、ここでは必要ありません。さぁ、行きましょう。

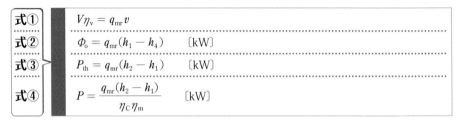

式①	$V\eta_v = q_{mr}v$
式②	$\Phi_o = q_{mr}(h_1 - h_4)$ 〔kW〕
式③	$P_{th} = q_{mr}(h_2 - h_1)$ 〔kW〕
式④	$P = \dfrac{q_{mr}(h_2 - h_1)}{\eta_C \eta_m}$ 〔kW〕

平成9年　問1

古い問題ですが、理論冷凍能力 Φ_o のみを問うものはこれしかないのです。

問1　図の冷凍サイクルで運転されている R22 冷凍装置がある。この圧縮機の所要動力が 10 kW であるとき冷凍能力はいくらか。下記の答えのうちから最も近いものを選べ。

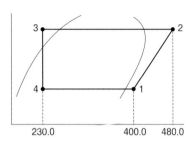

(1) 11.6 kW　　(2) 15.4 kW　　(3) 17.4 kW
(4) 19.3 kW　　(5) 21.3 kW

さて、与えられている数値を書き出してみましょう。

- ・圧縮機の所要動力　　$P_{th} = 10 \text{ kW}$
- ・比エンタルピー　　　$h_4 = 230.0 \text{ kJ/kg}$
- ・比エンタルピー　　　$h_1 = 400.0 \text{ kJ/kg}$
- ・比エンタルピー　　　$h_2 = 480.0 \text{ kJ/kg}$

所要動力とエンタルピーだけですね。比体積 v も体積効率 η_v もありません。はい、素直に理論的冷凍能力を求めればよいのです。さぁ、暗記した式を使ってパズルを解いてみましょう。冷凍能力 Φ_0 を求める式を思い出してください。この式から、冷媒循環量 q_{mr} が分かれば答えが出そうです。

式②　　$\Phi_0 = q_{mr}(h_1 - h_4)$　　〔kW〕

圧縮機の所要動力（理論圧縮動力）P_{th} と冷媒循環量 q_{mr} がある式といえば…、さぁ、思い出しましょう。

式③　　$P_{th} = q_{mr}(h_2 - h_1)$　　〔kW〕

よろしいですか？　式③から冷媒循環量 q_{mr} をサクッと求めましょう。

$$q_{mr} = \frac{P_{th}}{h_2 - h_1} = \frac{10}{480 - 400} = 0.125 \text{ kg/s}$$

一気に行きましょう。式②に冷媒循環量 q_{mr} と h_4、h_1 を代入します。

$$\Phi_0 = q_{mr}(h_1 - h_4) = 0.125 \times (400 - 230) = 21.25 \text{ kW}$$

この問題は式さえ覚えていれば楽勝！　まさに、サービス問題です。　　【答：(5)】

平成 21 年　問 1

今度は、実際の軸動力、断熱効率、機械効率が記されています。理論値の計算と違いますので留意してください。

問 1　アンモニア冷凍装置の理論冷凍サイクルを図に示す。圧縮機の実際の軸動力が 32 kW のとき、この装置の冷凍能力はいくらか。次の答えの (1) 〜 (5) のうち、最も近いものを選べ。

　　ただし、圧縮機の断熱効率は $\eta_c = 0.70$、機械効率は $\eta_m = 0.85$ とする。

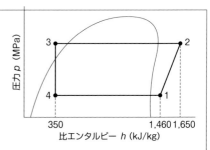

(1) 92 kW　　(2) 111 kW　　(3) 131 kW　　(4) 187 kW　　(5) 315 kW

冷凍能力 Φ_o を求める式といえば、はい、式②です！

| 式② | $\Phi_o = q_{mr}(h_1 - h_4)$ 〔kW〕 |

しかし、冷媒循環量 q_{mr} がわかりません。問題文では軸動力が記されていますので、そうですね。$\eta_C \eta_m$ が含まれる、あの式です！

| 式④ | $P = \dfrac{q_{mr}(h_2 - h_1)}{\eta_C \eta_m}$ 〔kW〕 |

この式から、冷媒循環量 q_{mr} が求められますね。じゃ、一気に計算しちゃいましょう！
まずは、冷媒循環量 q_{mr} の式④から、

$$q_{mr} = \frac{P}{\dfrac{h_2 - h_1}{\eta_C \eta_m}} = \frac{32}{\dfrac{1650 - 1460}{0.70 \times 0.85}} = \frac{32}{\dfrac{190}{0.595}} = \frac{32}{319.3277} = 0.10021 \fallingdotseq 0.1 \text{ kg/s}$$

それでは、q_{mr} がわかったので Φ_o を求めましょう。式②から

$$\Phi_o = q_{mr}(h_1 - h_4) = 0.1 \times (1460 - 350) = 0.1 \times 1110 \fallingdotseq 111 \text{ kW}$$

過去問をこなしていれば、素直なサービス問題となるでしょう。　　　　　　　　　　【答：(2)】

平成 27 年　問 1

　問題文中の「圧縮機の機械的摩擦損失仕事は吐出しガスに熱として加わるものとする。」の一文は解答に関わってきますので留意していてください。

問1　R410A 冷凍装置が下図の理論冷凍サイクルで運転されている。圧縮機の実際の軸動力が 80 kW であるとき、実際の冷凍能力は何 kW か。次の答えの（1）〜（5）のうち、最も近いものを選べ。

　　　ただし、圧縮機の断熱効率 η_C は 0.80、機械効率 η_m は 0.90 とし、圧縮機の機械的摩擦損失仕事は吐出しガスに熱として加わるものとする。また、配管での熱の出入りおよび圧力損失はないものとする。

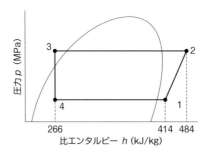

（1）87 kW　　（2）109 kW　　（3）121 kW　　（4）135 kW　　（5）169 kW

早速、必要な公式を揃えましょう。問題をざっと読めば浮かんできますね。ハイ！

式② ▶ $\Phi_0 = q_{mr}(h_1 - h_4)$ 〔kW〕

しかし、冷媒循環量 q_{mr} がわかりません。問題文では軸動力が書かれていますので、そうですあの式です！

式④ ▶ $P = \dfrac{q_{mr}(h_2 - h_1)}{\eta_c \eta_m}$ 〔kW〕

この式から、冷媒循環量 q_{mr} が求められますね。$\eta_c \eta_m$ を忘れないように。じゃ、一気に計算しちゃいましょう！まずは、冷媒循環量 q_{mr} を式④から、

$$q_{mr} = \frac{P}{\dfrac{h_2 - h_1}{\eta_c \eta_m}} = \frac{80}{\dfrac{484 - 414}{0.80 \times 0.90}}$$

$$= \frac{80 \times 0.72}{70} = \frac{57.6}{70}$$

$$= 0.822857 \fallingdotseq 0.82 \ \text{kg/s}$$

これで、q_{mr} がわかったので Φ_0 を求めましょう。式②から、

$\Phi_0 = q_{mr}(h_1 - h_4) = 0.82 \times (414 - 266) = 121.36 \fallingdotseq 121 \ \text{kW}$　　　**【答：(3)】**

このように、理屈うんぬんは別として公式さえ覚えていれば、何とかなるような気がしてきませんか？　公式丸暗記（メモ書きを見ながら）して、問題をガンガン解いていくうちに理屈もなんとなくわかってくる気がしますよ。そしたら、学識や保安管理技術の文章問題もなんとなく理解できるようになり、今度は公式の理屈もわかってくる…、はずだ。さぁ、頑張りましょう。

う？　ん、少々疲れましたか？

5　圧縮機動力（P）

　ここで、圧縮機動力 P を求める過去問題を解きます。問題を作る側にとっては、圧縮機の動力を求める問題は楽しいものかも知れません。今年はこっちから攻めようか、ちょっとひねりを加えてあっちから攻めてみようかな。などなど…。圧縮機動力 P を攻略すればすべてを制する道へ進めます。前項で攻略した V や q_{mr} や ϕ_o の関連式を覚えていないとなりません。機械効率 η_m、断熱効率 η_c の使い方も覚えましょう。

平成 19 年　問 2

> 問2　R22 冷凍装置が下記の条件で運転されている。このとき、圧縮機の実際の軸運動力は何 kW か。次の（1）～（5）の答えのうち、最も近いものを選べ。
>
> （運転条件）
> 　圧縮機のピストン押しのけ量　　　　　　　　$V = 180 \ \mathrm{m^3/h}$
> 　圧縮機吸込み蒸気の比体積　　　　　　　　　$v_1 = 0.14 \ \mathrm{m^3/Kg}$
> 　圧縮機吸込み蒸気の比エンタルピー　　　　　$h_1 = 392 \ \mathrm{kJ/kg}$
> 　断熱圧縮後の吐出しガスの比エンタルピー　　$h_2 = 448 \ \mathrm{kJ/kg}$
> 　圧縮機の体積効率　　　　　　　　　　　　　$\eta_v = 0.7$
> 　圧縮機の断熱効率　　　　　　　　　　　　　$\eta_c = 0.8$
> 　圧縮機の機械効率　　　　　　　　　　　　　$\eta_m = 0.9$
> 　ただし、断熱圧縮後の吐出しガスの比エンタルピー h_2 は理論冷凍サイクルの値である。
>
> （1）10.1 kW　　（2）14.0 kW　　（3）19.4 kW
> （4）27.8 kW　　（5）39.7 kW

　この問題は p–h 線図がありません。文章だけのイメージで解いてもよいですが、まず、p–h 線図を書きましょう。今後、p–h 線図に慣れ親しみながら解いた方が断然冷凍サイクル知識への糧になります。与えられた項目を、頭にイメージできて、サクッと、描けるように頑張りましょう。

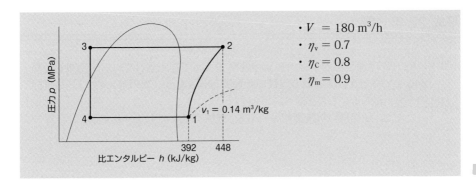

・$V = 180 \text{ m}^3/\text{h}$
・$\eta_\text{v} = 0.7$
・$\eta_\text{C} = 0.8$
・$\eta_\text{m} = 0.9$

使える公式を考えます。

式④

$$P = \frac{q_\text{mr}(h_2 - h_1)}{\eta_\text{C}\eta_\text{m}} \quad [\text{kW}]$$

式①

$$V\eta_\text{v} = q_\text{mr}v$$

式①から q_mr が求められれば、楽勝のようですね。じゃ、式①を使って…。

でも、ちょっと待った！　この問題は引っ掛けがあります。ピストン押しのけ量の単位を見てください。$V = 180 \text{ m}^3/\text{h}$ で 1 時間あたりになっています！　なので、3600 秒で割って秒単位で計算しますよ。（ここに、$v = v_1$）

$$q_\text{mr} = \frac{V\eta_\text{v}}{v_1} = \frac{180 \div 3600 \times 0.7}{0.14} = \frac{0.035}{0.14} = 0.25 \text{ m}^3/\text{s}$$

一気に行きましょう♪　$\eta_\text{C}\eta_\text{m}$ を忘れないようにしてくださいね。

$$P = \frac{q_\text{mr}(h_2 - h_1)}{\eta_\text{C}\eta_\text{m}} = \frac{0.25 \times (448 - 392)}{0.8 \times 0.9} = \frac{14}{0.72} = 19.44444 \fallingdotseq 19.4 \text{ kW}$$

【答：(3)】

p–h 線図がなくて難しく見えますが、サービス問題です。この問題のように、単位には常に注意してください。単位の h（時間）と s（秒）の変換はけっこう出題される傾向があります。ま、注意を怠るなということでしょう。問題や答えの欄をよく読むことが大切ですよ。

Memo

　　ピストン押しのけ量は、「SI による上級冷凍受験テキスト（日本冷凍空調学会）」5 ページ＜ 7 次改訂版＞の一覧表によると、従来の単位では m³/h で、（8 次改訂版からは従来の単位は削除されている）SI 単位では m³/s となっています。しかし、従来の単位で出題されるということは…、ま、引っ掛け引っ掛けなどといわずポジティブ思考に考えて「そこまで考える必要がありますよ。実務でも気をつけてくださいね！」という優しい心持ちがあると考えることにしましょう。

平成 22 年　問 1

問 1　R410A 冷凍装置が下図の理論冷凍サイクルで運転されている。冷凍能力が 246 kW のとき、圧縮機の実際の軸動力は何 kW か。次の答えの（1）〜（5）のうち、最も近いものを選べ。

ただし、圧縮機の断熱効率 η_C は 0.8、機械効率は η_m は 0.9 とする。

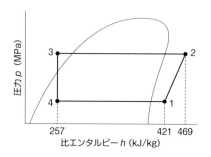

（1）52 kW　　（2）72 kW　　（3）90 kW　　（4）100 kW　　（5）112 kW

必要な公式を揃えましょう。実際の軸動力 P といえば、ハイ！

式④
$$P = \frac{q_{mr}(h_2 - h_1)}{\eta_C \eta_m} \quad \text{〔kW〕}$$

h_2、h_1、η_C、η_m はわかっていますので、冷媒循環量 q_{mr} を求めればよいですね。冷凍能力 Φ_o が与えられていますので、冷媒循環量 q_{mr} といえば、

式②
$$\Phi_o = q_{mr}(h_1 - h_4) \quad \text{〔kW〕}$$

ハイ！　この問題の場合は式②から q_{mr} が求められますね。じゃ、サクっと計算してしまいましょう。まず冷媒循環量 q_{mr} を式②から、

$$q_{mr} = \frac{\Phi_o}{h_1 - h_4} = \frac{246}{421 - 257} = \frac{246}{164} = 1.5 \text{ kg/s}$$

おまたせしました、実際の軸動力（P）。はい、式④ですね。

$$P = \frac{q_{mr}(h_2 - h_1)}{\eta_C \eta_m} = \frac{1.5 \times (469 - 421)}{0.8 \times 0.9} = \frac{72}{0.72} = 100 \text{ kW}$$

とくに注意することのない、サービス問題です！

【答：(4)】

この辺で、一服しますか。お茶でも飲んで、ついでに甘いものでも如何でしょう…。試験の前に、チョコレートやあめ玉を食べると脳が活性化するようです。確かに、猛勉強すると甘いものが無性に食べたくなります。

平成 30 年　問 2

問 2　アンモニア冷凍装置が下記の条件で運転されている。このとき、圧縮機のピストン押しのけ量 V〔m³/h〕と実際の圧縮機駆動の軸動力 P〔kW〕はおよそいくらか。次の答えの（1）から（5）の組み合わせのうちからもっとも近いものを選べ。ただし、圧縮機の機械的摩擦損失仕事は吐出しガスに熱として加わるものとする。また、配管での熱の出入りおよび圧力損失はないものとする。

（運転条件）
　　冷凍能力　　　　　　　　　　　　　Φ_o = 168 kW
　　圧縮機吸込み蒸気の比体積　　　　　v_1 = 0.43 m²/kg
　　圧縮機吸込み蒸気の比エンタルピー　h_1 = 1450 kJ/kg
　　断熱圧縮後の吐出しガスの比エンタルピー　h_2 = 1670 kJ/kg
　　蒸発器入口冷媒の比エンタルピー　　h_4 = 330 kJ/kg

（実際の圧縮機の運転条件）
　　圧縮機の体積効率　　　　　　　　　η_v = 0.75
　　圧縮機の断熱効率　　　　　　　　　η_c = 0.80
　　圧縮機の機械効率　　　　　　　　　η_m = 0.90

（1）V = 0.09 m³/h、P = 24 kW　　（2）V = 174 m³/h、P = 24 kW
（3）V = 174 m³/h、P = 46 kW　　（4）V = 310 m³/h、P = 24 kW
（5）V = 310 m³/h、P = 46 kW

さぁ、p–h 線図を書いてみましょう。項目と数値も書きましょう。

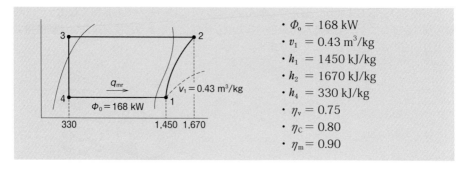

それでは、必要な公式を揃えましょう。ピストン押しのけ量 V といえば、この式。

> **式①** ▷ ■ $V\eta_v = q_{mr} v$

V を求めるため式①を変形します。（ここに、$v = v_1$）

$$V = \frac{q_{mr} v_1}{\eta_v}$$

不明な q_{mr} を求める式は、この式。

> **式②** ▷ ■ $\Phi_o = q_{mr}(h_1 - h_4)$ 〔kW〕

式②を変形して、

$$q_{mr} = \frac{\Phi_o}{h_1 - h_4}   〔\mathrm{kg/s}〕$$

実際の圧縮機駆動の軸動力 P は「これだけ公式」の式④です。

> **式④** ▷ ■ $P = \dfrac{q_{mr}(h_2 - h_1)}{\eta_c \eta_m}$ 〔kW〕

さぁ、これで V と P を求められますね！　では、ピストン押しのけ量 V を一気に求めます。

$$q_{mr} = \frac{\Phi_o}{h_1 - h_4} = \frac{168}{1450 - 330} = 0.15 \,\mathrm{kg/s}$$

$$V = \frac{q_{mr} v_1}{\eta_v} = \frac{0.15 \times 0.43}{0.75} = \frac{0.0645}{0.75} = 0.086 \,\mathrm{m^3/s}$$

ここで、単位に注意してください。解答欄の（1）～（5）すべて〔m³/h〕になっていますので、単位変換します。

$0.086 \times 3600 = 309.6 \fallingdotseq 310 \,\mathrm{m^3/h}$

$V = 310 \,\mathrm{m^3/h}$

次に、実際の圧縮機駆動の軸動力 P を一気に求めましょう。

$$P = \frac{q_{mr}(h_2 - h_1)}{\eta_c \eta_m} = \frac{0.15 \times (1670 - 1450)}{0.80 \times 0.90} = \frac{0.15 \times 220}{0.72} = \frac{33}{0.72}$$

$$= 45.83333 \fallingdotseq 46 \,\mathrm{kW}$$

$V = 310 \,\mathrm{m^3/h}$、$P = 46 \,\mathrm{kW}$ となりました。　　　　　【答：(5)】

　如何ですか、ここまでピストン押しのけ量 V や冷媒循環量 q_{mr}、冷凍能力 Φ_o、軸動力 P を攻略しました。基本式さえ覚えれば大方の問題は解けるはずです。さぁ、次はこれらを使って成績係数を攻略しましょう。

難易度：★★

⑥　成績係数（COP）

　COP を求めるには「これだけ公式の式⑥」で覚えたように、Φ_o/P または、$(h_1 - h_4)/(h_2 - h_1)$ のように比エンタルピーで求められます。

平成28年　問2

冷媒循環量 q_{mr} と実際の成績係数 $(COP)_R$ を求めます。

問2　アンモニア冷凍装置が下記の条件で運転されている。このとき、冷媒循環量 q_{mr} と実際の成績係数 $(COP)_R$ について、（1）〜（5）のうち、正しい答に最も近い組合せはどれか。ただし、圧縮機の機械的摩擦損失仕事は吐出しガスに熱として加わるものとする。また、配管での熱の出入りおよび圧力損失はないものとする。

　（運転条件）
　　圧縮機ピストン押しのけ量　　　　　　　　　$V = 250 \text{ m}^3/\text{h}$
　　圧縮機吸込み蒸気の比体積　　　　　　　　　$v_1 = 0.40 \text{ m}^3/\text{kg}$
　　圧縮機吸込み蒸気の比エンタルピー　　　　　$h_1 = 1600 \text{ kJ/kg}$
　　断熱圧縮後の吐出しガスの比エンタルピー　　$h_2 = 1800 \text{ kJ/kg}$
　　蒸発器入口冷媒の比エンタルピー　　　　　　$h_4 = 480 \text{ kJ/kg}$
　　圧縮機の体積効率　　　　　　　　　　　　　$\eta_v = 0.70$
　　圧縮機の断熱効率　　　　　　　　　　　　　$\eta_c = 0.80$
　　圧縮機の機械効率　　　　　　　　　　　　　$\eta_m = 0.90$

　（1）$q_{mr} = 0.12 \text{ kg/s}$、$(COP)_R = 4.03$　　（2）$q_{mr} = 0.12 \text{ kg/s}$、$(COP)_R = 5.60$
　（3）$q_{mr} = 0.16 \text{ kg/s}$、$(COP)_R = 3.92$　　（4）$q_{mr} = 0.16 \text{ kg/s}$、$(COP)_R = 4.03$
　（5）$q_{mr} = 0.16 \text{ kg/s}$、$(COP)_R = 5.60$

なにはともあれ、$p\text{-}h$ 線図を書いてみましょう。

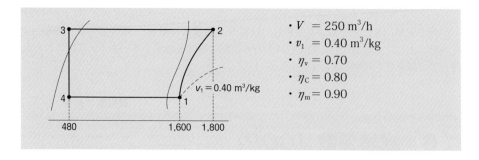

では、冷媒循環量 q_{mr} を求めましょう。え〜っと、ハイ！ そうですね、式①。

式① ▶ $V\eta_v = q_{mr}v$

では、変形して数値代入。（ここに、$v = v_1$）

$$q_{mr} = \frac{V\eta_v}{v_1} = \frac{250 \div 3600 \times 0.70}{0.40} = \frac{0.04861}{0.40} = 0.121527 \fallingdotseq 0.12 \text{ kg/s}$$

※注） 250 m³/h → 250/3600 m³/s と単位変換をわすれないように！！

よって、冷媒循環量 $q_{mr} = 0.12$ kg/s

次に成績係数 $(COP)_R$ を求めましょう。$(COP)_R$ 求める公式といえば、ハイ、そうです、式⑥。

式⑥ ▶ $(COP)_R = \dfrac{\Phi_o}{P_{th}} = \dfrac{q_{mr}(h_1 - h_4)}{q_{mr}(h_2 - h_1)}(\eta_C\eta_m) = \dfrac{h_1 - h_4}{h_2 - h_1}(\eta_C\eta_m)$

さて、冷媒循環量 q_{mr} を求めたので Φ_o と P で計算してもよいですが、h_1 から h_4 を使って計算しましょう。

$$(COP)_R = \frac{h_1 - h_4}{h_2 - h_1}(\eta_C\eta_m)$$

では、サッサと数値代入して計算しましょう。

$$(COP)_R = \frac{h_1 - h_4}{h_2 - h_1}(\eta_C\eta_m)$$
$$= \frac{1600 - 480}{1800 - 1600} \times (0.8 \times 0.9) = \frac{1120}{200} \times 0.72 = 4.032 \fallingdotseq 4.03$$

実際の成績係数は、$(COP)_R = 4.03$　　　　　　　　　　　　　　　**【答：(1)】**

この問題は、公式を一通り暗記してあれば楽勝でしょう。計算ミスに注意！ 数値的におかしくなるので気が付くと思いますが、単位には注意しましょう。

平成 29 年　問 2

この問題も単位変換がポイントになります。注意してください。

問2　R404A 冷凍装置が下記の条件で運転されている。このとき、圧縮機のピスト
ン押しのけ量 V（m³/h）、実際の成績係数 $(COP)_R$ について、次の答の（1）か
ら（5）のうち正しい答に最も近い組合せはどれか。

　　ただし、圧縮機の機械的摩擦損失仕事は吐出しガスに熱として加わるものとす
る。また、配管の熱の出入りおよび圧力損失はないものとする。

（運転条件）

冷凍能力	$\Phi_0 = 230$ kW
圧縮機吸込み蒸気の比体積	$v_1 = 0.065$ m³/kg
圧縮機吸込み蒸気の比エンタルピー	$h_1 = 355$ kJ/kg
断熱圧縮後の吐出しガスの比エンタルピー	$h_2 = 389$ kJ/kg
蒸発器入口冷媒の比エンタルピー	$h_4 = 243$ kJ/kg
圧縮機の体積効率	$\eta_v = 0.70$
圧縮機の断熱効率	$\eta_C = 0.80$
圧縮機の機械効率	$\eta_m = 0.90$

（1）$V = 685$ m³/h、$(COP)_R = 2.38$　　（2）$V = 685$ m³/h、$(COP)_R = 2.63$
（3）$V = 0.19$ m³/h、$(COP)_R = 2.38$　　（4）$V = 0.19$ m³/h、$(COP)_R = 2.63$
（5）$V = 0.19$ m³/h、$(COP)_R = 3.08$

さぁ、p-h 線図を書いてみましょう。わかっている項目と数値も書きましょう。

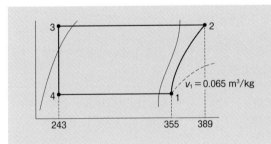

・$\Phi_0 = 230$ kW
・$v_1 = 0.065$ m³/kg
・$\eta_v = 0.70$
・$\eta_C = 0.80$
・$\eta_m = 0.90$

それでは、必要な公式を揃えましょう。実際の成績係数 COP といえば、ハイ！

式⑥　$(COP)_R = \dfrac{\Phi_0}{P} = \dfrac{q_{mr}(h_1 - h_4)}{q_{mr}(h_2 - h_1)}\,(\eta_C\,\eta_m) = \dfrac{h_1 - h_4}{h_2 - h_1}\,(\eta_C\,\eta_m)$

つらつらと式を眺めると、h_1、h_2、h_4、η_C、η_m は、わかっていますので、$(COP)_R$ は楽
勝です。この 4 つの数値が与えられているので、ここでは q_{mr} は必要ありません。

　次にピストン押しのけ量 V といえば、はい！

式①　$V\eta_v = q_{mr}v$

この式から、V を求めるには冷媒循環量 q_{mr} を求めなければなりません。となると、あの式ハイ！

式②　$\Phi_0 = q_{mr}(h_1 - h_4)$　〔kW〕

式②の Φ_0、h_1、h_4 は、わかっていますので q_{mr} が求められます。

実際の成績係数 $(COP)_R$ を求めましょう。

$$(COP)_R = \frac{h_1 - h_4}{h_2 - h_1}(\eta_C \eta_m) = \frac{355 - 243}{389 - 355} \times (0.80 \times 0.90) = \frac{112}{34} \times 0.72$$
$$= 2.3717646 \fallingdotseq 2.37$$

ここで、設問を見ると、「2.38」が一番近いですね。

Memo

う～ん…、一気に計算せずに、

$$= \frac{112}{34} \times 0.72 = 3.2941176 \times 0.72 = 3.3 \times 0.72 = 2.376 \fallingdotseq 2.38$$

こんな感じにすれば、2.38 となります。しかし、記述計算を採点されるわけではないので、ここでつまずかなくてもよいでしょう。

ピストン押しのけ量 V を求めるために、冷媒循環量 q_{mr} を求めます。

$$q_{mr} = \frac{\Phi_0}{h_1 - h_4} = \frac{230}{355 - 243} = 2.0535714 \fallingdotseq 2.054 \text{ kg/s}$$

ピストン押しのけ量 V を求めましょう。求めた q_{mr} と設問の数値を代入します。

$$V = \frac{q_{mr} v_1}{\eta_v} = \frac{2.054 \times 0.065}{0.75} = 0.1907285 = 0.19 \text{ m}^3/\text{s}$$

ここで、単位を s から h に換算することを忘れずに！

$$V = 0.19 \times 3600 = 684 \text{ m}^3/\text{h}$$

ここでも、設問の「685 m³/h」と微妙に違いますが、気にしないことにします。下記の選択肢をよ～く見てください。あなたが涙目にならないように…。

(1) $V = 685 \text{ m}^3/\text{h}$、$(COP)_R = 2.38$　　(2) $V = 685 \text{ m}^3/\text{h}$、$(COP)_R = 2.63$

(3) $V = 0.19 \text{ m}^3/\text{h}$、$(COP)_R = 2.38$　　(4) $V = 0.19 \text{ m}^3/\text{h}$、$(COP)_R = 2.63$

(5) $V = 0.19 \text{ m}^3/\text{h}$、$(COP)_R = 3.08$

どうでしたか？　単位を意識せずに、うっかり（3）を選ばないように！

今年度のように計算結果が微妙に違った場合は、計算式と計算に自信があるならば、『楽勝っスね！』と信念を持って一番近い数値を選べばよいでしょう。　　【答：(1)】

難易度：★★★★

⑦ 「機械的摩擦損失仕事は冷媒に熱として加えられないものとする」とは

　2冷「学識」過去問題の平13問1と平15問2、平18問2の問題文の中に、それぞれ次のような記述があります。

- ただし、圧縮機の η_c を0.7、機械効率 η_m を0.9とし、機械的摩擦損失仕事は熱として冷媒に**加わらない**ものとする。（平13問1）

- ただし、圧縮機の断熱効率を η_c、機械効率を η_m とし、圧縮機の機械的摩擦損失仕事は熱となって冷媒に**加えられない**ものとする。（平15問2）

- ただし、圧縮機の断熱効率 η_c を0.70、機械効率 η_m を0.85とし、機械的摩擦損失は熱となって冷媒に**加えられる**ものとする。（平18問2）

　太文字の部分、これはいったい何を言っているのでしょう。この辺を理解しないと大きな落とし穴に落ちてしまいます。問題を解く前に、機械効率について勉強してみましょう。

7-1　機械的摩擦損失仕事と機械効率 η_m について考える

　例えば往復動圧縮機の場合は、吸込み弁から過熱蒸気が吸い込まれ、ピストンで圧縮され、吐出し弁から吐き出されます。この過程では機械的にいろんな摩擦抵抗が生じます。これが機械的摩擦損失仕事、すなわち機械的摩擦損失動力であって実際の蒸気の圧縮に必要な圧縮動力に加わります。式で表すと、

$$P = P_\mathrm{c} + P_\mathrm{m} \quad \mathrm{(kW)}$$

$$\left(\begin{array}{l} P：実際の圧縮機の駆動に必要な軸動力〔kW〕\\ P_\mathrm{C}：蒸気の圧縮に必要な動力〔kW〕\\ P_\mathrm{m}：機械的摩擦損失動力〔kW〕 \end{array}\right)$$

　この実際の圧縮機の駆動に必要な軸動力 P は、蒸気の圧縮に必要な動力 P_c よりも大きくなります。何となくイメージできますね。

　ここで、機械的摩擦損失動力 P_m が大きいのか小さいのかで圧縮機の効率に関係してきます。それが、機械効率 η_m といわれています。これまた、式で表すと

$$\eta_\mathrm{m} = \frac{P_C}{P} = \frac{P_C}{P_\mathrm{C} + P_\mathrm{m}}$$

　機械効率 η_m は、1より小さく0.8〜0.9なのです。ちなみに、吸込みと吐出しの圧縮比が大きくなると若干小さくなります。

7-2　機械的摩擦損失仕事は熱となる

　機械効率 η_{m} の式から「蒸気の圧縮に必要な動力 P_{c}」と「機械的摩擦損失動力 P_{m}」の関係を見ると、機械的摩擦損失仕事が大きくなると機械効率 η_{m} は小さくなって成績係数 $(COP)_{\mathrm{R}}$ は小さくなってしまいます。

　さて、成績係数のことはとりあえずおいといて…、機械的摩擦損失仕事は熱となる、たしかに摩擦が起こると物質は熱くなります。そこで、試験問題ではこの機械的摩擦損失仕事の熱が圧縮機内の冷媒に、加えられるのか、加わえられないのか、で、惑わし問題に変身しますよ。

7-3　熱が冷媒に加えられる場合と加えられない場合、何が変わるか

　結論から言えば、**冷媒に熱が加えられると吐出しガス比エンタルピー値が大きくなります**。ここで、p–h 線図を書いてみましょう。

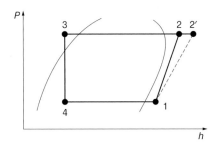

　この図のように実際の吐出しガス比エンタルピー点 $2'$ は、理論的な比エンタルピー値点 2 から点 $2'$ $(h_2{}')$ へと大きくなります。これは、吸込み弁や吐出し弁の冷媒流の抵抗や作動の遅れ、シリンダーとの熱交換などの損失（断熱効率 η_{c}）や機械的摩擦損失（機械効率 η_{m}）によって、冷媒に熱が加わり吐出し比エンタルピーは大きくなります。

　ここで、試験問題では圧縮機の外表面やウォータージャケット（液冷却器）によって、外部に機械的摩擦損失仕事熱が放出され冷媒に熱が加えられない場合も想定されるようです（実際はどうなのでしょう…）。さて、本題に入ります。式を覚えちゃってください。

圧縮機の機械的摩擦損失が冷媒に熱となって加えられる場合

$$h_2{}' = h_1 + \frac{h_2 - h_1}{\eta_{\mathrm{c}}\eta_{\mathrm{m}}}$$

圧縮機の機械的摩擦損失が冷媒に熱となって加えられない場合

$$h_2{}' = h_1 + \frac{h_2 - h_1}{\eta_{\mathrm{c}}}$$

機械効率 η_{m} が「ある」か「ない」かだけですね。

7-4　もう一つの落とし穴、実際の圧縮機駆動軸動力の計算に気を付けよ！

　圧縮機の機械的摩擦損失が冷媒に熱となって加えられない場合も、圧縮機駆動の計算には機械効率 η_{m} が関係するので注意が必要です。実際の圧縮機の軸動力 P は、

> **圧縮機の機械的摩擦損失が冷媒に熱となって加えられる場合**
> $$P = \frac{q_{\mathrm{mr}}(h_2 - h_1)}{\eta_{\mathrm{c}}\eta_{\mathrm{m}}}$$
> **圧縮機の機械的摩擦損失が冷媒に熱となって加えられない場合**
> $$P = \frac{q_{\mathrm{mr}}(h_2 - h_1)}{\eta_{\mathrm{c}}\eta_{\mathrm{m}}} \qquad (\eta_{\mathrm{m}}\text{をはずさないこと！})$$

　どっちも同じです！　動力計算のときには普通に計算してください。h_2' を使うときは**熱量（比エンタルピー）の計算**のときです。

> **Memo**　「熱となって**加えられない場合**」とされる 2 冷の問題は、平成 16 年度以降出題されていません。1 冷では出題されています。検定は不明。油断大敵という感じかな。

　続いて問題を解いていきましょう。今までのまとめになります。

難易度：★★★★

8　全般的な基礎知識を求められる問題

　今までに、冷媒循環量 q_{mr}、冷凍能力 ϕ_{o}、軸動力 P、成績係数 COP など基礎的な式で解答する問題がありました。式を丸覚えでこれまでの問題が解ければ、とりあえずは 1 問は正解かも知れません。しかし、このページにある過去問のように、さらに基礎的な知識など、テキストで学んだ事柄がさりげなく折り交ざる年度があって、あなたは試されます。

平成 26 年　問 1

　この問いは、イ、ロ、ハ、ニと解答を順番に「○」「×」判定していくので、最初を間違えたり、不明な場合は、挫折もしくは勘に頼るしかないでしょう。

> 問 1　図は R410A 冷凍装置の理論冷凍サイクルである。冷凍能力が 119 kW であるとき、次のイ、ロ、ハ、ニの記述のうち正しいものはどれか。
> 　　ただし圧縮機の断熱効率 η_{c} を 0.70、機械効率 η_{m} を 0.85 とし、圧縮機の機械的摩擦損失仕事は吐出しガスに熱として加わるものとする。また、配管での熱の

出入りおよび圧力損失はないものとする。

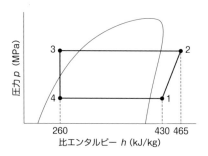

イ．冷媒循環量は 0.7 kg/s である。
ロ．この冷凍装置の実際の成績係数は 3.4 である。
ハ．実際の圧縮機吐出しガスの比エンタルピーは約 504 kJ/kg である。
ニ．実際の圧縮機軸動力は約 41 kW である。

(1) イ、ロ　　(2) イ、ニ　　(3) ロ、ハ　　(4) ロ、ニ　　(5) ハ、ニ

イ．冷媒循環量は 0.7 kg/s である。「○」or「×」？

冷凍能力 Φ_o と h_1 と h_4 がわかっているから、冷媒循環量 q_{mr} といえば、ハイ！

式②　　$\Phi_o = q_{mr}(h_1 - h_4)$　　〔kW〕

では、早速。式②から、

$$q_{mr} = \frac{\Phi_o}{h_1 - h_4} = \frac{119}{430 - 260} = 0.7 \text{ kg/s}$$

よって、イ．は、「○」です。

ロ．この冷凍装置の実際の成績係数は 3.4 である。「○」or「×」？

実際の成績係数を $(COP)_R$ として、一気に計算できる公式を組み立てましょう。過去問こなしていれば楽勝です。「これだけ公式」の式⑥を用いればよいですね。

式⑥　　$(COP)_R = \dfrac{\Phi_o}{P} = \dfrac{q_{mr}(h_1 - h_4)}{q_{mr}(h_2 - h_1)}(\eta_C \eta_m) = \dfrac{h_1 - h_4}{h_2 - h_1}(\eta_C \eta_m)$

数値代入します。

$$(COP)_R = \frac{430 - 260}{465 - 430} \times 0.70 \times 0.85 = \frac{170}{35} \times 0.595 = 2.88999 \fallingdotseq 2.89$$

よって、ロ．は、「×」です。

ハ．実際の圧縮機吐出しガスの比エンタルピーは約 504 kJ/kg である。「○」or「×」？

実際の圧縮機吐出しガス比エンタルピーといえば、h_2' です！式は理屈抜きでとにかく覚えてください。一気に数値代入します。

$$h_2' = h_1 + \frac{h_2 - h_1}{\eta_C \eta_m} = 430 + \frac{465 - 430}{0.70 \times 0.85} = 430 + \frac{35}{0.595} = 488.8235 \fallingdotseq 489$$

よって、ハ．は、「×」です。

ニ．実際の圧縮機軸動力は約 41 kW である。「○」or「×」？

実際の圧縮機軸動力 P を求める公式といえば、ハイ、そうです、式④。

式④
$$P = \frac{q_{mr}(h_2 - h_1)}{\eta_C \eta_m} \quad \text{〔kW〕}$$

ですが、せっかく q_{mr} と h_2' を求めたのですから、スマートに行きましょう。
ハイ、$P = q_{mr}(h_2' - h_1)$ 〔kW〕です。
　　$P = 0.7 \times (489 - 430) = 41.3 \, \text{kW}$
よって、ニ．は、「○」です。

　イ．○、ロ．×、ハ．×、ニ．○　と、なりました。計算式への、$\eta_C \eta_m$、h_2' の使い分けが理解できていれば楽勝でしょう。　　　　　　　　　　　　　　　　　　【答：(2)】

平成 29 年　問 1

この問いは、途中で投げ出さないように最後まで頑張りましょう。

問 1　R404A 冷凍装置が下図の理論冷凍サイクルで運転されている。次のイ、ロ、ハ、ニの記述のうち正しいものはどれか。ただし、装置の冷媒循環量は 0.92 kg/s である。

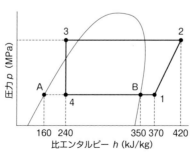

イ．冷凍能力は、31 Rt（日本冷凍トン）である。
ロ．凝縮器放熱量は、120 kW である。
ハ．冷凍装置の成績係数は、2.2 である。
ニ．蒸発器入口の冷媒乾き度は、0.42 である。

(1) イ、ロ　　(2) イ、ニ　　(3) ロ、ハ　　(4) ロ、ニ　　(5) ハ、ニ

イ．冷凍能力は、31 Rt（日本冷凍トン）である。「○」or「×」？

冷凍能力といえば、この式。

式② $\Phi_0 = q_{mr}(h_1 - h_4)$ 〔kW〕

数値代入します。

$\Phi_0 = 0.92 \times (370 - 240) = 119.6$ kW

ここで、安心してはいけません！設問では、31「冷凍トン」〔Rt〕とあります。ここで、復習。

・1 Rt = 3.86 kW ≒ 13900 kJ/h ≒ 3.86 kJ/s
・1 kW = 1 kJ/s = 3600 kJ/h

というわけで、

$\dfrac{119.6}{3.86} = 30.906 ≒ 31$ 〔Rt〕

よって、イ．31 Rt は「○」です。

ロ．凝縮器放熱量は、120 kW である。「○」or「×」？

凝縮器の放熱量 Φ_k といえば、この式！

$\Phi_k = \Phi_0 + P$ 〔kW〕

さらに、Φ_k といえば、

$\Phi_k = q_{mr}(h_2 - h_3)$ 〔kW〕

イ．の問題で、Φ_0 は求めてありますし、q_{mr} と $h_1 \sim h_4$ までの値もわかっていますので、Φ_k をいきなり求めてもよいですし、P を求めて足し算してもよいです。そうですねぇ、次の問題で成績係数を求めますから P を求めておいたほうがよいでしょう。じゃ、圧縮動力 P は、

$P = q_{mr}(h_2 - h_1) = 0.92 \times (420 - 370) = 0.92 \times 50 = 46$ kW

足し算して、

$\Phi_k = \Phi_0 + P = 119.6 + 46 = 165.6$ kW

Memo　Φ_k を q_{mr} と h_2、h_3 から求めてみると、
$\Phi_k = q_{mr}(h_2 - h_3) = 0.92 \times (420 - 240) = 0.92 \times 180 = 165.6$ kW

よって、　ロ．120 kW は「×」です。

ハ．冷凍装置の成績係数は、2.2 である。「○」or「×」?

成績係数といえば、この式。

$$COP = \frac{\Phi_o}{P}$$

「イ．」と「ロ．」で計算した、Φ_o と P の値を代入するだけです。

$$COP = \frac{119.6}{46} = 2.6$$

> **Memo**
>
> $h_1 \sim h_4$ の数値がすべて指定されているので、h のみの計算式で求めてみましょう。
>
> $$COP = \frac{h_1 - h_4}{h_2 - h_1} = \frac{370 - 240}{420 - 370} = 2.6$$

よって、　ハ．2.2 は「×」です。

ニ．蒸発器入口の冷媒乾き度は、0.42 である。「○」or「×」?

蒸発器入り口の点 4（h_4）の乾き度を、x_4 としましょう。この部分を切り取った p–h 線図を記しておきます。

そうすると、蒸発器入り口 h_4 の乾き度 x_4 は、

$$x_4 = \frac{h_4 - h_A}{h_B - h_A}$$

数値代入します。

$$x_4 = \frac{240 - 160}{350 - 160} = 0.42105 \fallingdotseq 0.42$$

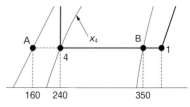

よって、　ニ．0.42 は「○」です。

　イ．○、ロ．×、ハ．×、ニ．○　と、なりました。　　　　　　【答：(2)】

> **Memo**
>
> 「日本冷凍トン」と「乾き度 x_4」で挫折しても、頑張ったあなた、まだ、諦めないように。この試験は正しいものを選ぶので「消去法」が有利なのです。確実に「×」のものから消していくのです。
>
> 　イ．冷凍能力は、31 Rt（日本冷凍トン）である。　「?」
> 　~~ロ．凝縮器放熱量は、120 kW である。~~　「×」
> 　~~ハ．冷凍装置の成績係数は、2.2 である。~~　「×」
> 　ニ．蒸発器入口の冷媒乾き度は、0.42 である。　「?」
>
> 　(1) イ?、ロ× (2) イ?、ニ? (3) ロ×、ハ×、(4) ロ×、ニ? (5) ハ×、ニ?
>
> 　ロ．とハ．が「×」と確信できれば、あとは消去法で「(2) イ、ニ」が導き出せます。

> 普通、消去法は、こんなにうまくいきません。この年度の問題は、（見抜ければ）けっこうなサービスご褒美問題かも知れませんね。

難易度：★★★★

9 学識計算の過去問題まとめ

　前項までの過去問題以外です。ノートにドンドン書きながら過去問をこなして公式を覚えてしまいましょう。

平成 30 年　問 1

問 1　下図の理論冷凍サイクルの p–h 線図において、次のイ、ロ、ハ、ニの記述のうち、正しいものはどれか。ただし、装置の冷凍能力および圧縮機駆動の軸動力はそれぞれ 240 kW および 60 kW である。

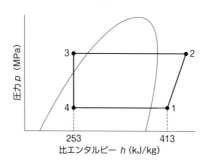

イ．冷媒循環量は 1.9 kg/s である。
ロ．凝縮負荷は 180 kW である。
ハ．断熱圧縮後の吐出しガスの比エンタルピーは 453 kJ/kg である。
ニ．この冷凍装置をヒートポンプ加熱装置として使用した場合の成績係数は 3 である。

　(1) イ　　(2) ロ　　(3) ハ　　(4) イ、ハ　　(5) ロ、ニ

イ．冷媒循環量は 1.9 kg/s である。「○」or「×」？

冷媒循環量 q_{mr} といえば、この式。

式② $\quad \Phi_0 = q_{mr}(h_1 - h_4) \quad$ 〔kW〕

q_{mr} を一気に求めましょう。

$$q_{mr} = \frac{\Phi_0}{h_1 - h_4} = \frac{240}{413 - 253} = 1.5 \text{ kg/s}$$

よって、イ. 1.9 kg/s は「×」です。

ロ. 凝縮負荷は 180 kW である。「○」or「×」？

凝縮負荷 Φ_k は、

$$\Phi_k = \Phi_0 + P \quad 〔kW〕$$

数値代入

$$\Phi_k = 240 + 60 = 300 \text{ kW}$$

よって、ロ. 180 kW は「×」です。

ハ. 断熱圧縮後の吐出しガスの比エンタルピーは 453 kJ/kg である。「○」or「×」？

h_2 を求めるための基本式は、$P = q_{mr}(h_2 - h_1)$ 〔kW〕です。h_2 を一気に求めましょう。

$$P = q_{mr}(h_2 - h_1)$$
$$60 = 1.5 \times (h_2 - 413) = 1.5h_2 - 619.5$$
$$h_2 = \frac{60 + 619.5}{1.5} = 453 \text{ kJ/kg}$$

よって、ハ. 453 kJ/kg は「○」です。

ニ. この冷凍装置をヒートポンプ加熱装置として使用した場合の成績係数は 3 である。「○」or「×」？

ヒートポンプでした！ ヒートポンプの成績係数といえば、下式ですね。与えれた数値をお気楽に代入するだけです。

$$COP = \frac{\Phi_0}{P} + 1 = \frac{240}{60} + 1 = 5$$

よって、ニ. は「×」です。

イ. ×、ロ. ×、ハ. ○、ニ. × と、なりました。楽勝ですね。 　**【答：(3)】**

平成28年 問1

問1 　下図は冷凍装置の理論冷凍サイクルである。理論冷凍サイクルの成績係数

$(COP)_{\text{th·R}} = 4.0$、冷凍能力 $\varPhi_{\text{o}} = 400\ \text{kW}$ のとき、次のイ、ロ、ハ、ニの記述のうち正しいものはどれか。

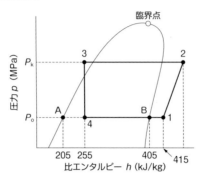

イ．断熱圧縮後の吐出しガスの比エンタルピーは 455 kJ/kg である。
ロ．冷媒循環量は 2.0 kg/s である。
ハ．凝縮負荷は 500 kW である。
ニ．蒸発器入口（状態 4 ）の冷媒の乾き度は、0.75 である。

(1) イ、ロ　　(2) イ、ハ　　(3) ロ、ニ　　(4) イ、ハ、ニ
(5) ロ、ハ、ニ

イ．断熱圧縮後の吐出しガスの比エンタルピーは 455 kJ/kg である。「○」or「×」?

　理論成績係数 $(COP)_{\text{th·R}}$ と比エンタルピー h_2 以外がわかっているので頭を回転させると、そうです式⑤。

式⑤
$$(COP)_{\text{th·R}} = \frac{\varPhi_{\text{o}}}{P_{\text{th}}} = \frac{q_{\text{mr}}(h_1 - h_4)}{q_{\text{mr}}(h_2 - h_1)} = \frac{h_1 - h_4}{h_2 - h_1}$$

　必要なものは比エンタルピーのみです。じゃ、数値代入して一気にいきましょう。

$$(COP)_{\text{th·R}} = \frac{h_1 - h_4}{h_2 - h_1}$$

$$4.0 = \frac{415 - 255}{h_2 - 415} = \frac{160}{h_2 - 415}$$

$$4.0 \times (h_2 - 415) = 160$$

$$4.0 h_2 - 1660 = 160$$

$$4.0 h_2 = 160 + 1660$$

$$h_2 = \frac{1820}{4.0} = 455\ \text{kJ/kg}$$

あ、小学生？　なみの計算…、ま、おつきあいください。
よって、イ．455 kJ/kg は「○」です。

ロ．冷媒循環量は 2.0 kg/s である。「○」or「×」？

冷凍能力 Φ_o が指定されていて冷媒循環量 q_{mr} といえば、ハイその通り！　式②。

式② ▶ 　$\Phi_o = q_{mr}(h_1 - h_4)$〔kW〕

じゃ、変形して一気に片付けます。

$$q_{mr} = \frac{\Phi_o}{h_1 - h_4} = \frac{400}{415 - 255} = 2.5 \text{ kg/s}$$

公式さえ覚えてれば、楽勝っスね。
よって、ロ．2.0 kg/s は「×」です。

ハ．凝縮負荷は 500 kW である。「○」or「×」？

凝縮負荷 Φ_k といえば！…、「これだけ公式」にはありませぬ。だって、冷凍能力 Φ_o は式②と考え方は同じですから。なので、時間短縮のため一気に行きましょう。

$$\Phi_k = q_{mr}(h_2 - h_3) = 2.5 \times (455 - 255) = 500 \text{ kW}$$

イとロを間違えるとここで撃沈ですよ。
自信を持って、ハ．500 kW は「○」です。

ニ．蒸発器入口（状態 4）の冷媒の乾き度は、0.75 である。「○」or「×」？

さて、乾き度と問われてイメージが湧きますか？　問 1 の最大のトラップです。解答を見ると、(2) イ、ハまたは (4) イ、ハ、ニ　の、どちらかになるというわけです。
蒸発器入口（状態 4）を乾き度 x_4 として、p-h 線図を書いてみましょう。どうりで、臨界点とか A とか B とか記されていたのですねぇ。

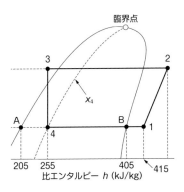

339

さて、乾き度 x_4 は、（点 A と点 B の比エンタルピーを、それぞれ h_A、h_B とする）

$$x_4 = \frac{h_4 - h_A}{h_B - h_A}$$

式は、p-h 線図をジ～っとみているうちに何となくわかると思います（飽和液線上は、乾き度 0 で、乾き飽和蒸気線上は乾き度 1.0 です）。

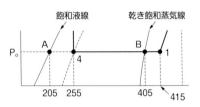

$$x_4 = \frac{h_4 - h_A}{h_B - h_A} = \frac{255 - 205}{405 - 205} = \frac{50}{200} = 0.25$$

蒸発器入口（状態点 4 ）の冷媒の乾き度は、約 0.25 です。0.75 は、乾き度 $x_4 = 0.25$ のときの、液の割合（$1 - x_4$）$= 0.75$ ですね。

よって、ニ. 蒸発器入口（状態 4 ）の冷媒の乾き度は、0.75 は「×」です。

問 1 の正解は、(2) イ、ハとなります。乾き度 x を把握しているかがポイントでした。

【答：(2)】

平成 27 年　問 2

問2　アンモニア冷凍装置が、下記の条件で運転されている。このとき、圧縮機のピストン押しのけ量 V（m³/h）、実際の成績係数 $(COP)_R$ について、次の答の（1）～（5）の組合せのうち最も近いものはどれか。

　　ただし、圧縮機の機械的摩擦損失仕事は吐出しガスに熱として加わるものとする。また、配管での熱の出入りおよび圧力損失はないものとする。

（運転条件）

冷凍能力	$\Phi_o = 200$ kW
圧縮機吸込み蒸気の比体積	$v_1 = 0.60$ m³/kg
圧縮機吸込み蒸気の比エンタルピー	$h_1 = 1450$ kJ/kg
断熱圧縮後の吐出しガスの比エンタルピー	$h_2 = 1710$ kJ/kg
蒸発器入口冷媒の比エンタルピー	$h_4 = 325$ kJ/kg
圧縮機の体積効率	$\eta_v = 0.75$
圧縮機の断熱効率	$\eta_c = 0.80$
圧縮機の機械効率	$\eta_m = 0.90$

(1) $V = 513$ m³/h、$(COP)_R = 3.9$　　(2) $V = 513$ m³/h、$(COP)_R = 3.1$

(3) $V = 0.14$ m³/h、$(COP)_R = 3.9$　　(4) $V = 0.14$ m³/h、$(COP)_R = 3.1$

(5) $V = 0.14$ m³/h、$(COP)_R = 2.8$

さぁ、p-h 線図を書いてみましょう。わかっている項目と数値も書きましょう。

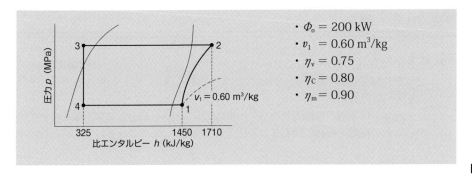

それでは、必要な公式を揃えましょう。実際の成績係数 $(COP)_R$ といえば、ハイ！

式⑥ ▷　　$(COP)_R = \dfrac{\Phi_o}{P} = \dfrac{q_{mr}(h_1 - h_4)}{q_{mr}(h_2 - h_1)}(\eta_C \eta_m) = \dfrac{h_1 - h_4}{h_2 - h_1}(\eta_C \eta_m)$

つらつらと式を眺めると、h_1、h_2、h_4、η_C、η_m はわかっていますので、$(COP)_R$ は楽勝のようです。この 4 つの数値が与えられていれば、ここでは q_{mr} は必要ありません。

次にピストン押しのけ量 V といえば、はい！

式① ▷　　$V\eta_v = q_{mr}v$

この式から、V を求めるには冷媒循環量 q_{mr} を求めなければなりません。となると、あの式が必要ですね。

式② ▷　　$\Phi_o = q_{mr}(h_1 - h_4)$　　〔kW〕

式②の Φ_o、h_1、h_4 はわかっていますので q_{mr} が求められます。

それじゃ、一気に行きましょう。まずは、実際の成績係数 $(COP)_R$ から

$(COP)_R = \dfrac{h_1 - h_4}{h_2 - h_1}(\eta_C \eta_m) = \dfrac{1450 - 325}{1710 - 1450}(0.8 \times 0.9) = \dfrac{1125}{260} \times 0.72$

$= 3.11538 \fallingdotseq 3.1$

じゃ、冷媒循環量 q_{mr} は、

$q_{mr} = \dfrac{\Phi_o}{h_1 - h_4} = \dfrac{200}{1450 - 325} = 0.177777 \fallingdotseq 0.178\ \mathrm{kg/s}$

おまたせしました、ピストン押しのけ量 V は、式①より、（ここに、$v = v_1$）

$V = \dfrac{q_{mr}v_1}{\eta_v} = \dfrac{0.178 \times 0.6}{0.75} = \dfrac{0.1068}{0.75} = 0.1424\ \mathrm{m^3/s}$

ここで、単位を s から h に換算すること！

$V = 0.1424 \times 3600 = 512.64 \fallingdotseq 512.64\ \mathrm{m^3/h}$

解答欄をよ〜く見てください。あなたが涙目にならないように…。

(2) $V = 513\ \mathrm{m^3/h}$、$(COP)_R = 3.1$

(4) $V = 0.14\ \mathrm{m^3/h}$、$(COP)_R = 3.1$

正解は、(2) ですよ。うっかり (4) を選びませんように。　　　**【答：(2)】**

平成 26 年 問2

問2 R404A 冷凍装置が下記の条件で運転されている。このとき、冷媒循環量 q_{mr} と実際の成績係数 $(COP)_R$ について、次の答の（1）～（5）の組合せのうち正しいものはどれか。

ただし、圧縮機の機械的摩擦損失仕事は吐出しガスに熱として加わるものとする。また、配管での熱の出入りおよび圧力損失はないものとする。

（運転条件）

圧縮機のピストン押しのけ量	$V = 250 \text{ m}^3/\text{h}$
圧縮機の吸込み蒸気の密度	$\rho = 10 \text{ kg/m}^3$
圧縮機吸込み蒸気の比エンタルピー	$h_1 = 360 \text{ kJ/kg}$
断熱圧縮後の吐出しガスの比エンタルピー	$h_2 = 400 \text{ kJ/kg}$
蒸発器入口冷媒の比エンタルピー	$h_4 = 230 \text{ kJ/kg}$
圧縮機の体積効率	$\eta_v = 0.70$
圧縮機の断熱効率	$\eta_c = 0.80$
圧縮機の機械効率	$\eta_m = 0.90$

（1）$q_{mr} = 0.486 \text{kg/s}$、$(COP)_R = 1.6$　　（2）$q_{mr} = 0.486 \text{ kg/s}$、$(COP)_R = 2.34$
（3）$q_{mr} = 0.486 \text{ kg/s}$、$(COP)_R = 3.25$　　（4）$q_{mr} = 17.50 \text{ kg/s}$、$(COP)_R = 1.64$
（5）$q_{mr} = 17.50 \text{ kg/s}$、$(COP)_R = 3.25$

なにはともあれ、p–h 線図を書いてみましょう。

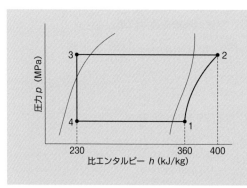

・圧縮機のピストン押しのけ量
$V = 250 \text{ m}^3/\text{h}$
・圧縮機の吸込み蒸気の密度
$\rho = 10 \text{ kg/m}^3$
・$\eta_v = 0.70$
・$\eta_c = 0.80$
・$\eta_m = 0.90$

では、冷媒循環量 q_{mr} を求めましょう。え～っと、冷媒循環量といえば、ハイ！　そうですね、式①。

式① $V\eta_v = q_{mr}v$

はぁ！？　いつもの比体積 v がないでないの！　吸込み蒸気の密度 ρ（ロー）とな！？と、いうわけで、いままで過去問にはないような気がします。ここで、撃沈してしまった方が多かったかと…。つらつらと、テキストを見ますと、上級テキスト 8 次 211 ページ「(2) 蒸発温度と冷凍能力」に、「比体積（密度の逆数）」と記されています。つまり、

$$比体積\,v\,[\mathrm{m^3/kg}] = \frac{1}{密度\,\rho\,[\mathrm{m^3/kg}]}$$

なのです。そこで、

$$q_{mr} = \frac{V\eta_v}{\dfrac{1}{\rho}} = V\eta_v\rho$$

ところが、ここで単位に注意しましょう。ピストン押しのけ量は、250 $\mathrm{m^3/h}$ となっていますので、秒に換算した式にしてしまいましょう。数値代入もして一気に行きます。

$$q_{mr} = \frac{V\eta_v\rho}{3600} = \frac{250 \times 0.7 \times 10}{3600} = \frac{1750}{3600} = 0.48611 \fallingdotseq 0.486 \ \mathrm{kg/s}$$

よって、冷媒循環量 $q_{mr} = 0.486$ $\mathrm{kg/s}$ ですね。では、実際の成績係数 $(COP)_R$ を、$h_1 \sim h_4$ の数値がすべて指定されているので、「これだけ公式」の式⑥から導き出される h のみの式で求めましょう。

式⑥

$$(COP)_R = \frac{\Phi_o}{P} = \frac{q_{mr}(h_1 - h_4)}{q_{mr}(h_2 - h_1)}\,(\eta_C\eta_m) = \frac{h_1 - h_4}{h_2 - h_1}\,(\eta_C\eta_m)$$

数値を代入します。

$$(COP)_R = \frac{h_1 - h_4}{h_2 - h_1}\,(\eta_C\eta_m) = \frac{360 - 230}{400 - 360} \times 0.8. \times 0.90 = \frac{130}{40} \times 0.72 = 2.34$$

よって、$(COP)_R = 2.34$

$q_{mr} = 0.486$ $\mathrm{kg/s}$、$(COP)_R = 2.34$ と、なりました。「湿り蒸気の比体積と密度は逆数」ということを知っていれば（常識？）、楽勝でしょう。　　　　　　　　　　　【答：(2)】

平成 25 年　問 2

問2　アンモニア冷凍装置が、下記の条件で運転されている。このとき、冷媒循環量 q_{mr}、圧縮機駆動の軸動力 P および冷凍能力 Φ_o について、次の答の（1）〜（5）の組合せのうち正しいものはどれか。

　　ただし、圧縮機の機械的摩擦損失仕事は吐出しガスに熱として加わるものとする。また、配管での熱の出入りおよび圧力損失はないものとする。

（運転条件）
　　圧縮機のピストン押しのけ量　　　　　　　$V = 0.07\ \mathrm{m^3/s}$
　　圧縮機吸込み蒸気の比体積　　　　　　　　$v_1 = 0.43\ \mathrm{m^3/kg}$
　　圧縮機吸込み蒸気の比エンタルピー　　　　$h_1 = 1450\ \mathrm{kJ/kg}$

断熱圧縮後の吐出しガスの比エンタルピー　$h_2 = 1670\ \text{kJ/kg}$
蒸発器入口冷媒の比エンタルピー　$h_4 = 340\ \text{kJ/kg}$
圧縮機の体積効率　$\eta_{\text{v}} = 0.75$
圧縮機の断熱効率　$\eta_{\text{c}} = 0.80$
圧縮機の機械効率　$\eta_{\text{m}} = 0.90$

（1）$q_{\text{mr}} = 0.12\ \text{kg/s}$、$P = 30\ \text{kW}$、$\Phi_{\text{o}} = 135\ \text{kW}$
（2）$q_{\text{mr}} = 0.12\ \text{kg/s}$、$P = 37\ \text{kW}$、$\Phi_{\text{o}} = 135\ \text{kW}$
（3）$q_{\text{mr}} = 0.16\ \text{kg/s}$、$P = 30\ \text{kW}$、$\Phi_{\text{o}} = 180\ \text{kW}$
（4）$q_{\text{mr}} = 0.16\ \text{kg/s}$、$P = 37\ \text{kW}$、$\Phi_{\text{o}} = 135\ \text{kW}$
（5）$q_{\text{mr}} = 0.16\ \text{kg/s}$、$P = 37\ \text{kW}$、$\Phi_{\text{o}} = 180\ \text{kW}$

なにはともあれ、p-h 線図を書いてみましょう。

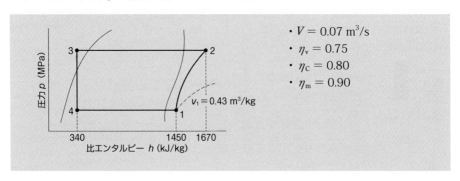

・$V = 0.07\ \text{m}^3/\text{s}$
・$\eta_{\text{v}} = 0.75$
・$\eta_{\text{c}} = 0.80$
・$\eta_{\text{m}} = 0.90$

では、冷媒循環量 q_{mr} を求めましょう。え～っと、冷媒循環量といえば、ハイ！　そうですね、式①。

式①　$V\eta_{\text{v}} = q_{\text{mr}}v$

では、変形して数値代入。（ここに、$v = v_1$）

$$q_{\text{mr}} = \frac{V\eta_{\text{v}}}{v_1} = \frac{0.07 \times 0.75}{0.43} = \frac{0.0525}{0.43} = 0.12209302 \fallingdotseq 0.12$$

よって、冷媒循環量 $q_{\text{mr}} = 0.12\ \text{kg/s}$ となりました。
次に軸動力 P を、求めましょう。軸動力 P を求める公式といえば、ハイ、そうです、式④。

式④　$P = \dfrac{q_{\text{mr}}(h_2 - h_1)}{\eta_{\text{c}}\eta_{\text{m}}}$ 〔kW〕

では、サッサと数値代入して計算しましょう。

$$P = \frac{q_{\text{mr}}(h_2 - h_1)}{\eta_{\text{c}}\eta_{\text{m}}} = \frac{0.122 \times (1670 - 1450)}{0.80 \times 0.90} = \frac{26.84}{0.72} = 37.277777 \fallingdotseq 37.3$$

よって、軸動力 $P = 37$ kW となりました。

最後に冷凍能力 Φ_o を求めましょう。冷凍能力 Φ_o を求める公式といえば、ハイ、そうです、式②。

式② ▶ $\qquad \Phi_o = q_{mr}(h_1 - h_4) \qquad$ 〔kW〕

では、サッサと数値代入して計算しましょう。

$\qquad \Phi_o = q_{mr}(h_1 - h_4) = 0.122 \times (1450 - 340) = 135.42 \fallingdotseq 135$

よって、冷凍能力 $\Phi_o = 135$ kW です。

$q_{mr} = 0.12$ kg/s、$P = 37$ kW、$\Phi_o = 135$ kW と、なりました。この問題は、公式を一通り暗記してあれば楽勝でしょう（計算のぼんミスに注意）。でも、この年度の問 1 と問 2 をやり終えるには、過去問題をこなしていないと意外に時間がかかってしまうかも知れません。　　　　　　　　　　　　　　　　　　　　　　　　　　　　**【答：(2)】**

平成 25 年　問 1

乾き度はよいとして、圧縮機吸込み蒸気量？　凝縮器放熱量？　と、いうような問題です。

問 1　下図の理論冷凍サイクルの、p–h 線図において、次のイ、ロ、ハ、ニの記述のうち正しいものはどれか。

　　　ただし、装置の冷凍能力は 450 kW である。

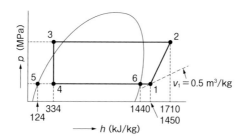

イ．冷媒循環量は、約 0.4 kg/s である。

ロ．蒸発器入口の冷媒乾き度は、約 0.3 である。

ハ．圧縮機吸込み蒸気量は、約 0.2 m³/s である。

ニ．凝縮器の放熱量は、約 650 kW である。

(1) イ、ロ　　(2) イ、ハ　　(3) イ、ニ　　(4) ロ、ハ　　(5) ハ、ニ

イ．冷媒循環量は、約0.4 kg/s である。「○」or「×」？

冷凍能力 Φ_0 と h_1 と h_4 がわかっているから、冷媒循環量 q_{mr} といえば、ハイ！

式②　　$\Phi_0 = q_{mr}(h_1 - h_4)$ 〔kW〕

早速、式②を変形し数値代入。

$$q_{mr} = \frac{\Phi_0}{h_1 - h_4} = \frac{450}{1450 - 334} = 0.403225 \fallingdotseq 0.4 \text{ kg/s}$$

よって、<u>イ．は「○」です</u>。

ロ．蒸発器入口の冷媒乾き度は、約0.3 である。「○」or「×」？

ここで、ちょっと乾き度について記しておきます。1冷はもちろんですが、2冷でも乾き度については勉強しておかねばなりません。

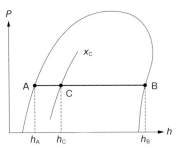

図は点Cの乾き度を x_c とすると、飽和液Aが $(h_C - h_A)$ の熱エネルギーを受け入れ、点Cとなったという、基本の一例 p–h 線図です。ここで、点Cの乾き度 x_c は、

$$x_c = \frac{h_C - h_A}{h_B - h_A}$$

さて、問題にあてはめてみましょう。

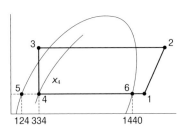

点4の乾き度を x_4 とすると、飽和液5が $(h_4 - h_5)$ の熱エネルギーを受け入れ点4となったという、ことですので、点4の乾き度 x_4 は、

$$x_4 = \frac{h_4 - h_5}{h_6 - h_5}$$

ということです。では、数値代入しましょう。

$$x_4 = \frac{334 - 124}{1440 - 124} = \frac{210}{1316} = 0.1595744 \fallingdotseq 0.16$$

よって、ロ. は「×」です。

ハ.　圧縮機吸込み蒸気量は、約 0.2 m³/s である。「○」or「×」？

さて、圧縮機吸込み蒸気量とな？　…過去問では記憶がない。圧縮機吸込み蒸気量を q_{vr}、冷媒循環量を q_{mr}、比体積 v とすると、

$$q_{vr} = q_{mr} v$$

となります。　▼上級テキスト 8 次 p.43 式 (3.6)「体積効率と冷媒循環量」

数値を代入します。（ここに、$v = v_1$）

$$q_{vr} = q_{mr} v = 0.4 \times 0.5 = 0.2 \text{ m}^3/\text{s}$$

よって、ハ. は「○」です。

ニ.　凝縮器の放熱量は、約 650 kW である。「○」or「×」？

う～ん、いちいち戸惑わされます。凝縮器放熱量とは、凝縮負荷のことなのね。上級テキスト 8 次 6 ページ単位一覧表（目次の前）に Φ_k として凝縮器放熱量と凝縮負荷があります。なんだ、凝縮負荷のことか。と、わかれば楽勝です！

$$\Phi_k = q_{mr}(h_2 - h_3) \quad \text{[kW]}$$

数値を代入しましょう。

$$\Phi_k = q_{mr}(h_2 - h_3) = 0.4 \times (1710 - 334) = 550.4 \fallingdotseq 550 \text{ kW}$$

よって、ニ. は「×」です。

イ. ○、ロ. ×、ハ. ○、ニ. ×　と、なりました。この問題は、「圧縮機吸込み蒸気量」を問わせたり、「凝縮器の放熱量」を用いたり、そして、「乾き度」も含めてありました。テキストをまんべんなく勉強しておきなさいという、資格取得後の活躍のための、ありがたきご指南ご指導ご教授なのでしょう。　【答：(2)】

めも

付　録

付録1　各年度の「例による事業所」（平成15年度～令和2年度）

平成15年度
問8から問17までの問題は、次の例による事業所に関するものである。

> ［例］　冷凍のため、次ぎに掲げる高圧ガスの製造施設を有する一つの事業所
> 　　なお、この事業所は認定完成検査実施者ではない。
> 　　　製造設備の種類　　：　定置式製造設備A　1基
> 　　　　　　　　　　　　：　定置式製造設備B　1基
> 　　　　　　　　　　　　　　（A、Bとも、冷媒設備及び圧縮機用原動機が一の架台上に一体に組み立
> 　　　　　　　　　　　　　　てられていないものであり、かつ、認定指定設備でないもの）これらの2
> 　　　　　　　　　　　　　　基はブラインを共通としている。
> 　　　冷媒ガスの種類　　：　A、Bとも、フルオロカーボン134a
> 　　　冷凍設備の圧縮機　：　A、Bとも、遠心式
> 　　　1日の冷凍の力　　：　250トン（A：150トン、B：100トン）

問18から問20までの問題は、次の例による事業所に関するものである。

> ［例］　冷凍のため、次に掲げる高圧ガスの製造施設を有する事業所
> 　　なお、この事業所は認定完成検査実施者ではない。
> 　　　製造設備の種類　　：　定置式製造設備（一つの製造設備であって、専用機械室に設置してあるも
> 　　　　　　　　　　　　　　の）
> 　　　冷媒ガスの種類　　：　アンモニア
> 　　　冷凍設備の圧縮機　：　容積圧縮機（往復動式）　4台
> 　　　1日の冷凍能力　　：　200トン

平成16年度
問8から問11までの問題は、次の例による事業所に関するものである。

> ［例］　冷凍のため、次に掲げる高圧ガスの製造施設を有する事業所
> 　　　製造施設の種類　　：　定置式製造設備（一の製造設備であって、専用機械室に設置してあるもの）
> 　　　冷媒ガスの種類　　：　アンモニア
> 　　　冷凍設備の圧縮機　：　吸収式冷凍設備（アンモニアの充てん量が150キログラムのもの）　1基
> 　　　1日の冷凍能力　　：　150トン

問 12 から問 20 までの問題は、次の例による事業所に関するものである。

> ［例］　冷凍のため、次に掲げる高圧ガスの製造施設を有する事業所
> 　この事業所は認定完成検査実施者及び認定保安検査実施者ではない。
>
> 　　　製造設備の種類　　　：　定置式製造設備Ａ　　1基
> 　　　　　　　　　　　　　：　定置式製造設備Ｂ　　1基（製造設備ＡとＢは、冷媒設備が一つの架台上に
> 　　　　　　　　　　　　　　　一体に組み立てられていないものであり、認定指定設備でないもの）これ
> 　　　　　　　　　　　　　　　らの 2 基はブラインを共有している。
> 　　　冷媒ガスの種類　　　：　Ａ、Ｂとも、フルオロカーボン 134a
> 　　　冷凍設備の圧縮機　　：　Ａ、Ｂとも、遠心式
> 　　　1 日の冷凍能力　　　：　300 トン（Ａ：150 トン、Ｂ：150 トン）
> 　　　受液器の内容積　　　：　Ａ：500 リットル、Ｂ：300 リットル

平成 17 年度

問 8 から問 11 までの問題は、次の例による事業所に関するものである。

> ［例］　冷凍のため、次に掲げる高圧ガスの製造施設を有する事業所
> 　この事業者は認定完成検査実地者ではない。
>
> 　　　製造設備の種類　　　：　定置式製造設備（1 つの製造設備であって、専用機械室に設置してあるも
> 　　　　　　　　　　　　　　　の）
> 　　　冷媒ガスの種類　　　：　アンモニア
> 　　　1 日の冷凍能力　　　：　150 トン
> 　　　冷凍設備の圧縮機　　：　容積圧縮機（往復動式）のもの　3 台

問 12 から問 20 までの問題は、次の例による事業所に関するものである。

> ［例］　冷凍のため、次に掲げる高圧ガスの製造施設を有する事業所
> 　この事業者は認定保安検査実施者ではない。
>
> 　　　製造設備の種類　　　：　定置式製造設備Ａ　　1基
> 　　　　　　　　　　　　　　　定置式製造設備Ｂ　　1基（Ａ及びＢは、冷媒設備及び圧縮機用原動機が 1
> 　　　　　　　　　　　　　　　つの架台上に一体に組み立てられていないものであって、かつ、認定指定
> 　　　　　　　　　　　　　　　設備ではないもの）
> 　　　　　　　　　　　　　　　定置式製造設備Ｃ　　1基（認定指定設備であるもの）これら 3 基はブラ
> 　　　　　　　　　　　　　　　インを共通としている。
> 　　　冷媒ガスの種類　　　：　Ａ、Ｂ及びＣとも、フルオロカーボン 134a
> 　　　1 日の冷凍能力　　　：　Ａ：150 トン、Ｂ：100 トン、Ｃ：100 トン
> 　　　冷凍設備の圧縮機　　：　Ａ、Ｂ及びＣとも、遠心式
> 　　　凝縮器　　　　　　　：　横置円筒形で胴部の長さが 4 メートルのもの

平成 18 年度

問 9 から問 11 までの問題は、次の例による事業所に関するものである。

> ［例］　冷凍のため、次に掲げる高圧ガスの製造施設を有する事業所
>
> 　　製造設備の種類　　：　定置式製造設備（一つの製造設備であって、専用機械室に設置してあるもの）
>
> 　　冷媒ガスの種類　　：　アンモニア
>
> 　　1 日の冷凍能力　　：　210 トン
>
> 　　冷凍設備の圧縮機　：　容積圧縮式（往復動式）6 台
>
> 　　主な設備　　　　　：　凝縮器（横置円筒形で胴部の長さが 3 メートルのもの）1 基
>
> 　　　　　　　　　　　：　受液器（内容積が 4,000 リットルのもの）1 基

問 12 から問 20 までの問題は、次の例による事業所に関するものである。

> ［例］　冷凍のため、次に掲げる高圧ガスの製造施設を有する事業所
>
> 　この事業所は認定完成検査実施者及び認定保安検査実施者ではない
>
> 　　製造設備の種類　　：　定置式製造設備 A　1 基（冷媒設備及び圧縮機用原動機が一つの架台上に一体に組み立てられていないものであり、認定指定設備でないもの）
>
> 　　　　　　　　　　　：　定置式製造設備 B　1 基（認定指定設備であるもの）
>
> 　　　　　　　　　　　：　定置式製造設備 C　1 基（認定指定設備であるもの）これら 3 基はブラインを共通に使用し、同一の専用機械室に設置してある。
>
> 　　冷媒ガスの種類　　：　製造設備 A、B 及び C とも、フルオロカーボン 134a
>
> 　　1 日の冷凍能力　　：　製造設備 A：250 トン、B：150 トン、C：100 トン
>
> 　　冷凍設備の圧縮機　：　製造設備 A、B 及び C とも、遠心式

平成 19 年度

問 8 及び問 9 の問題は、次の例による事業所に関するものである。

> ［例］　冷凍のため、次に掲げる高圧ガスの製造施設を有する事業所
>
> 　　製造設備の種類　　：　定置式製造設備（1 つの製造設備であって、専用機械室に設置してあるもの）
>
> 　　冷媒ガスの種類　　：　アンモニア
>
> 　　冷凍設備の圧縮機　：　容積圧縮式（往復動式）　　6 台
>
> 　　1 日の冷凍能力　　：　210 トン
>
> 　　主な設備　　　　　：　凝縮器（縦置円筒形で胴部の長さが 3 メートルのもの）
>
> 　　　　　　　　　　　：　受液器（内容積が 6,000 リットルのもの）

問 10 から問 20 までの問題は、次の例による事業所に関するものである。

> ［例］　冷凍のため、次に掲げる高圧ガスの製造施設を有する事業所
> この事業所は認定完成検査実施者及び認定保安検査実施者ではない。
> 　製造設備の種類　　：　定置式製造設備Ａ　　1 基
> 　　　　　　　　　　：　定置式製造設備Ｂ　（認定指定設備）1 基
> 　　　　　　　　　　　　（設備Ａは、圧縮機用原動機が 1 つの架台上に一体に組み立てられていないものであり、かつ、認定指定設備でないもの）これら 2 基はブラインを共用し、同一の専用機械室に設置してある。
> 　冷凍ガスの種類　　：　設置Ａ及びＢとも、フルオロカーボン 134a
> 　冷凍設備の圧縮機　：　設置Ａ及びＢとも、遠心式
> 　1 日の冷凍能力　　：　250 トン（設備Ａ：150 トン、設備Ｂ：100 トン）
> 　主な設備　　　　　：　凝縮器（設備Ａ：横置円筒形で胴部の長さが 5 メートルのもの）

平成 20 年度

問 9 から問 13 までの問題は、次の例による事業所に関するものである。

> ［例］　冷凍のため、次に掲げる高圧ガスの製造設備を有する事業所
> この事業所は認定完成検査実地者及び認定保安検査実施者ではない。
> 　製造設備の種類　　：　定置式製造設備（1 つの製造設備であって、専用機械室に設置してあるもの）
> 　冷媒ガスの種類　　：　アンモニア
> 　1 日の冷凍能力　　：　90 トン
> 　主な冷媒設備　　　：　凝縮器（横置円筒形で胴部の長さが 3 メートルのもの）
> 　　　　　　　　　　：　受液器（内容積が 3,000 リットルのもの）

問 14 から問 20 までの問題は、次の例による事務所に関するものである。

> ［例］　冷凍のため、次に掲げる高圧ガスの製造を有する事業所
> この事業所は認定完成検査実施者及び認定保安検査実施者ではない。
> 　製造設備の種類　　：　定置式製造設備Ａ（冷媒設備及び圧縮機用原動機が 1 つ架台上に一体に組み立てられていないものであり、かつ、認定指定設備でないもの。）1 基
> 　　　　　　　　　　：　定置式製造設備Ｂ（認定指定設備であるもの）1 基
> 　　　　　　　　　　　　これら 2 基はブラインを共用し、同一の専用機械室に設置してある。
> 　冷媒ガスの種類　　：　設備Ａ及びＢとも、フルオカーボン 134a
> 　冷媒設備の圧縮機　：　設備Ａ及びＢとも、遠心式
> 　1 日の冷凍能力　　：　180 トン（設備Ａ：80 トン、設備Ｂ：100 トン）
> 　主な冷媒設備　　　：　凝縮器（設備Ａ：横置円筒形で胴部の長さが 3 メートルのもの）
> 　　　　　　　　　　：　受液器（設備Ａ：内容積が 2,000 リットルのもの）

平成 21 年度

問 8 から問 13 までの問題は、次の例による事業所に関するものである。

[例] 冷凍のため、次に揚げる高圧ガスの製造施設を有する事業所

製造設備の種類	:	定置式製造設備（1つの製造設備であって、専用機械室に設置してあるもの）
冷媒ガスの種類	:	アンモニア
冷媒設備の圧縮機	:	容積圧縮式（往復動式）4 基
1日の冷凍能力	:	210 トン
主な冷媒設備	:	凝縮器（横置円筒形で胴部の長さが 3 メートルのもの）
	:	受液器（内容積が 4000 リットルのもの）

問 14 から問 20 までの問題は、次の例による事業所に関するものである。

[例] 冷凍のため、次に揚げる高圧ガスの製造施設を有する事業所
この事業所は認定完成検査実施者及び認定保安検査実施者ではない。

製造設備の種類	:	定位置式製造設備 A（冷媒設備及び圧縮機用原動機が 1 つの架台上に一体に組み立てられていないものであり、かつ、認定指定設備でないもの。）1 基
	:	定位置式製造設備 B（認定指定設備）1 基 これら 2 基はブラインを共有し、同一の専用機械室に設置してある。
冷媒ガスの種類	:	設備 A 及び設備 B とも、フルオロカーボン 134a
冷媒設備の圧縮機	:	設備 A 及び設備 B とも、遠心式
1日の冷凍能力	:	400 トン（設備 A：250 トン、設備 B：150 トン）
主な冷媒設備	:	凝縮器（設備 A：横置円筒形で胴部の長さが 5 メートルのもの）

平成 22 年度

問 8 から問 13 までの問題は、次の例による事業所に関するものである。

[例] 冷凍のため、次に掲げる高圧ガスの製造施設を有する事業所

製造設備の種類	:	定置式製造設備（1つの製造施設であって、専用の機械室に設置してあるもの）
冷媒ガスの種類	:	アンモニア
冷媒設備の圧縮機	:	容積圧縮式（往復動式）4 基
1日の冷凍能力	:	310 トン
主な冷媒設備	:	凝縮器（横置円筒形で胴部の長さが 3 メートルのもの）
	:	受液器（内容積が 6,000 リットルのもの）

問14から問20までの問題は、次の事務所に関するものである。

> ［例］　冷凍のため、次に掲げる高圧ガスの製造施設を有する事業所
> なお、この事業者は、認定完成検査実施者及び認定保安検査実施者ではない。
> 　製造設備の種類　　：　定置式製造設備A（圧縮機用原動機が1つの架台上に一体に組み立てられ
> 　　　　　　　　　　　　ていないものであり、かつ、認定指定設備ではないもの）　1基
> 　　　　　　　　　　：　定置式製造設備B（認定指定設備）　1基
> 　　　　　　　　　　　　これら2基はブラインを共通とし、同一の専用機械室に設置してある。
> 　冷媒ガスの種類　　：　設備A及び設備Bとも、フルオロカーボン134a
> 　冷媒設備の圧縮機　：　設備A及び設備Bとも、遠心式
> 　1日の冷凍能力　　：　400トン（設備A：250トン、設備B：150トン）
> 　主な冷媒設備　　　：　凝縮器（設備A：横置円筒形で胴部の長さが5メートルのもの）

平成23年度

問8から問13までの問題は、次の例による事業所に関するものである。

> ［例］　冷凍のため、次に掲げる高圧ガスの製造施設を有する事業所
> 　製造設備の種類　　：　定置式製造設備（1つの製造設備であって、専用機械室に設置してあるも
> 　　　　　　　　　　　　の）
> 　冷媒ガスの種類　　：　アンモニア
> 　冷媒設備の圧縮機　：　容積圧縮式（往復動式）4基
> 　1日の冷凍能力　　：　210トン
> 　主な冷媒設備　　　：　凝縮器（横置円筒形で胴部の長さが3メートルのもの）
> 　　　　　　　　　　：　受液器（内容積が4,000リットルのもの）

問14から問20までの問題は、次の例による事業所に関するものである。

> ［例］　冷凍のため、次に掲げる高圧ガスの製造施設を有する事業所
> なお、この事業者は、認定完成検査実施者及び認定保安検査実施者ではない。
> 　製造設備の種類　　：　定置式製造設備A（冷媒設備が1つの架台上に一体に組みたてられないも
> 　　　　　　　　　　　　のであり、かつ、認定指定設備でないもの）1基
> 　　　　　　　　　　：　定置式製造設備B（認定指定設備）1基
> 　　　　　　　　　　　　これら2基はブラインを共通とし、同一の専用機械室に設置してある。
> 　冷媒ガスの種類　　：　設備A及び設備Bとも、フルオロカーボン134a
> 　冷媒設備の圧縮機　：　設備A及び設備Bとも、遠心式
> 　1日の冷凍能力　　：　400トン（設備A：250トン、設備B：150トン）
> 　主な冷媒設備　　　：　凝縮器（設備A: 横置円筒形で胴部の長さが5メートルのもの

平成 24 年度

問 8 から問 13 までの問題は、次の例による事業所に関するものである。

[例]　冷凍のため、次に掲げる高圧ガスの製造施設を有する事業所

製造設備の種類	：	定置式製造設備（1 つの製造設備であって、専用機械室に設置してあるもの）
冷媒ガスの種類	：	アンモニア
冷媒設備の圧縮機	：	容積圧縮式（往復動式）4 基
1 日の冷凍能力	：	310 トン
主な冷媒設備	：	凝縮器（横置円筒形で胴部の長さが 3 メートルのもの）
	：	受液器（内容積が 4,000 リットルのもの）

問 14 から問 20 までの問題は、次の例による事業所に関するものである。

[例]　冷凍のため、次に掲げる高圧ガスの製造施設を有する事業所
　なお、この事業者は、認定完成検査実施者及び認定保安検査実施者ではない。

製造設備の種類	：	定置式製造設備 A 冷媒設備が 1 つの架台上に一体に組み立てられていないもの 1 基
	：	定置式製造設備 B（同上）1 基
	：	定置式製造設備 C（認定指定設備）1 基
		これら 3 基はブラインを共通とし、同一の専用機械室に設置してある。
冷媒ガスの種類	：	設備 A、設備 B 及び設備 C とも、フルオロカーボン 134a
冷媒設備の圧縮機	：	設備 A、設備 B 及び設備 C とも、遠心式
1 日の冷凍能力	：	550 トン（設備 A：200 トン、設備 B：200 トン、設備 C：150 トン）
主な冷媒設備	：	凝縮器（設備 A 及び設備 B：横置円筒形で胴部の長さが 5 メートルのもの）

平成 25 年度

問 8 から問 13 までの問題は、次の例による事業所に関するものである。

[例]　冷凍のため、次に掲げる高圧ガスの製造施設を有する事業所

製造設備の種類	：	定置式製造設備（1 つの製造設備であって、専用機械室に設置してあるもの）
冷媒ガスの種類	：	アンモニア
冷媒設備の圧縮機	：	容積圧縮式（往復動式）4 基
1 日の冷凍能力	：	250 トン
主な冷媒設備	：	凝縮器（横置円筒形で胴部の長さが 3 メートルのもの）
	：	受液器（内容積が 4,000 リットルのもの）

問 14 から問 20 までの問題は、次の例による事業所に関するものである。

> ［例］　冷凍のため、次に掲げる高圧ガスの製造施設を有する事業所
> 　　なお、この事業者は、認定完成検査実施者及び認定保安検査実施者ではない。
> 　　　製造設備の種類　　：　定置式製造設備 A（冷媒設備が 1 つの架台上に一体に組み立てられていな
> 　　　　　　　　　　　　　　　いもの）1 基
> 　　　　　　　　　　　：　定置式製造設備 B 認定指定設備 1 基
> 　　　　　　　　　　　　　これら 2 基はブラインを共通とし、同一の専用機械室に設置してある。
> 　　　冷媒ガスの種類　　：　設備 A 及び設備 B とも、フルオロカーボン 134a
> 　　　冷媒設備の圧縮機　：　設備 A 及び設備 B とも、遠心式
> 　　　1 日の冷凍能力　　：　700 トン（設備 A：350 トン、設備 B：350 トン）
> 　　　主な冷媒設備　　　：　凝縮器（設備 A：横置円筒形で胴部の長さが 5 メートルのもの）

平成 26 年度

問 9 から問 14 までの問題は、次の例による事業所に関するものである。

> ［例］　冷凍のため、次に掲げる高圧ガスの製造施設を有する事業所
> 　　なお、この事業者は認定完成検査実施者ではない。
> 　　　製造設備の種類　　：　定置式製造設備（1 つの製造設備であって、専用機械室に設置してあるも
> 　　　　　　　　　　　　　　　の）
> 　　　冷媒ガスの種類　　：　アンモニア
> 　　　冷媒設備の圧縮機　：　容積圧縮式（往復動式）4 基
> 　　　1 日の冷凍能力　　：　250 トン
> 　　　主な冷媒設備　　　：　凝縮器（横置円筒形で胴部の長さが 3 メートルのもの）
> 　　　　　　　　　　　：　受液器（内容積が 6,000 リットルのもの）

問 15 から問 20 までの問題は、次の例による事業所に関するものである。

> ［例］　冷凍のため、次に掲げる高圧ガスの製造施設を有する一つの事業所として高圧ガスの製造の許可
> 　　を受けている事業所
> 　　なお、この事業者は、認定完成検査実施者及び認定保安検査実施者ではない。
> 　　　製造設備の種類　　：　定置式製造設備 A（冷媒設備が 1 つの架台上に一体に組み立てられていな
> 　　　　　　　　　　　　　　　いもの）1 基
> 　　　　　　　　　　　：　定置式製造設備 B（同上）1 基
> 　　　　　　　　　　　：　定置式製造設備 C（認定指定設備）1 基
> 　　　　　　　　　　　　　これらはブラインを共通とし、同一の専用機械室に設置されており、一体
> 　　　　　　　　　　　　　として管理されるものとして設計されたものであり、かつ、同一の計器室
> 　　　　　　　　　　　　　において制御されている。
> 　　　冷媒ガスの種類　　：　設備 A、設備 B 及び設備 C とも、フルオロカーボン 134a
> 　　　冷媒設備の圧縮機　：　設備 A、設備 B 及び設備 C とも、遠心式
> 　　　1 日の冷凍能力　　：　700 トン（設備 A：300 トン、設備 B：150 トン、設備 C：250 トン）
> 　　　主な冷媒設備　　　：　受液器（設備 A 及び設備 B：内容積が 4,000 リットルのもの）

平成 27 年度
問 9 から問 14 までの問題は、次の例による事業所に関するものである。

［例］　冷凍のため、次に掲げる高圧ガスの製造施設を有する事業所
　なお、この事業所は認定完成検査実施者及び認定保安検査実施者ではない。

製造設備の種類	：	定置式製造設備（1 つの製造設備であって、専用機械室に設置してあるもの）
冷媒ガスの種類	：	アンモニア
冷凍設備の圧縮機	：	容積圧縮式（往復動式）4 基
1 日の冷凍能力	：	250 トン
主な冷媒設備	：	凝縮器（縦置円筒形で胴部の長さが 3 メートルのもの）1 基
	：	受液器（内容積が 6,000 リットルのもの）1 基

問 15 から問 20 までの問題は、次の例による事業所に関するものである。

［例］　冷凍のため、次に掲げる高圧ガスの製造施設を有する一つの事業所として高圧ガスの製造の許可を受けている事業所
　なお、この事業所は認定完成検査実施者及び認定保安検査実施者ではない。

製造設備の種類	：	定置式製造設備 A（冷媒設備が 1 つの架台上に一体に組み立てられていないもの）1 基
	：	定置式製造設備 B（認定指定設備 1 基これらはブラインを共通とし、同一の専用機械室に設置されており、一体として管理されるものとして設計されたものであり、かつ、同一の計器室において制御されている。）
冷媒ガスの種類	：	設備 A 及び設備 B とも、フルオロカーボン 134a
冷凍設備の圧縮機	：	設備 A 及び設備 B とも、遠心式
1 日の冷凍能力	：	550 トン（設備 A：300 トン、設備 B：250 トン）
主な冷媒設備	：	受液器（設備 A：内容積が 4,000 リットルのもの）

平成 28 年度
問 9 から問 14 までの問題は、次の例による事業所に関するものである。

［例］　冷凍のため、次に掲げる高圧ガスの製造施設を有する事業所
　なお、この事業者は認定完成検査実施者及び認定保安検査実施者ではない。

製造設備の種類	：	定置式製造設備（1 つの製造設備であって、専用機械室に設置してあるもの）
冷媒ガスの種類	：	アンモニア
冷凍設備の圧縮機	：	容積圧縮式（往復動式）4 基
1 日の冷凍能力	：	250 トン
主な冷媒設備	：	凝縮器（縦置円筒形で胴部の長さが 6 メートルのもの）1 基
	：	受液器（内容積が 4,000 リットルのもの）1 基

問 15 から問 20 までの問題は、次の例による事業所に関するものである。

[例]　冷凍のため、次に掲げる高圧ガスの製造施設を有する一つの事業所として高圧ガスの製造の許可を受けている事業所
　なお、この事業者は認定完成検査実施者及び認定保安検査実施者ではない。

製造設備の種類	：	定置式製造設備 A（冷媒設備が 1 つの架台上に一体に組み立てられていないもの）1 基
	：	定置式製造設備 B（同上）1 基
	：	定置式製造設備 C（認定指定設備であるもの）1 基これらはブラインを共通とし、同一の専用機械室に設置されており、一体として管理されるものとして設計されたものであり、かつ、同一の計器室において制御されている。
冷媒ガスの種類	：	設備 A、設備 B 及び設備 C とも、フルオロカーボン 134a
冷凍設備の圧縮機	：	設備 A、設備 B 及び設備 C とも、遠心式
1 日の冷凍能力	：	850 トン（設備 A：300 トン、設備 B：300 トン、設備 C：250 トン）
主な冷媒設備	：	凝縮器（設備 A、設備 B 及び設備 C とも、横置円筒形で胴部の長さが 4 メートルのもの）各 1 基

平成 29 年度

問 9 から問 14 までの問題は、次の例による事業所に関するものである。

[例]　冷凍のため、次に掲げる高圧ガスの製造施設を有する事業所
　なお、この事業者は認定完成検査実施者及び認定保安検査実施者ではない。

製造設備の種類	：	定置式製造設備（1 つの製造設備であって、専用機械室に設置しでもの）
冷媒ガスの種類	：	アンモニア
冷凍設備の圧縮機	：	容積圧縮式（往復動式）4 台
1 日の冷凍能力	：	250 トン
主な冷媒設備	：	凝縮器（横置円筒形で胴部の長さが 3 メートルのもの）1 基
	：	受液器（内容積が 6,000 リットルのもの）1 基

問 15 から問 20 までの問題は、次の例による事業所に関するものである。

[例]　冷凍のため、次に掲げる定置式製造設備である高圧ガスの製造施設を有する一つの事業所として高圧ガスの製造の許可を受けている事業所
　なお、この事業者は認定完成検査実施者及び認定保安検査実施者ではない。

製造設備の種類	：	設備 A（冷媒設備が 1 つの架台上に一体に組み立てられていないもの）1 基
冷媒ガスの種類	：	設備 B（認定指定設備であるもの）1 基これらはブラインを共通とし、同一の専用機械室に設置されており、一体として管理されるものとして設計されたものであり、かつ、同一の計器室において制御されている。
冷媒ガスの種類	：	設備 A 及び設備 B とも、フルオロカーボン 134a
冷凍設備の圧縮機	：	設備 A 及び設備 B とも、遠心式
1 日の冷凍能力	：	600 トン（設備 A：300 トン、設備 B：300 トン）
主な冷媒設備設備	：	凝縮器（設備 A 及び設備 B とも、横置円筒形で胴部の長さが 4 メートルのもの）各 1 基

平成 30 年度

問 9 から問 14 までの問題は、次の例による事業所に関するものである。

[例]　冷凍のため、次に掲げる高圧ガスの製造施設を有する事業所
　　なお、この事業者は認定完成検査実施者及び認定保安検査実施者ではない。

製造設備の種類	：	定置式製造設備（1 つの製造設備であって、専用機械室に設置してあるもの）
冷媒ガスの種類	：	アンモニア
冷凍設備の圧縮機	：	容積圧縮式（往復動式）4 台
1 日の冷凍能力	：	250 トン
主な冷媒設備	：	凝縮器（横置円筒形で胴部の長さが 3 メートルのもの）1 基
	：	受液器（内容積が 6,000 リットルのもの）1 基

問 15 から問 20 までの問題は、次の例による事業所に関するものである。

[例]　冷凍のため、次に掲げる定置式製造設備である高圧ガスの製造施設を有する一つの業所として高圧ガスの製造の許可を受けている事業所
　　なお、この事業者は認定完成検査実施者及び認定保安検査実施者ではない。

製造設備 A	：	冷媒設備が 1 つの架台上に一体に組み立てられていないもの　1 基
製造設備 B	：	認定指定設備であるもの　1 基
		これら製造設備 A 及び製造設備 B はブラインを共通とし、同一の専用機械室に設置されており、一体として管理されるものとして設計されたものであり、かつ、同一の計器室において制御されている。
冷媒ガスの種類	：	製造設備 A 及び製造設備 B とも、フルオロカーボン 134a
冷凍設備の圧縮機	：	製造設備 A 及び製造設備 B とも、遠心式
1 日の冷凍能力	：	600 トン（製造設備 A：300 トン、製造設備 B：300 トン）
主な冷媒設備	：	凝縮器（製造設備 A 及び製造設備 B とも、横置円筒形で胴部の長さが 4 メートルのもの）各 1 基

令和元年度

問 9 から問 14 までの問題は、次の例による事業所に関するものである。

[例]　冷凍のため、次に掲げる高圧ガスの製造施設を有する事業所
　　なお、この事業者は認定完成検査実施者及び認定保安検査実施者ではない。

製造設備の種類	：	定置式製造設備（一つの製造設備であって、専用機械室に設置してあるもの）
冷媒ガスの種類	：	アンモニア
冷凍設備の圧縮機	：	容積圧縮式（往復動式）4 台
1 日の冷凍能力	：	250 トン
主な冷媒設備	：	凝縮器（横置円筒形で胴部の長さが 5 メートルのもの）1 基
	：	受液器（内容積が 6,000 リットルのもの）1 基

問15から問20までの問題は、次の例による事業所に関するものである。

> ［例］　冷凍のため、次に掲げる定置式製造設備である高圧ガスの製造施設を有する一つの事業所として高圧ガスの製造の許可を受けている事業所
>
> なお、この事業者は認定完成検査実施者及び認定保安検査実施者ではない。
>
> | | | |
> |---|---|---|
> | 製造設備A | ： | 冷媒設備が一つの架台上に一体に組み立てられていないもの　1基 |
> | 製造設備B | ： | 認定指定設備であるもの　1基 |
> | | | これら製造設備A及び製造設備Bはブラインを共通とし、同一の専用機械室に設置されており、一体として管理されるものとして設計されたものであり、かつ、同一の計器室において制御されている。 |
> | 冷媒ガスの種類 | ： | 製造設備A及び製造設備Bとも、不活性ガスであるフルオロカーボン134a |
> | 冷凍設備の圧縮機 | ： | 製造設備A及び製造設備Bとも、遠心式 |
> | 1日の冷凍能力 | ： | 600トン（製造設備A：300トン、製造設備B：300トン） |
> | 主な冷媒設備 | ： | 凝縮器（製造設備A及び製造設備Bとも、横置円筒形で胴部の長さが4メートルのもの）各1基 |

令和2年度

問9から問14までの問題は、次の例による事業所に関するものである。

> ［例］　冷凍のため、次に掲げる高圧ガスの製造施設を有する事業所
>
> なお、この事業者は認定完成検査実施者及び認定保安検査実施者ではない。
>
> | | | |
> |---|---|---|
> | 製造設備の種類 | ： | 定置式製造設備（一つの製造設備であって、専用機械室に設置してあるもの） |
> | 冷媒ガスの種類 | ： | アンモニア |
> | 冷凍設備の圧縮機 | ： | 容積圧縮式（往復動式）4台 |
> | 1日の冷凍能力 | ： | 250トン |
> | 主な冷媒設備 | ： | 凝縮器（横置円筒形で胴部の長さがメートルのもの）1基 |
> | | | 受液器（内容積が6,000リットルのもの）1基 |

問15から問20までの問題は、次の例による事業所に関するものである。

> ［例］　冷凍のため、次に掲げる定置式製造設備である高圧ガスの製造施設を有する一つの事業所として高圧ガスの製造の許可を受けている事業所なお、この事業者は認定完成検査実施者及び認定保安検査実施者ではない。
>
> | | | |
> |---|---|---|
> | 製造設備A | ： | 冷媒設備が一つの架台上に一体に組み立てられていないもの　1基 |
> | 製造設備B | ： | 認定指定設備であるもの　1基 |
> | | | これら製造設備A及び製造設備Bはブラインを共通とし、同一の専用機械室に設置されており、一体として管理されるものとして設計されたものであり、かつ、同一の計器室において制御されている。 |
> | 冷媒ガスの種類 | ： | 製造設備A及び製造設備Bとも、不活性ガスであるフルオロカーボン134a |
> | 冷凍設備の圧縮機 | ： | 製造設備A及び製造設備Bとも、遠心式 |
> | 1日の冷凍能力 | ： | 600トン（製造設備A：300トン、製造設備B：300トン） |
> | 主な冷媒設備 | ： | 凝縮器（製造設備A及び製造設備Bとも、横置円筒形で胴部の長さが4メートルのもの）各1基 |

付録2　よくでる法令文

　解説文の中の説明で記されている条令文です。条令文はweb上サイト「電子政府の総合窓口（e-Gov法令検索）」から必要な部分を抜粋しました。

1.　高圧ガス保安法

施行日：令和元年九月十四日（令和元年法律第三十七号による改正）

法第1条

（目的）

第一条　この法律は、高圧ガスによる災害を防止するため、高圧ガスの製造、貯蔵、販売、移動その他の取扱及び消費並びに容器の製造及び取扱を規制するとともに、民間事業者及び高圧ガス保安協会による高圧ガスの保安に関する自主的な活動を促進し、もつて公共の安全を確保することを目的とする。

法第2条

（定義）

第二条　この法律で「高圧ガス」とは、次の各号のいずれかに該当するものをいう。

　一　常用の温度において圧力（ゲージ圧力をいう。以下同じ。）が一メガパスカル以上となる圧縮ガスであつて現にその圧力が一メガパスカル以上であるもの又は温度三十五度において圧力が一メガパスカル以上となる圧縮ガス（圧縮アセチレンガスを除く。）

　二　常用の温度において圧力が〇・二メガパスカル以上となる圧縮アセチレンガスであつて現にその圧力が〇・二メガパスカル以上であるもの又は温度十五度において圧力が〇・二メガパスカル以上となる圧縮アセチレンガス

　三　常用の温度において圧力が〇・二メガパスカル以上となる液化ガスであつて現にその圧力が〇・二メガパスカル以上であるもの又は圧力が〇・二メガパスカルとなる場合の温度が三十五度以下である液化ガス

　四　前号に掲げるものを除くほか、温度三十五度において圧力零パスカルを超える液化ガスのうち、液化シアン化水素、液化ブロムメチル又はその他の液化ガスであつて、政令で定めるもの

法第3条

（適用除外）

第三条　この法律の規定は、次の各号に掲げる高圧ガスについては、適用しない。

　＜一～七　略＞

　八　その他災害の発生のおそれがない高圧ガスであつて、政令で定めるもの

2　第四十条から第五十六条の二の二まで及び第六十条から第六十三条までの規定は、内容積一デシリットル以下の容器及び密閉しないで用いられる容器については、適用しない。

法第5条

（製造の許可等）

第五条　次の各号の一に該当する者は、事業所ごとに、都道府県知事の許可を受けなければならない。

　一　圧縮、液化その他の方法で処理することができるガスの容積（温度零度、圧力零パスカルの状態に換

算した容積をいう。以下同じ。）が一日百立方メートル（当該ガスが政令で定めるガスの種類に該当するものである場合にあつては、当該政令で定めるガスの種類ごとに百立方メートルを超える政令で定める値）以上である設備（第五十六条の七第二項の認定を受けた設備を除く。）を使用して高圧ガスの製造（容器に充てんすることを含む。以下同じ。）をしようとする者（冷凍（冷凍設備を使用してする暖房を含む。以下同じ。）のため高圧ガスの製造をしようとする者及び液化石油ガスの保安の確保及び取引の適正化に関する法律（昭和四十二年法律第百四十九号。以下「液化石油ガス法」という。）第二条第四項の供給設備に同条第一項の液化石油ガスを充てんしようとする者を除く。）

二　冷凍のためガスを圧縮し、又は液化して高圧ガスの製造をする設備でその一日の冷凍能力が二十トン（当該ガスが政令で定めるガスの種類に該当するものである場合にあつては、当該政令で定めるガスの種類ごとに二十トンを超える政令で定める値）以上のもの（第五十六条の七第二項の認定を受けた設備を除く。）を使用して高圧ガスの製造をしようとする者

2　次の各号の一に該当する者は、事業所ごとに、当該各号に定める日の二十日前までに、製造をする高圧ガスの種類、製造のための施設の位置、構造及び設備並びに製造の方法を記載した書面を添えて、その旨を都道府県知事に届け出なければならない。

一　高圧ガスの製造の事業を行う者（前項第一号に掲げる者及び冷凍のため高圧ガスの製造をする者並びに液化石油ガス法第二条第四項の供給設備に同条第一項の液化石油ガスを充てんする者を除く。）　事業開始の日

二　冷凍のためガスを圧縮し、又は液化して高圧ガスの製造をする設備でその一日の冷凍能力が三トン（当該ガスが前項第二号の政令で定めるガスの種類に該当するものである場合にあつては、当該政令で定めるガスの種類ごとに三トンを超える政令で定める値）以上のものを使用して高圧ガスの製造をする者（同号に掲げる者を除く。）　製造開始の日

3　第一項第二号及び前項第二号の冷凍能力は、経済産業省令で定める基準に従つて算定するものとする。

法第 5 条第 2 項第 2 号

（法第 5 条 2 項より第 2 号のみ抜粋したもの）
二　冷凍のためガスを圧縮し、又は液化して高圧ガスの製造をする設備でその一日の冷凍能力が三トン（当該ガスが前項第二号の政令で定めるガスの種類に該当するものである場合にあつては、当該政令で定めるガスの種類ごとに三トンを超える政令で定める値）以上のものを使用して高圧ガスの製造をする者（同号に掲げる者を除く。）製造開始の日

法第 8 条

（許可の基準）
第八条　都道府県知事は、第五条第一項の許可の申請があつた場合には、その申請を審査し、次の各号のいずれにも適合していると認めるときは、許可を与えなければならない。

一　製造（製造に係る貯蔵及び導管による輸送を含む。以下この条、次条、第十一条、第十四条第一項、第二十条第一項から第三項まで、第二十条の二、第二十条の三、第二十一条第一項、第二十七条の二第四項、第二十七条の三第一項、第二十七条の四第一項、第三十二条第十項、第三十五条第一項、第三十五条の二、第三十六条第一項、第三十八条第一項、第三十九条第一号及び第二号、第三十九条の六、第三十九条の十一第一項、第三十九条の十二第一項第四号、第六十条第一項、第八十条第二号及び第三号並びに第八十一条第二号において同じ。）のための施設の位置、構造及び設備が経済産業省令で定める技術上の基準に適合するものであること。

二　製造の方法が経済産業省令で定める技術上の基準に適合するものであること。

三　その他製造が公共の安全の維持又は災害の発生の防止に支障を及ぼすおそれがないものであること。

法第 10 条

（承継）

第十条　第一種製造者について相続、合併又は分割（当該第一種製造者のその許可に係る事業所を承継させるものに限る。）があつた場合において、相続人（相続人が二人以上ある場合において、その全員の同意により承継すべき相続人を選定したときは、その者）、合併後存続する法人若しくは合併により設立した法人又は分割によりその事業所を承継した法人は、第一種製造者の地位を承継する。

2　前項の規定により第一種製造者の地位を承継した者は、遅滞なく、その事実を証する書面を添えて、その旨を都道府県知事に届け出なければならない。

法第 10 条の 2

（承継）

第十条の二　第五条第二項各号に掲げる者（以下「第二種製造者」という。）がその事業の全部を譲り渡し、又は第二種製造者について相続、合併若しくは分割（その事業の全部を承継させるものに限る。）があつたときは、その事業の全部を譲り受けた者又は相続人（相続人が二人以上ある場合において、その全員の同意により承継すべき相続人を選定したときは、その者）、合併後存続する法人若しくは合併により設立した法人若しくは分割によりその事業の全部を承継した法人は、第二種製造者のこの法律の規定による地位を承継する。

2　前項の規定により第二種製造者の地位を承継した者は、遅滞なく、その事実を証する書面を添えて、その旨を都道府県知事に届け出なければならない。

法第 11 条

（製造のための施設及び製造の方法）

第十一条　第一種製造者は、製造のための施設を、その位置、構造及び設備が第八条第一号の技術上の基準に適合するように維持しなければならない。

2　第一種製造者は、第八条第二号の技術上の基準に従つて高圧ガスの製造をしなければならない。

3　都道府県知事は、第一種製造者の製造のための施設又は製造の方法が第八条第一号又は第二号の技術上の基準に適合していないと認めるときは、その技術上の基準に適合するように製造のための施設を修理し、改造し、若しくは移転し、又はその技術上の基準に従つて高圧ガスの製造をすべきことを命ずることができる。

法第 12 条

第十二条　第二種製造者は、製造のための施設を、その位置、構造及び設備が経済産業省令で定める技術上の基準に適合するように維持しなければならない。

2　第二種製造者は、経済産業省令で定める技術上の基準に従つて高圧ガスの製造をしなければならない。

3　都道府県知事は、第二種製造者の製造のための施設又は製造の方法が前二項の技術上の基準に適合していないと認めるときは、その技術上の基準に適合するように製造のための施設を修理し、改造し、若しくは移転し、又はその技術上の基準に従つて高圧ガスの製造をすべきことを命ずることができる。

法第 13 条

第十三条　前二条に定めるもののほか、高圧ガスの製造は、経済産業省令で定める技術上の基準に従つてしなければならない。

Point　前二条というのは、第一種製造者と第二種製造者は技術上の基準に従つて…云々。

法第 14 条

（製造のための施設等の変更）

第十四条　第一種製造者は、製造のための施設の位置、構造若しくは設備の変更の工事をし、又は製造をする高圧ガスの種類若しくは製造の方法を変更しようとするときは、都道府県知事の許可を受けなければならない。ただし、製造のための施設の位置、構造又は設備について経済産業省令で定める軽微な変更の工事をしようとするときは、この限りでない。

2　第一種製造者は、前項ただし書の軽微な変更の工事をしたときは、その完成後遅滞なく、その旨を都道府県知事に届け出なければならない。

3　第八条の規定は、第一項の許可に準用する。

4　第二種製造者は、製造のための施設の位置、構造若しくは設備の変更の工事をし、又は製造をする高圧ガスの種類若しくは製造の方法を変更しようとするときは、あらかじめ、都道府県知事に届け出なければならない。ただし、製造のための施設の位置、構造又は設備について経済産業省令で定める軽微な変更の工事をしようとするときは、この限りでない。

法第 15 条

（貯蔵）

第十五条　高圧ガスの貯蔵は、経済産業省令で定める技術上の基準に従つてしなければならない。ただし、第一種製造者が第五条第一項の許可を受けたところに従つて貯蔵する高圧ガス若しくは液化石油ガス法第六条の液化石油ガス販売事業者が液化石油ガス法第二条第四項の供給設備若しくは液化石油ガス法第三条第二項第三号の貯蔵施設において貯蔵する液化石油ガス法第二条第一項の液化石油ガス又は経済産業省令で定める容積以下の高圧ガスについては、この限りでない。

2　都道府県知事は、次条第一項又は第十七条の二第一項に規定する貯蔵所の所有者又は占有者が当該貯蔵所においてする高圧ガスの貯蔵が前項の技術上の基準に適合していないと認めるときは、その者に対し、その技術上の基準に従つて高圧ガスを貯蔵すべきことを命ずることができる

法第 20 条

（完成検査）

第二十条　第五条第一項又は第十六条第一項の許可を受けた者は、高圧ガスの製造のための施設又は第一種貯蔵所の設置の工事を完成したときは、製造のための施設又は第一種貯蔵所につき、都道府県知事が行う完成検査を受け、これらが第八条第一号又は第十六条第二項の技術上の基準に適合していると認められた後でなければ、これを使用してはならない。ただし、高圧ガスの製造のための施設又は第一種貯蔵所につき、経済産業省令で定めるところにより高圧ガス保安協会（以下「協会」という。）又は経済産業大臣が指定する者（以下「指定完成検査機関」という。）が行う完成検査を受け、これらが第八条第一号又は第十六条第二項の技術上の基準に適合していると認められ、その旨を都道府県知事に届け出た場合は、この限りでない。

2　第一種製造者からその製造のための施設の全部又は一部の引渡しを受け、第五条第一項の許可を受けた者は、その第一種製造者が当該製造のための施設につき既に完成検査を受け、第八条第一号の技術上の基準に適合していると認められ、又は次項第二号の規定による検査の記録の届出をした場合にあつては、当該施設を使用することができる。

3　第十四条第一項又は前条第一項の許可を受けた者は、高圧ガスの製造のための施設又は第一種貯蔵所の位置、構造若しくは設備の変更の工事（経済産業省令で定めるものを除く。以下「特定変更工事」という。）を完成したときは、製造のための施設又は第一種貯蔵所につき、都道府県知事が行う完成検査を受け、これらが第八条第一号又は第十六条第二項の技術上の基準に適合していると認められた後でなければ、これを使用してはならない。ただし、次に掲げる場合は、この限りでない。

一　高圧ガスの製造のための施設又は第一種貯蔵所につき、経済産業省令で定めるところにより協会又は指定完成検査機関が行う完成検査を受け、これらが第八条第一号又は第十六条第二項の技術上の基準に

適合していると認められ、その旨を都道府県知事に届け出た場合
　二　自ら特定変更工事に係る完成検査を行うことができる者として経済産業大臣の認定を受けている者
　　（以下「認定完成検査実施者」という。）が、第三十九条の十一第一項の規定により検査の記録を都道府県知事に届け出た場合
4　協会又は指定完成検査機関は、第一項ただし書又は前項第一号の完成検査を行つたときは、遅滞なく、その結果を都道府県知事に報告しなければならない。
5　第一項及び第三項の都道府県知事、協会及び指定完成検査機関が行う完成検査の方法は、経済産業省令で定める。

法第20条の4

（販売事業の届出）
第二十条の四　高圧ガスの販売の事業（液化石油ガス法第二条第三項の液化石油ガス販売事業を除く。）を営もうとする者は、販売所ごとに、事業開始の日の二十日前までに、販売をする高圧ガスの種類を記載した書面その他経済産業省令で定める書類を添えて、その旨を都道府県知事に届け出なければならない。ただし、次に掲げる場合は、この限りでない。
　一　第一種製造者であつて、第五条第一項第一号に規定する者がその製造をした高圧ガスをその事業所において販売するとき。
　二　医療用の圧縮酸素その他の政令で定める高圧ガスの販売の事業を営む者が貯蔵数量が常時容積五立方メートル未満の販売所において販売するとき。

法第21条

（製造等の廃止等の届出）
第二十一条　第一種製造者は、高圧ガスの製造を開始し、又は廃止したときは、遅滞なく、その旨を都道府県知事に届け出なければならない。
2　第二種製造者であつて、第五条第二項第一号に掲げるものは、高圧ガスの製造の事業を廃止したときは、遅滞なく、その旨を都道府県知事に届け出なければならない。
3　第二種製造者であつて、第五条第二項第二号に掲げるものは、高圧ガスの製造を廃止したときは、遅滞なく、その旨を都道府県知事に届け出なければならない。
4　第一種貯蔵所又は第二種貯蔵所の所有者又は占有者は、第一種貯蔵所又は第二種貯蔵所の用途を廃止したときは、遅滞なく、その旨を都道府県知事に届け出なければならない。
5　販売業者は、高圧ガスの販売の事業を廃止したときは、遅滞なく、その旨を都道府県知事に届け出なければならない。

法第22条

（輸入検査）
第二十二条　高圧ガスの輸入をした者は、輸入をした高圧ガス及びその容器につき、都道府県知事が行う輸入検査を受け、これらが経済産業省令で定める技術上の基準（以下この条において「輸入検査技術基準」という。）に適合していると認められた後でなければ、これを移動してはならない。ただし、次に掲げる場合は、この限りでない。
　一　輸入をした高圧ガス及びその容器につき、経済産業省令で定めるところにより協会又は経済産業大臣が指定する者（以下「指定輸入検査機関」という。）が行う輸入検査を受け、これらが輸入検査技術基準に適合していると認められ、その旨を都道府県知事に届け出た場合
　二　船舶から導管により陸揚げして高圧ガスの輸入をする場合
　三　経済産業省令で定める緩衝装置内における高圧ガスの輸入をする場合
　四　前二号に掲げるもののほか、公共の安全の維持又は災害の発生の防止に支障を及ぼすおそれがないものとして経済産業省令で定める場合

2　協会又は指定輸入検査機関は、前項の輸入検査を行つたときは、遅滞なく、その結果を都道府県知事に報告しなければならない。

3　都道府県知事は、輸入された高圧ガス又はその容器が輸入検査技術基準に適合していないと認めるときは、当該高圧ガスの輸入をした者に対し、その高圧ガス及びその容器の廃棄その他の必要な措置をとるべきことを命ずることができる。

4　第一項の都道府県知事、協会又は指定輸入検査機関が行う輸入検査の方法は、経済産業省令で定める。

法第 23 条

（移動）

第二十三条　高圧ガスを移動するには、その容器について、経済産業省令で定める保安上必要な措置を講じなければならない。

2　車両（道路運送車両法（昭和二十六年法律第百八十五号）第二条第一項に規定する道路運送車両をいう。）により高圧ガスを移動するには、その積載方法及び移動方法について経済産業省令で定める技術上の基準に従つてしなければならない。

3　導管により高圧ガスを輸送するには、経済産業省令で定める技術上の基準に従つてその導管を設置し、及び維持しなければならない。ただし、第一種製造者が第五条第一項の許可を受けたところに従つて導管により高圧ガスを輸送するときは、この限りでない。

法第 24 条の 5

（消費）

第二十四条の五　前三条に定めるものの外、経済産業省令で定める高圧ガスの消費は、消費の場所、数量その他消費の方法について経済産業省令で定める技術上の基準に従つてしなければならない。

> **Point** 前三条というのは、第二十四条の四、第二十四条の三、第二十四条の二、のこと。

法第 25 条

（廃棄）

第二十五条　経済産業省令で定める高圧ガスの廃棄は、廃棄の場所、数量その他廃棄の方法について経済産業省令で定める技術上の基準に従つてしなければならない。

法第 26 条

（危害予防規程）

第二十六条　第一種製造者は、経済産業省令で定める事項について記載した危害予防規程を定め、経済産業省令で定めるところにより、都道府県知事に届け出なければならない。これを変更したときも、同様とする。

2　都道府県知事は、公共の安全の維持又は災害の発生の防止のため必要があると認めるときは、危害予防規程の変更を命ずることができる。

3　第一種製造者及びその従業者は、危害予防規程を守らなければならない。

4　都道府県知事は、第一種製造者又はその従業者が危害予防規程を守つていない場合において、公共の安全の維持又は災害の発生の防止のため必要があると認めるときは、第一種製造者に対し、当該危害予防規程を守るべきこと又はその従業者に当該危害予防規程を守らせるため必要な措置をとるべきことを命じ、又は勧告することができる。

法第27条

（保安教育）

第二十七条　第一種製造者は、その従業者に対する保安教育計画を定めなければならない。

2　都道府県知事は、公共の安全の維持又は災害の発生の防止上十分でないと認めるときは、前項の保安教育計画の変更を命ずることができる。

3　第一種製造者は、保安教育計画を忠実に実行しなければならない。

4　第二種製造者、第一種貯蔵所若しくは第二種貯蔵所の所有者若しくは占有者、販売業者又は特定高圧ガス消費者（次項において「第二種製造者等」という。）は、その従業者に保安教育を施さなければならない。

5　都道府県知事は、第一種製造者が保安教育計画を忠実に実行していない場合において公共の安全の維持若しくは災害の発生の防止のため必要があると認めるとき、又は第二種製造者等がその従業者に施す保安教育が公共の安全の維持若しくは災害の発生の防止上十分でないと認めるときは、第一種製造者又は第二種製造者等に対し、それぞれ、当該保安教育計画を忠実に実行し、又はその従業者に保安教育を施し、若しくはその内容若しくは方法を改善すべきことを勧告することができる。

6　協会は、高圧ガスによる災害の防止に資するため、高圧ガスの種類ごとに、第一項の保安教育計画を定め、又は第四項の保安教育を施すに当たつて基準となるべき事項を作成し、これを公表しなければならない。

法第27条の2

（保安統括者、保安技術管理者及び保安係員）

第二十七条の二　次に掲げる者は、事業所ごとに、経済産業省令で定めるところにより、高圧ガス製造保安統括者（以下「保安統括者」という。）を選任し、第三十二条第一項に規定する職務を行わせなければならない。

　　一　第一種製造者であつて、第五条第一項第一号に規定する者（経済産業省令で定める者を除く。）

　　二　第二種製造者であつて、第五条第二項第一号に規定する者（一日に製造をする高圧ガスの容積が経済産業省令で定めるガスの種類ごとに経済産業省令で定める容積以下である者その他経済産業省令で定める者を除く。）

2　保安統括者は、当該事業所においてその事業の実施を統括管理する者をもつて充てなければならない。

3　第一項第一号又は第二号に掲げる者は、事業所ごとに、経済産業省令で定めるところにより、高圧ガス製造保安責任者免状（以下「製造保安責任者免状」という。）の交付を受けている者であつて、経済産業省令で定める高圧ガスの製造に関する経験を有する者のうちから、高圧ガス製造保安技術管理者（以下「保安技術管理者」という。）を選任し、第三十二条第二項に規定する職務を行わせなければならない。ただし、保安統括者に経済産業省令で定める事業所の区分に従い経済産業省令で定める種類の製造保安責任者免状の交付を受けている者であつて、経済産業省令で定める高圧ガスの製造に関する経験を有する者を選任している場合その他経済産業省令で定める場合は、この限りでない。

4　第一項第一号又は第二号に掲げる者は、経済産業省令で定める製造のための施設の区分ごとに、経済産業省令で定めるところにより、製造保安責任者免状の交付を受けている者であつて、経済産業省令で定める高圧ガスの製造に関する経験を有する者のうちから、高圧ガス製造保安係員（以下「保安係員」という。）を選任し、第三十二条第三項に規定する職務を行わせなければならない。

5　第一項第一号又は第二号に掲げる者は、同項の規定により保安統括者を選任したときは、遅滞なく、経済産業省令で定めるところにより、その旨を都道府県知事に届け出なければならない。これを解任したときも、同様とする。

6　第一項第一号又は第二号に掲げる者は、第三項又は第四項の規定による保安技術管理者又は保安係員の選任又はその解任について、経済産業省令で定めるところにより、都道府県知事に届け出なければならない。

7　第一項第一号又は第二号に掲げる者は、経済産業省令で定めるところにより、保安係員に協会又は第三十一条第三項の指定講習機関が行う高圧ガスによる災害の防止に関する講習を受けさせなければならない。

第 27 条の 4

（冷凍保安責任者）

第二十七条の四　次に掲げる者は、事業所ごとに、経済産業省令で定めるところにより、製造保安責任者免状の交付を受けている者であつて、経済産業省令で定める高圧ガスの製造に関する経験を有する者のうちから、冷凍保安責任者を選任し、第三十二条第六項に規定する職務を行わせなければならない。

  一　第一種製造者であつて、第五条第一項第二号に規定する者（製造のための施設が経済産業省令で定める施設である者その他経済産業省令で定める者を除く。）
  二　第二種製造者であつて、第五条第二項第二号に規定する者（一日の冷凍能力が経済産業省令で定める値以下の者及び製造のための施設が経済産業省令で定める施設である者その他経済産業省令で定める者を除く。）
2　第二十七条の二第五項の規定は、冷凍保安責任者の選任又は解任について準用する。

法第 29 条

（製造保安責任者免状及び販売主任者免状）

第二十九条　製造保安責任者免状の種類は、甲種化学責任者免状、乙種化学責任者免状、丙種化学責任者免状、甲種機械責任者免状、乙種機械責任者免状、第一種冷凍機械責任者免状、第二種冷凍機械責任者免状及び第三種冷凍機械責任者免状とし、販売主任者免状の種類は、第一種販売主任者免状及び第二種販売主任者免状とする。
2　製造保安責任者免状又は販売主任者免状の交付を受けている者が高圧ガスの製造又は販売に係る保安について職務を行うことができる範囲は、前項に掲げる製造保安責任者免状又は販売主任者免状の種類に応じて経済産業省令で定める。
3　製造保安責任者免状又は販売主任者免状は、高圧ガス製造保安責任者試験（以下「製造保安責任者試験」という。）又は高圧ガス販売主任者試験（以下「販売主任者試験」という。）に合格した者でなければ、その交付を受けることができない。
4　経済産業大臣又は都道府県知事は、次の各号の一に該当する者に対しては、製造保安責任者免状又は販売主任者免状の交付を行わないことができる。
  一　製造保安責任者免状又は販売主任者免状の返納を命ぜられ、その日から二年を経過しない者
  二　この法律若しくは液化石油ガス法又はこれらの法律に基く命令の規定に違反し、罰金以上の刑に処せられ、その執行を終り、又は執行を受けることがなくなつた日から二年を経過しない者
5　製造保安責任者免状又は販売主任者免状の交付に関する手続的事項は、経済産業省令で定める。

法第 32 条

（保安統括者等の職務等）

第三十二条　保安統括者は、高圧ガスの製造に係る保安に関する業務を統括管理する。
2　保安技術管理者は、保安統括者を補佐して、高圧ガスの製造に係る保安に関する技術的な事項を管理する。
3　保安係員は、製造のための施設の維持、製造の方法の監視その他高圧ガスの製造に係る保安に関する技術的な事項で経済産業省令で定めるものを管理する。
4　保安主任者は、保安技術管理者（保安技術管理者が選任されない事業所においては、高圧ガスの製造に係る保安に関する技術的な事項に関し保安統括者）を補佐して、保安係員を指揮する。
5　保安企画推進員は、危害予防規程の立案及び整備、保安教育計画の立案及び推進その他高圧ガスの製造に係る保安に関する業務で経済産業省令で定めるものに関し、保安統括者を補佐する。
6　冷凍保安責任者は、高圧ガスの製造に係る保安に関する業務を管理する。
7　販売主任者は、高圧ガスの販売に係る保安に関する業務を管理する。
8　取扱主任者は、特定高圧ガスの消費に係る保安に関する業務を管理する。
9　保安統括者、保安技術管理者、保安係員、保安主任者、保安企画推進員若しくは冷凍保安責任者若しく

は販売主任者又は取扱主任者は、誠実にその職務を行わなければならない。

10　高圧ガスの製造若しくは販売又は特定高圧ガスの消費に従事する者は、保安統括者、保安技術管理者、保安係員、保安主任者若しくは冷凍保安責任者若しくは販売主任者又は取扱主任者がこの法律若しくはこの法律に基づく命令又は危害予防規程の実施を確保するためにする指示に従わなければならない。

法第33条

（保安統括者等の代理者）

第三十三条　第二十七条の二第一項第一号若しくは第二号又は第二十七条の四第一項第一号若しくは第二号に掲げる者は、経済産業省令で定めるところにより、あらかじめ、保安統括者、保安技術管理者、保安係員、保安主任者若しくは保安企画推進員又は冷凍保安責任者（以下「保安統括者等」と総称する。）の代理者を選任し、保安統括者等が旅行、疾病その他の事故によつてその職務を行うことができない場合に、その職務を代行させなければならない。この場合において、保安技術管理者、保安係員、保安主任者又は冷凍保安責任者の代理者については経済産業省令で定めるところにより製造保安責任者免状の交付を受けている者であつて、経済産業省令で定める高圧ガスの製造に関する経験を有する者のうちから、保安企画推進員の代理者については第二十七条の三第二項の経済産業省令で定める高圧ガスの製造に係る保安に関する知識経験を有する者のうちから、選任しなければならない。

2　前項の代理者は、保安統括者等の職務を代行する場合は、この法律の規定の適用については、保安統括者等とみなす。

3　第二十七条の二第五項の規定は、第一項の保安統括者又は冷凍保安責任者の代理者の選任又は解任について準用する。

法第35条

（保安検査）

第三十五条　第一種製造者は、高圧ガスの爆発その他災害が発生するおそれがある製造のための施設（経済産業省令で定めるものに限る。以下「特定施設」という。）について、経済産業省令で定めるところにより、定期に、都道府県知事が行う保安検査を受けなければならない。ただし、次に掲げる場合は、この限りでない。

一　特定施設のうち経済産業省令で定めるものについて、経済産業省令で定めるところにより協会又は経済産業大臣の指定する者（以下「指定保安検査機関」という。）が行う保安検査を受け、その旨を都道府県知事に届け出た場合

二　自ら特定施設に係る保安検査を行うことができる者として経済産業大臣の認定を受けている者（以下「認定保安検査実施者」という。）が、その認定に係る特定施設について、第三十九条の十一第二項の規定により検査の記録を都道府県知事に届け出た場合

2　前項の保安検査は、特定施設が第八条第一号の技術上の基準に適合しているかどうかについて行う。

3　協会又は指定保安検査機関は、第一項第一号の保安検査を行つたときは、遅滞なく、その結果を都道府県知事に報告しなければならない。

4　第一項の都道府県知事、協会又は指定保安検査機関が行う保安検査の方法は、経済産業省令で定める。

法第35条の2

（定期自主検査）

第三十五条の二　第一種製造者、第五十六条の七第二項の認定を受けた設備を使用する第二種製造者若しくは第二種製造者であつて一日に製造する高圧ガスの容積が経済産業省令で定めるガスの種類ごとに経済産業省令で定める量（第五条第二項第二号に規定する者にあつては、一日の冷凍能力が経済産業省令で定める値）以上である者又は特定高圧ガス消費者は、製造又は消費のための施設であつて経済産業省令で定めるものについて、経済産業省令で定めるところにより、定期に、保安のための自主検査を行い、その検査記録を作成し、これを保存しなければならない。

法第36条

（危険時の措置及び届出）

第三十六条　高圧ガスの製造のための施設、貯蔵所、販売のための施設、特定高圧ガスの消費のための施設又は高圧ガスを充てんした容器が危険な状態となつたときは、高圧ガスの製造のための施設、貯蔵所、販売のための施設、特定高圧ガスの消費のための施設又は高圧ガスを充てんした容器の所有者又は占有者は、直ちに、経済産業省令で定める災害の発生の防止のための応急の措置を講じなければならない。

2　前項の事態を発見した者は、直ちに、その旨を都道府県知事又は警察官、消防吏員若しくは消防団員若しくは海上保安官に届け出なければならない。

法第37条

（火気等の制限）

第三十七条　何人も、第五条第一項若しくは第二項の事業所、第一種貯蔵所若しくは第二種貯蔵所、第二十条の四の販売所（同条第二号の販売所を除く。）若しくは第二十四条の二第一項の事業所又は液化石油ガス法第三条第二項第二号の販売所においては、第一種製造者、第二種製造者、第一種貯蔵所若しくは第二種貯蔵所の所有者若しくは占有者、販売業者若しくは特定高圧ガス消費者又は液化石油ガス法第六条の液化石油ガス販売事業者が指定する場所で火気を取り扱つてはならない。

2　何人も、第一種製造者、第二種製造者、第一種貯蔵所若しくは第二種貯蔵所の所有者若しくは占有者、販売業者若しくは特定高圧ガス消費者又は液化石油ガス法第六条の液化石油ガス販売事業者の承諾を得ないで、発火しやすい物を携帯して、前項に規定する場所に立ち入つてはならない。

法第45条

（刻印等）

第四十五条　経済産業大臣、協会又は指定容器検査機関は、容器が容器検査に合格した場合において、その容器が刻印をすることが困難なものとして経済産業省令で定める容器以外のものであるときは、速やかに、経済産業省令で定めるところにより、その容器に、刻印をしなければならない。

2　経済産業大臣、協会又は指定容器検査機関は、容器が容器検査に合格した場合において、その容器が前項の経済産業省令で定める容器であるときは、速やかに、経済産業省令で定めるところにより、その容器に、標章を掲示しなければならない。

3　何人も、前二項、第四十九条の二十五第一項（第四十九条の三十三第二項において準用する場合を含む。次条第一項第三号において同じ。）若しくは第四十九条の二十五第二項（第四十九条の三十三第二項において準用する場合を含む。次条第一項第三号において同じ。）又は第五十四条第二項に規定する場合のほか、容器に、第一項の刻印若しくは前項の標章の掲示（以下「刻印等」という。）又はこれらと紛らわしい刻印等をしてはならない。

法第46条

（表示）

第四十六条　容器の所有者は、次に掲げるときは、遅滞なく、経済産業省令で定めるところにより、その容器に、表示をしなければならない。その表示が滅失したときも、同様とする。

一　容器に刻印等がされたとき。

二　容器に第四十九条の二十五第一項の刻印又は同条第二項の標章の掲示をしたとき。

三　第四十九条の二十五第一項の刻印又は同条第二項の標章の掲示（以下「自主検査刻印等」という。）がされている容器を輸入したとき。

2　容器（高圧ガスを充てんしたものに限り、経済産業省令で定めるものを除く。）の輸入をした者は、容器が第二十二条第一項の検査に合格したときは、遅滞なく、経済産業省令で定めるところにより、その容器に、表示をしなければならない。その表示が滅失したときも、同様とする。

3　何人も、前二項又は第五十四条第三項に規定する場合のほか、容器に、前二項の表示又はこれと紛らわしい表示をしてはならない。

法第 48 条

（充てん）

第四十八条　高圧ガスを容器（再充てん禁止容器を除く。以下この項において同じ。）に充てんする場合は、その容器は、次の各号のいずれにも該当するものでなければならない。

一　刻印等又は自主検査刻印等がされているものであること。

二　第四十六条第一項の表示をしてあること。

三　バルブ（経済産業省令で定める容器にあつては、バルブ及び経済産業省令で定める附属品。以下この号において同じ。）を装置してあること。この場合において、そのバルブが第四十九条の二第一項の経済産業省令で定める附属品に該当するときは、そのバルブが附属品検査を受け、これに合格し、かつ、第四十九条の三第一項又は第四十九条の二十五第三項（第四十九条の三十三第二項において準用する場合を含む。以下この項、次項、第四項及び第四十九条の三第二項において同じ。）の刻印がされているもの（附属品検査若しくは附属品再検査を受けた後又は第四十九条の二十五第三項の刻印がされた後経済産業省令で定める期間を経過したもの又は損傷を受けたものである場合にあつては、附属品再検査を受け、これに合格し、かつ、第四十九条の四第三項の刻印がされているもの）であること。

四　溶接その他第四十四条第四項の容器の規格に適合することを困難にするおそれがある方法で加工をした容器にあつては、その加工が経済産業省令で定める技術上の基準に従つてなされたものであること。

五　容器検査若しくは容器再検査を受けた後又は自主検査刻印等がされた後経済産業省令で定める期間を経過した容器又は損傷を受けた容器にあつては、容器再検査を受け、これに合格し、かつ、次条第三項の刻印又は同条第四項の標章の掲示がされているものであること。

2　高圧ガスを再充てん禁止容器に充てんする場合は、その再充てん禁止容器は、次の各号のいずれにも該当するものでなければならない。

一　刻印等又は自主検査刻印等がされているものであること。

二　第四十六条第一項の表示をしてあること。

三　バルブ（経済産業省令で定める再充てん禁止容器にあつては、バルブ及び経済産業省令で定める附属品。以下この号において同じ。）を装置してあること。この場合において、そのバルブが第四十九条の二第一項の経済産業省令で定める附属品に該当するときは、そのバルブが附属品検査を受け、これに合格し、かつ、第四十九条の三第一項又は第四十九条の二十五第三項の刻印がされているものであること。

四　容器検査に合格した後又は自主検査刻印等がされた後加工されていないものであること。

3　高圧ガスを充てんした再充てん禁止容器及び高圧ガスを充てんして輸入された再充てん禁止容器には、再度高圧ガスを充てんしてはならない。

4　容器に充てんする高圧ガスは、次の各号のいずれにも該当するものでなければならない。

一　刻印等又は自主検査刻印等において示された種類の高圧ガスであり、かつ、圧縮ガスにあつてはその刻印等又は自主検査刻印等において示された圧力以下のものであり、液化ガスにあつては経済産業省令で定める方法によりその刻印等又は自主検査刻印等において示された内容積に応じて計算した質量以下のものであること。

二　その容器に装置されているバルブ（第一項第三号の経済産業省令で定める容器にあつてはバルブ及び同号の経済産業省令で定める附属品、第二項第三号の経済産業省令で定める再充てん禁止容器にあつてはバルブ及び同号の経済産業省令で定める附属品）が第四十九条の二第一項の経済産業省令で定める附属品に該当するときは、第四十九条の三第一項又は第四十九条の二十五第三項の刻印において示された種類の高圧ガスであり、かつ、圧縮ガスにあつてはその刻印において示された圧力以下のものであり、液化ガスにあつては経済産業省令で定める方法によりその刻印において示された圧力に応じて計算した質量以下のものであること。

5　経済産業大臣が危険のおそれがないと認め、条件を付して許可した場合において、その条件に従つて高圧ガスを充てんするときは、第一項、第二項及び第四項の規定は、適用しない。

法第 49 条

（容器再検査）

第四十九条　容器再検査は、経済産業大臣、協会、指定容器検査機関又は経済産業大臣が行う容器検査所の登録を受けた者が経済産業省令で定める方法により行う。

2　容器再検査においては、その容器が経済産業省令で定める高圧ガスの種類及び圧力の大きさ別の規格に適合しているときは、これを合格とする。

3　経済産業大臣、協会、指定容器検査機関又は容器検査所の登録を受けた者は、容器が容器再検査に合格した場合において、その容器が第四十五条第一項の経済産業省令で定める容器以外のものであるときは、速やかに、経済産業省令で定めるところにより、その容器に、刻印をしなければならない。

4　経済産業大臣、協会、指定容器検査機関又は容器検査所の登録を受けた者は、容器が容器再検査に合格した場合において、その容器が第四十五条第一項の経済産業省令で定める容器であるときは、速やかに、経済産業省令で定めるところにより、その容器に、標章を掲示しなければならない。

5　何人も、前二項に規定する場合のほか、容器に、第三項の刻印若しくは前項の標章の掲示又はこれらと紛らわしい刻印若しくは標章の掲示をしてはならない。

6　容器検査所の登録を受けた者が容器再検査を行うべき場所は、その登録を受けた容器検査所とする。

法第 49 条の 3

（刻印）

第四十九条の三　経済産業大臣、協会又は指定容器検査機関は、附属品が附属品検査に合格したときは、速やかに、経済産業省令で定めるところにより、その附属品に、刻印をしなければならない。

2　何人も、前項及び第四十九条の二十五第三項に規定する場合のほか、附属品に、これらの刻印又はこれらと紛らわしい刻印をしてはならない。

法第 49 の 4

（附属品再検査）

第四十九条の四　附属品再検査は、経済産業大臣、協会、指定容器検査機関又は容器検査所の登録を受けた者が経済産業省令で定める方法により行う。

2　附属品再検査においては、その附属品が経済産業省令で定める高圧ガスの種類及び圧力の大きさ別の附属品の規格に適合しているときは、これを合格とする。

3　経済産業大臣、協会、指定容器検査機関又は容器検査所の登録を受けた者は、附属品が附属品再検査に合格したときは、速やかに、経済産業省令で定めるところにより、その附属品に、刻印をしなければならない。

4　何人も、前項に規定する場合のほか、附属品に、同項の刻印又はこれと紛らわしい刻印をしてはならない。

5　第四十九条第六項の規定は、附属品再検査を行うべき場所に準用する。

法第 49 条の 25

（刻印等）

第四十九条の二十五　第四十九条の二十一第一項の承認を受けた登録容器製造業者は、当該承認に係る型式の容器を製造した場合であつて、当該容器が第四十五条第一項の経済産業省令で定める容器以外のものであるときは、経済産業省令で定めるところにより、その容器に、刻印をすることができる。

2　第四十九条の二十一第一項の承認を受けた登録容器製造業者は、当該承認に係る型式の容器を製造した場合であつて、当該容器が第四十五条第一項の経済産業省令で定める容器であるときは、経済産業省令で定めるところにより、その容器に、標章の掲示をすることができる。

3　第四十九条の二十一第一項の承認を受けた登録附属品製造業者は、当該承認に係る型式の附属品を製造

したときは、経済産業省令で定めるところにより、その附属品に、刻印をすることができる。

法第56条

（くず化その他の処分）

第五十六条　経済産業大臣は、容器検査に合格しなかつた容器がこれに充てんする高圧ガスの種類又は圧力を変更しても第四十四条第四項の規格に適合しないと認めるときは、その所有者に対し、これをくず化し、その他容器として使用することができないように処分すべきことを命ずることができる。

2　協会又は指定容器検査機関は、その行う容器検査に合格しなかつた容器がこれに充てんする高圧ガスの種類又は圧力を変更しても第四十四条第四項の規格に適合しないと認めるときは、遅滞なく、その旨を経済産業大臣に報告しなければならない。

3　容器の所有者は、容器再検査に合格しなかつた容器について三月以内に第五十四条第二項の規定による刻印等がされなかつたときは、遅滞なく、これをくず化し、その他容器として使用することができないように処分しなければならない。

4　前三項の規定は、附属品検査又は附属品再検査に合格しなかつた附属品について準用する。この場合において、第一項及び第二項中「これに」とあるのは「その附属品が装置される容器に」と、「第四十四条第四項」とあるのは「第四十九条の二第四項」と、前項中「について三月以内に第五十四条第二項の規定による刻印等がされなかつたとき」とあるのは「について」と読み替えるものとする。

5　容器又は附属品の廃棄をする者は、くず化し、その他容器又は附属品として使用することができないように処分しなければならない。

法第56条の7

（指定設備の認定）

第五十六条の七　高圧ガスの製造（製造に係る貯蔵を含む。）のための設備のうち公共の安全の維持又は災害の発生の防止に支障を及ぼすおそれがないものとして政令で定める設備（以下「指定設備」という。）の製造をする者、指定設備の輸入をした者及び外国において本邦に輸出される指定設備の製造をする者は、経済産業省令で定めるところにより、その指定設備について、経済産業大臣、協会又は経済産業大臣が指定する者（以下「指定設備認定機関」という。）が行う認定を受けることができる。

2　前項の指定設備の認定の申請が行われた場合において、経済産業大臣、協会又は指定設備認定機関は、当該指定設備が経済産業省令で定める技術上の基準に適合するときは、認定を行うものとする。

法第57条

（冷凍設備に用いる機器の製造）

第五十七条　もつぱら冷凍設備に用いる機器であつて、経済産業省令で定めるものの製造の事業を行う者（以下「機器製造業者」という。）は、その機器を用いた設備が第八条第一号又は第十二条第一項の技術上の基準に適合することを確保するように経済産業省令で定める技術上の基準に従つてその機器の製造をしなければならない。

法第60条

（帳簿）

第六十条　第一種製造者、第一種貯蔵所又は第二種貯蔵所の所有者又は占有者、販売業者、容器製造業者及び容器検査所の登録を受けた者は、経済産業省令で定めるところにより、帳簿を備え、高圧ガス若しくは容器の製造、販売若しくは出納又は容器再検査若しくは附属品再検査について、経済産業省令で定める事項を記載し、これを保存しなければならない。

2　指定試験機関、指定完成検査機関、指定輸入検査機関、指定保安検査機関、指定容器検査機関、指定特定設備検査機関、指定設備認定機関及び検査組織等調査機関は、経済産業省令で定めるところにより、帳

簿を備え、完成検査、輸入検査、試験事務、保安検査、検査組織等調査、容器検査等、特定設備検査又は指定設備の認定について、経済産業省令で定める事項を記載し、これを保存しなければならない。

2. 冷凍保安規則

施行日：令和二年六月二十六日（令和二年経済産業省令第六十号による改正）

冷規第2条

（用語の定義）

第二条　この規則において次の各号に掲げる用語の意義は、それぞれ当該各号に定めるところによる。

一　可燃性ガス　アンモニア、イソブタン、エタン、エチレン、クロルメチル、水素、ノルマルブタン、プロパン、プロピレン及びその他のガスであつて次のイ又はロに該当するもの（フルオロオレフィン千二百三十四 y f 及びフルオロオレフィン千二百三十四 z e を除く。）

イ　爆発限界（空気と混合した場合の爆発限界をいう。ロにおいて同じ。）の下限が十パーセント以下のもの

ロ　爆発限界の上限と下限の差が二十パーセント以上のもの

二　毒性ガス　アンモニア、クロルメチル及びその他のガスであつて毒物及び劇物取締法（昭和二十五年法律第三百三号）第二条第一項に規定する毒物

三　不活性ガス　ヘリウム、二酸化炭素又はフルオロカーボン（可燃性ガスを除く。）

三の二　特定不活性ガス　不活性ガスのうち、次に掲げるもの

イ　フルオロオレフィン千二百三十四 yf

ロ　フルオロオレフィン千二百三十四 ze

ハ　フルオロカーボン三十二

四　移動式製造設備　製造のための設備（以下「製造設備」という。）であつて、地盤面に対して移動することができるもの

五　定置式製造設備　製造設備であつて、移動式製造設備以外のもの

六　冷媒設備　冷凍設備のうち、冷媒ガスが通る部分

七　最小引張強さ　同じ種類の材料から作られた複数の材料引張試験片の材料引張試験により得られた引張強さのうち最も小さい値であつて、材料引張試験について十分な知見を有する者が定めたもの

2　前項に規定するもののほか、この規則において使用する用語は、法において使用する用語の例によるものとする。

冷規第5条

（冷凍能力の算定基準）

第五条　法第五条第三項の経済産業省令で定める基準は、次の各号に掲げるものとする。

一　遠心式圧縮機を使用する製造設備にあつては、当該圧縮機の原動機の定格出力一・二キロワットをもつて一日の冷凍能力一トンとする。

二　吸収式冷凍設備にあつては、発生器を加熱する一時間の入熱量二万七千八百キロジュールをもつて一日の冷凍能力一トンとする。

三　自然環流式冷凍設備及び自然循環式冷凍設備にあつては、次の算式によるものをもつて一日の冷凍能力とする。

R＝QA

備考　この式において、R、Q及びAは、それぞれ次の数値を表すものとする。

R　一日の冷凍能力（単位　トン）の数値

Q冷媒ガスの種類に応じて、それぞれ次の表の該当欄に掲げる数値

————

＜表、略＞

A 蒸発部又は蒸発器の冷媒ガスに接する側の表面積（単位 平方メートル）の数値
四 前三号に掲げる製造設備以外の製造設備にあつては、次の算式によるものをもつて一日の冷凍能力とする。

R＝V／C

この式において、R、V及びCは、それぞれ次の数値を表すものとする。

R 一日の冷凍能力（単位 トン）の数値
V 多段圧縮方式又は多元冷凍方式による製造設備にあつては次のイの算式により得られた数値、回転ピストン型圧縮機を使用する製造設備にあつては次のロの算式により得られた数値、その他の製造設備にあつては圧縮機の標準回転速度における一時間のピストン押しのけ量（単位 立方メートル）の数値

イ VH＋0.08VL

ロ 60×0.785tn（D2−d2）

これらの式において、VH、VL、t、n、D及びdは、それぞれ次の数値を表すものとする。

VH 圧縮機の標準回転速度における最終段又は最終元の気筒の一時間のピストン押しのけ量（単位 立方メートル）の数値
VL 圧縮機の標準回転速度における最終段又は最終元の前の気筒の一時間のピストン押しのけ量（単位 立方メートル）の数値
t 回転ピストンのガス圧縮部分の厚さ（単位 メートル）の数値
n 回転ピストンの一分間の標準回転数の数値
D 気筒の内径（単位 メートル）の数値
d ピストンの外径（単位 メートル）の数値
C 冷媒ガスの種類に応じて、それぞれ次の表の該当欄に掲げる数値又は算式により得られた数値

これらの算式において、VA、hA及びhBは、それぞれ次の数値を表すものとする。

VA 温度零下十五度における冷媒ガスの乾き飽和蒸気（非共沸混合冷媒ガスにあつては、気液平衡状態の蒸気）の比体積（単位 立方メートル毎キログラム）の数値
hA 温度零下十五度における冷媒ガスの乾き飽和蒸気（非共沸混合冷媒ガスにあつては、気液平衡状態の蒸気）のエンタルピー（単位 キロジュール毎キログラム）の数値
hB 凝縮完了温度三十度、過冷却五度のときの冷媒ガスの過冷却液（非共沸混合冷媒ガスにあつては、温度二十五度の気液平衡状態の液）のエンタルピー（単位 キロジュール毎キログラム）の数値

————

＜表、略＞

五 前号に掲げる製造設備により、第三号に掲げる自然循環式冷凍設備の冷媒ガスを冷凍する製造設備にあつては、前号に掲げる算式によるものをもつて一日の冷凍能力とする。

冷規第7条

（定置式製造設備に係る技術上の基準）
第七条 製造のための施設（以下「製造施設」という。）であつて、その製造設備が定置式製造設備（認定指定設備を除く。）であるものにおける法第八条第一号の経済産業省令で定める技術上の基準は、次の各号に掲げるものとする。
一 圧縮機、油分離器、凝縮器及び受液器並びにこれらの間の配管は、引火性又は発火性の物（作業に必要なものを除く。）をたい積した場所及び火気（当該製造設備内のものを除く。）の付近にないこと。ただし、当該火気に対して安全な措置を講じた場合は、この限りでない。
二 製造施設には、当該施設の外部から見やすいように警戒標を掲げること。

三　圧縮機、油分離器、凝縮器若しくは受液器又はこれらの間の配管（可燃性ガス、毒性ガス又は特定不活性ガスの製造設備のものに限る。）を設置する室は、冷媒ガスが漏えいしたとき滞留しないような構造とすること。

四　製造設備は、振動、衝撃、腐食等により冷媒ガスが漏れないものであること。

五　凝縮器（縦置円筒形で胴部の長さが五メートル以上のものに限る。以下この号において同じ。）、受液器（内容積が五千リットル以上のものに限る。以下この号において同じ。）及び配管（冷媒設備に係る地盤面上の配管（外径四十五ミリメートル以上のものに限る。）であつて、内容積が三立方メートル以上のもの又は凝縮器及び受液器に接続されているもの）並びにこれらの支持構造物及び基礎（以下「耐震設計構造物」という。）は、経済産業大臣が定める耐震に関する性能を有すること。

六　冷媒設備は、許容圧力以上の圧力で行う気密試験及び配管以外の部分について許容圧力の一・五倍以上の圧力で水その他の安全な液体を使用して行う耐圧試験（液体を使用することが困難であると認められるときは、許容圧力の一・二五倍以上の圧力で空気、窒素等の気体を使用して行う耐圧試験）又は経済産業大臣がこれらと同等以上のものと認めた高圧ガス保安協会（以下「協会」という。）が行う試験に合格するものであること。

七　冷媒設備（圧縮機（当該圧縮機が強制潤滑方式であつて、潤滑油圧力に対する保護装置を有するものは除く。）の油圧系統を含む。）には、圧力計を設けること。

八　冷媒設備には、当該設備内の冷媒ガスの圧力が許容圧力を超えた場合に直ちに許容圧力以下に戻すことができる安全装置を設けること。

九　前号の規定により設けた安全装置（当該冷媒設備から大気に冷媒ガスを放出することのないもの及び不活性ガスを冷媒ガスとする冷媒設備に設けたもの並びに吸収式アンモニア冷凍機（次号に定める基準に適合するものに限る。以下この条において同じ。）に設けたものを除く。）のうち安全弁又は破裂板には、放出管を設けること。この場合において、放出管の開口部の位置は、放出する冷媒ガスの性質に応じた適切な位置であること。

九の二　前号に規定する吸収式アンモニア冷凍機は、次に掲げる基準に適合するものであること。

　イ　屋外に設置するものであつて、アンモニア充填量は、一台当たり二十五キログラム以下のものであること。

　ロ　冷媒設備及び発生器の加熱装置を一つの架台上に一体に組立てたものであること。

　ハ　運転中は、冷凍設備内の空気を常時吸引排気し、冷媒が漏えいした場合に危険性のない状態に拡散できる構造であること。

　ニ　冷媒配管が屋内に敷設されないものであつて、かつ、ブラインが直接空気又は被冷却目的物に接触しない構造のものであること。

　ホ　冷媒設備の材料は、振動、衝撃、腐食等により冷媒ガスが漏れないものであること。

　ヘ　冷媒設備に係る配管、管継手及びバルブの接合は、溶接により行われているものであること。ただし、溶接によることが適当でない場合は、保安上必要な強度を有するフランジ接合により行われるものであること。

　ト　安全弁は、冷凍設備の内部に設けられ、かつ、その吹出し口は、吸引排気の容易な位置に設けられていること。

　チ　発生器には、適切な高温遮断装置が設けられていること。

　リ　発生器の加熱装置は、屋内において作動を停止できる構造であり、かつ、立ち消え等の異常時に対応できる安全装置が設けられていること。

十　可燃性ガス又は毒性ガスを冷媒ガスとする冷媒設備に係る受液器に設ける液面計には、丸形ガラス管液面計以外のものを使用すること。

十一　受液器にガラス管液面計を設ける場合には、当該ガラス管液面計にはその破損を防止するための措置を講じ、当該受液器（可燃性ガス又は毒性ガスを冷媒ガスとする冷媒設備に係るものに限る。）と当該ガラス管液面計とを接続する配管には、当該ガラス管液面計の破損による漏えいを防止するための措置を講ずること。

十二　可燃性ガスの製造施設には、その規模に応じて、適切な消火設備を適切な箇所に設けること。

十三　毒性ガスを冷媒ガスとする冷媒設備に係る受液器であつて、その内容積が一万リットル以上のものの周囲には、液状の当該ガスが漏えいした場合にその流出を防止するための措置を講ずること。

　十四　可燃性ガス（アンモニアを除く。）を冷媒ガスとする冷媒設備に係る電気設備は、その設置場所及び当該ガスの種類に応じた防爆性能を有する構造のものであること。

　十五　可燃性ガス、毒性ガス又は特定不活性ガスの製造施設には、当該施設から漏えいするガスが滞留するおそれのある場所に、当該ガスの漏えいを検知し、かつ、警報するための設備を設けること。ただし、吸収式アンモニア冷凍機に係る施設については、この限りでない。

　十六　毒性ガスの製造設備には、当該ガスが漏えいしたときに安全に、かつ、速やかに除害するための措置を講ずること。ただし、吸収式アンモニア冷凍機については、この限りでない。

　十七　製造設備に設けたバルブ又はコック（操作ボタン等により当該バルブ又はコックを開閉する場合にあつては、当該操作ボタン等とし、操作ボタン等を使用することなく自動制御で開閉されるバルブ又はコックを除く。以下同じ。）には、作業員が当該バルブ又はコックを適切に操作することができるような措置を講ずること。

2　製造設備が定置式製造設備であつて、かつ、認定指定設備である製造施設における法第八条第一号の経済産業省令で定める技術上の基準は、前項第一号から第四号まで、第六号から第八号まで、第十一号（可燃性ガス又は毒性ガスを冷媒ガスとする冷凍設備に係るものを除く。）、第十五号及び第十七号の基準とする。

冷規第9条

（製造の方法に係る技術上の基準）

第九条　法第八条第二号の経済産業省令で定める技術上の基準は、次の各号に掲げるものとする。

　一　安全弁に付帯して設けた止め弁は、常に全開しておくこと。ただし、安全弁の修理又は清掃（以下「修理等」という。）のため特に必要な場合は、この限りでない。

　二　高圧ガスの製造は、製造する高圧ガスの種類及び製造設備の態様に応じ、一日に一回以上当該製造設備の属する製造施設の異常の有無を点検し、異常のあるときは、当該設備の補修その他の危険を防止する措置を講じてすること。

　三　冷媒設備の修理等及びその修理等をした後の高圧ガスの製造は、次に掲げる基準により保安上支障のない状態で行うこと。

　　イ　修理等をするときは、あらかじめ、修理等の作業計画及び当該作業の責任者を定め、修理等は、当該作業計画に従い、かつ、当該責任者の監視の下に行うこと又は異常があつたときに直ちにその旨を当該責任者に通報するための措置を講じて行うこと。

　　ロ　可燃性ガス又は毒性ガスを冷媒ガスとする冷媒設備の修理等をするときは、危険を防止するための措置を講ずること。

　　ハ　冷媒設備を開放して修理等をするときは、当該冷媒設備のうち開放する部分に他の部分からガスが漏えいすることを防止するための措置を講ずること。

　　ニ　修理等が終了したときは、当該冷媒設備が正常に作動することを確認した後でなければ製造をしないこと。

　四　製造設備に設けたバルブを操作する場合には、バルブの材質、構造及び状態を勘案して過大な力を加えないよう必要な措置を講ずること。

 冒頭の「法第八条第二号」とは、『二　製造の方法が経済産業省令で定める技術上の基準に適合するものであること。』ということです。

冷規第14条

（第二種製造者に係る技術上の基準）

第十四条　法第十二条第二項の経済産業省令で定める技術上の基準は、次の各号に掲げるものとする。

　一　製造設備の設置又は変更の工事を完成したときは、酸素以外のガスを使用する試運転又は許容圧力以上の圧力で行う気密試験（空気を使用するときは、あらかじめ、冷媒設備中にある可燃性ガスを排除した後に行うものに限る。）を行つた後でなければ製造をしないこと。

　二　第九条第一号から第四号までの基準（製造設備が認定指定設備の場合は、第九条第三号ロを除く。）に適合すること。

 　二の『第九条第一号から第四号までの基準』というのは（製造の方法に係る技術上の基準）のことで、修理や点検の規定です。

冷規第 15 条

（その他製造に係る技術上の基準）
第十五条　法第十三条の経済産業省令で定める技術上の基準は、次の各号に掲げるものとする。
　一　前条第一号の基準に適合すること。
　二　特定不活性ガスを冷媒ガスとする冷凍設備にあつては、冷媒ガスが漏えいしたとき燃焼を防止するための適切な措置を講ずること。

冷規第 17 条

（第一種製造者に係る軽微な変更の工事等）
第十七条　法第十四条第一項ただし書の経済産業省令で定める軽微な変更の工事は、次の各号に掲げるものとする。
　一　独立した製造設備の撤去の工事
　二　製造設備（第七条第一項第五号に規定する耐震設計構造物として適用を受ける製造設備を除く。）の取替え（可燃性ガス及び毒性ガスを冷媒とする冷凍設備の取替えを除く。）の工事（冷媒設備に係る切断、溶接を伴う工事を除く。）であつて、当該設備の冷凍能力の変更を伴わないもの
　三　製造設備以外の製造施設に係る設備の取替え工事
　四　認定指定設備の設置の工事
　五　第六十二条第一項ただし書の規定により指定設備認定証が無効とならない認定指定設備に係る変更の工事
　六　試験研究施設における冷凍能力の変更を伴わない変更の工事であつて、経済産業大臣が軽微なものと認めたもの
2　法第十四条第二項の規定により届出をしようとする第一種製造者は、様式第五の高圧ガス製造施設軽微変更届書に当該変更の概要を記載した書面（前項第四号及び第五号に該当する工事をした旨を届け出ようとする者にあつては、指定設備認定証の写し）を添えて、事業所の所在地を管轄する都道府県知事に提出しなければならない。

冷規第 19 条

（第二種製造者に係る軽微な変更の工事）
第十九条　法第十四条第四項ただし書の経済産業省令で定める軽微な変更の工事は、次の各号に掲げるものとする。
　一　独立した製造設備（認定指定設備を除く。）の撤去の工事
　二　製造設備の取替え（可燃性ガス及び毒性ガスを冷媒とする冷凍設備の取替えを除く。）の工事（冷媒設備に係る切断、溶接を伴う工事を除く。）であつて、当該設備の冷凍能力の変更を伴わないもの
　三　製造設備以外の製造施設に係る設備の取替え工事
　四　第六十二条第一項ただし書の規定により指定設備認定証が無効とならない認定指定設備に係る変更の工事
　五　試験研究施設における冷凍能力の変更を伴わない変更の工事であつて、経済産業大臣が軽微なものと認めたもの

冷規第 23 条

（完成検査を要しない変更の工事の範囲）
第二十三条　法第二十条第三項の経済産業省令で定めるものは、製造設備（第七条第一項第五号に規定する耐震設計構造物として適用を受ける製造設備を除く。）の取替え（可燃性ガス及び毒性ガスを冷媒とする冷媒設備を除く。）の工事（冷媒設備に係る切断、溶接を伴う工事を除く。）であつて、当該設備の冷凍能力の変更が告示で定める範囲であるものとする。

Point　条文の「告示で定める範囲」というのは、以下の告示（通商産業省告示第二百九十一号）に書かれています。

（製造施設の位置、構造及び設備並びに製造の方法等に関する技術基準の細目を定める告示）
　第十二条の十四　＜第 1 項・2 項　省略＞
　　　3　冷凍保安規則第二十三条の経済産業大臣が定める範囲は、変更前の当該製造設備の冷凍能力の二十パーセント以内の範囲とする。

冷規第 33 条

（廃棄に係る技術上の基準に従うべき高圧ガスの指定）
第三十三条　法第二十五条の経済産業省令で定める高圧ガスは、可燃性ガス、毒性ガス及び特定不活性ガスとする。

冷規第 34 条

（廃棄に係る技術上の基準）
第三十四条　法第二十五条の経済産業省令で定める技術上の基準は、次の各号に掲げるものとする。
　一　可燃性ガス及び特性不活性ガスの廃棄は、火気を取り扱う場所又は引火性若しくは発火性の物をたい積した場所及びその付近を避け、かつ、大気中に放出して廃棄するときは、通風の良い場所で少量ずつ放出すること。
　二　毒性ガスを大気中に放出して廃棄するときは、危険又は損害を他に及ぼすおそれのない場所で少量ずつすること。

冷規第 35 条

（危害予防規程の届出等）
第三十五条　法第二十六条第一項の規定により届出をしようとする第一種製造者は、様式第二十の危害予防規程届書に危害予防規程（変更のときは、変更の明細を記載した書面）を添えて、事業所の所在地を管轄する都道府県知事に提出しなければならない。
2　法第二十六条第一項の経済産業省令で定める事項は、次の各号に掲げる事項の細目とする。
　一　法第八条第一号の経済産業省令で定める技術上の基準及び同条第二号の経済産業省令で定める技術上の基準に関すること。
　二　保安管理体制及び冷凍保安責任者の行うべき職務の範囲に関すること。
　三　製造設備の安全な運転及び操作に関すること（第一号に掲げるものを除く。）。
　四　製造施設の保安に係る巡視及び点検に関すること（第一号に掲げるものを除く。）。
　五　製造施設の増設に係る工事及び修理作業の管理に関すること（第一号に掲げるものを除く。）。
　六　製造施設が危険な状態となつたときの措置及びその訓練方法に関すること。
　七　大規模な地震に係る防災及び減災対策に関すること。
　八　協力会社の作業の管理に関すること。

　九　従業者に対する当該危害予防規程の周知方法及び当該危害予防規程に違反した者に対する措置に関すること。

　十　保安に係る記録に関すること。

　十一　危害予防規程の作成及び変更の手続に関すること。

　十二　前各号に掲げるもののほか災害の発生の防止のために必要な事項に関すること。

　＜３項以下略＞

冷規第36条

（冷凍保安責任者の選任等）

第三十六条　法第二十七条の四第一項の規定により、同項第一号又は第二号に掲げる者（以下この条、次条及び第三十九条において「第一種製造者等」という。）は、次の表の上欄に掲げる製造施設の区分（認定指定設備を設置している第一種製造者等にあつては、同表の上欄各号に掲げる冷凍能力から当該認定指定設備の冷凍能力を除く。）に応じ、製造施設ごとに、それぞれ同表の中欄に掲げる製造保安責任者免状の交付を受けている者であつて、同表の下欄に掲げる高圧ガスの製造に関する経験を有する者のうちから、冷凍保安責任者を選任しなければならない。この場合において、二以上の製造施設が、設備の配置等からみて一体として管理されるものとして設計されたものであり、かつ、同一の計器室において制御されているときは、当該二以上の製造施設を同一の製造施設とみなし、これらの製造施設のうち冷凍能力（認定指定設備を設置している場合にあつては、当該認定指定設備の冷凍能力を除く。）が最大である製造施設の冷凍能力を同表の上欄に掲げる冷凍能力として、冷凍保安責任者を選任することができるものとする。

製造施設の区分	製造保安責任者免状の交付を受けている者	高圧ガスの製造に関する経験
一　一日の冷凍能力が三百トン以上のもの	第一種冷凍機械責任者免状	一日の冷凍能力が百トン以上の製造施設を使用してする高圧ガスの製造に関する一年以上の経験
二　一日の冷凍能力が百トン以上三百トン未満のもの	第一種冷凍機械責任者免状又は第二種冷凍機械責任者免状	一日の冷凍能力が二十トン以上の製造施設を使用してする高圧ガスの製造に関する一年以上の経験
三　一日の冷凍能力が百トン未満のもの	第一種冷凍機械責任者免状、第二種冷凍機械責任者免状又は第三種冷凍機械責任者免状	一日の冷凍能力が三トン以上の製造施設を使用してする高圧ガスの製造に関する一年以上の経験

２　法第二十七条の四第一項第一号の経済産業省令で定める施設は、次の各号に掲げるものとする。

　一　製造設備が可燃性ガス及び毒性ガス（アンモニアを除く。）以外のガスを冷媒ガスとするものである製造施設であって、次のイからチまでに掲げる要件を満たすもの（アンモニアを冷媒ガスとする製造設備により、二酸化炭素を冷媒ガスとする自然循環式冷凍設備の冷媒ガスを冷凍する製造施設にあつては、アンモニアを冷媒ガスとする製造設備の部分に限る。）

　　イ　機器製造業者の事業所において次の（１）から（５）までに掲げる事項が行われるものであること。

　　（１）　冷媒設備及び圧縮機用原動機を一の架台上に一体に組立てること。

　　（２）　製造設備がアンモニアを冷媒ガスとするものである製造施設（設置場所が専用の室（以下「専用機械室」という。）である場合を除く。）にあつては、冷媒設備及び圧縮機用原動機をケーシング内に収納すること。

　　（３）　製造設備がアンモニアを冷媒ガスとするものである製造施設（空冷凝縮器を使用するものに限る。）にあつては、当該凝縮器に散水するための散水口を設けること。

　　（４）　冷媒ガスの配管の取付けを完了し気密試験を実施すること。

　　（５）　冷媒ガスを封入し、試運転を行つて保安の状況を確認すること。

　　ロ　製造設備がアンモニアを冷媒ガスとするものである製造施設にあつては、当該製造設備が被冷却物

をブライン又は二酸化炭素を冷媒ガスとする自然循環式冷凍設備の冷媒ガスにより冷凍する製造設備であること。

ハ　圧縮機の高圧側の圧力が許容圧力を超えたときに圧縮機の運転を停止する高圧遮断装置のほか、次の（1）から（7）までに掲げるところにより必要な自動制御装置を設けるものであること。

（1）　開放型圧縮機には、低圧側の圧力が常用の圧力より著しく低下したときに圧縮機の運転を停止する低圧遮断装置を設けること。

（2）　強制潤滑装置を有する開放型圧縮機には、潤滑油圧力が運転に支障をきたす状態に至る圧力まで低下したときに圧縮機を停止する装置を設けること。ただし、作用する油圧が〇・一メガパスカル以下である場合には、省略することができる。

（3）　圧縮機を駆動する動力装置には、過負荷保護装置を設けること。

（4）　液体冷却器には、液体の凍結防止装置を設けること。

（5）　水冷式凝縮器には、冷却水断水保護装置（冷却水ポンプが運転されなければ圧縮機が稼動しない機械的又は電気的連動機構を有する装置を含む。）を設けること。

（6）　空冷式凝縮器及び蒸発式凝縮器には、当該凝縮器用送風機が運転されなければ圧縮機が稼動しないことを確保する装置を設けること。ただし、当該凝縮器が許容圧力以下の安定的な状態を維持する凝縮温度制御機構を有する場合であつて、当該凝縮器用送風機が運転されることにより凝縮温度を適切に維持することができないときには、当該装置を解除することができる。

（7）　暖房用電熱器を内蔵するエアコンディショナ又はこれに類する電熱器を内蔵する冷凍設備には、過熱防止装置を設けること。

ニ　製造設備がアンモニアを冷媒ガスとするものである製造施設にあつては、ハに掲げるところによるほか、次の（1）から（3）までに掲げる自動制御装置を設けるとともに、次の（4）から（8）までに掲げるところにより必要な自動制御装置を設けるものであること。

（1）　ガス漏えい検知警報設備と連動して作動し、かつ、専用機械室又はケーシング外において遠隔から手動により操作できるスクラバー式又は散水式の除害設備を設けること。

（2）　感震器と連動して作動し、かつ、手動により復帰する緊急停止装置を設けること。

（3）　ガス漏えい検知警報設備が通電されなければ冷凍設備が稼動しないことを確保する装置（停電時には、当該検知警報設備の電源を自動的に蓄電池又は発電機等の非常用電源に切り替えることができる機構を有するものに限る。）を設けること。

（4）　専用機械室又はケーシング内の漏えいしたガスが滞留しやすい場所に、検出端部と連動して作動するガス漏えい検知警報設備を設けること。

（5）　圧縮機又は発生器に、ガス漏えい検知警報設備と連動して作動し、かつ、専用機械室又はケーシング外において遠隔から手動により操作できる緊急停止装置を設けること。

（6）　受液器又は凝縮器の出口配管の当該受液器又は凝縮器のいずれか一方の近傍に、ガス漏えい検知警報設備と連動して作動し、かつ、専用機械室又はケーシング外において遠隔から手動により操作できる緊急遮断装置を設けること。

（7）　容積圧縮式圧縮機には、吐出される冷媒ガス温度が設定温度以上になつた場合に当該圧縮機の運転を停止する高温遮断装置を設けること。

（8）　吸収式冷凍設備であつて直焚式発生器を有するものには、発生器内の溶液が設定温度以上になつた場合に当該発生器の運転を停止する溶液高温遮断装置を設けること。

ホ　製造設備がアンモニアを冷媒ガスとするものである製造施設にあつては、当該製造設備の一日の冷凍能力が六十トン未満であること。

ヘ　冷凍設備の使用に当たり、冷媒ガスの止め弁の操作を必要としないものであること。

ト　製造設備が使用場所に分割して搬入される製造施設にあつては、冷媒設備に溶接又は切断を伴う工事を施すことなしに再組立てをすることができ、かつ、直ちに冷凍の用に供することができるものであること。

チ　製造設備に変更の工事が施される製造施設にあつては、当該製造設備の設置台数、取付位置、外形寸法及び冷凍能力が機器製造時と同一であるとともに、当該製造設備の部品の種類が、機器製造時と同等のものであること。

二　R百十四の製造設備に係る製造施設

3　法第二十七条の四第一項第二号に規定する冷凍保安責任者を選任する必要のない第二種製造者は、次の各号のいずれかに掲げるものとする。

　一　冷凍のためガスを圧縮し、又は液化して高圧ガスの製造をする設備でその一日の冷凍能力が三トン以上（二酸化炭素又はフルオロカーボン（可燃性ガスを除く。）にあつては、二十トン以上。アンモニア又はフルオロカーボン（可燃性ガスに限る。）にあつては、五トン以上二十トン未満。）のものを使用して高圧ガスを製造する者

　二　前項第一号の製造施設（アンモニアを冷媒ガスとするものに限る。）であつて、その製造設備の一日の冷凍能力が二十トン以上五十トン未満のものを使用して高圧ガスを製造する者

冷規第 38 条

（製造保安責任者免状の交付を受けている者の職務の範囲）

第三十八条　法第二十九条第二項の経済産業省令で定める製造保安責任者免状の交付を受けている者が高圧ガスの製造に係る保安について職務を行うことができる範囲は、次の表の上欄に掲げる製造保安責任者免状の種類に応じ、それぞれ同表の下欄に掲げるものとする。

製造保安責任者免状の種類	職務を行うことができる範囲
第一種冷凍機械責任者免状	製造施設における製造に係る保安
第二種冷凍機械責任者免状	一日の冷凍能力が三百トン未満の製造施設における製造に係る保安
第三種冷凍機械責任者免状	一日の冷凍能力が百トン未満の製造施設における製造に係る保安

冷規第 39 条

（冷凍保安責任者の代理者の選任等）

第三十九条　法第三十三条第一項の規定により、第一種製造者等は、第三十六条の表の上欄に掲げる製造施設の区分（認定指定設備を設置している第一種製造者等にあつては、同表の上欄各号に掲げる冷凍能力から当該認定指定設備の冷凍能力を除く。）に応じ、それぞれ同表の中欄に掲げる製造保安責任者免状の交付を受けている者であつて、同表の下欄に掲げる高圧ガスの製造に関する経験を有する者のうちから、冷凍保安責任者の代理者を選任しなければならない。

2　法第三十三条第三項において準用する法第二十七条の二第五項の規定により届出をしようとする第一種製造者等は、様式第二十二の冷凍保安責任者代理者届書に、当該代理者が交付を受けた製造保安責任者免状の写しを添えて、事業所の所在地を管轄する都道府県知事に提出しなければならない。ただし、解任の場合にあつては、当該写しの添付を省略することができる。

冷規第 40 条

（特定施設の範囲等）

第四十条　法第三十五条第一項本文の経済産業省令で定めるものは、次の各号に掲げるものを除く製造施設（以下「特定施設」という。）とする。

　一　ヘリウム、R二十一又はR百十四を冷媒ガスとする製造施設

　二　製造施設のうち認定指定設備の部分

2　法第三十五条第一項本文の都道府県知事若しくは指定都市の長が行う保安検査又は同項第二号の認定保安検査実施者が自ら行う保安検査は、三年に一回受け、又は自ら行わなければならない。ただし、災害その他やむを得ない事由によりその回数で保安検査を受け、又は自ら行うことが困難であるときは、当該事由を勘案して経済産業大臣が定める期間に一回受け、又は自ら行わなければならない。

3　法第三十五条第一項本文の規定により、前項の保安検査を受けようとする第一種製造者は、第二十一条

第二項の規定により製造施設完成検査証の交付を受けた日又は前回の保安検査について次項の規定により保安検査証の交付を受けた日から二年十一月を超えない日までに、様式第二十三の保安検査申請書を事業所の所在地を管轄する都道府県知事に提出しなければならない。

4　都道府県知事又は指定都市の長は、法第三十五条第一項本文の保安検査において、特定施設が法第八条第一号の経済産業省令で定める技術上の基準に適合していると認めるときは、様式第二十四の保安検査証を交付するものとする。

冷規第43条

（保安検査の方法）

第四十三条　法第三十五条第四項の経済産業省令で定める保安検査の方法は、開放、分解その他の各部の損傷、変形及び異常の発生状況を確認するために十分な方法並びに作動検査その他の機能及び作動の状況を確認するために十分な方法でなければならない。

2　前項の保安検査の方法は告示で定める。ただし、次の各号に掲げる場合はこの限りでない。

一　法第三十五条第一項第二号の規定により経済産業大臣の認定を受けている者の行う保安検査の方法であつて、同号の認定に当たり経済産業大臣が認めたものを用いる場合。

二　第六十九条の規定により経済産業大臣が認めた基準に係る保安検査の方法であつて、当該基準に応じて適切であると経済産業大臣が認めたものを用いる場合。

三　製造設備が定置式製造設備（第七条第一項第三号及び第十五号に掲げる基準（特定不活性ガスに係るものに限る。）に係るものに限る。）及び移動式製造設備（第八条第二号で準用する第七条第一項第三号に掲げる基準（特定不活性ガスに係るものに限る。）に係るものに限る。）である製造施設において、別表第二に定める方法を用いる場合。

冷規第44条

（定期自主検査を行う製造施設等）

第四十四条　法第三十五条の二の一日の冷凍能力が経済産業省令で定める値は、アンモニア又はフルオロカーボン（不活性のものを除く。）を冷媒ガスとするものにあつては、二十トンとする。

2　法第三十五条の二の経済産業省令で定めるものは、製造施設（第三十六条第二項第一号に掲げる製造施設（アンモニアを冷媒ガスとするものに限る。）であつて、その製造設備の一日の冷凍能力が二十トン以上五十トン未満のものを除く。）とする。

3　法第三十五条の二の規定により自主検査は、第一種製造者の製造施設にあつては法第八条第一号の経済産業省令で定める技術上の基準（耐圧試験に係るものを除く。）に適合しているか、又は第二種製造者の製造施設にあつては法第十二条第一項の経済産業省令で定める技術上の基準（耐圧試験に係るものを除く。）に適合しているかどうかについて、一年に一回以上行わなければならない。ただし、災害その他やむを得ない事由によりその回数で自主検査を行うことが困難であるときは、当該事由を勘案して経済産業大臣が定める期間に一回以上行わなければならない。

4　法第三十五条の二の規定により、第一種製造者（製造施設が第三十六条第二項各号に掲げるものである者及び第六十九条の規定に基づき経済産業大臣が冷凍保安責任者の選任を不要とした者を除く。）又は第二種製造者（製造施設が第三十六条第三項各号に掲げるものである者及び第六十九条の規定に基づき経済産業大臣が冷凍保安責任者の選任を不要とした者を除く。）は、同条の自主検査を行うときは、その選任した冷凍保安責任者に当該自主検査の実施について監督を行わせなければならない。

5　法第三十五条の二の規定により、第一種製造者及び第二種製造者は、検査記録に次の各号に掲げる事項を記載しなければならない。

一　検査をした製造施設

二　検査をした製造施設の設備ごとの検査方法及び結果

三　検査年月日

四　検査の実施について監督を行つた者の氏名

（電磁的方法による保存）

第四十四条の二　法第三十五条の二に規定する検査記録は、前条第五項各号に掲げる事項を電磁的方法（電子的方法、磁気的方法その他の人の知覚によつて認識することができない方法をいう。）により記録することにより作成し、保存することができる。

2　前項の規定による保存をする場合には、同項の検査記録が必要に応じ電子計算機その他の機器を用いて直ちに表示されることができるようにしておかなければならない。

3　第一項の規定による保存をする場合には、経済産業大臣が定める基準を確保するよう努めなければならない。

（危険時の措置）

第四十五条　法第三十六条第一項の経済産業省令で定める災害の発生の防止のための応急の措置は、次の各号に掲げるものとする。

一　製造施設が危険な状態になつたときは、直ちに、応急の措置を行うとともに製造の作業を中止し、冷媒設備内のガスを安全な場所に移し、又は大気中に安全に放出し、この作業に特に必要な作業員のほかは退避させること。

二　前号に掲げる措置を講ずることができないときは、従業者又は必要に応じ付近の住民に退避するよう警告すること。

（指定設備に係る技術上の基準）

第五十七条　法第五十六条の七第二項の経済産業省令で定める技術上の基準は、次の各号に掲げるものとする。

一　指定設備は、当該設備の製造業者の事業所（以下この条において「事業所」という。）において、第一種製造者が設置するものにあつては第七条第二項（同条第一項第一号から第三号まで、第六号及び第十五号を除く。）、第二種製造者が設置するものにあつては第十二条第二項（第七条第一項第一号から第三号まで、第六号及び第十五号を除く。）の基準に適合することを確保するように製造されていること。

二　指定設備は、ブラインを共通に使用する以外には、他の設備と共通に使用する部分がないこと。

三　指定設備の冷媒設備は、事業所において脚上又は一つの架台上に組み立てられていること。

四　指定設備の冷媒設備は、事業所で行う第七条第一項第六号に規定する試験に合格するものであること。

五　指定設備の冷媒設備は、事業所において試運転を行い、使用場所に分割されずに搬入されるものであること。

六　指定設備の冷媒設備のうち直接風雨にさらされる部分及び外表面に結露のおそれのある部分には、銅、銅合金、ステンレス鋼その他耐腐食性材料を使用し、又は耐腐食処理を施しているものであること。

七　指定設備の冷媒設備に係る配管、管継手及びバルブの接合は、溶接又はろう付けによること。ただし、溶接又はろう付けによることが適当でない場合は、保安上必要な強度を有するフランジ接合又はねじ接合継手による接合をもつて代えることができる。

八　凝縮器が縦置き円筒形の場合は、胴部の長さが五メートル未満であること。

九　受液器は、その内容積が五千リットル未満であること。

十　指定設備の冷媒設備には、第七条第八号の安全装置として、破裂板を使用しないこと。ただし、安全弁と破裂板を直列に使用する場合は、この限りでない。

十一　液状の冷媒ガスが充填され、かつ、冷媒設備の他の部分から隔離されることのある容器であつて、内容積三百リットル以上のものには、同一の切り換え弁に接続された二つ以上の安全弁を設けること。

十二　冷凍のための指定設備の日常の運転操作に必要となる冷媒ガスの止め弁には、手動式のものを使用しないこと。

十三　冷凍のための指定設備には、自動制御装置を設けること。

十四　容積圧縮式圧縮機には、吐出冷媒ガス温度が設定温度以上になつた場合に圧縮機の運転を停止する装置が設けられていること。

冷規第62条

（指定設備認定証が無効となる設備の変更の工事等）

第六十二条　認定指定設備に変更の工事を施したとき、又は認定指定設備の移設等（転用を除く。以下この条及び次条において同じ。）を行つたときは、当該認定指定設備に係る指定設備認定証は無効とする。ただし、次に掲げる場合にあつては、この限りでない。

一　当該変更の工事が同等の部品への交換のみである場合

二　認定指定設備の移設等を行つた場合であつて、当該認定指定設備の指定設備認定証を交付した指定設備認定機関等により調査を受け、認定指定設備技術基準適合書の交付を受けた場合

2　認定指定設備を設置した者は、その認定指定設備に変更の工事を施したとき、又は認定指定設備の移設等を行つたときは、前項ただし書の場合を除き、前条の規定により当該指定設備に係る指定設備認定証を返納しなければならない。

3　第一項ただし書の場合において、認定指定設備の変更の工事を行つた者又は認定指定設備の移設等を行つた者は、当該認定指定設備に係る指定設備認定証に、変更の工事の内容及び変更の工事を行つた年月日又は移設等を行つた年月日を記載しなければならない。

冷規第63条

（冷凍設備に用いる機器の指定）

第六十三条　法第五十七条の経済産業省令で定めるものは、もつぱら冷凍設備に用いる機器（以下単に「機器」という。）であつて、一日の冷凍能力が三トン以上（二酸化炭素及びフルオロカーボン（可燃性ガスを除く。）にあつては、五トン以上。）の冷凍機とする。

冷規第64条

（機器の製造に係る技術上の基準）

第六十四条　法第五十七条の経済産業省令で定める技術上の基準は、次に掲げるものとする。

一　機器の冷凍設備（一日の冷凍能力が二十トン未満のものを除く。）に係る経済産業大臣が定める容器（ポンプ又は圧縮機に係るものを除く。以下この号において同じ。）は、次に適合すること。

イ　材料は、当該容器の設計圧力（当該容器を使用することができる最高の圧力として設計された適切な圧力をいう。以下この条において同じ。）、設計温度（当該容器を使用することができる最高又は最低の温度として設定された適切な温度をいう。以下この号において同じ。）、製造する高圧ガスの種類等に応じ、適切なものであること。

ロ　容器は、設計圧力又は設計温度において発生する最大の応力に対し安全な強度を有しなければならない。

ハ　容器の板の厚さ、断面積等は、形状、寸法、設計圧力、設計温度における材料の許容応力、溶接継手の効率等に応じ、適切であること。

ニ　溶接は、継手の種類に応じ適切な種類及び方法により行うこと。

ホ　溶接部（溶着金属部分及び溶接による熱影響により材質に変化を受ける母材の部分をいう。以下同じ。）は、母材の最小引張強さ（母材が異なる場合は、最も小さい値）以上の強度を有するものでなければならない。ただし、アルミニウム及びアルミニウム合金、銅及び銅合金、チタン及びチタン合金又は九パーセントニッケル鋼を母材とする場合であつて、許容引張応力の値以下で使用するときは、当該許容引張応力の値の四倍の値以上の強度を有する場合は、この限りでない。

ヘ　溶接部については、応力除去のため必要な措置を講ずること。ただし、応力除去を行う必要がないと認められるときは、この限りでない。

ト　構造は、その設計に対し適切な形状及び寸法でなければならない。

チ　材料の切断、成形その他の加工（溶接を除く。）は、ロ及びハの規定によるほか、次の（1）から（4）までに掲げる規定によらなければならない。

（1）　材料の表面に使用上有害な傷、打こん、腐食等の欠陥がないこと。

（2）　材料の機械的性質を損なわないこと。

（3）　公差が適切であること。

（4）　使用上有害な歪みがないこと。

リ　突合せ溶接による溶接部は、同一の溶接条件ごとに適切な機械試験に合格するものであること。ただし、経済産業大臣がこれと同等以上のものと認めた協会が行う試験に合格した場合は、この限りでない。

ヌ　突合せ溶接による溶接部は、その内部に使用上有害な欠陥がないことを確認するため、高圧ガスの種類等に応じ、放射線透過試験その他の内部の欠陥の有無を検査する適切な非破壊試験に合格するものであること。ただし、非破壊試験を行うことが困難であるとき、又は非破壊試験を行う必要がないと認められるときは、この限りでない。

ル　低合金鋼を母材とする容器の溶接部その他安全上重要な溶接部は、その表面に使用上有害な欠陥がないことを確認するため、磁粉探傷試験その他の表面の欠陥の有無を検査する適切な非破壊試験に合格するものであること。ただし、非破壊試験を行うことが困難であるとき、又は非破壊試験を行う必要がないと認められるときは、この限りでない。

二　機器は、冷媒設備について設計圧力以上の圧力で行う適切な気密試験及び配管以外の部分について設計圧力の一・五倍以上の圧力で水その他の安全な液体を使用して行う適切な耐圧試験（液体を使用することが困難であると認められるときは、設計圧力の一・二五倍以上の圧力で空気、窒素等の気体を使用して行う耐圧試験）に合格するものであること。ただし、経済産業大臣がこれらと同等以上のものと認めた協会が行う試験に合格した場合は、この限りでない。

三　機器の冷媒設備は、振動、衝撃、腐食等により冷媒ガスが漏れないものであること。

四　機器（第一号に掲げる容器を除く。）の材料及び構造は、当該機器が前二号の基準に適合することとなるものであること。

冷規第65条

（帳簿）

第六十五条　法第六十条第一項の規定により、第一種製造者は、事業所ごとに、製造施設に異常があつた年月日及びそれに対してとつた措置を記載した帳簿を備え、記載の日から十年間保存しなければならない。

3.　容器保安規則

施行日：令和二年四月十日（令和二年経済産業省令第三十七号による改正）

容器第8条

（刻印等の方式）

第八条　法第四十五条第一項の規定により、刻印をしようとする者は、容器の厚肉の部分の見やすい箇所に、明瞭に、かつ、消えないように次の各号に掲げる事項をその順序で刻印しなければならない。

一　検査実施者の名称の符号

二　容器製造業者（検査を受けた者が容器製造業者と異なる場合にあつては、容器製造業者及び検査を受けた者）の名称又はその符号（国際圧縮水素自動車燃料装置用容器及び圧縮水素二輪自動車燃料装置用容器にあつては、名称に限る。）

三　充填すべき高圧ガスの種類（ＰＧ容器にあつてはＰＧ、ＳＧ容器にあつてはＳＧ、ＦＣ一類容器にあつてはＦＣ１、ＦＣ二類容器にあつてはＦＣ２、ＦＣ三類容器にあつてはＦＣ３、圧縮天然ガス自動車燃料装置用容器にあつてはＣＮＧ、圧縮水素自動車燃料装置用容器、国際圧縮水素自動車燃料装置用容器、圧縮水素二輪自動車燃料装置用容器及び圧縮水素運送自動車用容器にあつてはＣＨＧ、液化天然ガス自動車燃料装置用容器にあつてはＬＮＧ、その他の容器にあつては高圧ガスの名称、略称又は分子式）

＜四～四の二の五　略＞

四の三　圧縮水素運送自動車用容器にあつては、第三号に掲げる事項に続けて、次に掲げる圧縮水素運送自動車用容器の区分

　　イ　ライナーの最小破裂圧力が最高充填圧力の百二十五パーセント以上の圧力である金属ライナー製圧縮水素運送自動車用容器（記号　ＴＨ２）

　　ロ　ライナーの最小破裂圧力が最高充填圧力の百二十五パーセント未満の圧力である金属ライナー製圧縮水素運送自動車用容器（記号　ＴＨ３）

四の四　液化天然ガス自動車燃料装置用容器にあつては、第三号に掲げる事項に続けて、その旨の表示（記号　ＶＬ）

四の五　アルミニウム合金製スクーバ用継目なし容器にあつては、第三号に掲げる事項に続けて、その旨の表示（記号　ＳＣＵＢＡ）

五　容器の記号（液化石油ガスを充填する容器にあつては、三文字以下のものに限る。）及び番号（液化石油ガスを充填する容器にあつては、五けた以下のものに限る。）

六　内容積（記号　Ｖ、単位　リットル）

＜七～八　略＞

九　容器検査に合格した年月（内容積が四千リットル以上の容器、高圧ガス運送自動車用容器、圧縮天然ガス自動車燃料装置用容器、圧縮水素自動車燃料装置用容器及び液化天然ガス自動車燃料装置用容器にあつては、容器検査に合格した年月日）

＜十　略＞

十一　超低温容器、圧縮天然ガス自動車燃料装置用容器、圧縮水素自動車燃料装置用容器、国際圧縮水素自動車燃料装置用容器、圧縮水素二輪自動車燃料装置用容器、液化天然ガス自動車燃料装置用容器及び圧縮水素運送自動車用容器以外の容器にあつては、耐圧試験における圧力（記号　ＴＰ、単位　メガパスカル）及びＭ

十二　圧縮ガスを充填する容器、超低温容器及び液化天然ガス自動車燃料装置用容器にあつては、最高充填圧力（記号　ＦＰ、単位　メガパスカル）及びＭ

＜以下４項まで略＞

容器第10条

（表示の方式）

第十条　法第四十六条第一項の規定により表示をしようとする者（容器を譲渡することがあらかじめ明らかな場合において当該容器の製造又は輸入をした者を除く。）は、次の各号に掲げるところに従つて行わなければならない。

一　次の表の上欄に掲げる高圧ガスの種類に応じて、それぞれ同表の下欄に掲げる塗色をその容器の外面（断熱材で被覆してある容器にあつては、その断熱材の外面。次号及び第三号において同じ。）の見やすい箇所に、容器の表面積の二分の一以上について行うものとする。ただし、同表中で規定する水素ガスを充填する容器のうち圧縮水素自動車燃料装置用容器、国際圧縮水素自動車燃料装置用容器及び圧縮水素二輪自動車燃料装置用容器並びにその他の種類の高圧ガスを充填する容器のうち着色加工していないアルミニウム製、アルミニウム合金製及びステンレス鋼製の容器、液化石油ガスを充填するための容器並びに圧縮天然ガス自動車燃料装置用容器にあつては、この限りでない。

高圧ガスの種類	塗色の区分
酸素ガス	黒色
水素ガス	赤色
液化炭酸ガス	緑色
液化アンモニア	白色
液化塩素	黄色
アセチレンガス	かつ色
その他の種類の高圧ガス	ねずみ色

二　容器の外面に次に掲げる事項を明示するものとする。
　イ　充填することができる高圧ガスの名称
　ロ　充填することができる高圧ガスが可燃性ガス及び毒性ガスの場合にあつては、当該高圧ガスの性質を示す文字（可燃性ガスにあつては「燃」、毒性ガスにあつては「毒」）
三　容器の外面に容器の所有者（当該容器の管理業務を委託している場合にあつては容器の所有者又は当該管理業務受託者）の氏名又は名称、住所及び電話番号（以下この条において「氏名等」という。）を告示で定めるところに従つて明示するものとする。ただし、次のイ及びロに掲げる容器にあつてはこの限りでない。
　＜以下略＞

容器第18条

（附属品検査の刻印）
第十八条　法第四十九条の三第一項の規定により、刻印をしようとする者は、附属品の厚肉の部分の見やすい箇所に、明瞭に、かつ、消えないように次の各号（アセチレン容器に用いる溶栓式安全弁にあつては第一号から第四号まで及び第七号）に掲げる事項をその順序で刻印しなければならない。ただし、刻印することが適当でない附属品については、他の薄板に刻印したものを取れないように附属品の見やすい箇所に溶接をし、はんだ付けをし、又はろう付けをしたものをもつてこれに代えることができる。
一　附属品検査に合格した年月日（国際圧縮水素自動車燃料装置用容器及び圧縮水素二輪自動車燃料装置用容器に装置されるべき附属品にあつては、年月）
二　検査実施者の名称の符号
三　附属品製造業者（検査を受けた者が附属品製造業者と異なる場合にあつては、附属品製造業者及び検査を受けた者）の名称又はその符号
四　附属品の記号及び番号
五　附属品（液化石油ガス自動車燃料装置用容器（自動車に装置された状態で液化石油ガスを充填するものに限る。）、超低温容器、圧縮天然ガス自動車燃料装置用容器、圧縮水素自動車燃料装置用容器、国際圧縮水素自動車燃料装置用容器、液化天然ガス自動車燃料装置用容器及び圧縮水素運送自動車用容器に装置されるべき附属品以外の附属品に限る。）の質量（記号　Ｗ、単位　キログラム）
六　耐圧試験における圧力（記号　ＴＰ、単位　メガパスカル）及びＭ
七　次に掲げる附属品が装置されるべき容器の種類
　イ　圧縮アセチレンガスを充填する容器（記号　ＡＧ）
　ロ　圧縮天然ガス自動車燃料装置用容器（記号　ＣＮＧＶ）
　ハ　圧縮水素自動車燃料装置用容器（記号　ＣＨＧＶ）
　ニ　国際圧縮水素自動車燃料装置用容器（記号　ＣＨＧＧＶ）
　ホ　圧縮水素二輪自動車燃料装置用容器（記号　ＣＨＧＴＶ）
　ヘ　圧縮水素運送自動車用容器（記号　ＣＨＧＴ）
　ト　圧縮ガスを充填する容器（イからヘまでを除く。）（記号　ＰＧ）
　チ　液化ガスを充填する容器（リからルまでを除く。）（記号　ＬＧ）

　　リ　液化石油ガスを充填する容器（ヌを除く。）（記号　ＬＰＧ）
　　ヌ　超低温容器及び低温容器（記号　ＬＴ）
　　ル　液化天然ガス自動車燃料装置用容器（記号　ＬＮＧＶ）
＜以下略＞

容器第 22 条

（液化ガスの質量の計算の方法）
第二十二条　法第四十八条第四項各号の経済産業省令で定める方法は、次の算式によるものとする。
　　$G = V ／ C$
この式においてＧ、Ｖ及びＣは、それぞれ次の数値を表わすものとする。
　Ｇ　液化ガスの質量（単位　キログラム）の数値
　Ｖ　容器の内容積（単位　リットル）の数値
　Ｃ　低温容器、超低温容器及び液化天然ガス自動車燃料装置用容器に充填する液化ガスにあつては当該容器の常用の温度のうち最高のものにおける当該液化ガスの比重（単位　キログラム毎リットル）の数値に十分の九を乗じて得た数値の逆数（液化水素運送自動車用容器にあつては、当該容器に充填すべき液化水素の大気圧における沸点下の比重（単位　キログラム毎リットル）の数値に十分の九を乗じて得た数値の逆数。）、第二条第二十六号の表上欄に掲げるその他のガスであつて、耐圧試験圧力が二十四・五メガパスカルの同表Ａに該当する容器に充填する液化ガスにあつては温度四十八度における圧力、同表Ｂに該当する容器に充填する液化ガスにあつては温度五十五度における圧力がそれぞれ十四・七メガパスカル以下となる当該液化ガス一キログラムの占める容積（単位　リットル）の数値、その他のものにあつては次の表の上欄に掲げる液化ガスの種類に応じて、それぞれ同表の下欄に掲げる定数
＜表は略＞

容器第 24 条

（容器再検査の期間）
第二十四条　法第四十八条第一項第五号の経済産業省令で定める期間は、容器再検査を受けたことのないものについては刻印等において示された月（以下「容器検査合格月」という。）の前月の末日（内容積が四千リットル以上の容器、圧縮天然ガス自動車燃料装置用容器、圧縮水素自動車燃料装置用容器、圧縮水素二輪自動車燃料装置用容器、液化天然ガス自動車燃料装置用容器及び高圧ガス運送自動車用容器にあつては刻印等において示された月日の前日）、容器再検査を受けたことのあるものについては前回の容器再検査合格時における第三十七条第一項第一号に基づく刻印又は同条第二項第一号に基づく標章において示された月（以下「容器再検査合格月」という。）の前月の末日（内容積が四千リットル以上の容器、圧縮天然ガス自動車燃料装置用容器、圧縮水素自動車燃料装置用容器、圧縮水素二輪自動車燃料装置用容器、液化天然ガス自動車燃料装置用容器及び高圧ガス運送自動車用容器にあつては刻印等において示された月日の前日）から起算して、それぞれ次の各号に掲げる期間とする。
　一　溶接容器、超低温容器及びろう付け容器（次号及び第七十一条において「溶接容器等」といい、次号の溶接容器等及び第八号の液化石油ガス自動車燃料装置用容器を除く。）については、製造した後の経過年数（以下この条、第二十七条及び第七十一条において「経過年数」という。）二十年未満のものは五年、経過年数二十年以上のものは二年
　二　耐圧試験圧力が三・〇メガパスカル以下であり、かつ、内容積が二十五リットル以下の溶接容器等（シアン化水素、アンモニア又は塩素を充填するためのものを除く。）であつて、昭和三十年七月以降において法第四十四条第一項に規定する容器検査又は第三十六条第一項に規定する放射線検査に合格したものについては、経過年数二十年未満のものは六年、経過年数二十年以上のものは二年
　三　一般継目なし容器については、五年
　四　一般複合容器については、三年
＜以下略＞

容器第 37 条

（容器再検査に合格した容器の刻印等）

第三十七条　法第四十九条第三項の規定により、刻印しようとする者は、次に掲げる方式に従つて行わなければならない。

　一　第八条第一項又は第六十二条の刻印の下又は右に次に掲げる事項を刻印するものとする。ただし、圧縮天然ガス自動車燃料装置用容器、圧縮水素自動車燃料装置用容器（次号に掲げるものを除く。）、国際圧縮水素自動車燃料装置用容器、圧縮水素二輪自動車燃料装置用容器又は液化天然ガス自動車燃料装置用容器であつて、自動車又は二輪自動車に装置された状態で刻印をすることが困難な場合は、次項第五号に規定する方式に従つて行う標章の掲示をもつて、又は圧縮水素運送自動車用容器であつて、自動車に装置された状態で刻印をすることが困難な場合は、次項第六号に規定する方式に従つて行う標章の掲示をもつて法第四十九条第三項の刻印に代えることができる。

　　イ　検査実施者の名称の符号

　　ロ　容器再検査の年月（内容積四千リットル以上の容器、高圧ガス運送自動車用容器、圧縮天然ガス自動車燃料装置用容器、圧縮水素自動車燃料装置用容器及び液化天然ガス自動車燃料装置用容器にあつては年月日）

　　ハ　半導体製造用継目なし容器にあつては、ロに掲げる事項に続けてその旨の表示（記号　ＵＴ）

　　ニ　半導体製造用継目なし容器であつて第二十五条第一項の告示で定める方法により附属品を取り外してバルブ取付け部ねじについて外観検査を行つたものにあつては、ハに掲げる事項に続けてその旨の表示（記号　ＶＣ）

　　ホ　アルミニウム合金製スクーバ用継目なし容器にあつてはロに掲げる事項に続けて、第二十六条第一項第一号及び第三号に掲げるところにより容器再検査を行つた場合にあつてはその旨の表示（記号　Ｌ）、同項ただし書の規定により容器再検査を行つた場合にあつてはその旨の表示（記号　Ｓ）

　　＜以下略＞

容器第 38 条

（附属品再検査に合格した附属品の刻印）

第三十八条　法第四十九条の四第三項の規定により、刻印をしようとする者は、検査実施者の名称の符号及び附属品再検査の年月日（国際圧縮水素自動車燃料装置用容器及び圧縮水素二輪自動車燃料装置用容器に装置されるべき附属品にあつては、年月）を第十八条第一項又は第六十八条の刻印の下又は右に刻印する方式に従つて刻印をしなければならない。ただし、刻印することが適当でない附属品については、告示で定める方式をもつてこれに代えることができる。

2　前項の規定にかかわらず、航空法第十条の規定に適合する附属品については航空法施行規則第十四条の二第十項に定める基準をもつて、経済産業大臣の認可を受けた場合は、当該認可に係る基準をもつて法第四十九条の四第三項の刻印とすることができる。

4.　一般高圧ガス保安規則

施行日：令和二年八月七日（令和二年経済産業省令第六十六号による改正）

一般第 6 条第 1 項第 42 号（第 6 条内より抜粋）

（定置式製造設備に係る技術上の基準）

　＜略＞

　四十二　容器置場並びに充填容器及び残ガス容器（以下「充填容器等」という。）は、次に掲げる基準に適合すること。

　　イ　容器置場は、明示され、かつ、その外部から見やすいように警戒標を掲げたものであること。

　ロ　可燃性ガス及び酸素の容器置場（充填容器等が断熱材で被覆してあるもの及びシリンダーキャビ
　　　ネットに収納されているものを除く。）は、一階建とする。ただし、圧縮水素（充填圧力が二十メガ
　　　パスカルを超える充填容器等を除く。）のみ又は酸素のみを貯蔵する容器置場（不活性ガスを同時に
　　　貯蔵するものを含む。）にあつては、二階建以下とする。
　ハ　容器置場（貯蔵設備であるものを除く。）であつて、次の表に掲げるもの以外のものは、その外面
　　　から、第一種保安物件に対し第一種置場距離以上の距離を、第二種保安物件に対し第二種置場距離以
　　　上の距離を有すること。
＜ハ以下にある表とニ～ヌは略＞

一般第6条第2項第8号（第6条内より抜粋）

（定置式製造設備に係る技術上の基準）
＜略＞
　ハ　容器置場及び充填容器等は、次に掲げる基準に適合すること。
　イ　充填容器等は、充填容器及び残ガス容器にそれぞれ区分して容器置場に置くこと。
　ロ　可燃性ガス、毒性ガス、特定不活性ガス及び酸素の充填容器等は、それぞれ区分して容器置場に置
　　　くこと。
　ハ　容器置場には、計量器等作業に必要な物以外の物を置かないこと。
　ニ　容器置場（不活性ガス（特定不活性ガスを除く。）及び空気のものを除く。）の周囲二メートル以内
　　　においては、火気の使用を禁じ、かつ、引火性又は発火性の物を置かないこと。ただし、容器と火気
　　　又は引火性若しくは発火性の物の間を有効に遮る措置を講じた場合は、この限りでない。
　ホ　充填容器等（圧縮水素運送自動車用容器を除く。）は、常に温度四十度（容器保安規則第二条第三
　　　号に掲げる超低温容器（以下「超低温容器」という。）又は同条第四号に掲げる低温容器（以下「低
　　　温容器」という。）にあつては、容器内のガスの常用の温度のうち最高のもの。以下第四十条第一項
　　　第四号ハ、第四十九条第一項第四号、第五十条第二号及び第六十条第七号において同じ。）以下に保
　　　つこと。
　ヘ　圧縮水素運送自動車用容器は、常に温度六十五度以下に保つこと。
　ト　充填容器等（内容積が五リットル以下のものを除く。）には、転落、転倒等による衝撃及びバルブ
　　　の損傷を防止する措置を講じ、かつ、粗暴な取扱いをしないこと。
　チ　可燃性ガスの容器置場には、携帯電燈以外の燈火を携えて立ち入らないこと。

一般第18条

（貯蔵の方法に係る技術上の基準）
第十八条　法第十五条第一項の経済産業省令で定める技術上の基準は、次の各号に掲げるものとする。
　一　貯槽により貯蔵する場合にあつては、次に掲げる基準に適合すること。
　イ　可燃性ガス又は毒性ガスの貯蔵は、通風の良い場所に設置された貯槽によりすること。
　ロ　貯槽（不活性ガス（特定不活性ガスを除く。）及び空気のものを除く。）の周囲二メートル以内にお
　　　いては、火気の使用を禁じ、かつ、引火性又は発火性の物を置かないこと。ただし、貯槽と火気若し
　　　くは引火性若しくは発火性の物との間に当該貯槽から漏えいしたガスに係る流動防止措置又はガスが
　　　漏えいしたときに連動装置により直ちに使用中の火気を消すための措置を講じた場合は、この限りで
　　　ない。
　ハ　液化ガスの貯蔵は、液化ガスの容量が当該貯槽の常用の温度においてその内容積の九十パーセント
　　　を超えないようにすること。
　ニ　貯槽の修理又は清掃（以下ニにおいて「修理等」という。）及びその後の貯蔵は、次に掲げる基準
　　　によることにより保安上支障のない状態で行うこと。
　　（イ）　修理等をするときは、あらかじめ、修理等の作業計画及び当該作業の責任者を定め、修理等
　　　　　は、当該作業計画に従い、かつ、当該責任者の監視の下に行うこと又は異常があつたときに直ち
　　　　　にその旨を当該責任者に通報するための措置を講じて行うこと。
　　（ロ）　可燃性ガス、毒性ガス、特定不活性ガス又は酸素の貯槽の修理等をするときは、危険を防止す

るための措置を講ずること。
　（ハ）　修理等のため作業員が貯槽を開放し、又は貯槽内に入るときは、危険を防止するための措置を講ずること。
　（ニ）　貯槽を開放して修理等をするときは、当該貯槽に他の部分から当該ガスが漏えいすることを防止するための措置を講ずること。
　（ホ）　修理等が終了したときは、当該貯槽に漏えいのないことを確認した後でなければ貯蔵をしないこと。
　ホ　貯槽（貯蔵能力が百立方メートル又は一トン以上のものに限る。）には、その沈下状況を測定するための措置を講じ、経済産業大臣が定めるところにより沈下状況を測定すること。この測定の結果、沈下していたものにあつては、その沈下の程度に応じ適切な措置を講ずること。
　ヘ　貯槽又はこれに取り付けた配管のバルブを操作する場合にバルブの材質、構造及び状態を勘案して過大な力を加えないよう必要な措置を講ずること。
　ト　三フッ化窒素の貯槽のバルブは、静かに開閉すること。
二　容器（高圧ガスを燃料として使用する車両に固定した燃料装置用容器を除く。）により貯蔵する場合にあつては、次に掲げる基準に適合すること。
　イ　可燃性ガス又は毒性ガスの充填容器等の貯蔵する場合は、通風の良い場所ですること。
　ロ　第六条第二項第八号の基準に適合すること。ただし、第一種貯蔵所及び第二種貯蔵所以外の場所で充填容器等により特定不活性ガスを貯蔵する場合には、同号ロ及びニの基準に適合することを要しない。
　ハ　シアン化水素を貯蔵するときは、充填容器等について一日に一回以上当該ガスの漏えいのないことを確認すること。
　ニ　シアン化水素の貯蔵は、容器に充填した後六十日を超えないものをすること。ただし、純度九十八パーセント以上で、かつ、着色していないものについては、この限りでない。
　ホ　貯蔵は、船、車両若しくは鉄道車両に固定し、又は積載した容器（消火の用に供する不活性ガス及び消防自動車、救急自動車、救助工作車その他緊急事態が発生した場合に使用する車両に搭載した緊急時に使用する高圧ガスを充填してあるものを除く。）によりしないこと。ただし、法第十六条第一項の許可を受け、又は法第十七条の二第一項の届出を行つたところに従つて貯蔵するときは、この限りでない。
＜以下略＞

一般第19条

（貯蔵の規制を受けない容積）
第十九条　法第十五条第一項ただし書の経済産業省令で定める容積は、〇・一五立方メートルとする。
2　前項の場合において、貯蔵する高圧ガスが液化ガスであるときは、質量十キログラムをもつて容積一立方メートルとみなす。

一般第49条

（車両に固定した容器による移動に係る技術上の基準等）
第四十九条　車両に固定した容器（高圧ガスを燃料として使用する車両に固定した燃料装置用容器を除く。）により高圧ガスを移動する場合における法第二十三条第一項の経済産業省令で定める保安上必要な措置及び同条第二項の経済産業省令で定める技術上の基準は、次の各号に掲げるものとする。
一　車両の見やすい箇所に警戒標を掲げること。
＜二号～二十号まで略＞
二十一　可燃性ガス、毒性ガス、特定不活性ガス又は酸素の高圧ガスを移動するときは、当該高圧ガスの名称、性状及び移動中の災害防止のために必要な注意事項を記載した書面を運転者に交付し、移動中携帯させ、これを遵守させること。
＜以下略＞

（その他の場合における移動に係る技術上の基準等）

第五十条　前条に規定する場合以外の場合における法第二十三条第一項の経済産業省令で定める保安上必要な措置及び同条第二項の経済産業省令で定める技術上の基準は、次の各号に掲げるものとする。

一　充填容器等を車両に積載して移動するとき（容器の内容積が二十五リットル以下である充填容器等（毒性ガスに係るものを除く。）のみを積載した車両であつて、当該積載容器の内容積の合計が五十リットル以下である場合を除く。）は、当該車両の見やすい箇所に警戒標を掲げること。ただし、次に掲げるもののみを積載した車両にあつては、この限りでない。

　イ　消防自動車、救急自動車、レスキュー車、警備車その他の緊急事態が発生した場合に使用する車両において、緊急時に使用するための充填容器等

　ロ　冷凍車、活魚運搬車等において移動中に消費を行うための充填容器等

　ハ　タイヤの加圧のために当該車両の装備品として積載する充填容器等（フルオロカーボン、炭酸ガスその他の不活性ガスを充填したものに限る。）

　ニ　当該車両の装備品として積載する消火器

二　充填容器等は、その温度（ガスの温度を計測できる充填容器等にあつては、ガスの温度）を常に四十度以下に保つこと。

＜三号、四号略＞

五　充填容器等（内容積が五リットル以下のものを除く。）には、転落、転倒等による衝撃及びバルブの損傷を防止する措置を講じ、かつ、粗暴な取扱いをしないこと。

六　次に掲げるものは、同一の車両に積載して移動しないこと。

　イ　充填容器等と消防法（昭和二十三年法律第百八十六号）第二条第七項に規定する危険物（圧縮天然ガス又は不活性ガスの充填容器等（内容積百二十リットル未満のものに限る。）と同法別表に掲げる第四類の危険物との場合及びアセチレン又は酸素の充填容器等（内容積が百二十リットル未満のものに限る。）と別表に掲げる第四類の第三石油類又は第四石油類の危険物との場合を除く。）

　ロ　塩素の充填容器等とアセチレン、アンモニア又は水素の充填容器等

七　可燃性ガスの充填容器等と酸素の充填容器等とを同一の車両に積載して移動するときは、これらの充填容器等のバルブが相互に向き合わないようにすること。

八　毒性ガスの充填容器等には、木枠又はパッキンを施すこと。

九　可燃性ガス、特定不活性ガス、酸素又は三フッ化窒素の充填容器等を車両に積載して移動するときは、消火設備並びに災害発生防止のための応急措置に必要な資材及び工具等を携行すること。ただし、容器の内容積が二十五リットル以下である充填容器等のみを積載した車両であつて、当該積載容器の内容積の合計が五十リットル以下である場合にあつては、この限りでない。

十　毒性ガスの充填容器等を車両に積載して移動するときは、当該毒性ガスの種類に応じた防毒マスク、手袋その他の保護具並びに災害発生防止のための応急措置に必要な資材、薬剤及び工具等を携行すること。

十一　アルシン又はセレン化水素を移動する車両には、当該ガスが漏えいしたときの除害の措置を講ずること。

十二　充填容器等を車両に積載して移動する場合において、駐車するときは、当該充填容器等の積み卸しを行うときを除き、第一種保安物件の近辺及び第二種保安物件が密集する地域を避けるとともに、交通量が少ない安全な場所を選び、かつ、移動監視者又は運転者は食事その他やむを得ない場合を除き、当該車両を離れないこと。ただし、容器の内容積が二十五リットル以下である充填容器等（毒性ガスに係るものを除く。）のみを積載した車両であつて、当該積載容器の内容積の合計が五十リットル以下である場合にあつては、この限りでない。

十三　前条第一項第十七号に掲げる高圧ガスを移動するとき（当該ガスの充填容器等を車両に積載して移動するときに限る。）は、同項第十七号から第二十号までの基準を準用する。この場合において、同項第二十号ロ中「容器を固定した車両」とあるのは「当該ガスの充填容器等を積載した車両」と読み替えるものとする。

十四　前条第一項第二十一号に規定する高圧ガスを移動するとき（当該ガスの充填容器等を車両に積載し

て移動するときに限る。）は、同号の基準を準用する。ただし、容器の内容積が二十五リットル以下である充填容器等（毒性ガスに係るものを除き、高圧ガス移動時の注意事項を示したラベルが貼付されているものに限る。）のみを積載した車両であつて、当該積載容器の内容積の合計が五十リットル以下である場合にあつては、この限りでない。

一般第 59 条

（その他消費に係る技術上の基準に従うべき高圧ガスの指定）

第五十九条　法第二十四条の五の消費の技術上の基準に従うべき高圧ガスは、可燃性ガス（高圧ガスを燃料として使用する車両において、当該車両の燃料の用のみに消費される高圧ガスを除く。）、毒性ガス、酸素及び空気とする。

一般第 60 条

（その他消費に係る技術上の基準）

第六十条　法第二十四条の五の経済産業省令で定める技術上の基準は、次の各号及び次項各号に掲げるものとする。

＜一号〜十四号略＞

十五　酸素又は三フッ化窒素の消費は、バルブ及び消費に使用する器具の石油類、油脂類その他可燃性の物を除去した後にすること。

＜以下略＞

一般第 62 条

（廃棄に係る技術上の基準）

第六十二条　法第二十五条の経済産業省令で定める技術上の基準は、次の各号に掲げるものとする。

一　廃棄は、容器とともに行わないこと。

二　可燃性ガス又は特定不活性ガスの廃棄は、火気を取り扱う場所又は引火性若しくは発火性の物をたい積した場所及びその付近を避け、かつ、大気中に放出して廃棄するときは、通風の良い場所で少量ずつ放出すること。

三　毒性ガスを大気中に放出して廃棄するときは、危険又は損害を他に及ぼすおそれのない場所で少量ずつすること。

四　可燃性ガス、毒性ガス又は特定不活性ガスを継続かつ反復して廃棄するときは、当該ガスの滞留を検知するための措置を講じてすること。

五　酸素又は三フッ化窒素の廃棄は、バルブ及び廃棄に使用する器具の石油類、油脂類その他の可燃性の物を除去した後にすること。

六　廃棄した後は、バルブを閉じ、容器の転倒及びバルブの損傷を防止する措置を講ずること。

七　充填容器等のバルブは、静かに開閉すること。

八　充填容器等、バルブ又は配管を加熱するときは、次に掲げるいずれかの方法により行うこと。

イ　熱湿布を使用すること。

ロ　温度四十度以下の温湯その他の液体（可燃性のもの及び充填容器等、バルブ又は充填用枝管に有害な影響を及ぼすおそれのあるものを除く。）を使用すること。

ハ　空気調和設備（空気の温度を四十度以下に調節する自動制御装置を設けたものであつて、火気で直接空気を加熱する構造のもの及び可燃性ガスを冷媒とするもの以外のものに限る。）を使用すること。

一般第 84 条

（危険時の措置）

第八十四条　法第三十六条第一項の経済産業省令で定める災害の発生の防止のための応急の措置は、次の各

号に掲げるものとする。

一 製造施設又は消費施設が危険な状態になつたときは、直ちに、応急の措置を行うとともに、製造又は消費の作業を中止し、製造設備若しくは消費設備内のガスを安全な場所に移し、又は大気中に安全に放出し、この作業に特に必要な作業員のほかは退避させること。

二 第一種貯蔵所、第二種貯蔵所又は充填容器等が危険な状態になつたときは、直ちに、応急の措置を行うとともに、充填容器等を安全な場所に移し、この作業に特に必要な作業員のほかは退避させること。

三 前二号に掲げる措置を講ずることができないときは、従業者又は必要に応じ付近の住民に退避するよう警告すること。

四 充填容器等が外傷又は火災を受けたときは、充填されている高圧ガスを第六十二条第二号から第五号までに規定する方法により放出し、又はその充填容器等とともに損害を他に及ぼすおそれのない水中に沈め、若しくは地中に埋めること。

5. 高圧ガス保安法施行令

施行日：平成三十年四月一日（平成二十九年政令第百九十八号による改正）

政令第2条

（適用除外）

第二条 法第三条第一項第四号の政令で定める設備は、ガスを圧縮、液化その他の方法で処理する設備とする。

2 法第三条第一項第六号の政令で定める電気工作物は、発電、変電又は送電のために設置する電気工作物並びに電気の使用のために設置する変圧器、リアクトル、開閉器及び自動しゃ断器であって、ガスを圧縮、液化その他の方法で処理するものとする。

3 法第三条第一項第八号の政令で定める高圧ガスは、次のとおりとする。

一 圧縮装置（空気分離装置に用いられているものを除く。次号において同じ。）内における圧縮空気であって、温度三十五度において圧力（ゲージ圧力をいう。以下同じ。）五メガパスカル以下のもの

二 経済産業大臣が定める方法により設置されている圧縮装置内における圧縮ガス（次条の表第一の項上欄に規定する第一種ガス（空気を除く。）を圧縮したものに限る。）であって、温度三十五度において圧力五メガパスカル以下のもの

三 冷凍能力（法第五条第三項の経済産業省令で定める基準に従って算定した一日の冷凍能力をいう。以下同じ。）が三トン未満の冷凍設備内における高圧ガス

四 冷凍能力が三トン以上五トン未満の冷凍設備内における高圧ガスである二酸化炭素及びフルオロカーボン（不活性のものに限る。）

＜以下略＞

政令第4条

（政令で定めるガスの種類等）

第四条 法第五条第一項第二号の政令で定めるガスの種類は、一の事業所において次の表の上欄に掲げるガスに係る高圧ガスの製造をしようとする場合における同欄に掲げるガスとし、同号及び同条第二項第二号の政令で定める値は、同欄に掲げるガスの種類に応じ、それぞれ同表の中欄及び下欄に掲げるとおりとする。

ガスの種類	法第五条第一項第二号の政令で定める値	法第五条第二項第二号の政令で定める値
一　二酸化炭素及びフルオロカーボン（不活性のものに限る。）	五十トン	二十トン
二　フルオロカーボン（不活性のものを除く。）及びアンモニア	五十トン	五トン

政令第15条

（指定設備）

第十五条　法第五十六条の七第一項の政令で定める設備は、次のとおりとする。

一　窒素を製造するため空気を液化して高圧ガスの製造をする設備でユニット形のもののうち、経済産業大臣が定めるもの

二　冷凍のため不活性ガスを圧縮し、又は液化して高圧ガスの製造をする設備でユニット形のもののうち、経済産業大臣が定めるもの

付録3　高圧ガスの製造に係る規制のまとめ

● 冷媒ガス別の高圧ガスの製造に係る規制 ●

ガス種と設備		高圧ガスの製造に係る規制						
冷媒	設備	3	5	20		50	60	トン／1日
二酸化炭素及びフルオロカーボン（不活性ガス）	通常	法の適用除外	その他の製造者 ※1	第二種製造者		第一種製造者		
				届け出		許可		
						冷凍保安責任者		
						危害予防規程		
						保安検査 ※2		
						定期自主検査		
				保安教育				
	ユニット形 ※3	法の適用除外	その他の製造者	第二種製造者		第一種製造者		
						許可		
						危害予防規程		
						保安検査 ※2		
						定期自主検査		
				保安教育				
	認定指定設備 ※4					第一種製造者		
						届け出		
						定期自主検査		
						保安教育		

● 冷媒ガス別の高圧ガスの製造に係る規制（つづき）●

※1　「その他製造者」は、許可や届け出は不要であるが技術上の基準を遵守する必要がある。
※2　R21、R114 は除く。
※3　「ユニット形」は政令第 15 条に表記されている。規制緩和により冷凍保安責任者が不要とされる製造設備で、「政令関係告示第 6 条第 2 項」と「冷規第 57 条」に設備基準が定められている。
※4　認定指定設備の条件は下記の通りです。
　　　［政令関係告示第 6 条第 2 項］
　　　　・定置式製造設備であること
　　　　・冷媒がフルオロカーボン（不活性のもの）であること。
　　　　・冷媒ガス充填量が 3000 キログラム未満であること。
　　　　・一日の冷凍能力が 50 トン以上であること。
　　　他、冷規第 57 条に規定されている。
※5　ユニット形は除く。
※6　ヘリウムは除く

参考文献

1）「年度版　冷凍機械責任者（1・2・3冷）　試験問題と解答例」，日本冷凍空調学会.
2）「高圧ガス保安法に基づく　冷凍関係法規集」，第 58 次改訂版，日本冷凍空調学会（2017）.
3）セーフティ・マネージメント・サービス　編，「イラストで学ぶ冷凍空調入門」，改訂2 版，セーフティ・マネージメント・サービス（2015）.
4）日本冷凍空調学会　編，「上級冷凍受験テキスト」，第 8 次改訂，日本冷凍空調学会（2015）.

索　引

た行

めも

めも

〈著者略歴〉

柴 政則（しば まさのり）

電気工事，設備管理などの実務経験を経て，
現在は冷凍機械責任者試験の受験支援サイト
エコーランドプラス（https://www.echoland-plus.com）を運営.

［取得資格］
第一種冷凍機械責任者，第一種電気工事士，一級ボイラー技士，消
防設備士甲種第4類，危険物取扱者乙種第4類，第二級アマチュア
無線技士など

イラスト（カバー・本文）：岩田将尚（Studio CUBE.）

超入門 第2種冷凍機械責任者試験 精選問題集

2021 年 3 月 25 日　　　第 1 版第 1 刷発行
2024 年 10 月 10 日　　　第 1 版第 2 刷発行

著　者　柴　政則
発行者　村上和夫
発行所　株式会社 オーム社
　　　　郵便番号　101-8460
　　　　東京都千代田区神田錦町 3-1
　　　　電話　03(3233)0641(代表)
　　　　URL　https://www.ohmsha.co.jp/

© 柴 政則 2021

印刷・製本　三美印刷
ISBN978-4-274-22659-5　Printed in Japan

本書の感想募集　https://www.ohmsha.co.jp/kansou/
本書をお読みになった感想を上記サイトまでお寄せください.
お寄せいただいた方には，抽選でプレゼントを差し上げます.